多媒体数据库与内容检索

马修军 著

北京大学出版社
PEKING UNIVERSITY PRESS

图书在版编目(CIP)数据

多媒体数据库与内容检索/马修军著. —北京:北京大学出版社,2007.7
ISBN 978-7-301-09920-9

Ⅰ.多… Ⅱ.马… Ⅲ.计算机网络－情报检索－教材 Ⅳ.G354.4

中国版本图书馆 CIP 数据核字(2007)第 125634 号

书　　　名:多媒体数据库与内容检索
著作责任者:马修军　著
责 任 编 辑:王树通
标 准 书 号:ISBN 978-7-301-09920-9/TP · 0823
出 版 发 行:北京大学出版社
地　　　址:北京市海淀区成府路 205 号　100871
网　　　址:http://www.pup.cn 电子信箱:zpup@pup.pku.edu.cn
电　　　话:邮购部 62752015　发行部 62750672　编辑部 62752038
　　　　　　出版部 62754962
印 　刷　者:世界知识印刷厂
经 　销　者:新华书店
　　　　　　787 毫米×1092 毫米　16 开本　21.25 印张　530 千字
　　　　　　2007 年 7 月第 1 版　2007 年 7 月第 1 次印刷
定　　　价:32.00 元

前　言

多媒体(multimedia)内容与高速网络、智能数码设备的融合已经成为现实,个性化的视频点播、互联网信息检索、移动商务、高级的协同工作(视频会议、网络聊天室等)、个性化的内容索引(图片和家庭视频),已经渗入到了我们的工作、学习和生活方式中。数码设备(智能手机、数码相机、个人数字助理(personal digital assistant,简称 PDA 等)的集成和普及,交互电视、互联网和移动通讯带来的数字化多媒体内容的爆炸,进一步推动了多媒体内容管理和检索技术的发展。

在多媒体领域,过去的研究主要集中在多媒体通信和多媒体制作与表现工具方面。但随着数字媒体信息获取和制作技术越来越普及,近年来,多媒体的研究也转到了高效存储管理和多媒体信息检索(information retrieval,简称 IR)领域。同样的转变发生在 30 年前,当结构化信息越来越多时,促进了数据库的发展。然而,由于多媒体信息特征与结构化信息的特征和需求不同,传统的数据库并不能有效地处理多媒体信息,因此多媒体信息管理需要有新的数据管理和信息检索技术。

多媒体信息内容管理和信息检索是一项综合性非常强的技术,它涉及多媒体信号处理、计算机视觉、语音识别、图像处理、模式识别、数据库、计算机网络、人机交互、认知科学等许多研究领域。然而,上述领域的学者只是把多媒体内容管理和信息检索作为一个应用方向,关注各自的技术细节研究,却忽略了多媒体内容管理和信息检索技术综合性要求的理论研究探索。

我们发现,目前多媒体方面的教材和著作大都针对某类技术或某种媒体类型,内容深浅不一,而且大多局限于多媒体技术、多媒体著作和多媒体通信方面;关于多媒体内容检索的文献大多侧重于研究特定的问题,多媒体内容管理和信息检索的教材很少。另外,多媒体数据库的内容大多在数据库的教材的部分章节进行简单介绍,没有涉及多媒体内容检索技术,只是从数据模型和查询语言方面简单论述。其他针对各种媒体类型的内容管理和信息检索的著作和教材,往往也是各成体系,例如针对文本的信息检索与 web① 搜索引擎,图像检索、音频和视频检索。许多想从事这方面研究的学者和教师很难找到合适的教材,通常要花费很长时间从不同的领域查阅相关文献。因此,一本全面的、综合性的、覆盖当前多媒体内容管理和信息检索的教材是非常急需的。

本教材的目的是综合性地讲述当前多媒体信息检索与管理的最新技术和趋势,内容覆盖多媒体数据编码及其标准、针对文本的信息检索与 web 搜索引擎,图像检索、视频检索与结构化,语音识别、音频和音乐检索,多媒体数据库,多维特征相似性匹配技术,数字图书馆和多媒体信息安全等 12 章内容。

本书的特色是用一个统一理论框架为主线,系统地阐述各种媒体的内容检索技术,并通过这样一个框架均衡各种媒体检索技术的深度和广度,在内容检索的技术背景下,讲述多媒体数据库的关键技术,便于读者理解和掌握多媒体数据库的理论、设计需求和最新技术进展以及当前有影响的、有代表性的多媒体内容检索系统和商业多媒体数据库系统。本书内容覆盖了多媒体数据

---

① "web"是指万维网(world wide web)中的"web"。"web 搜索引擎"这种提法现在被广泛接受。

编码、基于内容多媒体检索、多媒体数据库等,内容全面,框架清晰;每章末都提供习题,便于读者检验学习效果。

多媒体内容管理和信息检索已经成为当前信息和智能科学技术的一个重要的研究方向。本书的适用对象还包括:

(1) 相关专业的高年级本科生和研究生。

(2) 多媒体内容管理和检索系统的开发人员。众多著名的 IT 公司(如微软、Google、百度、IBM 等)都在开发多媒体内容管理和检索的系统,本书可作为技术人员了解相关技术问题的参考书。

(3) 多媒体内容管理和信息检索研究人员。本书可帮助他们了解当前研究方向和发展趋势。

此外,本书还适用于任何想了解多媒体内容管理和信息检索相关技术问题和发展现状的其他读者。

在本书的编写过程中,作者得到了许多人的帮助,在此深表谢意。特别感谢北京大学信息科学技术学院选修"多媒体信息系统"课程的研究生,他们做了很多工作(包括文献调研),并对各种方法的见解和讨论以及文献材料整理提出了有益的建议。尤其感谢直接参加本书相关章节编写的同学:金星星、余晋、刘杰、孙怡舟、韩亮、李晨煜、陈薇、徐丹、帅猛、张静肖、张月祥;另外,陈冠华参加了书稿的校订工作。陈霄、胡子敬、邱宝军、范裕等同学也对本书的资料汇编付出了努力,一并表示感谢。

衷心感谢北京大学信息科学技术学院基础教育部甘学温教授的热心帮助,并感谢北京大学出版社的支持。

由于作者水平有限,时间紧迫,再加上多媒体内容管理和信息检索是当前众多技术的交叉领域,发展迅速,书中难免有疏漏之处,敬请读者批评指正,以便日后予以更正。

马修军

于北京大学

2005 年 9 月

目　录

第一章 绪 论

§1.1 引 言

随着人类社会由工业社会发展到信息社会,数字化信息正在以惊人的速度迅速增长,这就是所谓的"信息爆炸". 根据美国加利福尼亚大学伯克利分校信息管理和系统学院行业分析家的估计,2001～2003 年间产生的数据比记录历史的全部数据的总和还要多. 他们经过研究发现,全球每年产生的不重复信息量在 1～20 PB[①] 之间,也就是说,全球每人(包括小孩)年人均产生约 250 MB[②] 的数据. 在这些日益膨胀的信息中,多媒体信息(包括文本文件、扫描图像、视频剪辑、音频等)是信息爆炸中的重要组成部分,而且所占比重越来越大. 目前,诸如图像、音频和视频等多媒体信息在 web 中占据 15%,且该比重还在飞速增长. 种种证据表明,多媒体信息越来越丰富.

多媒体领域的研究过去主要集中在多媒体通信和多媒体制作与表现工具方面. 但随着数字媒体信息获取和制作技术越来越普及,近年来,多媒体的研究也转到高效存储管理和多媒体信息检索方面. 同样的转变发生在 30 年前,越来越多的结构化信息促进了数据库的发展. 然而,由于多媒体信息特征与结构化信息的特征和需求不同,传统的数据库并不能有效地处理多媒体信息,因此,多媒体信息的管理需要有新的数据管理和信息检索技术.

本书的主要目的是介绍与多媒体数据管理和内容检索有关的技术和研究问题以及最新的研究趋势. 为了解决多媒体数据管理的问题,人们首先想到的方法就是利用关系数据库管理系统(relational database management system,简称 RDBMS)来管理多媒体数据. 对于图像来说,实际上早在 20 世纪 70 年代人们就开展了对图像数据库的研究,其解决方法通常是利用人工输入图像的各种属性,建立图像的元数据库来支持查询. 在 70 年代末 80 年代初,这些系统经历了短暂的兴盛之后就衰落了. 90 年代以来,随着多媒体技术的发展,可获取的图像和其他多媒体数据越来越多,数据库容量不断增大,这种用人工输入属性和注释的方法就暴露出了它的缺点:第一个缺点是人工注释需要大量的人力,尤其是对于大型的多媒体信息库,如 web 网络资源、数字图书馆等. 在这样的信息环境中,每天都有大量的新资料出现,需要及时把这些资料归档. 只用人工注释,没有计算机的自动或辅助处理,资料的更新周期就不能满足用户的需要. 第二个缺点是人工注释难以解决蕴藏在多媒体数据中丰富的内容以及对内容感知描述的主观性的问题. 人们常说,一幅图胜过千言万语,而音频、视频(AV)等媒体包含了更丰富的内容,这些内容很难用文字来描述清楚. 第三个缺点就是对于实时广播流媒体,手工处理是根本不可行的,必须用计算机进行实时的内容分析. 由此,基于内容的多媒体信息检索研究应运而生.

---

① 1 PB=10^{15} B. "B"是字节(byte)的单位符号.

② 1 MB=10^6 B.

本章将首先介绍多媒体数据管理和内容检索相关的一些基本概念和术语；然后对多媒体信息系统的需求进行分析；接着对其他相关的学科和技术进行总结回顾；最后总结、展望多媒体数据管理和内容检索的当前研究焦点和发展趋势.

§1.2 概念和术语

1.2.1 多媒体技术的有关概念

1. 媒体类型和多媒体

媒体(media)又称媒介,是承载、传输和表现信息的手段.按照国际电信联盟(International Telecommunication Union,简称 ITU)的定义,媒体有以下五种：感觉媒体、表示媒体、显示媒体、存储媒体和传输媒体.感觉媒体指的是用户接触信息的感觉形式,如视觉、听觉和触觉等；表示媒体指的是信息的表示和表现形式,如图形、声音和视频等；显示媒体是表现和获取信息的物理设备,如显示器、打印机、扬声器、键盘和摄像机等；存储媒体是存储数据的物理设备,如磁盘、光盘、磁带等；传输媒体是传输数据的物理设备,如电缆、光缆等.

对多媒体信息管理技术来说,我们关心的是表示媒体.表示媒体又可以根据表示值和表示空间进行分类.表示空间是信息输出表现的媒介,例如纸和计算机屏幕可以作为图形图像的可视表示空间,立体声和四轨录音/放音是声音的表示空间.表示值决定不同媒体的信息表示,例如文本可以用可视的方式表示为一串字符组成的句子,也可以用语音媒体表示.

根据表示值的不同,媒体可以分为离散媒体和连续媒体.

(1) 离散媒体.

离散媒体中的信息是由一组不随时间变化而变化的独立元素组成的.例如文本、图像、图形等,都属于离散媒体.

(2) 连续媒体.

连续媒体的信息表示与时间有关,随时间的变化而变化.时间或时序关系是信息的一部分.如果时序发生了变化,或者媒体中项的次序发生了变化,那么信息的含义也会发生变化.音频、视频和动画都属于连续媒体.

从字面上来看,"多媒体"(multimedia)即为"多"(multiple)和"媒体"(media)的复合词.因此,广义上讲,多媒体就是多种信息表示媒体的组合.但严格地说,必须既有连续媒体,又有离散媒体,才能称为多媒体.

2. 多媒体技术

多媒体技术是由计算机平台、通信网络、人机接口以及相应媒体数据组成的系统技术,注重改善信息的表示方式、技术的集成性和实时交互性,在系统级别层次上面向用户交互,不仅提高了系统的性能,还促进了用户对信息的获取和控制.多媒体技术具有集成性和交互性.

多媒体技术促进了通信、娱乐和计算机的融合.因此,喜欢文字游戏的人参照著名的爱因斯坦(Einstein)能量公式 $E=mc^2$(E 为能量,m 为质量,c 为光速),将现在的信息环境表示成

$$E=mc^2=m \cdot c \cdot c,$$

其中 E 表示信息环境,m 表示多媒体,c 依次表示计算机和通信.

由此可见多媒体对于信息社会之重要性.随着技术的进步和市场前景的明朗,多媒体技术

的研究与应用已在世界各地如火如荼地展开,出现了一些有巨大市场影响力的战略型产品.

从多媒体研究的发展来看,目前只是走过了多媒体概念认识的"启蒙"阶段.这一阶段最典型的应用是"多媒体演示系统",尽管许多人称其为多媒体信息管理系统,但离真正的多媒体信息管理还有很大的距离.这种演示系统对用户的概念教育是直观有效的,因此,这一阶段的工作大多也是按照类似概念演示的思路进行的,例如多媒体硬件接口、用户界面多媒体化、多媒体编辑创作、多媒体通信等.经过这个启蒙阶段,规范化的多媒体研究体系和重要的研究领域已经初步形成,需要研究的重点问题也已出露端倪.多媒体技术的研究内容主要有以下几方面:

(1) 多媒体信息特性与建模;

(2) 多媒体信息的组织与管理;

(3) 多媒体信息表现与交互;

(4) 实时性;

(5) 多媒体通信与分布式处理;

(6) 虚拟现实和多媒体协同工作环境.

1.2.2 特征抽取,内容表示和索引

多媒体内容检索技术最重要的问题是多媒体数据的特征提取和内容表示.这对大规模的多媒体数据管理是非常有价值的.我们需要区分几个概念:

(1) 多媒体数据(data):即多媒体数据资料,包括图形、静止图像、视频、影片、音乐、语音、声音、文本和其他相关的音频、视频媒体等.

(2) 特征(feature):指多媒体数据的某种特性.特征本身不能比较,而要用有意义的特征表示(描述子)和它的实例(描述值)进行比较.例如图像的颜色、语音的声调、音频的旋律等.

(3) 内容描述子(descriptor):是特征的表示.它定义特征表示的句法和语义,可以赋予描述值.一个特征可能有多个描述子.例如颜色特征可能的描述子有颜色直方图、频率分量的平均值、运动的场描述、标题文本等.

(4) 内容描述值(descriptor value):是描述子的实例,例如具体的颜色直方图.

多媒体特征抽取或内容处理是一个自动化或半自动化的从多媒体数据中抽取内容的过程,即先对原始媒体进行特征提取,提取内容,然后用标准形式对它们进行描述,以支持各种基于内容的查询检索.这个过程可分为三大部分:特征提取、内容描述和内容检索,也可将其看成是内容处理的三个步骤,如图 1-1 所示.

图 1-1 多媒体内容处理流程

多媒体数据中蕴涵的丰富内容决定了多媒体特征的多维性.从空间特征上看,有对象的纹理和形状特征以及对象的空间关系等;从时间特征上看,有对象随时间变化的轨迹,如音乐片段的持续时间.特征表示是多层的:

(1) 客观特征:反映多媒体数据本身具备的特性,如对象的颜色、形状、纹理、音频频率

等.

　　(2) 主观特征：指人们对多媒体数据的主观感知,如对情绪(快乐、愤怒)和风格的描述.

　　(3) 作品特征：如作者、厂家、导演等信息.

　　(4) 合成特征：包括场景合成、编辑信息、用户的喜好等.

　　(5) 概念(高层特征)：用于描述事件和活动等概念.

　　获得媒体内容的方式可以分为人工方式和自动方式.有些内容可以自动提取,但有些内容则很难：即使能够提取,准确度也不高,鲁棒性不好.因此,可以用半自动方式,使人和计算机各自发挥特长,通过人机交互和学习获取媒体的内容.

　　基于内容的查询和检索是一个逐步求精的过程.基于内容检索的一般过程模型如图 1-2 所示.一次查询往往不能提供用户满意的查询结果,还需要依据用户对查询结果的反馈,对所选取的特征进一步调整并重新进行相似性匹配,以返回更为准确的查询.整个过程可以分为下面几个步骤：

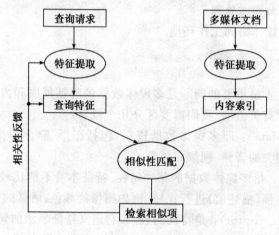

图 1-2　多媒体内容检索过程

　　(1) 初始查询说明.用户查找一个对象时,最初可以用示例查询(query by example,简称 QBE)或查询语言来形成一个查询.系统提取该示例的特征或把查询描述映射为具体的特征向量.

　　(2) 相似性匹配.将查询特征与特征库中的特征按照一定的匹配算法进行相似匹配.

　　(3) 满足一定相似性条件的一组候选结果,按相似度大小排列后返回给用户.

　　(4) 特征调整.用户可以挑选系统返回的查询结果,直至得到满意的结果；或者从候选结果中选择一个示例.根据用户给出的结果相关度反馈,对查询进行特征调整,形成一个新的查询.

　　(5) 逐步缩小查询范围,重复步骤(2)~(5),直到用户对查询结果满意为止.

1.2.3　数据检索与信息检索

　　信息检索主要处理信息内容的表现、存储、组织和访问等问题.信息内容的表现和组织应该便于用户对所感兴趣的信息进行访问,问题是刻画用户的信息需求特征是非常困难的.例如,某个用户使用 web 搜索引擎检索关于意大利足球甲级联赛(简称"意甲")球队信息的网页,要求:(1) 拥有巴西外援;(2) 具有参加欧洲联赛(冠军杯或联盟杯)资格;(3) 将查询结果按最近三年的意甲排名顺序进行相关性排序.

显然,用户不可能直接将这个信息需求描述交给 web 搜索引擎进行处理.用户必须先把这个信息需求转化成搜索引擎的一系列关键词的组合,才能进行检索.信息检索系统最主要的功能是根据用户的查询,检索对用户有用或相关的信息内容,强调的是信息检索,而不是数据检索.

信息检索与数据检索有很大差异:首先,以关系数据库为代表的数据检索系统处理的数据具有良好结构和语义;信息检索系统处理的自由文本、图像、视频、音频数据往往是非结构化的,而且往往包含了丰富的语义信息.例如,文本文档通常使用一些关键词、文档摘要信息进行索引,每个索引项均代表该文本一定程度的内容,因此每篇文档通常对应有大量不同的索引项.这些索引项和关键词往往没有固定的结构,而且同一个关键词在不同的领域会有不同的含义.

其次,数据检索是精确匹配用户的查询条件与数据库记录的属性值,每一个检索到的记录都精确满足查询条件的属性值要求,而任何一个没有检索到的记录都至少有一个属性值与查询条件不一致.但是信息检索是检索与某个主题有关的信息,而不是检索满足一定查询条件的数据.数据检索是精确的检索,不允许有任何错误;而信息检索往往是相似性匹配,允许某些不正确的结果和小错误.

为了满足用户信息检索的需求,信息检索系统必须具有"解释"媒体内容信息的能力,并根据它们对于用户查询条件的相关程度进行排序."解释"媒体内容信息要求信息检索系统具有从媒体数据中抽取特征和语义信息的能力,并使用这些信息与用户查询条件进行相似性匹配.信息检索的困难不仅仅在于如何提取内容信息,还在于如何判定哪些内容信息是与用户信息需求是相关的,因此相关性概念也是信息检索的一个核心问题.事实上,信息检索系统的主要目的就是检索与用户查询相关的信息,同时尽量减少那些不相关的信息.信息检索与数据检索的区别如表 1-1 所示.

表 1-1 信息检索与数据检索的区别

	信息检索	数据检索
数据特征	非结构化	结构化
数据语义	模糊	明确
查询方式	关键词,示例查询等	结构化查询语言(structured query language,简称 SQL)
查询结果	不精确的,近似的	精确的

1.2.4 用户任务

多媒体信息检索系统的用户任务模型和多媒体内容抽象模型直接影响着用户检索相关信息的效率和性能.用户任务是指用户如何向多媒体信息检索系统提出信息需求.根据用户的角色是主动的还是被动的,用户任务可分为"拉"和"推"两种类型,如图 1-3 所示."拉"类型的应用通常是用户主动地和系统进行交互以获取信息;"推"类型则由系统根据用户的信息偏好,将相关信息自动的发布给用户.

检索和浏览功能是典型的"拉"任务.用户进行信息检索,需要将他的信息需求转换为系统

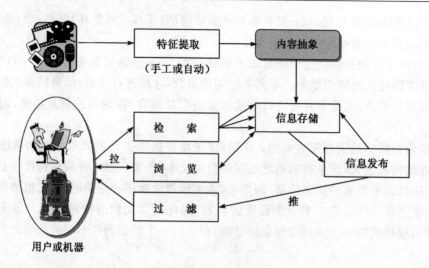

图 1-3   用户任务分类

的查询语言.例如 web 搜索引擎,用户通常把他的信息需求转换为一组关键词.这是一种检索任务.浏览则是针对用户信息需求不明确或范围太广的情况提供给的一个分类导航工具,以便用户快速地了解相关信息,例如期刊文献检索系统中的分类导航工具.以前的信息检索系统通常只提供信息检索功能,而超文本或超媒体系统则提供快速的浏览导航功能.现代的多媒体信息检索系统通常可以组合这两种功能,改进系统的可用性.

与以上的"拉"应用相反,"推"应用类似于广播和 web 广播."推"应用在于选择和过滤,而不是索引和检索,因此有非常不同的要求.过滤与检索正好相反:检索请求"包含"那些信息,而过滤则"排斥"指定的数据.过滤任务通常需要定义用户的信息偏好模型,用来比较和过滤新采集的多媒体信息是否是某种类型的用户感兴趣的内容.例如,新闻广播可以应用"推"技术,在每天大量的新闻中分类比较、过滤,有选择地发给不同的用户;在广播领域,根据用户的地理位置、年龄、性别或以前的选择行为等,对广播进行自动的过滤.实现"推"应用可以大大提高现代多媒体信息检索系统的服务水平,提供个性化的智能服务.例如,根据用户模型自动过滤内容,实现个性化浏览、过滤和搜索;把上下文、用户、应用和设计原则的知识与显示信息的知识结合起来,实现多媒体内容的智能表现.

§1.3   多媒体信息管理的技术需求

1.3.1   多媒体信息管理的需求

多媒体数据类型包括文本、图形、图像、声音、视频与动画等多种媒体类型数据,其特点是:(1) 种类繁多(大多是非结构化数据),来源于不同的媒体,具有完全不同的形式和格式;(2) 数据量庞大;(3) 具有时间特性和版本概念,如在视频点播系统中必须考虑到媒体间以及媒体内部在时间上的同步关系.由此可知,多媒体数据与传统的数值和字符不同,其存储结构和存取方式具有特殊性,因而描述它的数据结构和数据模型也是有差别的.另外,多媒体对象与传统的文本或数字信息的不同之处在于,多媒体对象往往要求大量的内存和存储空间;并且多媒体对象的操作也不同,如显示图片、播放视频等.因此,多媒体数据库管理系统(multimedia database management system,简称 MDBMS)应该具有下述基本功能:

(1) 能处理图形、图像、音频和视频等多种媒体数据类型;

(2) 能处理大量的多媒体对象;

(3) 能提供高性能和低成本的存储管理机制;

(4) 支持传统数据库功能,如插入、删除、查询和更新.

多媒体对象通常用二进制大对象(binary large object,简称 BLOB)表示.一段最普通的视频通常也会占用 100 MB 的磁盘空间,而视频服务器应该具有存储和管理成百上千个视频文件的能力.对于海量存储的需求,MDBMS 需要有先进的数据存储管理机制,而且成本要合理.除此之外,MDBMS 还应该考虑下列问题:

(1) 多媒体对象的组合与分解;

(2) 支持媒体同步的多媒体对象操作;

(3) 对象的一致性;

(4) 基于内容的多媒体信息检索;

(5) 分布式计算的一致性控制和加锁机制;

(6) 安全机制;

(7) 一致性、参考完整性和失败恢复;

(8) 长事务和嵌套事务处理能力;

(9) 索引机制.

多媒体对象和普通数据库相比,更需注意的一点是时间约束问题,因为时间约束关系到多媒体对象的一致性和同步性.多媒体同步也是一个需要特殊考虑的技术问题.多媒体对象往往是同时出现的.一个典型的多媒体文档或作品往往包含多种对象类型,对这些多媒体对象的操作往往需要保持它们的同步.例如,播放一段视频时,要求播放一幅图像必须和一段声音保持同步.

另外,MDBMS 通常是在分布式环境下实现的,还需要考虑多用户的并发访问和加锁机制.另外,在分布式环境下,网络安全也是一个重要的问题.

1.3.2 多媒体信息分类

多媒体数据的信息(内容)是按分层结构进行编码的,每一层对应特定的解码程序.例如,图像和音频数据分别有对应的图像处理和音频处理的算法.我们把依赖于解码程序的信息称为基于内容的(content-based);反之,则是与内容无关的(content-independent).计算机无法理解媒体内容,解决办法是:先让计算机尽可能多地了解媒体内容,使计算机假装能够理解,就像现在计算机处理简单数据一样;再通过把复杂的媒体内容简化成一些可以用普通数据类型表示的结构化内容元素;然后使用这些结构化元素进行内容检索和管理.这些结构化的内容元素称为特征,它是多媒体内容之间进行区分的标志信息.

特征是基于内容检索的核心,它们是从多媒体内容中提取出来的,使用特定结构表示,并用特定索引进行存储.特征根据复杂性和语义不同,可以分为低层特征和高层特征两类:低层特征,例如图像颜色直方图、纹理等,可以通过某种数学计算模型直接从原始媒体数据中提取得到;而高层特征,例如人脸等,则不能直接使用数据模型计算,通常是根据某种先验知识对低层特征进行组合得到．多媒体的原始数据、底层特征和高层特征的层次关系如图 1-4 所示．

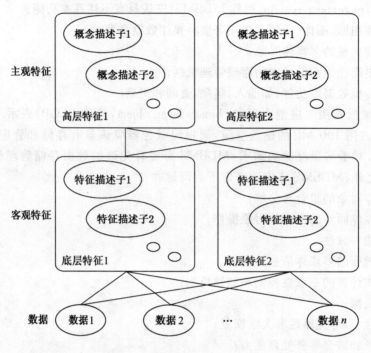

图 1-4　多媒体特征的层次关系

因此，多媒体信息系统中的信息有 5 大类：

(1) 无解释的多媒体数据；

(2) 与多媒体相关，但与内容无关的信息（如文件头）；

(3) 文字描述信息（如元数据）；

(4) 低层特征：多媒体对象组合和表现方法信息；

(5) 高层特征：应用实体与多媒体对象的关系信息．

无解释的多媒体信息通常用文件表示；与内容无关但与多媒体相关的信息大多是变化的（如图像的文件头信息、表示视频、音频同步的信息等）；文字描述信息通常用传统数据库存储和表示，它是多媒体对象所表示的现实世界实体的特性和关系；在多媒体对象中提取的特征（如纹理、颜色、几何形状等）通常用于特征检索时的相似性比较，属于基于内容的底层特征信息；基于内容的高层特征表示现实实体与多媒体对象的关系．

多媒体信息系统的逻辑框架包括三部分：传统的关系数据库、多媒体对象数据库和特征数据库，如图 1-5 所示．这三部分在逻辑上是彼此独立的，但实现时可以是一个物理数据库管理．传统的关系数据库支持媒体数据所表示的现实世界应用实体的关系信息；多媒体对象数据库包括无解释的多媒体数据和与内容无关的多媒体格式信息；特征数据库包括多媒体内容检索需要的底层和高层特征信息．特征处理模型负责提取基于内容检索需要的特征信息，并完成内容检索时的特征相似性匹配任务；组合模型允许将各多媒体对象的各部分组合成新的多媒体对象，或者将底层特征按语义关系组合成高层特征；插入模型负责新多媒体对象的内容获取．多媒体信息系统的重点问题通常是处理插入和查询，而不是更新．

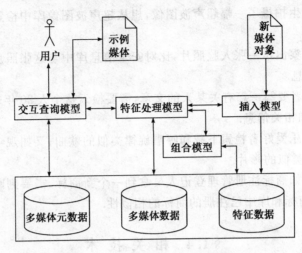

图 1-5 多媒体信息系统逻辑框架

1.3.3 多媒体信息管理功能需求

多媒体信息检索系统要求具有强大的功能,并且使用方便、灵活.系统的功能需求可以通过系统所支持的查询类型来说明,主要的查询类型如下:

(1) 基于元数据的查询.

元数据是指如作者名字和创建日期等形式的数据项属性.例如,在视频点播(video on demand,简称 VOD)应用中,查询"列出 1990 年以来由×××主演的影片".基于元数据的查询可由 DBMS 功能进行处理.

(2) 基于文本注释的查询.

文本注释是指对多媒体数据的注释文本,可通过人工注释获得,也可通过语音识别等自动化工具生成.查询以关键词或自由文本的形式进行,相似性的度量计算依据是用户的关键词与注释文档之间的相似度.例如,查询"给我演示××演员骑自行车的视频剪辑".这种类型的查询是建立在多媒体数据文本注释的基础上的,然后通过信息检索技术进行查询处理.

(3) 基于多媒体特征或模式的查询.

多媒体特征是指反映多媒体数据某种特征的统计信息(如声音强度、颜色分布和纹理描述等).例如,查询"红色调占 20%,蓝色调占 40%,黄色调占 40%的图像".这种类型的查询要求多媒体信息检索系统事先计算多媒体数据的特征,并建立多维特征的索引,然后根据用户的特征查询要求进行相似性匹配.

(4) 基于示例的查询.

这种查询的形式是用户提交一个示例多媒体对象(如一幅图像、一段声音或一个图形等),查询相应数据库中与之相似的多媒体对象.例如,查询"和这幅图片相像场景的电影".这种查询比较复杂,要求查询引擎具有实时计算用户示例媒体对象特征的功能,特征计算可能很复杂,如涉及对象的时空关系检测等.

(5) 应用相关的查询.

针对具体应用的查询类型很多,根据不同的应用语义有不同的查询形式.

① 医药：例如医生拍摄了一幅超声波图像，想从超声波图像库中检索左心室肥大对比度的图像；

② 安全：例如警察出示一张人脸照片，比对安全信息库中与这张照片中的人脸相像的所有照片和相关资料信息.

③ 出版：例如记者要写一篇有关某人的文章，需要检索这个人 20 年来在报纸和电视中出现的所有图片、镜头和相关信息.

④ 娱乐：例如音乐爱好者检索下载和哼唱旋律类似的歌曲；又如观众在一个大型视频数据库中检索与某场景类似的影片.

⑤ 商标注册：例如商标注册管理登记人员拿到一个新商标，需要判断有没有类似的商标已经被注册，比对新商标和库中已注册的商标的相似性.

§1.4　相关技术

多媒体信息管理和内容检索是一项综合性非常强的技术，它涉及信号处理、语音识别、计算机视觉、自然语言处理、模式识别、数据库、人机交互、认知科学等许多研究领域.

1.4.1　多媒体技术

20 世纪 90 年代中期，多媒体研究集中在多媒体数据的获取、存储、传输和表现技术上，包括输入和输出设备、同步算法、媒体表现、压缩算法、媒体文件服务器、流媒体和实时网络协议、多媒体数据库和制作工具等，主要的应用领域包括光盘只读存储器（compact disc read-only memory，简称 CD-ROM）回放、音频和视频的非线性编辑工具、视频会议、视频点播、视频游戏、在线课堂等. 这些技术为多媒体数据管理和内容检索提供了基础技术元素.

强大的媒体著作工具（multimedia authoring tool）是多媒体内容获取和编辑处理的必备软件. 目前产业界推出了大量针对不同媒体的商业软件，包括处理图像的 Photoshop、用于网站设计的 Dreamweaver、编辑音频和视频的 Premiere 等，还有针对不同应用的著作工具软件，包括编辑文档的 Word、制作演示的 PowerPoint、用于家庭影院的 iMovie 等. 现有媒体著作工具存在的问题是它们都是针对特殊的用户群设计的，软件之间不能集成，运行平台各异，不支持内容重用. 例如，Photoshop 是图形设计专家的首选工具，而 iMovie 是针对非技术专家用户的简单易用的编辑工具. 新一代的著作工具必须能够无缝集成，编辑处理不同来源的多媒体数据，不管是从监视设备直接采集的、从已有的多媒体数据库下载的、由制作过程中产生的，还是从其他媒体内容转换而来的. 另外，媒体著作工具还应该增加内容分析和搜索功能，支持对内容的重新处理和加工，实现内容增值.

多媒体数据压缩技术已有几十年的历史，20 世纪 80 年代初开始趋向成熟. 一些优秀的算法被制定为有关的国际标准，例如 JPEG（全称 joint photographic experts group，联合图像专家组），MPEG1①，H. 261，H. 262（MPEG-2），H. 263等. 但一些复杂的应用需要更高的压缩比，传统的压缩算法往往不能提供令人满意的效果. 多媒体压缩算法的突破还需要深入研究人的视觉和听觉特性，利用人的感觉冗余进行压缩.

---

① MPEG 是动态图像专家组（moving picture experts group）的简称.

计算机网络技术也一直是多媒体业界的一个研究热点,相关组织为传输音频、视频等连续媒体数据特别制定了专门的协议.例如,资源预订协议(reservation protocol,简称 RSVP)是一种网络控制协议,它使互联网应用传输数据流时能够获得特殊的服务质量(quality of service,简称 QoS).RSVP 原本是为网络会议应用而开发的,后被互联网工程任务组(Internet engineering task force,简称 IETF)集成到通用的资源预留解决方案中.实时传输协议(real-time transport protocol,简称 RTP)是用于因特网上针对多媒体数据流的一种传输协议.RTP 被定义在一对一或一对多的传输情况下工作,其目的是提供时间信息和实现流同步.其他的,如多播协议可支持广播和协作应用.目前,一些无线网络的多媒体传输协议正在研究和制定过程中,将成为多媒体内容无线传输的核心技术.

近 20 年来,由于存储能力的快速增长,使得管理海量数字媒体的大型多媒体数据库系统成为可能,推动了对多媒体内容分析、索引、内容摘要和搜索技术的发展.Web 搜索引擎已经证明了它的价值,下一代搜索引擎将会加入多媒体内容检索技术.目前,尽管多媒体内容分析和搜索已经取得了一些成功,但如何管理和检索数字多媒体资产仍然是一个充满挑战的研究领域.

1.4.2　数据库管理系统

数据库技术将继续成为多媒体内容管理与集成的基础平台.首先,DBMS 的发展演化在管理传统业务应用系统中出现的“信息爆炸”方面取得了巨大的成功,解决了结构化数据管理中数据存储、检索、可伸缩性、可靠性和可用性方面的难题,这些成功的技术将继续在多媒体内容管理方面发挥作用.其次,数据库业界显示出对当前信息处理需求变化的适应性,非常重视对非结构化信息的处理和访问,例如,大多数 DBMS 产品都内置了对象-关系机制、可扩展标记语言(extensible markup language,简称 XML)功能和对外部数据源的联邦访问支持,这些为 DBMS 管理海量的多媒体数据及其元数据信息提供了技术支持.

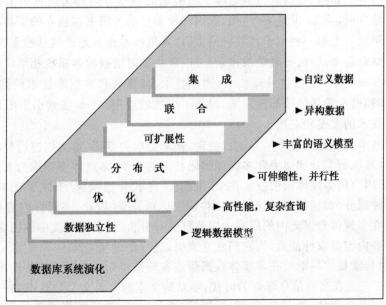

图 1-6　关系数据库技术的演变

图 1-6 描述了关系数据库技术的演变过程.关系数据库是在存储、操作和管理大量数据的完整性需求下应运而生的.在 20 世纪 60 年代,由于大型商业计算机的引入网络和层次数据库系统成为自动化银行业务、记账和订单处理系统的主流技术.虽然这些系统为早期的 DBMS 提供了良好的基础,但它们的体系结构将数据的物理操作和逻辑操作混合在一起,当数据的物理位置改变时,也必须更新应用程序以引用新的位置.1970 年,Codd 的一篇革命性的论文 A relational model of data for large shared data banks 及其商业实现改变了一切.Codd 的关系模型引入了数据独立性的概念,将数据的物理表示与应用程序中的逻辑表示分开.数据从磁盘的一部分移到另一部分或以不同的格式存储,都不会导致重写应用程序,从而大大减轻了应用程序开发人员的负担.另外,关系模型还提供了检索"什么数据"与"如何检索数据"相分离的体系结构,新数据库技术的供应商可以根据这种体系结构对其产品进行改进和革新.SQL 成为描述"应该检索什么数据"的标准语言,新的存储模式、访问策略和索引算法得以开发,以加速数据的存储和检索.并发性访问控制、日志记录和恢复机制方面的发展进一步保证了数据的完整性.基于代价的优化技术完成了数据库从作为抽象数据管理层到高性能的大容量查询处理引擎的转变.分布式数据管理的并行查询处理技术提高了 DBMS 的可伸缩性.用分布式和并行算法扩展 DBMS 的经验还带动了数据库系统可扩展性方面的发展.

插件或组件技术改变了单一的 DBMS 体系结构,支持引入新的抽象数据类型、访问策略和索引策略,例如 Oracle data cartridge,Informix DataBlades 和 DB2 Extender.这为数据库支持复杂的多媒体数据管理提供了方便,可以使用面向对象的方式为音频、图像和视频等多媒体数据类型定义新的数据类型和适用于新类型的操作.集成多媒体内容检索技术的多媒体数据库技术将会在管理海量的语义丰富的多媒体资源中发挥重要的作用.

1.4.3　信息检索技术

信息检索通常指文本信息检索,包括信息的存储、组织、表现、查询、存取等各个方面,其核心为文本信息的索引和检索.信息检索起源于图书馆的参考咨询和文摘索引工作,从 19 世纪下半叶首先开始发展,至 20 世纪 40 年代,索引和检索已成为图书馆独立的工具和用户服务项目.随着 1946 年世界上第一台电子计算机问世,计算机技术逐步走进信息检索领域,并与信息检索理论紧密结合起来;脱机批量情报检索系统、联机实时情报检索系统相继研制成功并商业化.20 世纪 60~80 年代,在信息处理技术、通讯技术、计算机和数据库技术的推动下,信息检索在教育、军事和商业等各领域高速发展,得到了广泛的应用.Web 搜索引擎的出现极大的促进了信息检索技术的发展和应用.

信息检索技术主要是对文本信息进行处理,例如提取关键词、对文档进行分类和提取文档摘要等.随着计算机数据处理能力和多媒体编码技术的进步,多媒体逐渐成为人们常用的信息载体,于是基于内容的多媒体检索技术在 20 世纪 90 年代开始兴起.不同于文本信息,多媒体内容是通过多种媒介(如视频图像、音频等)共同表达和补充.因此,多媒体内容处理和信息检索就要对蕴涵在多媒体数据流内的所有内容特征进行分析(包括视频流中的图像帧、音频信号流等);在对这些内容提取特征后,为它们建立索引,进行检索与浏览.

然而,信息检索技术将继续在多媒体数据管理和信息检索中发挥重要的作用,其重要性表现在两个方面:一是在当前信息爆炸的时代,半结构文本和自由文本是其中的一类重要资源;二是文本可以对其他媒体(如图像、音频、视频等)进行标注,然后使用成熟的信息检索技术进行多媒体信息检索.

1.4.4 模式识别技术

多媒体内容是通过特征来表示的,多媒体内容检索依赖的是特征的相似性匹配技术.模式识别(pattern recognition)是多媒体内容检索中非常重要的一类技术.模式是所有数据单元或特征的一般形式,我们可以把多媒体特征或其他数据项均看做一类特殊的模式,将某些多媒体内容的相似性匹配转化为模式识别问题.模式识别在多媒体内容检索中的技术框架如图 1-7 所示,它表示了多媒体特征索引与模式识别的关系.

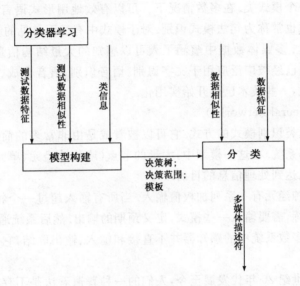

图 1-7　多媒体特征索引与模式识别的关系

模式识别的方法有很多,一般分为以下四类:

(1) 模板匹配(template matching).

所谓模板匹配是指把要识别的模式和一个已经学习得到的模板进行比对,可以允许大小和姿态上的部分调整.这种方法可直接用到多媒体数据上.对图像而言,模板通常是一个子图像(例如 20×20 像素);对音频而言,模板是一段声音样本.最简单的比对方法是,新模式与模板库中的模板逐个比对,新模式判给相关性最高的模板类.实际应用中,模板匹配方法很难使用,因为图像中的物体可能有不同的姿态和大小比例,或者音频模板的声音大小可能不同.所以,在应用模板匹配方法之前通常需要作一些预处理,一般要尽量使用具有变换不变性的特征作为模板.

(2) 统计分类(statistical classification).

统计分类方法把模式类看做某个随机向量的集合.属于同一类别的各模式之间的差异部分是由噪声引起的,部分是模式本身的随机性质引起的.因此,表示模式类的特征向量集合表示为特征空间中的一个区域.假设在特征空间中的某种距离度量,直观上讲,两点之间距离越近,它们对应的模式越相似.理想情况下,不同类的两个模式之间的距离要大于同一类的两个模式之间的距离.同一类的两点间连线上的各点所对应的模式应属于同一类.在这种情况下,可以准确地把特征空间划分为各个类别相对应的区域.在不满足上述条件时,可以对每个特征向量估计其属于某一类的概率,把最大概率的那一类判为该点所属的类别.统计模式识别方法就是用给定有限的样本集,在已知统计模型或判别函数类的条件下,根据一定的准则把多维特征空间划分为区域,每个区域分别对应于一个模式类.模式识别过程就是要判断被识别模式落入哪个区域,从而确定所属的类别.

(3) 句法或结构匹配(syntactic or structural matching).

这种方法使用模式的基本组成元素(基元)及其相互间的结构关系对模式进行描述和识别.它在输入的测试数据中,提取和选择一组最有效的描述模式结构性质的基元,并用基元间的一组关系来定义一个模式类.在多数情况下,可以有效地用形式语言理论中的文法表示模式的结构信息,因此也常称为句法模式识别.对于模式中有显而易见的结构的应用来说,这些方法的效果很吸引人.多媒体数据中蕴涵了人可以感知的大量结构信息,例如指纹、人脸、文字、图形等.这种方法已经被广泛应用于文字识别、语音识别、语音合成、图像识别、机器翻译、自然语言理解等领域,一些技术已经开始实用化.

(4) 神经网络(neural networks).

神经网络模拟人类识别模式的方式.它可以被看成是由非常多的简单处理器相互联结构成的大规模并行计算系统.在这一模型中,大量的节点(或称神经元、单元)之间相互联结构成网络,即神经网络,以达到处理信息的目的.

在神经网络中,神经元有一系列加权值输入.当所有输入超过一个特定阈值时,神经元被激发.神经网络的训练,需要输入一些模式,定义预期的输出.然后系统通过学习得到网络联结结构的不同权值.大多数系统中的感知器并不直接和输入、输出联结,它们构成了多层神经网络的中间层(隐层).

模式识别从 20 世纪 20 年代发展至今,人们的一种普遍看法是不存在对所有模式识别问题都适用的单一模型和解决所有识别问题的单一技术.针对多媒体数据中蕴涵的大量复杂的模式,在多媒体内容检索系统中,根据具体问题,可以把统计的和句法的识别结合起来,把统计模式识别或句法模式识别与人工智能中的启发式搜索结合起来,把神经元网络与各种已有技术以及人工智能中的专家系统、不确定推理方法结合起来,充分发挥各种方法的优点,互相取长补短,应用到多媒体内容获取,内容分析与内容检索中.目前,模式识别方法已经在文字识别、语音识别、语音合成、图像识别、机器翻译、自然语言理解等技术中开始实用化,成为构建智能多媒体信息系统技术的基础元素.

§1.5　发展趋势和未来的研究问题

我们现在处于一个多媒体信息爆炸的时代,多媒体数据的生产和分发正以惊人的速度增长.多媒体信息以其综合性、直观性和集成性,已经渗入到了我们的学习和思考方式中.例子包括电视和广播(新闻、体育、娱乐、天气预报等),个性化的视频点播,互联网信息检索,电子商务,高级的协同工作(视频会议、网络聊天室等),个性化的内容索引(图片和家庭视频).数码设备(智能手机、数码相机、PDA 等)的集成和普及,交互电视、互联网和移动通讯带来的数字化多媒体内容的爆炸,进一步推动了多媒体内容和检索技术的发展.

因此,高效的多媒体内容管理和信息检索技术变得日益重要.近十几年来,多媒体内容管理和信息检索一直是一个非常活跃的研究领域.现在大多数的 web 搜索引擎支持在互联网上搜索图像、音频和视频等多媒体数据,尽管是基于关键词的检索.多媒体内容检索技术,从基本的颜色检索,到综合利用多种多媒体特征进行检索,大量原型系统已经推出,部分已投入到实际应用.表 1-2 列出了一些由大学、公司和机构开发的应用于多媒体内容检索的系统实例.

表 1-2　多媒体内容检索系统实例

系 统 名 称	开 发 单 位
AltaVista Photofinder	AltaVista (developed at DEC Research Lab)
AMORE	C & C Research Laboratories NEC USA, Inc.
Blob-world	UC-Berkeley
Berkeley Digital Library Project	University of California Berkeley
CAETIIML	Princeton University
CANDID	Los Alamos National Lab, USA
C-bird	Simon Fraser University, Burnaby, B. C. , Canada
CBVQ	Columbia University, NY
Chabot	University of California, Berkeley, CA, USA
CHROMA	University of Sunderland, UK
Compass	Centre for Scientific and Technological Research, Trento , Italy
Diogenes	University of Illinois at Chicago
DrawSearch	University of Bari, Italy
FIDS	University of Washington, Seattle, WA, USA
FIR	Esprit IV project FORMULA
FOCUS	University of Massachusetts, Amherst, MA
FRIP	Yonsei University, Korea
ImageFinder	Attrasoft Inc.
ImageMiner	Univerity of Bremen, Germany
ImageRETRO	University of Amsterdam, The Netherlands
ImageRover	Boston University, MA
ImageScape	Leiden University, The Netherlands
iPURE	IBM India Research Lab, New Delhi, India
Jacob	University of Palermo, Italy
KIWI	INSA Lyon, France
LCPD	Leiden University, The Netherlands.
MetaSEEk	Columbia University, NY, USA
MIDSS	Purdue University, Indiana
MIR	University at Buffalo, NY, USA
MARS	University of Illinois
Netra	UCSB Alexandria Digital Library (ADL) project
Photobook	MIT Media Lab
Picasso	University of Florence, Italy
PicHunter	NEC Research Institute, Princeton, NJ, USA

（续表）

系 统 名 称	开 发 单 位
PicSOM	Helsinki University of Technology, Finland
PicToSeek	University of Amsterdam, The Netherlands
QBIC	IBM
Quicklook	CNR Institute of Multimedia Information Technologies, Milan, Italy
RetrievalWare	Excalibur Technologies Corp.
RETIN	ENSEA/University of Cergy-Pontoise, France
Shoebox	AT&T Laboratories, Cambridge, UK (developed at Olivetti and Oracle Research Laboratory)
SIMBA	Freiburg University, Germany
SMURF	Utrecht University, The Netherlands
SQUID	University of Surrey, UK
Surfimage	INRIA, Rocquencourt, France
SYNAPSE	University of Massachusetts, Amherst, MA
TODAI	EPFL, Switzerland, Halmstad University, Sweden
Virage	Virage Inc.
VisualSEEk and WebSEEk	Columbia University
Viper	University of Genova, Switzerland
VP Image Retrieval System	University of Tokyo, Japan
WebSeer	University of Chicago, Illinois, USA
WISE	Department of Computer Science, Stanford University

多媒体信息检索系统的关键特性之一是如何理解语义,当前大多数系统在这方面做得不好.尽管这些系统和技术取得了初步成功,但用户希望这些系统具有类似人类智能的多媒体信息分析和语义理解能力,而它们的功能远远没有达到用户的期望水平.这也是至今仍没有一个成功的多媒体内容管理商业系统工具的本质原因.

未来的研究问题如下所列:

(1)综合的多特征检索技术.

多媒体数据具有各种视觉和听觉特征以及时间和空间关系特性.对于同一种特征,有不同的表示方法.例如,同样是颜色特征,可以有直方图特征、颜色距、颜色集、主颜色等多种特征表示法,它们从不同的角度表示媒体的特征;而如何有机地组织多种特征表示,使应用能够调用合适的特征表示来支持查询,并按照用户的查询要求合并各种特征的检索结果,是一个值得研究的问题.综合利用两种或多种媒体的特征,容易达到较高的检索率.典型的例子是检索足球比赛中的进球镜头,如果仅仅利用视频特征,则难度很大;但如果综合考虑到音频特征,检测出观众的欢呼声和解说员兴奋的关键词,就容易准确地定位.

(2)高层概念和低层特征的关联.

实际上,人们在日常生活中习惯使用直观的事物概念,例如用词语"树林"、"花"、"房屋"、"汽车"、"海滩"、"日出"等概念表达具体的含义,在查询中,很多情况下也是使用这些概念,它们属于多媒体数据的高层内容.过去在基于低层特征进行检索方面的研究已经做了很多,如果能够建立这些底层的特征与高层语义概念的关联,就能够实现计算机自动抽取媒体的语义.在特定应用领域(例如人脸识别和指纹识别)中,已经可以做到这一点.但对于一般性的特征,建立起这种关联是非常困难的.目前已有研究试图从信息检索、分类和排序的角度,采用语义模板、用户交互、机器学习、神经网络等方法,以及在用户交互的辅助下突破从底层特征获取语义的壁垒.

(3)高维索引技术.

许多检索算法的实验数据仅仅有几百个或上千个,感觉不出检索的响应时间.而对于大型媒体库,则肯定需要建立索引,因为其内容特征,尤其是在集成的检索中,特征向量的维数大大超出了常规数据库的索引能力.因此,需要研究新的索引结构和算法.目前,一般采取先减少维数,然后再用适当的多维索引结构的方法.虽然过去已经取得了一些进展,例如 k-d-树和 R-树等索引树结构,但仍然需要研究和探索有效的高维索引方法,以支持多特征的查询要求.另外,基于内容的检索不是采用传统的点查询和范围查询,而是相似度匹配.在相似度的计算中,可以采用欧氏和其他距离公式,甚至采用非距离的度量(例如直方图的交).对于时间序列媒体(如视频和音频)的索引,又是另一类问题.除了采用以上所述的多维索引方法之外,还要考虑它们的时间索引结构,这对于视频和音频很重要.

(4)用户查询界面.

用户界面涉及用户对内容的感知表达、交互方式的设计.现代多媒体信息系统的一个重要特征就是信息获取过程的可交互性.系统除了提供示例和关键词查询基本功能之外,用户的查询接口应提供丰富的交互能力,使用户在主动的交互过程中表达对媒体语义的感知,调整查询参数及其组合,最终获得满意的查询结果.用户的查询接口应该是直观易用的,底层的特征选择对用户透明.这里涉及如何把用户的查询表达转换为可以执行检索的特征向量,如何从交互过程中获取用户的内容感知表达,以便选择合适的检索特征等问题.

(5)性能评价.

我们需要有能够表达各种场景和对象的标准测试数据集来评价检索的效率和效果,就像在图像处理领域中,大家都用 Lena 图像作为实验图像一样.当然,这是一项更复杂的工作,要收集大量有代表意义的图像、视频和音频数据,以便能够测试各种算法的效率.在此基础上,定义标准的性能评价准则,如检索率、查准率、查全率、响应时间等,这样就可以利用标准的评价准则来全面检验算法的性能.

(6)内容描述标准.

目前,许多研究关注媒体的特征提取及其检索匹配算法以及媒体内容描述方案.MPEG-7 是正在制定的多媒体内容描述标准,其目标就是制定一组标准的描述子及其描述模式(定义描述子的结构和相互关系),内容描述与媒体内容结合,使用户能够快速准确地进行检索.MPEG-7 还制定标准的描述定义语言(description definition language,简称 DDL).这种自描述模式独立于平台、厂商和任何应用,方便多媒体内容的分布式处理,同时有利于内容的交换和重用.由此可见,内容的标准化将极大地促进基于内容检索的广泛应用,同时也有利于其他多媒体应用(如多媒体编辑和处理、过滤代理、超媒体浏览、媒体交互等).MPEG-7 的范围不包括特征提取和检索引擎,目的是留有竞争的余地.因此,在特征及其提取、查询接口、检索引擎、索引等方面可以进一步深入研究.

（7）多媒体信息安全.

随着网络通信的普及,许多传统媒体内容都向数字化转变,如 mp3（全称 MPEG - 1 layer 3）的网上销售,数字影院的大力推行,网上图片、电子书籍销售等;在无线领域,随着移动网络由第二代到第三代的演变,移动用户将能方便快速的访问因特网上数字媒体内容.但是,数字媒体内容的安全问题成了瓶颈,包括安全传递、访问控制和版权保护.利用成熟的密码学理论可以解决安全传递和访问控制,但是一旦解密,数字媒体内容便可以随意的被拷贝、传播,会给多媒体内容提供商带来巨大的经济损失.

数字版权管理是近年来多媒体信息安全研究的热点,目的在于保护数字资源免受非法访问、侵权复制、恶意下载和无意泄漏.数字水印作为一项很有潜力的解决手段,最近几年成为了商业界和学术界共同关注的热点.目前,尽管数字水印的各类算法层出不穷,但真正对所有攻击都具有鲁棒性的算法还不存在.而且,数字水印尚没有像密码学中官方认可的公开标准的方法,这使得它无法像数字签名那样可以作为法律上凭据.实际上目前的数字水印技术还不能满足无法抵赖的需求,其根源在于数字信息在创建时间前后是无法仅从其存储介质作出论断的.因而对于带有两个水印的多媒体数据,不考虑其他证据的条件下,难以得出谁的水印是先添加上去的,从而无法断定究竟谁是该数据的真正所有者.在数字版权管理系统中,数字水印只是仅仅用来跟踪管理和复本控制,还不能作为控告别人侵犯著作权的凭据.

§1.6 本 书 组 织

本书共分为 12 章.

第一章绪论讲述多媒体内容管理和检索技术的相关概念和术语,并对技术发展趋势和研究问题进行概括和总结.

多媒体数据管理要求能处理文本、图形、图像、音频和视频等多媒体数据类型.第二章将回顾各种媒体类型的编码原理、压缩原理和编码格式与标准,并对多媒体内容检索相关的元数据标准进行总结.

第三章到第七章分别讲述各种媒体类型的内容检索技术,论述如何提取特征,如何表现内容,如何进行相似性匹配,包括文本处理和信息检索技术,Web 搜索引擎,音频内容检索,基于内容的图像检索以及视频索引、检索与结构化.

第八章讲述多媒体数据库管理系统,首先回顾多媒体数据库技术发展的三次浪潮,然后论述多媒体数据库支持多媒体数据管理的数据模型和查询语言,并给出多媒体数据库设计所要解决的问题（包括体系结构、用户界面、可视推理与查询范型）以及用户相关性反馈技术,最后给出一个视频内容检索的多媒体数据库系统实例.本章还将讨论 MPEG - 7 与多媒体数据库技术的关系以及将来的一些研究问题和趋势.

多媒体特征具有高维特性,检索是基于特征的相似性匹配.现有的数据库索引技术并不能支持高效的多媒体内容检索.第九章将讨论针对多媒体内容检索的高维索引技术,包括高维索引方法原理,主要的算法,以及现有的高维索引方法.

多媒体的内容分发和信息检索是建立在多媒体通信网络上的.第十章讲述现有的多媒体通信网络及其相关协议以及多媒体服务质量管理和多媒体同步技术,还讨论了在多媒体通信网络下的分布式多媒体数据库设计问题.

　　数字图书馆收集或创建数字化馆藏,积累了丰富的数字媒体数据,并通过互联网技术,为全球用户提供数字媒体资源的访问和检索.第十一章将针对多媒体数据资源丰富的数字图书馆应用,简要回顾数字图书馆产生的背景和特征,分析数字图书馆特有的馆藏资源命名和管理机制以及相关标准,讨论多媒体内容管理和信息检索技术的应用前景,并对国内外数字图书馆的发展现状和趋势进行展望.

　　多媒体信息安全和版权保护是影响多媒体内容分发和利用的关键因素.第十二章先从信息安全的基础知识入手,介绍常用的信息安全技术、信息伪装、数字水印以及基于这些技术的多媒体鉴定方案,然后介绍和多媒体信息安全密切相关的数字版权管理技术,最后讨论相关的趋势和研究问题.

§1.7　参　考　文　献

[1] Dimitrova N. Multimedia content analysis：The next wave. In：International Conference on Image and Video Retrieval，2003，9—18.

[2] Feng D D, Siu W-C, Zhang H-J. ed. Multimedia information retrieval and management-Technological fundamentals and applications. Berlin, New York : Springer, 2003.

[3] 格罗斯基 W I 等编著. 多媒体信息管理技术手册. 吴炜煜等译. 北京:科学出版社,1998.

[4] 李国辉. 基于内容的多媒体信息存取技术.
http://www. tongji. edu. cn/~yangdy/computer/multimedia/paper1. htm, 2005.

[5] Lu G. Multimedia Database management systems. Boston, London：Artech House, 1999.

[6] Maybury M. T. ed. Intelligent multimedia information retrieval. AAAI：MIT Press, 1997.

[7] Perry B, et al. Content-based access to aultimedia information：From technology trends to state of the art. Boston, Mass：Kluwer Academic, 1999.

[8] Ricardo B-Y, Berthier R-N. Mordern information retrieval. New York：ACM Press, 1999.

[9] Sematon A, Over P. TRECVID：Benchmarking the effectiveness of information retrieval tasks on digital video. In：International Conference on Image and Video Retrieval, 2003, 19—27.

[10] Smeulders A, Worring M, Santini S, Gupta A, and Jain R. Content based image retrieval at the end of the early years. IEEE Trans. Pattern Analysis and Machine Intellingence, 2000, 22(12):1349—1380.

[11] Steinmetz R, Nahrstedt K 著. 多媒体技术计算、通信和应用. 潘志庚等 译. 北京：清华大学出版社, 2000.

[12] Subrahmanian V S, Jajodia S. ed. Multimedia database systems：issues and research directions. Berlin : Springer, 1998.

[13] Wei G, Petrushin V, Gershman A. From data to insight：The community of multimedia agents. In：International Workshop on Multimedia Data Mining, 2002, 76—82.

§1.8　习　　题

1. 分析人工注释的缺点,解释多媒体内容检索技术的需求.
2. 简述 ITU 多媒体类型定义与多媒体技术特点.
3. 简述多媒体数据、特征和内容表示的关系以及多媒体特征提取和检索的过程.
4. 比较数据检索与信息检索的异同.

5. 分析多媒体内容检索系统的用户任务模型及其特点.

6. 分析多媒体数据管理的技术需求.

7. 简述多媒体信息的逻辑框架和功能需求.

8. 论述多媒体技术发展趋势与多媒体内容检索的关系.

9. 讨论数据库管理系统与多媒体数据管理.

10. 讨论模式识别技术在多媒体内容管理与检索中的应用前景.

11. 列举多媒体内容管理和检索未来面临的研究问题.

第二章　多媒体数据类型与编码

§2.1　引　言

多媒体信息系统是处理、索引、存储、检索、传输和表现多媒体数据的信息系统.多媒体数据类型包括文本、图形、图像、声音、视频及其组合.多媒体信息系统与传统数据库管理系统不同,其根源在于多媒体数据特征与固定属性结构的数据库记录特征之间存在差异.理解多媒体数据的特征和需求,对设计和实现多媒体信息系统非常关键.

本章的目的是介绍和讨论多媒体数据的基本特征和需求,同时还有多媒体表示标准和多媒体元数据标准.每种媒体数据都涉及人的感觉和心理以及信息编码.本章力图阐述多媒体数据的以下几个问题:

(1) 数据在计算机中的存储方式;

(2) 常用的压缩技术;

(3) 常用的特征提取和索引技术;

(4) 存储需求;

(5) 通信需求;

(6) 表现需求.

§2.2　文　本

文本是最简单的、也是最重要的多媒体数据类型.文本处理是计算机科学的一个分支学科,旨在创建能使文档的生成和发布流程自动化的计算机系统.文本处理软件包括简单的文字处理工具、高级的新闻项目数据库、超文本文档表示系统及其发布工具等.计算机并不擅长处理文本数据,因为计算机无法理解文本表示的人类所使用的概念.解决办法是帮助计算机尽可能多地了解文档,即指导计算机了解文本文档的结构化信息.一旦计算机了解了结构化信息,我们就可以编写计算机程序,使其执行复杂的文本处理任务,如浏览大型文档、组织并自动格式化文档、执行信息检索任务等.

2.2.1　简单文本

文本是由字符组成的.要表示文本,则需要先表示组成文本的字符,因此必须确定字符在位和字节层次的表示方式,这叫做字符编码(character encoding);同时还要确定文本中允许使用的字符集(character set).一个简单的文本文件通常只包含标准的 ASCII(全称 American standard code for information interchange,美国信息交换标准码)字符.这个标准定义了 128

个字符,每个字符有 7 bit[①] 码.它得到全世界的公认,几乎所有计算机系统都能识别 ASCII 字符,所以 ASCII 文件代表了文本文件交换的"最小公分母".为表示其他国家语言的字符编码标准,还产生了一种增强型 ASCII 字符集 Unicode. Unicode 囊括了源于世界各地语言中的数千个字符,其中前 128 个字符与 ASCII 一致. UTF-8[②] 是与 7 位 ASCII 一致的Unicode编码方式.这样 Unicode 就完全兼容了 ASCII,每一个 ASCII 文本自然也是 Unicode 文本.

由于在文本文件中字符是分别独立表现的,只要将字符一个个排列下来,就构成了一个完整的文档,所以简单文本的存储效率是很高的.简单文本文件的大小就是所有字符所占的字节数(包括空格).例如一本 300 页的书,每页 3000 个字符,需要 900 KB[③] 的存储空间.

高性能文本内容检索的困难在于,文本内容不具有传统数据库固定属性的记录特性,而且一个字词通常具有多个意义.文本内容检索技术将在第四章中详细讨论.

2.2.2　结构化文本

大多数文本文档都是有结构的,通常包括标题、章节和段落等.另外,为转化成人类可以理解的形式,文本文档中往往还需要记录不同结构表示的格式标记(formatting markup).如何对这些结构化信息进行编码? 目前已有很多不同的编码格式和标准,如字处理软件、标准通用标记语言(standard generalized markup language,简称 SGML)、便携式文本格式(portable document format,简称 PDF)等.

我们把包含实际文本内容及其结构格式描述等混合内容的文件格式称为重现(rendition).在文本处理的计算机技术的发展史上,一些重要的重现表示方法包括 troff、超文本格式(rich text format,简称 RTF)、LaTeX.排版系统可以把这种重现转换成人类可以理解的某种形式,即显示(presentation).在目前流行的桌面排版系统软件中,Mirosoft Word 和 Adobe PageMaker,均以"所见即所得"(what you see is what you get,简称 WYSIWYG)的友好界面方式处理重现.

结构化信息通常是与文件格式相关的,如 PDF,RTF 等. XML 是一个经过改进的 SGML 子集合,在文档处理中日益显示出广阔的发展前景. XML 允许使用标准字符的通用格式标记来表示文档的结构化信息,这样就打破了与文件格式相关的结构化文本表示方式,为文本文档的信息共享、检索和处理带来了极大的便利.

2.2.3　文本压缩

虽然文本数据相对于其他媒体(如视频、音频数据等),数据量要小得多,但需存储和管理大量文本文件时,适当的压缩还是需要的.文本压缩必须是无损压缩,即要求压缩文本解压还原时不能有内容错误.文本压缩的原理是:文本中一些字符出现的频率往往比另一些字符高,而且一些字符往往是顺序排列的,这样就可以根据文本中字符出现的概率分布特性进行压缩编码.这种压缩属于统计压缩编码.这里只简要介绍 Huffman 编码和 LZW(全称 Lempel-Ziv-Welch coding)编码.

---

① "bit"即比特.
② UTF 是联码转换格式(unicode transformation format)的简称.
③ 1 KB=1000 B.

1. Huffman 编码

Huffman 编码属于可变字长编码(variable length coding,简称 VLC)的一种,是 Huffman 于 1952 年提出的一种编码方法.该方法依据字符出现概率来构造异字头的平均长度最短的码字,有时也称之为最佳编码.下面引证一个定理,该定理保证按字符出现概率分配码长,可使平均码长最短.

定理 在可变字长编码中,如果码字长度严格按照对应符号出现的概率大小逆序排列,则其平均码字长度最小.

现在通过一个实例来说明上述定理的实现过程.设将信源符号按出现的概率大小顺序排列为

$$U: \begin{pmatrix} a_1 & a_2 & a_3 & a_4 & a_5 & a_6 & a_7 \\ 0.20 & 0.19 & 0.18 & 0.17 & 0.15 & 0.10 & 0.01 \end{pmatrix}.$$

先将概率最小的两个符号 a_6 与 a_7 分别指定为"1"与"0",然后将它们的概率相加,再与原来的 $a_1 \sim a_5$ 组合并重新排序成为

$$U_1: \begin{pmatrix} a_1 & a_2 & a_3 & a_4 & a_5 & a_6' \\ 0.20 & 0.19 & 0.18 & 0.17 & 0.15 & 0.11 \end{pmatrix}.$$

对 a_5 与 a_6' 分别指定"1"与"0"后,再将它们的概率相加,并重新排序得到

$$U_2: \begin{pmatrix} a_5' & a_1 & a_2 & a_3 & a_4 \\ 0.26 & 0.20 & 0.19 & 0.18 & 0.17 \end{pmatrix}.$$

依此类推,直到最后得 U_n:(0.61 0.39),对其中两概率分别赋予"0","1",如图 2-1 所示.

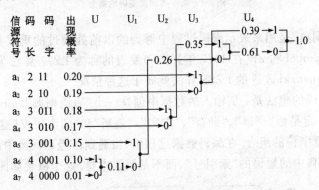

图 2-1 Huffman 编码过程

如上例所示,Huffman 编码的具体方法为:先按出现的概率大小排队,把两个最小的概率相加,作为新的概率和剩余的概率重新排队;然后把最小的两个概率相加,重新排队,直到最后变成"1".每次都将"0"和"1"赋予相加的两个概率,读出码字时由该符号开始一直读到最后的"1",将路线上所遇到的"0"和"1"按最低位到最高位的顺序排好,就是该符号的码字.例如 a_7 从左至右,由 U 至 U_4,其码字为 0000;a_6 按路线将所遇到的"0"和"1"按最低位到最高位的顺序排好,其码字为 0001;等等.

用 Huffman 编码所得的平均比特率为

$$\sum 出现概率 \times 码长.$$

具体到上例为

$$0.2 \times 2 + 0.19 \times 2 + 0.18 \times 3 + 0.17 \times 3$$
$$+ 0.15 \times 3 + 0.1 \times 4 + 0.01 \times 4 = 2.72 \text{ bit.}$$

2. 词典编码(dictionary encoding)技术

有许多场合,开始时并不知道编码对象数据的统计特性,也不一定允许你事先知道它们的统计特性.因此,人们提出了许许多多的数据压缩方法用来对这些数据进行压缩编码,希望以尽可能获得最大的压缩比.词典编码技术就是属于这一类.

词典编码的根据是数据本身包含有重复代码,例如文本文件和光栅图像就具有这种特性.词典编码的种类很多,归纳起来大致有两类.

第一类词典编码的想法是:查找正在压缩的字符序列是否曾在以前输入的数据中出现过,如果是就用已经出现过的字符串替代重复的部分,它的输出仅仅是指向早期出现过的字符串的"指针".这种编码概念如图 2-2 所示.

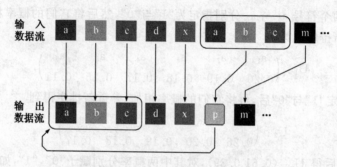

图 2-2　第一类词典编码的概念

这里所指的"词典"是用来表示编码过程中遇到的以前处理过的重复数据.这类编码中的所有算法都是以 Lempel 和 Ziv 在 1977 年开发和发表的称为 LZ77 算法为基础的,例如 1982 年由 Storer 和 Szymanski 改进的 LZSS 算法就属于这种情况.

第二类词典编码的想法是:从输入的数据中创建一个"短语词典"(dictionary of the phrases),这种短语不一定是像"严谨"、"勤奋"、"求实"、"创新"和"国泰民安"这类具有具体含义的短语,它可以是任意字符的组合.在编码数据过程中,当遇到已经在词典中出现的"短语"时,编码器就输出这个词典中的短语的"索引号",而不是短语本身.这个概念如图 2-3 所示.

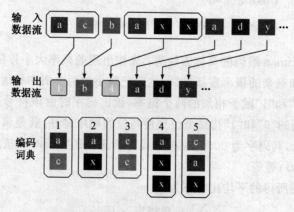

图 2-3　第二类词典编码的概念

Ziv 和 Lempel 在 1978 年首次发表了介绍这种编码方法的文章. 在他们的研究基础上, Weltch 在 1984 年发表了改进这种编码算法的文章,因此这种编码方法称为 LZW 压缩编码.

§2.3　数字图像和图形

2.3.1　数字图像和图形表示

图(picture)是指用描绘或摄影等方法得到的外在景观的相似物,而像(image)则是指直接或间接的视觉印象(如照片). 人类的视觉系统所感知的信息形式或人们心目中的有形想象通常称为图像. 图形(graphic)通常是指一种抽象化了的图像,是对图像依据某个标准进行分析而产生的结果. 它不直接描述数据的每一点,而是描述产生这些点的过程与方法,例如用数学方程表述的椭圆或双曲线等. 图像和图形都属于视觉媒体. 在计算机图形学和数字图像处理中,图像是位图的概念,基本元素是像素;图形则是向量图的概念,基本元素是图元,也即图形指令.

位图是指在空间和亮度上已经离散化了的图像. 可以把位图看做一个矩阵,矩阵中的元素位置对应于图像中的点,而相应的数值则对应于该点的灰度(颜色)等级. 这个数字矩阵中的元素就称为像素,它是组成图像的基本单元. 矩阵中表达每个像素所需的位数,称为位深度,它决定了位图的最大颜色数. 图像深度主要有四种,分别是 1,4,8,24;图像深度为 1,只能表示两种颜色,通常称为二值图像;图像深度为 4,可表示 16 种颜色;图像深度为 8,可表示 256 种颜色;图像深度为 24,则可表示 2^{24} 种颜色,称为真彩色图像. 图像文件的大小与图像分辨率和颜色深度有关. 图像分辨率由"高×宽"表示,高是指垂直方向上的像素数,宽是指水平方向上的像素数. 图像文件的大小是指存储整幅图像所占的字节数:

$$图像大小＝图像分辨率×图像深度/8.$$

这里只简要介绍数字图像的基本概念和主要参数,更详细的信息请读者参考数字图像处理方面的著作.

向量图形是对图像进行抽象化的结果,以图形指令集合的形式描述. 这些指令描述一幅图中所包含的直线、圆、弧线、矩形等图元的大小和形状,也可以用更为复杂的形式表示图中的曲面、光照、材质等效果. 在计算机上显示一幅图时,首先需要用专门的图形软件读取并解释这些指令,然后将它们转变成屏幕上显示的形状和颜色,最后通过符号填充区域而形成图形. 由于图形不用对图像上的每个点进行量化保存,所以需要的存储量比图像少,但显示时的计算时间则较长.

向量图形的特征内容比较容易提取,因为每个图元的属性(如形状、大小等)可以直接在图形文件中进行提取计算,因此向量图形的基于内容的检索很容易. 而位图图像由于像素之间没有内在联系,其基于内容的检索则比较困难.

2.3.2　图像压缩原理

由于向量图形的存储量比较小,而且往往需要专门的图形软件进行解释,所以有关向量图形的压缩没有公认的方法. 而对图像来说,由于原始图像往往占用大量的存储空间,图像压缩就成了多媒体应用的基本要求.

对图像进行压缩,可以允许损失不太多的视觉信息,即允许精度损失,主要有三个原因:首先,由于相邻像素之间的相关性,图像包含相当高的空间冗余度;其次,由于图像中不同色彩组成部分的相关性,它也包含一定程度的色谱冗余度;再次,人类视觉系统也造成了某种程度的心理视觉冗余度.从理论的角度来看,应针对图像数据中的冗余信息获得尽可能高的压缩度.空间(统计)冗余度主要存在于:我们所接触的图像中的像素值并非完全是随机的,它们体现了一定程度的渐进变化.人的心理视觉冗余度主要是由于人类视觉系统对某些空间频率并不敏感.

典型的图像压缩系统主要由三部分组成:变换部分(transformer)、量化部分(quatizer)和编码部分(coder).

(1) 变换部分.

它体现了输入的原始图像和变换后的图像之间的对应关系.变换也称为去除相关.它减少了图像中的冗余信息.与原始图像数据相比,变换后的图像数据提供了一种更易于压缩的图像数据表示形式.

(2) 量化部分.

把经过变换的图像数据作为输入进行处理后,会得到有限数目的一些符号.一般而言,这一步会带来信息的损失,这恰是有损压缩方法和无损压缩方法之间主要的区别.在无损压缩方法中,这一步骤并不存在.量化是一个不可逆的过程,原因就在于这是多到一映射.标量量化与向量量化是两种量化类型:前者是在一个像素、一个像素的基础上量化;而后者是对像素向量进行量化.

(3) 编码部分.

这是压缩过程中的最后一个步骤.这个部分将经过变换的系数(量化或未量化)编码为二进制位流,可以采用定长编码或变长编码:前者对所有符号赋予等长的编码;而后者则对出现频率较高的符号分配较短的编码.变长编码也叫熵(entropy)编码,它能把经过变换得到的图像系数(coefficient)数据以较短的信息总长度来表示,因而在实际应用中多采用变长编码方式.

2.3.3　静态图像压缩标准——JPEG

1. 传统的 JPEG 标准

JPEG 是国际标准化组织(international organization for standardization,简称 ISO)和国际电工委员会(international electrotechnical commission,简称 IEC)两个组织机构联合组成的一个专家组,负责制定静态的数字图像数据压缩编码标准.这个专家组开发的算法称为 JPEG 算法;由于已成为国际上通用的标准,因此又称为 JPEG 标准.JPEG 是一个适用范围很广的静态图像数据压缩标准,既可用于灰度图像,又可用于彩色图像.

JPEG 专家组开发了两种基本的压缩算法:一种是以离散余弦变换(discrete cosine transform,简称 DCT)为基础的有损压缩算法;另一种是以预测技术为基础的无损压缩算法.使用有损压缩算法时,在压缩比为 25∶1 的情况下,压缩后还原得到的图像与原始图像相比较时,非图像专家难以找出它们之间的区别.因此,JPEG 的有损压缩算法得到了广泛的应用.例如,在 VCD(全称 video compact disc,视频光盘)和 DVD-Video[①] 电视图像压缩技术中,就使用此算法来去除空间方向上的冗余数据.为了在保证图像质量的前提下进一步提高压缩比,近年来 JPEG 专家组正在制定 JPEG 2000(简称 JP 2000)标准,在这个标准中将采用小波(wavelet)变换算法.

JPEG 算法与彩色空间无关,因此 RGB 和 YUV[②] 之间的变换不包含在 JPEG 算法中. JPEG 算法处理的彩色图像是单独的彩色分量图像,因此它可以压缩来自不同彩色空间的数据,如 RGB, YCbCr[③] 或 CMYK.

前面讲 JPEG 包括有损和无损压缩,它们利用了人的视觉系统的特性,采用量化和无损压缩编码相结合的方法来去除视觉和数据本身的冗余信息. JPEG 压缩编码大致分成三个步骤:

(1) 使用正向离散余弦变换(forward discrete cosine transform,简称 FDCT)将图像从空间域变换到频率域;

(2) 使用加权函数对 DCT 系数进行量化,这个加权函数对于人的视觉系统是最佳的;

(3) 使用 Huffman 可变字长编码器对量化系数进行编码.

译码也(叫做解压缩)的过程与压缩编码过程正好相反.

2. JPEG 2000 标准

JPEG 2000 与传统 JPEG 的最大不同在于,它放弃了 JPEG 所采用的以 DCT 为主的区块编码方式,而采用以小波变换为主的多解析编码方式.离散小波变换算法是现代谱分析工具,在图像处理与图像分析领域得到越来越广泛的应用.此外,JPEG 2000 还将彩色静态画面采用的 JPEG 编码方式与二值图像采用的 JBIG 编码方式统一起来,成为各种图像的通用编码方式,简单原理如图 2-5 所示.

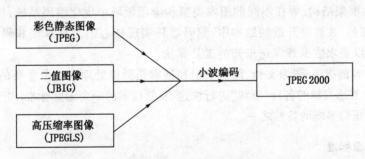

图 2-5 JPEG 2000 的简单原理图

JPEG 2000 标准提供了一套新的特征,这些特征对于一些产品(如数码相机)和应用(如互联网)是非常重要的.它把 JPEG 的四种模式(即顺序模式、渐进模式、无损模式和分层模式)集成在一个标准之中,在编码端以最大的压缩质量(包括无失真压缩)和最大的图像分辨率压缩图像,在解码端可以从码流中以任意的图像质量和分辨率解压图像,最大可达到编码时的图像质量和分辨率. JPEG 2000 的应用领域包括互联网、彩色传真、打印、扫描、数字摄像、遥感、移动通信、医疗图像和电子商务等.它有如下主要特征:

---

① DVD 是数字通用光盘(digital versatile disc)的简称.

② RGB(全称 red, green, blue, 红黄蓝)是一种彩色空间;YUV 是用于模拟电视的一种彩色空间.

③ YCbCr 是 YUV 派生的一种彩色空间.

（1）高压缩率. 由于在离散小波变换算法中,图像转换成一系列可更加有效存储像素模块的"小波",因此 JPEG 2000 格式的图片压缩比可在现有的 JPEG 基础上再提高 10%～30%,而且压缩后的图像显得更加细腻平滑. 这一特征在互联网和遥感等图像传输领域有着广泛的应用.

（2）无损压缩和有损压缩. JPEG 2000 提供无损和有损两种压缩方式. 无损压缩在许多领域是必需的. 例如,有时在医学图像中有损压缩是不能忍受的;再如,在图像档案中为了保存重要的信息,较高的图像质量是必然的要求. 同时,JPEG 2000 提供的是嵌入式码流,允许从有损到无损的渐进解压.

（3）渐进传输. 现在网络上的 JPEG 图像下载时是按"块"传输的,因此只能逐行地显示,而采用 JPEG 2000 格式的图像支持渐进传输(progressive transmission). 所谓渐进传输就是先传输图像轮廓数据,然后再逐步传输其他数据来不断提高图像质量. 互联网、打印机和图像文档是这一特性的主要应用场合.

（4）感兴趣区域的压缩. 可以指定图像上感兴趣区域的压缩质量和解压缩要求. 这是因为小波在空间域和频率域上具有局域性,要恢复图像中的某个局部,并不需要保留所有编码,只要它对应的部分编码没有误差就可以了.

（5）码流的随机访问和处理. 这一特征允许用户在图像中随机地定义感兴趣区域,使得这一区域的的图像质量高于其他图像区域. 码流的随机处理允许用户进行旋转、移动、滤波和特征提取等操作.

（6）容错性. 在码流中提供容错性有时是必要的,例如在传输误码率很高的通信信道(如无线传输等)中传输图像,没有容错性是让人不能接受的.

（7）开放的框架结构. 要在不同的图像类型和应用领域中优化编码系统,提供一个开放的框架结构是必需的. 在这种开放的结构中,编码器只实现核心的工具算法和码流的解析,如果需要解码器,可以要求数据源发送未知的工具算法.

（8）基于内容的描述. 图像文档、图像索引和搜索是图像处理中一个重要的领域,MPEG-7 就是支持用户对其感兴趣的各种"资料"进行快速、有效检索的一个国际标准. 基于内容的描述在 JPEG 2000 中是压缩系统的特性之一.

2.3.4　其他图像标准

1. BMP 格式

BMP(全称 bitmap,位图)格式图像在计算机中是用行列点阵来描述的,每个点的值用 1 bit 或多个比特来存储. 对简单的单色图像,每个点的值用 1 bit 来存储就足够了;但对于彩色的、有灰度梯度值的图像,就需要更多的比特来存储每个点的值. 一个点的比特数越多,能描述的颜色和灰度梯度值也越多. BMP 格式图像中点的密度称为分辨率,它决定了图像的清晰度. 通常用每英寸包含的点数来表达分辨率,或者也可以用行列数来表达,如 640×480.

BMP 格式的文件由位图文件头、位图信息和位图阵列三部分组成:位图文件头包含了文件的类型、显示内容等信息;位图信息包含有关 BMP 图像的宽、高及压缩方法等信息;位图阵列则记录了图像中每个点的值.

2. GIF 格式

GIF 是图形交换格式(graphics interchange format)的简称,是 web 支持的第二种格式.

与 JPG 不同的是,GIF 格式是无损压缩,而且仅支持 256 种颜色. 当图像中包含的颜色数较少(如素描、黑白图像等)时,GIF 的压缩效果要比 JPG 好. GIF 图像可以被动画编辑器合成为动画. 此外值得一提的是,GIF 格式中使用的压缩算法由美国 Unisys 公司所有,使用该算法时需要得到该公司的许可.

3. PNG 格式

PNG 是便携式网络图形(portable network graphics)的缩写. 它是一种新兴的网络图像格式,是 web 支持的第三种图形标准(虽然并不是所有的浏览器都支持). PNG 技术是免费的,它的诞生源于 Unysis 公司对 GIF 软件使用者的收费行为. PNG 格式改进了 GIF 技术,在对图像进行无损压缩时,前者的压缩率要比后者高 5%~25%;其缺点是不支持动画.

4. TIFF 格式

TIFF 是标签图像文件格式(tagged image file format)的缩写,它是在计算机中存储位图最常见的格式之一. TIFF 格式是基于标签的,它比 BMP 格式有更多灵活的结构. 在 TIFF 文件的开始处有一个简单的 8 byte[①] 文件头,它指向第一个图像文件目录(image file directory)标签的位置. 图像文件目录的长度可以是任意的,也可以包含任意数目的标签,所以,TIFF 格式的文件头是可以完全定制的. 由于 TIFF 文件的结构是基于标签的,当中的数据并不需要顺序存储,因此图像文件目录还被用于查找 TIFF 文件中存储的图像数据. 此外,图像文件目录还可以指向另外一个图像文件目录(TIFF 文件中可以包含多个子文件).

§2.4 声音和音频

2.4.1 声音的物理特性

声音是由物体振动造成的现象. 物体振动导致周围的空气波动,这种空气中时高时低的波形变化传到人耳,就形成了声音. 声音有两个重要的参数:频率和振幅. 声波以一定的时隙重复,这个间隔的长短称为周期. 频率是周期的倒数,单位是 Hz(Hz 是指每秒振动的次数). 多媒体系统一般只使用人耳能听到的频率范围(20 Hz~20 kHz),我们将其称为音频,在此频率范围内的波形称为声音信号,例如语音和音乐. 声音的另一个重要参数是振幅,它是衡量音量的特征参数,声音的振幅是波形振动的幅度.

2.4.2 声音的数字表示

在计算机里如何形成声音呢? 当麦克风获取了语音或音乐,它就产生了电信号. 信号是具有一定幅度和频率的基频正弦波(基波),基波还伴有相同幅度和频率的谐波. 将基波加到它的谐波上就形成了表示原始声音的复合正弦信号. 如果是模拟电子设备,这样的声音信号就可以直接播放了. 但对于计算机这类数字设备,声音信号必须经过采样、量化的步骤转化为数字信号,才能为计算机所存储、处理和播放. 图 2-6 为声音模拟信号数字化的示意图.

---

① 1 byte=8 bit.

图 2-6　声音模拟信号数字化的示意图

用数字方式记录声音,首先需对声波进行采样.图 2-7 为声波数字化表示的示意图,其中横轴表示时间,纵轴表示振幅.如果提高采样频率,单位时间所得到的振幅值就会更多,即采样频率越高,对于原声音曲线的模拟就越精确.然后再把足够多的振幅值以同样的采样频率转换为电压值去驱动扬声器,就可听到和原波形一样的声音.这种技术叫做脉冲编码调制(pulse code modulation,简称 PCM)技术.上述的第一个过程称为模数转换(analog to digital conversion,简称 ADC),即将普通的模拟声音信号转化成计算机能识别的数字信号;第二个过程称为数模转换(digital to analog conversion,简称 DAC),即由数字信

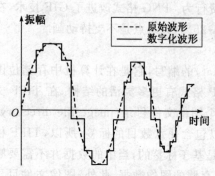

图 2-7　声波数字化表示的示意图

号变成波形信号.通过这样的技术,就可以将从声卡的话筒输入端送入的模拟音频信号先经 ADC 变成数字信号存储在计算机内,然后再经 DAC 转换为波形重放.

采样频率、采样精度和声道个数是影响数字化声音质量的三个主要因素.这三个因素,加上声音所持续的时间,同时也决定了数字化声音文件所需的存储容量.存储容量与三者之间的关系为

$$存储容量(byte) = 采样频率 \times 采样精度/8 \times 声道数 \times 时间.$$

例如一段持续 1 min 的双声道声音,采样频率为 44.1 kHz,采样精度为 16 位,那么数字化后需要的存储容量为

$$44.1 \times 10^3 \ H_z \times 16/8 \times 2 \times 60 \ s = 10.584 \ MB.$$

在多媒体应用中如何权衡采样频率和音频质量,要视具体应用需求而定.根据香农(Shannon)采样定律,要对原始信号无损数字化,采样频率至少是原始信号最高频率的两倍.人耳能听到的最高频率是 20 kHz,所以 CD 规定的标准采样频率为 44 100 Hz,大约是 20 000 kHz 的两倍.

所谓声音信号的采样精度是指对声音波形采集幅度信号时所用的比特位数,它确定了声音信号量化的精度.8 bit 的采样精度能表达 256 种声音波形幅度,而 16 bit 则能表达 65 536 种可能的声音波形幅度.采样位数的大小影响到声音的质量;位数越多,声音的质量越高,而需要的存储空间也越多;相反,位数越少,声音的质量越低,需要的存储空间也越少.

采样精度的另一种表示方法是信号噪声比(signal-to-noise ratio,SNR),简称为信噪比,用下式计算:

$$SNR = 10 \log (S^2/N^2) = 20 \log(S/N),$$

其中 S 表示信号的最大幅度(2 bit),N 表示噪声.SNR 的单位为分贝(dB).

根据声音的频带,通常把声音的质量分成 5 个等级,由低到高分别是电话、调幅(amplitude modulation,简称 AM)广播、调频(frequency modulation,简称 FM)广播、激光唱盘(CD)和数字录音带(digital audio tape,简称 DAT).这 5 个等级使用的采样频率、样本精度、通道数和数据率列于表 2-1.

表 2-1 声音的质量等级

质量	采样频率/kHz	样本精度/(bit·s^{-1})	单道声/立体声	数据率/(kB·s^{-1})(未压缩)	频率范围/Hz
电话	8	8	单道声	8	200～3400
AM	11.025	8	单道声	11.0	20～15 000
FM	22.050	16	立体声	88.2	50～7000
CD	44.1	16	立体声	176.4	20～20 000
DAT	48	16	立体声	192.0	20～20 000

2.4.3 电子乐器数字接口

MIDI 是电子乐器数字接口(musical instrument digital interface)的缩写. 它是在音乐合成器(music synthesizer)、乐器(musical instrument)和计算机之间交换音乐信息的一种标准协议. 从 20 世纪 80 年代初期开始,MIDI 已经逐步被音乐家和作曲家广泛接受和使用. MIDI 是乐器和计算机使用的标准语言,是一套指令(即命令的约定),它指示乐器(即 MIDI 设备)要做什么、怎么做,如奏出音符、加大音量、生成音响效果等. MIDI 不是声音信号,而是发给 MIDI 设备或其他装置让它产生声音或执行某个动作的指令.

MIDI 声音与数字化波形声音完全不同,它不是对声波进行采样、量化和编码,而是将电子乐器键盘的弹奏信息记录下来,包括键名、力度、时值长短等. 这些信息称为 MIDI 消息,它是乐谱的一种数字化描述. MIDI 文件与普通声音文件相比有两个优点. 首先,它对存储容量的需求小得多. 使用 CD-DA[①]格式的波形存储时,播放 0.5 h 的立体声音乐,需要 300 MB 的存储量,而用 MIDI 记录时只需 200 KB 左右,两者相差 1000 多倍. 即使与采用自适应差分脉冲编码调制(adaptive differential pulse code modulation,简称 ADPCM)压缩编码的波形声音信息相比,MIDI 声音的数据量也要小两个数量级以上. 另外,与波形声音相比,MIDI 声音在编辑修改方面也是十分方便灵活的,例如可任意修改曲子的速度、音调,也可改换不同的乐器等. 当需要播放时,只需从相应的 MIDI 文件中读出 MIDI 消息,生成所需要的乐器声音波形,经放大后由扬声器输出. 对于基于内容的检索来说,还可以根据结构化的 MIDI 消息指令集进行基于内容的检索.

2.4.4 音频压缩

1. PCM

声音数字化有两个步骤:第一步是采样,每隔一段时间间隔读一次声音的幅度;第二步是量化,把采样得到的声音信号幅度转换成数字值. 量化有好几种方法,可归纳成两类,即均匀量化和非均匀量化. 采用的量化方法不同,量化后的数据量也就不同. 因此,可以说量化也是一种压缩数

---

① CD-DA 是光盘-数字音频(compact disc digital audio)的简称.

据的方法.

　　如果采用相等的量化间隔对采样得到的信号作量化,那么这种量化称为均匀量化. 均匀量化就是采用相同的"等分尺"来度量采样得到的幅度,也称为线性量化. 均匀量化通常是最简单的 PCM. PCM 是概念上最简单、理论上最完善的编码系统,最早研制成功、使用最为广泛,但是数据量也最大. 用这种方法量化输入信号时,无论对大的还是小的输入信号一律都采用相同的量化间隔. 为了适应大幅度的输入信号,同时又要满足精度要求,需要增加样本的位数. 但是,对话音信号来说,大信号出现的机会并不多,增加的样本位数就没有被充分利用. 为了克服这个缺陷,出现了非均匀量化的方法,也叫做非线性量化.

　　非线性量化的基本想法是:对输入信号进行量化时,大的输入信号采用大的量化间隔,小的输入信号采用小的量化间隔,如图 2-8 所示. 这样就可以在满足精度要求的前提下用较少的位数来表示. 声音数据还原时,采用相同的规则.

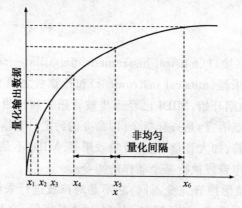

图 2-8　非线性量化示意图

　　在非线性量化中,采样输入信号幅度和量化输出数据之间定义了两种对应关系:一种称为 μ 律(μ-Law)压扩(companding)(G. 711)算法;另一种称为 A 律(A-Law)压扩(G. 711)算法.

　　μ 律压扩主要用在北美和日本等地区的数字电话通信中,按下面的式子确定采样输入和量化输出的关系:

$$F_\mu(x) = \mathrm{sgn}(x)\,\frac{\ln(1+\mu x)}{\ln(1+\mu)},$$

式中 x 为输入信号幅度($-1 \leqslant x \leqslant 1$),$\mathrm{sgn}(x)$ 确定 x 的极性:

$$\mathrm{sgn}(x) = \begin{cases} 1 & (x>0), \\ 0 & (x=0), \\ -1 & (x<0), \end{cases}$$

μ 为确定压缩量的参数,它反映最大量化间隔和最小量化间隔之比($100 \leqslant \mu \leqslant 500$).

　　由于 μ 律压扩的输入和输出是对数关系,所以这种编码又称为对数 PCM. 具体计算时,用 $\mu = 255$ 把对数曲线变成 8 条折线,以简化计算过程,详细计算请查看参考文献[13].

　　A 律压扩主要用在欧洲和中国大陆等地区的数字电话通信中,按下面的式子确定量化输入和输出的关系:

$$F_{A}(x) = \begin{cases} \mathrm{sgn}(x) \dfrac{A(x)}{1+\ln A} & \left(0 \leqslant |x| \leqslant \dfrac{1}{A}\right), \\ \mathrm{sgn}(x) \dfrac{1+\ln(A|x|)}{1+\ln A} & \left(\dfrac{1}{A} < |x| \leqslant 1\right), \end{cases}$$

式中 x 为输入信号幅度($-1 \leqslant x \leqslant 1$），$\mathrm{sgn}(x)$ 确定 x 的极性，A 为确定压缩量的参数，它反映最大量化间隔和最小量化间隔之比.

A 律压扩的前一部分是线性的，其余部分与 μ 律压扩相同. 具体计算时，取 $A = 87.56$. 为简化计算，同样把对数曲线变成折线. 详细计算请查看参考文献[LIN95].

对于采样频率为 8 kHz，样本精度分别为 13 位、14 位或 16 位的输入信号，使用 μ 律或 A 律压扩编码，经过 PCM 编码器之后每个样本的精度为 8 位，输出的数据率为 64 Kb/s. 这个数据就是(CCITT)推荐的 G.711 标准：话音频率脉冲编码调制(PCM of voice frequences).

2. DPCM

G.711 使用 A 律或 μ 律 PCM 方法对采样率为 8 kHz 的声音数据进行压缩，压缩后的数据率为 64 Kb/s. 为了充分利用线路资源，而又不明显降低传送话音信号的质量，就要对它作进一步压缩，方法之一就是采用差分脉冲编码调制(differential pulse code modulation，简称 DPCM).

DPCM 是利用样本与样本之间存在的信息冗余来进行编码的一种数据压缩技术. DPCM 的思想是：先根据过去的样本去估算(estimate)下一个样本信号的幅度大小（这个值称为预测值），然后对实际信号值与预测值之差进行量化编码，从而减少了表示每个样本信号的位数. 它与 PCM 的不同之处是：PCM 直接对采样信号进行量化编码；DPCM 对实际信号值与预测值之差进行量化编码，存储或传送的是差值而不是幅度绝对值，这就降低了传送或存储的数据量. 此外，DPCM 还能适应大范围变化的输入信号.

ADPCM 综合了自适应脉冲编码调制(adaptive pulse code modulation，简称 APCM)的自适应特性和 DPCM 系统的差分特性，是一种性能较好的波形编码. 它的核心想法是：(1) 利用自适应的思想改变量化阶的大小，即使用小的量化阶(step-size)去编码小的差值，使用大的量化阶去编码大的差值；(2) 使用过去的样本值估算下一个输入样本的预测值，使实际样本值和预测值之间的差值总是最小.

3. 模板压缩技术：MPEG Audio

MPEG Audio 标准在本书中是指 MPEG-1 Audio，MPEG-2 Audio 和 MPEG-2 AAC[①]，它们处理 10 Hz～20 kHz 范围内的声音数据. MPEG Audio 数据压缩的主要依据是人耳的听觉特性，使用"心理声学模型"(psychoacoustic model)来达到压缩声音数据的目的.

心理声学模型中的一个基本概念就是听觉系统中存在一个听觉阈值电平，低于这个电平的声音信号就听不到，因此可把这部分信号去掉. 听觉阈值的大小随声音频率的改变而改变，每个人的听觉阈值也不同. 大多数人的听觉系统对 2～5 kHz 之间的声音最敏感. 一个人是否能听到声音，取决于声音的频率以及声音的幅度是否高于该频率下的听觉阈值电平.

心理声学模型中的另一个概念是听觉掩蔽特性，意思是听觉阈值电平是自适应的，即听觉阈值电平会随不同频率的声音而发生变化. 例如，同时有两种频率的声音存在：一种是 1000 Hz 的声音，另一种是 1100 Hz 的声音，但后者的强度比前者低 18 dB. 在这种情况下，后者就无法被听

---

① AAC 是高级声音编码(advanced audio coding)的简称.

到. 也许你有这样的体验,在一个安静房间里的普通谈话可以听得很清楚,但在播放摇滚乐的环境下同样的普通谈话就无法听清了. 声音压缩算法也同样可以通过确立这种特性模型来消除更多的冗余数据. MPEG Audio 的压缩算法框图如图 2-9 所示.

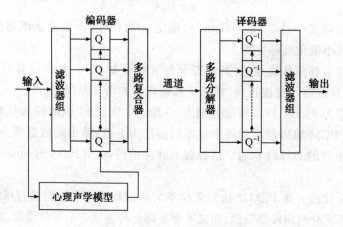

图 2-9　MPEG Audio 压缩算法框图

① MPEG-1 Audio(ISO/IEC 11172-3)标准.

声音的数据量由两方面决定:采样频率和样本精度. 对单声道信号而言,每秒钟的数据量(位数)=采样频率×样本精度. 要减小数据量,就需要降低采样频率或样本精度. 人耳可听到的频率范围大约是 20 Hz~20 kHz,根据奈奎斯特(Nyquest)理论,要想不失真地重构信号,采样频率不能低于 40 kHz. 再考虑到实际中使用的滤波器不可能都是理想滤波器以及各国所用的交流电源的不同频率,为保证声音频带的宽度,采样频率一般不能低于 44.1 kHz. 这样,压缩就只能从降低样本精度这个角度出发,即减少每位样本所需要的位数.

MPEG-1 和 MPEG-2 的声音压缩采用了称为子带编码(sub-band coding,简称 SBC)的方法,这是一种功能很强而且很有效的声音信号编码方法. 具体思想是:首先把时域中的声音数据变换到频域;再对频域内的子带分量分别进行量化和编码;然后根据心理声学模型确定样本的精度,从而达到压缩数据量的目的.

MPEG 声音数据压缩的基础是量化. 虽然量化会带来失真,但 MPEG 标准要求的量化失真对于人耳来说是感觉不到的. 在 MPEG 标准的制定过程中,MPEG-Audio 委员会做了大量的主观测试实验. 实验表明,当采样频率为 48 kHz、样本精度为 16 bit 的声音数据压缩到 256 Kb/s 时,即在 3:1 的压缩率下,即使是专业测试员也很难分辨出是原始声音还是编码压缩后的声音.

MPEG Audio 压缩算法是世界上第一个高保真声音数据压缩国际标准,得到了极其广泛的应用. 虽然 MPEG Audio 标准是 MPEG 标准的一部分,但它也完全可以独立应用. MPEG-1 Audio 标准的主要性能如下:

图 2-10　MPEG 编码器的输入/输出

如图 2-10 所示,MPEG 编码器的输入信号为线性 PCM 信号,采样率为 32 /s,输入频率为 44.1 或 48 kHz;输出频率为 32~384 Kb/s.

MPEG Audio 标准提供三个独立的压缩层次：层 1(layer 1)、层 2(layer 2)和层 3(layer 3).用户对层次的选择可在复杂性和声音质量之间进行权衡.其中：

(a) 层 1 的编码器最为简单,编码器的输出数据率为 384 Kb/s,主要用于小型数字盒式磁带(digital compact cassette,简称 DCC).

(b) 层 2 的编码器的复杂程度属中等,编码器的输出数据率为 192~256 Kb/s,其应用包括数字广播声音(digital broadcast audio,简称 DBA)、数字音乐、交互式光盘(compact disc interactive,简称 CD-I)和 VCD 等.

(c) 层 3 的编码器最为复杂,编码器的输出数据率为 64 Kb/s,主要应用于综合业务数字网(integrated service digital network,简称 ISDN)上的声音传输.

在尽可能保持 CD 音质的前提下,MPEG Audio 标准一般所能达到的压缩率如表 2-2 所示.

表 2-2　MPEG Audio 的压缩率

层次	算法	压缩率	立体声信号所对应的位率/(kb·s^{-1})
1	MUSICAM*	4：1	384
2	MUSICAM	6：1 ~ 8：1	256 ~ 192
3	ASPEC**	10：1 ~ 12：1	128 ~ 112

*：MUSICAM 是自适应声音掩蔽特性的通用子带综合编码和复合(masking pattern adapted universal subband integrated coding and multiplexing)的简称.

**：ASPEC 是高质量音乐信号自适应谱感知熵编码(adaptive spectral perceptual entropy coding of high quality musical signal)的简称.

编码后的数据流支持循环冗余校验(cyclic redundancy check,简称 CRC).另外,MPEG 声音标准还支持在数据流中添加附加信息.

② MPEG-2 Audio(ISO/IEC 13818-3)标准.

MPEG-2 标准委员会定义了两种声音数据压缩格式：一种称为 MPEG-2 Audio 或 MPEG-2 多通道(multichannel)声音,因为它与 MPEG-1 Audio 是兼容的,所以又称为 MPEG-2 后向兼容标准(backward compatible,简称 BC).另一种称为 MPEG-2 AAC,因为它与 MPEG-1 声音格式不兼容,因此通常称为 MPEG-2 非后向兼容(non-backward-compatible,简称 NBC)标准.

MPEG-2 Audio 和 MPEG-1 Audio 标准使用相同种类的编译码器,层1、层2和层3的结构也相同.Audio 与 MPEG-1 标准相比,前者做了如下扩充：(a) 增加了 16,22.05 和24 kHz 的采样频率;(b) 扩展了编码器的输出速率范围,即由 32~384 Kb/s 扩展到 8~640 Kb/s;(c) 增加了声道数,支持 5.1 声道和 7.1 声道的环绕声.此外,MPEG-2 还支持线性 PCM 编码和杜比第三代声音编码(Dolby AC-3).MPEG-1 和 MPEG-2 声音数据之间的差别如表 2-3 所示.

表 2-3 MPEG-1 和 MPEG-2 的声音数据规格

参数名称	线性 PCM	Dolby AC-3	MPEG-2 Audio	MPEG-1 Audio
采用频率/kHz	48,96	32,44.1,48	16,22.05,24,32,44.1,48	32,44.1,48
样本精度/bit	16,20,24	压缩（16 bit）	压缩（16 bit）	16
最大数据传输率	6.144 Mb/s	448 Kb/s	8～640 Kb/s	32～448 Kb/s
最大声道数	8	5.1	5.1/7.1	2

MPEG-2 Audio 的 5.1 声道环绕立体声也称为"3/2-立体声加 LFE"，其中的".1"是指低频音效(low frequency effect，简称 LFE)加强声道(3～120 Hz)．它的含义是指播音现场的前面可有(左、中、右)三个喇叭声道，后面可有(左、右)两个环绕声喇叭声道，如图 2-11(a)所示．7.1 声道环绕立体声与 5.1 类似，如图 2-11(b)所示．

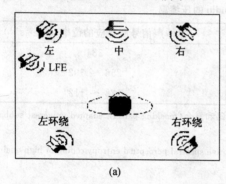
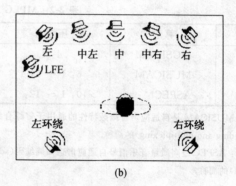

(a)   (b)

图 2-11 LFE 声道

(a) 5.1 声道立体环绕声；(b) 7.1 声道立体环绕声．

③ MPEG-2 AAC 标准．

MPEG-2 AAC 是 MPEG-2 标准中一种非常灵活的声音感知编码标准．和所有感知编码一样，MPEG-2 AAC 主要利用听觉系统的掩蔽特性来减少声音的数据量，并且把量化噪声分散到各个子带中，用全局信号把噪声掩蔽掉．

AAC 支持的采样频率为 8～96 kHz，编码器的音源可以是单声道、立体声和多声道的声音．AAC 标准可支持 48 个主声道、16 个 LFE 加强通道、16 个配音声道(overdub channel，或叫做多语言声道(multilingual channel))和 16 个数据流．MPEG-2 AAC 在压缩率为 11∶1(即每个声道的数据率为 44.1×16/11＝64 Kb/s)，5 个声道的总数据率为 320 Kb/s 的情况下，很难区分还原后的声音与原始声音之间的差别．与 MPEG 的层 2 相比，MPEG-2 AAC 的压缩率可提高一倍，而且质量更高；与 MPEG 的层 3 相比，在质量相同的条件下，MPEG AAC 的数据率也仅是它的 70%．

开发 MPEG-2 AAC 标准采用的方法与开发 MPEG Audio 标准采用的方法不同．后者是对整个系统进行标准化；而前者则是模块化的方法．MPEG-2 AAC 标准把整个 AAC 系统分解成一系列模块(modular)，并用标准化的 AAC 工具对模块进行定义，因此在文献中往往把"模块"与"工具"等同对待．

AAC 标准定义了三种配置：基本配置(main profile)、低复杂性配置(low complexity profile)和可变采样率配置(scalable sampling rate profile)：

（a）基本配置. 在这种配置中,除了"增益控制"(gain control)模块,使用了 AAC 系统中的其他所有模块,它在三种配置中提供最好的声音质量,而且 AAC 的解码器可以对低复杂性配置编码的声音数据进行解码,但对计算机的存储和处理能力以及基本配置等方面的要求高.

（b）低复杂性配置. 在这种配置中,不使用预测模块和预处理模块,瞬时噪声定形(temporal noise shaping,简称 TNS)滤波器的级数也有限. 这就使声音质量比基本配置的声音质量低,但对计算机存储和处理能力的要求可明显降低.

（c）可变采样率配置. 在这种配置中,使用增益控制对信号作预处理,不使用预测模块,TNS 滤波器的级数和带宽也都有限制. 因此,它比基本配置和低复杂性配置更简单,可用来提供可变采样频率信号.

2.4.5　其他音频压缩标准

1. MP3 标准

MP3 是数字音乐发行的实施标准,在将标准音频 CD 的 1.4 Mbps[①] 音频数据流压缩成 128 Kbps 时仍能保持甜美的声音. 你会发现,几乎所有计算机平台上的主流媒体播放器都支持 MP3 格式,它几乎是一种通用的音频格式. 事实上,MP3 是 MPEG-1 标准的一部分. MPEG-1 规范的音频部分包括了三种不同的压缩方法(称为层),其中层 3 提供了最好的音质和最高的压缩率. 在 8 Kbps 时,MP3 的声音质量类似于电话声音,离高保真相差很远;从 96 Kbps开始,MP3 的音质可以认为是已经比较好的了,但为了得到"CD 的音质",人们通常都会选择128 Kbps或更高的 160 Kbps.

2. WAV 标准

WAV 格式是指微软公司开发的波形声音文件格式,它是从资源交换文件格式(resource interchange file format,简称 RIFF)中衍生而来的. WAV 格式文件可以录制成 11,22 或 44 kHz三种频率、8 或 16 bit 的单声道和立体声格式. WAV 文件中包含三种元素：文件头,音频数据,页脚. 文件头是必需的,当中包含了文件的详细说明(解释音频数据的信息)以及包括版权在内的可选信息;页脚则是可选的,包含了一些注释信息;音频数据通常以 PCM 比特流的形式来存储.

3. AIF(AIFF)标准

AIF 是苹果公司开发的音频交换文件格式(audio interchange file format,简称 AIFF),用于存储高质量采样的声音和乐器信息. AIF 是 Mac 机和 PC 机之间传输文件时的常用格式,仅支持 8 bit,最高频率为 44.1 kHz(单声道)或 22 kHz(立体声)的音频文件.

§2.5　视频和动画

视频和动画是多媒体系统中的基本媒体. 当我们观看电影、电视或动画片时,画面中的人物和场景是连续、流畅和自然的. 但我们仔细观看一段电影或动画胶片时,看到的画面却一点也不连续. 只有以一定的速率把胶片投影到银幕上,才能产生运动的视觉效果. 这种现象是由

---

① "bps"是"比特每秒"的单位符号.

视觉残留造成的,电影和动画利用的正是人眼的这一特性.实验证明,如果电影或动画的画面刷新率为 24 fps[①] 左右,即每秒放映 24 幅画面,则人眼看到的是连续的画面效果.但是,24 fps 的刷新率仍会使人眼感到画面的闪烁,要消除闪烁感,画面刷新率还要提高一倍.因此,24 fps 的速率是电影放映的标准,能最有效地使运动的画面持续流畅.而且,在电影放映过程中有一个不透明的遮挡板,每秒遮挡 24 次,24 fps 再加上每秒 24 次遮挡,因此电影画面的刷新率实际上是 48/s.这样,既能有效地消除闪烁,同时又能节省一半胶片.

2.5.1　模拟视频

模拟视频中最常见的形式是电视.在模拟视频信号中,每一帧都被称为模拟波形或合成视频,用变动的电压信号表示.合成的模拟视频含有所有的视频成分,包括亮度、色彩和视频同步,它们共同组成一个信号.模拟视频成分的合成往往会造成色彩扩散、低清晰度和高清晰度的传递损失.

对于电视广播来说,有很多模拟视频信号格式,包括:

(1) 国家电视系统委员会(national television system commission,简称 NTSC)制式,这是美国和日本使用的视频传输制式.NTSC 由 525 条扫描线组成,每 1/30 s 在一个高宽比[②]为 4∶3 的屏幕上绘制一次.

(2) 逐行倒相(phase alternating line,简称 PAL)制式,这是中国、澳大利亚和欧洲大部分国家以及南非使用的制式.PAL 由 625 条扫描线组成,每 1/25 s 绘制一次,每秒 50 个扫描周期.

(3) 顺序与存储彩色电视系统(sequential couleur avec memoire,简称 SECAM)制式,这是法国使用的制式.和 PAL 一样,SECAM 使用 625 条扫描线,每秒 50 个扫描周期.

PAL 和 SECAM 是依据 NTSC 而来的,因此有更好的颜色质量.现在出现了一种新标准,称为高清晰度电视(high definition television,简称 HDTV),它建立在 1125 条扫描线、每秒 60 个周期和屏幕高宽比为 16∶9 的基础上.HDTV 在图像和颜色的质量方面都有重大的突破.

2.5.2　数字视频

数字视频是模拟视频信号的数字化表示.数字视频最主要的优点是没有传递损失问题,因为每个复制品都与复制源完全相同.在电视和电影行业中,高质量的数字视频有很重要的市场.

数字视频的三个重要特性是:

(1) 帧率.连续序列中的每个画面称为帧.帧与帧之间的延迟是恒定的,每秒钟显示的帧数称为帧速率,其单位是 fps.

(2) 帧大小.它是单个帧或图像的高度和宽度.

(3) 颜色深度或分辨率.它是每个帧或图像内用于表示每个像素的颜色数目.

有了上述几个重要的参数就可以度量视频流的大小了.一段视频的存储空间可由下式进行计算:

---

① "fps"是"帧每秒"的单位符号.

② 屏幕高宽比是可视区域高度和宽度的比例.

视频段存储空间 = 帧大小×帧率×颜色深度×时间，

其中帧大小=高度×宽度，时间以 s 为单位.

假设一段 10 min 视频的帧大小为 512×512，帧率为 30 fps，颜色深度为 24 位/像素（3 byte），则要求 512×512×30 fps×3 byte×600 s≈13.8 GB 的存储空间. 由于视频数据占的存储空间如此庞大，因此必须对数字视频数据进行压缩才能进行传输和使用.

2.5.3 视频压缩

1. MPEG Video 数据压缩算法

电视图像数据压缩所利用的各种特性及采用的方法归纳在表 2-4 中，可以看到，电视图像本身在时间上和空间上都含有许多冗余信息，而且图像自身的构造也有冗余. 此外，正如前面所介绍的，利用人的视觉特性也可对图像进行压缩，即视觉冗余.

表 2-4 电视图像压缩利用的各种冗余信息

种 类	内 容	目前的主要方法
空间冗余	像素间的相关性	变换编码，预测编码
时间冗余	时间方向上的相关性	帧间预测，移动补偿
图像构造冗余	图像本身的构造	轮廓编码，区域分割
知识冗余	收、发两端对人物的共有认识	基于知识的编码
视觉冗余	人的视觉特性	非线性量化，位分配
其他	不确定性因素	

MPEG Video 图像压缩技术可以归纳成两个要点：（1）在空间上，图像数据压缩采用 JPEG 压缩算法来消除冗余；（2）在时间上，图像数据压缩采用移动补偿（motion compensation）算法来消除冗余.

为了在保证图像质量基本不降低而又能够获得高压缩比，MPEG 定义了三种图像：帧内图像 I、预测图像 P 和双向预测图像 B，典型的排列如图 2-12 所示. 这三种图像将采用三种不同的算法分别进行压缩.

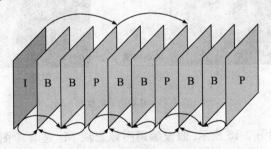

图 2-12 MPEG 定义的三种图像

（1）帧内图像 I 的压缩编码算法.

帧内图像 I 不参照任何过去或将来的其他图像帧，压缩编码用类似于 JPEG 的压缩算法，它的框图如图 2-13 所示. 如果电视图像是用 RGB 空间表示的，则首先把它转换到 YCrCb 空间，每个图像平面分成 8×8 图块；再对每个图块进行 DCT 变换后经过量化的交流分量系数按照 Z 序（zig-zag）排序；然后使用无损压缩技术进行编码. DCT 变换后经过量化的直流分量系数用 DPCM 表示,交流分量系数用行程长度编码(run-length encoding,简称 RLE)表示,之后用 Huffman 编码或算术编码.

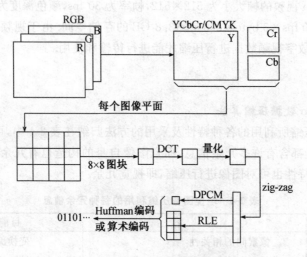

图 2-13　帧内图像 I 的压缩编码算法框图

(2) 预测图像 P 的压缩编码算法.

预测图像的编码以图像宏块(macroblock)为基本编码单元,一个宏块定义为 $I \times J$ 的图块,一般取为 16×16.预测图像 P 使用两种类型的参数来表示:一种参数是当前要编码的图像宏块与参考图像的宏块之间的差值;另一种参数是宏块的移动向量(motion vector).移动向量的概念如图 2-14 所示.

《泰坦尼克》电影中的镜头

移动向量

时刻1　　　　　　　　　　　　时刻2

图 2-14　移动向量的概念

求解差值的方法如图 2-15 所示.假设编码图像宏块 M_{PI} 是参考图像宏块 M_{RJ} 的最佳匹配块,它们的差值就是这两个宏块中相应像素值之差.对所求得的差值进行彩色空间转换,并作 $4:1:1$ 的子采样得到 Y,Cr 和 Cb 的分量值,然后仿照 JPEG 压缩算法对差值进行编码,计算出的移动向量也要进行 Huffman 编码.

求解移动向量的方法定义在图 2-16 中.在求两个宏块差值之前,需要找出编码图像中 M_{PI} 相对于参考图像中 M_{RJ} 所移动的距离和方向,这就是移动向量 $d(d_x, d_y)$.图中的 M_h 和 M_v 分别是水平方向和垂直方向的移动向量.

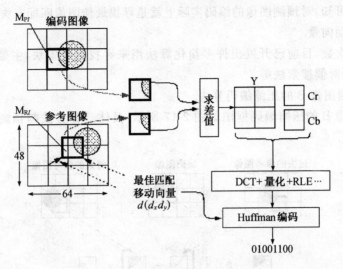

图 2-15 预测图像 P 的压缩编码算法框图

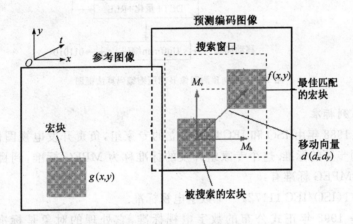

图 2-16 移动向量的算法框图

要使预测图像更精确,就要求找到与参考宏块 M_{RJ} 最佳匹配的预测图像编码宏块 M_{PI},所谓最佳匹配是指这两个宏块之间的差值最小.通常以绝对值 AE 最小作为匹配判据:

$$\mathrm{AE} = \sum_{i=0}^{15}\sum_{j=0}^{15}\left| f(i,j) - g(i-d_x, j-d_y)\right|$$
$$(0 \leqslant i \leqslant 15, 0 \leqslant j \leqslant 15).$$

有些学者提出以均方差 MSE 最小作为匹配判据:

$$\mathrm{MSE} = \frac{1}{I \times J}\sum_{|i| \leqslant \frac{1}{2}}\sum_{|j| \leqslant \frac{1}{2}}\left[f(i,j) - g(i-d_x, j-d_y)\right]^2 \quad (I = J = 16).$$

另外也有些学者提出以平均绝对帧差 MAD 最小作为匹配判据:

$$\mathrm{MAD} = \frac{1}{I \times J}\sum_{|i| \leqslant \frac{1}{2}}\sum_{|j| \leqslant \frac{1}{2}}\left| f(i,j) - g(i-d_x, j-d_y)\right|,$$

其中 d_x 和 d_y 分别是参考宏块 M_{RJ} 的移动向量 $d(d_x, d_y)$ 在 x 和 y 方向上的分量.

从以上分析可知,对预测图像的编码实际上就是寻找最佳图像匹配宏块,找到最佳宏块也就找到了最佳移动向量.

为减少搜索次数,目前已开发出许多简化算法用来寻找最佳宏块,主要有二维对数搜索法、三步搜索法和对偶搜索法等.

（3）双向预测图像 B 的压缩编码算法.

双向预测图像 B 的压缩编码框图如图 2-17 所示.具体计算方法与预测图像 P 的算法类似,这里不再重复.

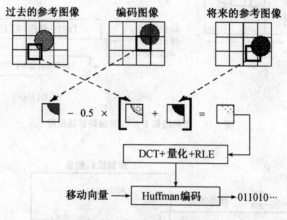

图 2-17　双向预测图像 B 的压缩编码算法框图

2. MPEG 系列标准

MPEG 是于 1988 年由 ISO 和 IEC 联合成立的专家组,负责开发电视图像和声音数据的编码、解码及其同步等的标准.这个专家组开发的标准称为 MPEG 标准,到目前为止,已经开发和正在开发的 MPEG 标准有:

（1）MPEG-1(ISO/IEC 11172)——数字电视标准.

MPEG-1 是 1992 年正式公布的数字电视标准,它处理的对象是标准图像交换格式(standard interchange format,简称 SIF;或称为源输入格式(source input format,简称 SIF))的电视,NTSC 制为 352 像素、240 行/帧、30 fps,PAL 制为 352 像素、288 行/帧、25 fps,压缩的输出速率定义在 1.5 Mb/s 以下.这个标准主要是针对当时具有这种数据传输率的 CD-ROM 和网络而开发的,用于 CD-ROM 上的数字影视存储和网络上的数字影视传输.

MPEG-1 的标准名称为"信息技术——用于数据速率高达大约 1.5 Mbit/s 的数字存储媒体的电视图像和伴音编码"(information technology-coding of moving pictures and associated audio for digital storage media at up to about 1.5 Mbit/s).它已于 1991 年底被 ISO/IEC 采纳,由 5 个部分组成:

① MPEG-1 系统,规定电视图像数据、声音数据及其他相关数据的同步.

② MPEG-1 电视图像,规定电视数据的编码和解码.

③ MPEG-1 声音,规定声音数据的编码和解码.图2-18是 MPEG-1 的译码器方框图.

④ MPEG-1 一致性测试(conformance testing),详细说明如何测试比特数据流(bitstream)和解码器是否满足 MPEG-1 前 3 个部分中所规定的要求.这些测试可由厂商和用户实施.

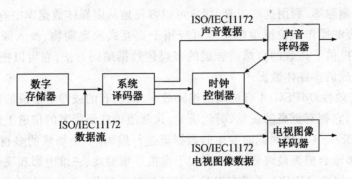

图 2-18　MPEG-1 译码器方框图

⑤ MPEG-1 软件模拟(software simulation).实际上,这部分的内容不是一个标准,而是一个技术报告,给出了用软件执行 MPEG-1 标准前三个部分的结果.

(2) MPEG-2——数字电视标准.

MPEG-2 是一个直接与数字电视广播有关的高质量图像和声音的编码标准.MPEG-2 于 1990 年开始研究,1994 年发布草案国际标准(draft international standard,简称 DIS),可以说是对 MPEG-1 的扩充.它们的基本编码算法都相同,但 MPEG-2 增加了许多 MPEG-1 没有的功能,例如隔行扫描电视的编码、位速率的可变性能(scalability).MPEG-2 要达到的最基本目标是:位速率为4~9 Mb/s,最高达 15 Mb/s.MPEG-2 包含 9 个部分:

① MPEG-2 系统,规定电视图像数据、声音数据及其他相关数据的同步.

② MPEG-2 电视图像,规定电视数据的编码和解码.

③ MPEG-2 声音,规定声音数据的编码和解码,是 MPEG-1 声音的扩充,支持多个声道.

④ MPEG-2 一致性测试.

⑤ MPEG-2 软件模拟.

⑥ MPEG-2 数字存储媒体命令和控制扩展协议(MPEG-2 extensions for DSM-CC).

⑦ MPEG-2 先进音频编码,是多声道声音编码算法标准.这个标准除后向兼容 MPEG-1 Audio 标准之外,还有非后向兼容的声音标准.MPEG-2 视频编码,这部分已经停止开发.

⑧ MPEG-2 系统解码器实时接口扩展标准.这是与传输数据流(transport stream)的实时接口(real-time interface,简称 RTI)标准,可以用来适应来自网络的传输数据流.

⑨ MPEG-2 DSM-CC 一致性扩展测试,是 μ 律 MPEG-2 AAC 的修正版.

(3) MPEG-4——多媒体应用标准.

MPEG-4 是一个数据速率很低的多媒体通信标准,目标是能在异构网络环境下进行高度可靠性地工作,并具有较强的交互功能.为了实现这个目的,MPEG-4 引入了基于对象的编码理念,用来表达视听对象(audio/visual objects,简称 AVO);并扩充了编码的数据类型,由自然数据对象扩展到计算机生成的合成数据对象,采用合成对象、自然对象混合编码的方法.

MPEG-4 标准的第一版于 1998 年 10 月被接受为国际标准,第二版也于 1999 年 12 月被接受成为正式国际标准.目前 MPEG-4 的版本 3~5 也已经进入最后开发阶段.MPEG-4 的标准名称是超低速率视听编码(very-low bitrate audio-visual coding).

与 MPEG-1,MPEG-2 相比,MPEG-4 具有如下独特的优点:

① 基于内容的交互性.MPEG-4 提供了基于内容的多媒体数据访问工具,如索引、超级链

接、上传和下载、删除等.利用这些工具,用户可以方便地从多媒体数据库中有选择地获取自己所需的内容;内容的操作和位流编辑功能可应用于交互式家庭购物、淡入淡出的数字化效果等.MPEG-4还提供了高效的自然或合成的多媒体数据编码方法,它可以把自然场景或对象组合起来成为合成的多媒体数据.

② 压缩的高效性.MPEG-4有更高的编码效率.同已有的或即将形成的其他标准相比,在相同的比特率下,它拥有更高的视觉、听觉质量,这就使得在低带宽的信道上传送视频、音频成为可能.同时 MPEG-4还能对同时发生的数据流进行编码.一个场景的多视角或多声道数据流可以高效、同步地合成为最终数据流,可用于虚拟三维游戏、三维电影和飞行仿真练习等.

③ 访问的通用性.MPEG-4具有对易出错环境的鲁棒性,保证了其在许多无线和有线网络以及存储介质中的应用;此外,还支持基于内容的的可分级性,即把内容、质量、复杂性分成许多小块来满足用户的不同需求,支持具有不同带宽、不同存储容量的传输信道和接收端.

MPEG-4将应用在移动通信和公用电话交换网(public switched telephone network,简称 PSTN)上,并支持可视电话(video phone)、电视邮件(video mail)、电子报纸(electronic newspaper)和其他低数据传输率场合下的应用.

(4) MPEG-7——多媒体内容描述接口标准.

MPEG-7的工作于1996年启动,其名称为多媒体内容描述接口(multimedia content description interface),目的是制定一套描述标准,用来描述各种类型的多媒体信息及它们之间的关系,以便更快、更有效地检索信息.这些媒体包括静态图像、图形、三维模型、声音、话音、电视以及在多媒体演示中它们之间的组合关系.在某些情况下,数据类型还可包括面部特性和个人特性的表达.

与其他 MPEG 标准一样,MPEG-7也是为满足特定需求而制定的视听信息标准.但MPEG-7标准也是建立在其他标准之上的,例如 PCM,MPEG-1,MPEG-2和 MPEG-4等.在 MPEG-7中,MPEG-4中使用的形状描述符、MPEG-1和 MPEG-2中使用的移动向量等都可能用到.

图 2-19 表示了 MPEG-7的处理链(processing chain),这是高度抽象的方框图.包含有三个方框:特征抽取(feature extraction)、标准描述(standard description)和检索工具(search engine).特征的自动分析和抽取对 MPEG-7是至关重要的,抽象程度越高,自动抽取也越困难,因此开发自动和交互式半自动抽取的算法和工具都是很有用处的.尽管如此,特征抽取和检索工具都不包含在 MPEG-7标准中,而是留给大家去竞争,以便得到最好的算法和工具.

图 2-19 MPEG-7 的处理链

MPEG-7的应用领域包括:数字图书馆(digital library),例如图像目录、音乐词典等;多媒体目录服务(multimedia directory service),例如黄页(yellow page);广播媒体的选择,例如无线电频道、TV 频道等;多媒体编辑,例如个人电子新闻服务、多媒体创作等等.潜在应用的应用领域还包括教育、娱乐、新闻、旅游、医疗、购物等.

(5) 其他 MPEG 标准.

到目前为止,MPEG 已经完成、正在开发及准备开发的标准还有 MPEG-21,MPEG-A, MPEG-B. MPEG-21 总体上来讲是一个支持通过异构网络和设备、使用户能够透明而广泛地使用多媒体资源的标准,其目标是建立一个交互的多媒体框架,为多媒体信息的用户提供透明而有效的电子交易和使用环境,详细介绍见2.7.4小节. MPEG-A 是最近提出的一个标准,结合了已有 MPEG 标准中的技术,形成所谓的多媒体应用文件(multimedia application file,简称 MAF). 它的目的是为多媒体应用和服务的快速开发提供清晰的市场定位. MPEG-B(也叫 BiM)是专门为 XML 文档的高效编码、传输和处理而开发的一种二进制格式. 它利用 XML 的语法,生成可以被高效解析的字节流. MPEG-B 允许 XML 文档以流的方式传输,这样既可以有效控制带宽,也可以减少应用延迟,其首要设计目标是用于传输丰富的 MPEG-7 描述.

2.5.4　其他视频标准

1. AVI

音频视频交错(audio video interleave,简称 AVI)是微软公司开发的一种格式,用于存储视频和音频信息. AVI 的最高分辨率为 320×240,最高刷新率为30 帧/秒,难以支持全屏和全运动(full-motion)视频. AVI 格式的一个优点是,播放时不需要特殊的硬件设备. 因此,其产品有最大的用户群,从而也成为大部分多媒体厂商的首选.

2. QuickTime

QuickTime 也是一种有竞争力的视频格式,它是苹果公司开发的一种视频动画系统. QuickTime 是 Macintosh 操作系统内置的播放格式,其中大多数包含视频或动画的应用程序都使用 QuickTime. PC 机也可以播放 QuickTime 格式的文件,但需要一个特殊的 QuickTime 驱动. 1998 年 2 月,ISO 决定在 QuickTime 的基础上开发新的 MPEG-4 标准,从而促进了 QuickTime 的发展.

§2.6　多媒体表示标准

跨平台的视频和音频标准已经有很多,包括静态的和动态的 JPEG 以及 MPEG 系列标准. 但是,没有一个标准能将所有这些格式统一起来. 有些模型试图通过提供一种独立于系统的表示标准来解决这个问题. 这样,在一种硬件平台上创建的表示可以在另外的硬件平台上播放.

2.6.1　同步多媒体集成语言

同步多媒体集成语言(synchronized multimedia integration language,简称 SMIL),是一种与 HTML 类似的标记语言,其特点是易学习,且在网站上部署比较容易. SMIL 是由环球互联网协会(Word Wide Web Consortium,简称 W3C)提出的,它允许开发者在 web 上创建基于时间的多媒体文档. SMIL 是基于 XML 的,常用于富媒体(rich media)和多媒体表示. 它能集成多种媒体,如文本、图形、音频、视频、基于向量的动画以及其他类型的媒体,并按时间同步播放.

SMIL 的主要特点有：

（1）"表示"（presentation）由多个组件组成,这些组件是存储在 web 服务器上的文件,可以通过统一资源标识符（uniform resource identifier,简称 URI）进行存取.

（2）组件包括多种媒体类型,如音频、视频、图像或文本.不同组件的起始时间和终止时间由其他媒体组件中的事件给定.例如,在幻灯放映时,某张幻灯片的显示与音频中的演讲是同步的.

（3）熟悉的外观控制按钮,如停止、快进、后退,允许用户中断当前的播放、向前或向后移动到感兴趣的地方.

（4）附加的功能.例如"随机访问"功能可以从任何地方开始播放;"慢动作"功能可以使播放速度降低.

（5）用户可以点击进入表示媒体中的超级链接.

2.6.2　MHEG 标准

MHEG 是多媒体和超媒体专家组（multimedia and hypermedia experts group）的简称.这是不同于 MPEG 的一个专家组,由 ISO 建立,在多媒体领域内名声显赫,已于 2001 年停止工作.MHEG 的任务是建立多媒体存储、交换和显示的标准方法.MHEG 的基本目标是:

（1）为使用最少系统资源的多媒体应用提供一种简单有效、易于实现的框架;

（2）为表示定义一种数字化的最终形式,这样它们就可以在不同的机器之间交换,而不论这些机器是什么平台或什么厂家制造的;

（3）提供可扩展性,即系统应该允许用特定应用的代码进行扩展和定制,尽管这会导致表示丧失平台的独立性.

这里要特别提一下 MHEG-5 和 MHEG-4.MHEG-5 标准的目的是定义一种面向对象的模型,使多媒体对象的同步以一种标准化的方式进行.同步不仅仅涉及多媒体对象,还包括用户生成的事件以及临时事件.MHEG-5 允许跨网络管理多媒体应用;但它并没有为多媒体对象定义压缩方案,每个对象都有自己的压缩标准.MHEG-4 没有定义创建多媒体结构的工具,但是它能通过集成不同的组件（如文本、视频、图像等）及时地组成一种多媒体信息流,其中每个组件都根据它所代表的媒体以一种特定的方式压缩.

§2.7　多媒体元数据标准

在创建和管理数字图像以及其他多媒体文件中,元数据是一个重要的方面.元数据是描述数据的数据,是一种增值信息.元数据记录了与资源相关的管理、描述、存储、技术和使用历史等特征信息,它为数字资源管理系统在网络中及组织之间快速、精确地访问相关资源提供了坚实的基础.

为了不仅能让计算机系统的读取、搜索和交换,并且也能让人理解,元数据又必须以一种标准的方式来表达.可以把元数据记录在表或数据库里,也可以用超文本标记语言（hydro-text markup language,简称 HTML）或 XML 文档来表达.XML 及其相关技术（XML 名字空间、XML 查询语言和 XML 数据库等）可以用于开发元数据模式、海量元数据仓库和使用 XML 查询语言的搜索界面等. 这些技术是计算机在因特网上自动处理、集成和交换信息的关键技术.

但是,XML 自身并没有能力让不同的应用领域、不同企业团体之间的数据达到共享以及互操作. 为了更容易地进行数据共享和重用,W3C 提出了语义 web. 语义 web 基于资源描述框架(resource description framework,简称 RDF),是允许数据共享和重用的一种通用框架,它在语法上采用 XML 技术,在命名上则采用 URI 技术.

元数据对多媒体数据的描述是非常有益的,但是通常所采用的标准化元数据描述方案存在一些问题,例如,它们往往具有固定的描述属性且只针对某一特定领域. 这就需要一类新的标准. 这类新标准不仅集成不同应用领域的多种元数据标准,为多媒体数据的描述提供描述语言和丰富的元数据模型,而且允许定义任意领域中的其他元数据描述方案,被认为是一种标准化的元数据框架.

下面将详细介绍多媒体元数据、XML 技术、语义 Web 以及多媒体元数据标准化框架.

2.7.1 多媒体元数据概述

多媒体内容分析是指通过由图像和信号处理、图像分析和理解技术抽取得到的元数据来理解多媒体文档的语义信息. 元数据中包含的信息主要包括三个方面,即媒体文件的技术格式、创建过程和内容.

元数据标准使得组织之间能以一种易于检索、并在网络环境中共享的方式一致地记录多媒体文档的信息. 多媒体文档的元数据可以分为以下三类:

(1) 描述或内容元数据,是文档中所描述的对象信息(对象名、标题、材料、日期、物理属性等). 内容元数据非常重要,因为这是检索数据库中多媒体文档的主要途径. 已有一些标准用于决定记录对象的哪些信息以及如何记录这些信息.

(2) 技术元数据,是管理多媒体文档的基础. 技术元数据是关于多媒体文档自身的,与文档中的对象无关. 例如,数字图像中可以包含如下信息:图像获取或处理的技术过程、图像颜色、文件格式以及其他与图像相关的技术信息(如图像文件类型). 这些信息必须是可机读的(根据某种特定的技术格式),这样计算机系统才能正确的显示图像.

(3) 管理元数据,包括与多媒体文档管理(如权限管理)相关的信息.

我们还可以按照其他的分类标准来划分多媒体元数据:

(4) 按数据描述的层次来划分. 技术层次描述的是多媒体文档的低层次方面;语义层次考虑的是多媒体文档抽象的高层次方面.

(5) 按可生产性进行划分. 元数据的生成可以是自动的,这是一个非常不错的特点,较低层次的技术元数据通常是自动生成的;而在生成描述多媒体内容的语义元数据时,通常需要知识的参与,因此,语义元数据往往是手工生成的.

(6) 按依赖性来划分. 元数据可能是依赖领域知识的,例如在医学应用中,对肿瘤的位置可能比较感兴趣,而在许多应用领域中图像的颜色分布可能很有用. 元数据也可能依赖于媒体类型,例如颜色分布只适用于可视媒体,而日期创建适用于所有媒体.

显然,元数据对多媒体数据的描述是有益的. 然而,元数据更多的被用在多媒体应用中(多媒体内容分析). 在为多媒体内容分析而开发的技术和项目中,相关的主要研究方向有:

（1）自动文档索引或分类；

（2）语义匹配和自动语言学索引；

（3）语音识别；

（4）视频索引和检索；

（5）注解系统；

（6）保存性元数据.

近年来,为了描述不同领域的多媒体内容,也为了能在网络中共享、交换、互操作多媒体内容,出现了大量多媒体元数据标准.表 2-5 列出了一些主要的元数据标准及其属性.

表 2-5　一些主要的元数据标准化描述方案

标准名	标准化组织	时　间	多媒体类型	领　域	层　次	可生产性
MARC21	国会图书馆	1997	所有	目录描述	语义	手工
Dublin Core	DCMI	1995	所有	目录描述	语义	手工
CDWA	AITF	1996	所有	艺术品	语义	手工
CSDGM	FGDC	1998（当前版本）	所有	地理	语义和技术	手工和自动
Z39.87	NISO	2002	图像	静态图像	技术	自动
LOM	IEE	2002	所有	教育媒体	语义	手工
JPX	JPEG	2000	图像	数字图像	语义和技术	手工

当然,元数据也有缺点,如成本,不可靠性,主观性,缺乏认证,语法、语义、词汇和语言之间缺少交互等.目前已有许多研究人员正在研究如何克服这些缺点,2.7.4 小节将介绍的多媒体元数据标准化框架就是用于解决上述问题的.

2.7.2　XML 技术

XML 是一种简单、灵活的文本格式,它是 SGML 的一个子集.XML 最初是为了应付大规模电子出版的挑战而设计的.然而,XML 在网络以及其他领域的数据交换方面正扮演着越来越重要的角色.XML 语言的一个重要特点是表示与内容分离,这样就易于选择和重组数据.

文档类型定义（document type definition,简称 DTD）可以用于确保 XML 文档符合该DTD 定义的语法规则.DTD 虽然为 XML 文档提供了语法定义,但是它没有提供明确的语义.也就是说,DTD 中元素的语义或者是由人通过元素的名字推理得出的,或者是由另外的文档来描述的.然而,大量不同的 DTD 定义仍然会使开发者面临语义互操作的问题.为了得到语义互操作性,系统之间在交换数据的时候,应该能访问到数据的准确意思,而且数据本身也应该能被任意系统转化成该系统能理解的形式.

由于 XML 使数据交换以标准的方式进行,而且它本身也是独立于存储的,因此它已经成为因特网上表现资源的元数据描述的实施标准.但是,XML 表达语义知识的能力有限,此时需要用 RDF 来描述.

（1）XML 模式语言.

XML 模式语言提供了定义 XML 文档的内容、结构和语义的方法.它提供了一些 XML 标记,包括:数据类型,元素及其内容、属性及属性值,实体及其内容和注释.因此,XML 模式语言可以作为 XML 文档定义和描述 XML 的词汇,如网络资源或数字对象的元数据描述.XML模式已经用于定义许多特定领域和应用的元数据模式,如 METS,MPEG - 7,MPEG - 21,NewsML等.

(2) XML 查询.

XML 查询工作组(XML query working group,简称 Xquery)的任务是为从 web 上的文档中抽取数据提供灵活的查询工具,从而为数据库世界和 web 世界提供必要的交互.可以通过XML 查询来访问 XML 文档集,正如访问数据库那样.Xquery 是一种新的 XML 查询语言,目前还是 W3C 的一个未完成的标准.它将是由多种表达式组合而成的功能强大的查询语言.

(3) XML 数据库.

目前,XML 数据库领域已经有很多研究.Ronald Bourret 认为 XML 数据库的解决方案可以分成以下几类:

① 中间件,是在应用程序中调用、在 XML 文档和数据库之间传输数据的软件.

② 支持 XML 的数据库.此类数据库扩展了在 XML 文档和数据库之间传输数据的功能,只是其内部并不以 XML 格式存储数据.

③ 原生 XML 数据库,内部以 XML 格式存储数据.

④ XML 服务器,包括能处理 XML 的 Java2 平台企业版(Java2 platform euterprise edition,简称 J2EE)服务器、web 应用服务器、集成引擎、XML 应用服务器等.其中某些服务器用于建立分布式应用,而另外一些则用于在 Web 上发布 XML 文档.

⑤ 内容管理系统,是建立在原生 XML 数据库或文件系统之上,用于内容或文档管理的应用,包含登录退出、记录版本和编辑等功能.

⑥ XML 查询引擎,可以查询 XML 文档的独立引擎.

⑦ XML 数据绑定,可以将 XML 文档与对象绑定的产品,其中某些也能够在数据库中存储和检索对象.

2.7.3　语义 web 与互操作

根据 W3C 的定义,语义 web 是对当前 web 的一种扩展,其中信息都有明确的定义,计算机与人之间的合作也变得更加容易.提出语义 web 主要有两个原因:

(1) 数据集成.数据集成是众多信息技术(information technology,简称 IT)应用的瓶颈.目前,针对数据集成问题的大部分解决方案都是面向特定应用的.实际上,每次都需要在数据源和数据模型之间作一个映射.如果用机器可解释的方式来描述数据源的语义,那么建立映射就至少可以用半自动化的方式.

(2) 对终端用户的智能支持.如果计算机程序能够推理出 web 信息的结果,就能对信息的查找、信息源选择、个性化信息和不同信息源的整合等提供更好的支持.

基于上述目的,W3C 为元数据语法定义了两个开放式标准,RDF 和 web 本体语言(web ontology language,简称 WOL).工业界和学术界对这两个标准的支持正在迅速增长.

越来越多的专业团体开始开发元数据词表(或本体),在医药、基因、GIS 和法律等专业领域已经存在一些较大的本体.通常,这些本体都是手工建立的;当然,通过学习大量文本从而以半自动化的方式来建立元数据的系统也有了很大进步.

（1）RDF.

RDF 是 W3C 领导下开发的一种以标准化可互操作的方式来描述数据语义的通用框架. 它基于 XML 和 URI 两种关键技术,其中 XML 用于描述 RDF 的语法,URI 用于唯一标识 web 资源. 从技术上说,RDF 不是语言,而是元数据实例的一种数据模型. RDF 的基本数据模型非常简单,由用带标签的弧线连接的节点组成,其中节点表示 web 资源,弧线表示资源的属性.

RDF 是为灵活的描述信息而设计的. 它使用了如下一些关键概念:

① 图数据模型. RDF 中任何表达式的结构都是一个三元组集合,每个三元组由主题、谓词和对象组成. 这样的一个三元组集合叫做 RDF 图,可以用有向图来表示,其中每个三元组都用"节点—弧线—节点"来表示. 每个三元组表示了它所连接的节点之间的关系.

② 基于 URI 的词表. 节点可以是带有可选片段标识的 URI(叫做 URI 引用(URI reference 或 URIref)),也可以是文字或空格. 当做节点用的 URIref 或文字标识的是节点所表示的东西;当做谓词用的 URIref 标识的是它所连结的节点之间的关系;特别地,空白节点是唯一可以用于一个或多个 RDF 语句的节点.

③ 数据类型. 数据类型由词汇空间、值空间和"词汇—值"映射三部分来定义. RDF 预定义了一种数据类型"rdf:XMLLiteral",用于 RDF 中的嵌入式 XML.

④ 文字. 文字用于标识值,例如表示数字和日期. 任何能够用文字来表示的东西也能用 URI 来表示,但通常用文字来表示会更方便,也更直观. 文字可以是"纯文字",即该字符串可以与其他标签结合;或者"类型文字",即该字符串可以与 URI 类型相结合.

⑤ 简单事实表达式. 简单事实表示两者之间的关系. 这样的事实可以用 RDF 三元组来表示,其中谓词表示两者之间的关系,主题和对象分别表示另外两者. 更复杂的事实可以用简单二元关系的析取(逻辑"与")来表达. RDF 并不提供表达"非"和"或"的方法.

⑥ 蕴涵. 我们说"RDF 表达式 A 蕴涵 RDF 表达式 B,如果所有使 A 为真的情况也使 B 为真". 在这基础上,若 A 为真,应该能推理得出 B 也为真.

RDF 数据模型以属性和值来描述资源之间的关系. 属性可以表达资源的特性,也可以表达资源之间的关系,因此 RDF 模型与实体关系(entity relation,简称 ER)模型非常类似. 然而,RDF 模型并没有提供声明属性的机制,也没有为定义资源之间的关系提供机制. 这些机制是由 RDF 模式提供的. 为了建立可控、可共享以及可扩展的词汇库,RDF 工作组开发了 RDF 模式规范(RDF scheme specification),该规范定义了一些带有特定语义的属性. 模式不仅定义了资源的属性(如标题、作者、主题、大小、颜色等),也定义了资源的类型(如书、网页、人、公司等). 模式中使用了一种机制来定义元素和资源类型,限制可能的资源类型与关系的结合以及探测对这些限制的违反. 由于有可能在不同的模式中用相同的字符串来表示不同的概念,RDF 还为每个模式赋予了一个 XML 名字空间.

（2）本体.

W3C 的 web 本体工作组建立在 RDF 核心工作组之上,目的是开发一种用于定义基于本体的结构化 web 语言. 本体由一组描述感兴趣领域的概念、公理和关系组成. 一个本体与一本词典或一张术语表类似,但本体是用形式化语言描述的(这样计算机就能处理本体的内容),它更详细,也更结构化.

本体可以增强 web 的功能,提高 web 搜索的精确度,也能将网络资源中的信息与本体中的相关知识结构和推理规则关联起来.

根据内容的范围和目的,本体可以分为领域本体和上层本体两种:领域本体描述一个特定领域,如医药领域;上层本体则描述用自然语言来表达任何领域的知识时所涉及的基本概念和基本关系.不同本体之间的协作,来自于上层本体和领域本体之间的交叉应用.上层本体提供了一个框架和一组通用的概念,是领域本体建立的基础.上层本体限于抽象、基本的概念,用于在较高层次上描述一个大范围的领域.数据互操作、信息搜索和检索、自动推理和自然语言处理等应用常常用到上层本体.

本体通常是公开的,不同的数据源在描述相同的意思时,应该使用相同的本体.当然,为了能够描述额外的定义,本体也应该是可扩展的.事实上,现有的共享本体往往是不足以描述一个数据源的.在描述数据源时,可能会发现现有本体能够满足所需要的 90%,而另外不能描述的 10%却非常关键.在这种情况下,应该扩展现有的本体,增加所需要的标识符和定义,而不是新建一个本体.

目前,许多团体正在开发领域本体,如 OpenGALEN,SNOMEND CT 等生物医药本体.此外,为促进元数据词汇之间的互操作以及不同领域信息之间的集成,另有一些研究组和标准化组织在开发通用概念模型(即上层本体).

2.7.4　多媒体元数据标准化框架

多媒体元数据标准化框架支持不同应用领域之间更简单的交互,而且支持更容易地创建多媒体数据的基本处理工具.总地来说,多媒体元数据标准框架主要有以下特点:

(1) 领域无关的描述方案;

(2) 满足多媒体内容描述的丰富的基本数据模型;

(3) 允许为任意应用领域定义描述方案的模式定义语言.

在标准化元数据框架的研究中,MPEG-21 备受关注.它是一种新的 MPEG 元数据标准框架.

(1) MPEG-21 的基本概念.

MPEG-21 是 MPEG 提出的 ISO/IEC 21000 标准,目标是定义一个可扩展的,使多媒体资源能在不同的网络和设备之间透明使用的开放式多媒体框架.它涵盖了整个多媒体内容传输链,包括创作、生产、传输、个性化、显示以及交易等.

MPEG-21 基于两个基本概念:数字项(digital item)以及与数字项交互的用户,其中数字项考虑的是多媒体框架中的"什么"(例如视频剪辑、音乐列表等),而用户考虑的是多媒体框架中的"谁".因此,MPEG-21 的目的也可以认为是定义处理数字项所需要的技术.这些技术支持用户以一种高效、透明、可互操作的方式,对数字项进行交换、访问、消费、交易等操作.

① 用户.MPEG-21 的用户是一个广义的概念,指与 MPEG-21 环境进行交互(或者使用数字项)的任意实体,包括个人、团体、组织、公司、联盟、政府以及其他标准化组等主体.MPEG-21 为用户之间的交互提供了一个框架,其中交互的数字项通常称为内容.这样的交互包括内容创建、内容提供、内容存档、内容评级、内容增强和递送、内容聚集、内容发布、内容零售、内容消费、内容提交、内容管制以及简化和管制发生在以上任意活动中的交易.所有这些都是对 MPEG-21 的使用,而使用的主体则为用户.

② 数字项.数字项是 MPEG-21 框架的基本单元,它由结构化对象(如标准化表示、认证、

元数据等)组成.例如,多媒体"家庭相册"可能由照片、视频以及相关的文本注释组成.这里一个数字对象用一个实体(如一张照片)来表达,而对象以及对象之间关系的描述用另外的实体(如文本注释)来表达.此外,还需要提供这些实体的技术信息以及有权看该相册的用户信息(即定义消费权).

(2) MPEG-21 的结构组成.

MPEG-21 多媒体框架是一个结构化的框架,可分成 7 大要素:

① 数字项声明(digital item declaration).数字项声明的目的是建立统一、灵活的数字项摘要和数字项的可互操作性方案.由于对于同一内容有许多描述方法,因此希望能有一个强大的、方便的数字项模型来表示无数种形式中的数字项的描述.

② 内容展现手法(content representation).它是不同媒体的数据展现方式,如音频、视频的播放.MPEG-21 提供的内容表示可以通过分级的和错误恢复方法有效地表示任何数据类型.在 MPEG-21 中,多媒体内容可完成对 MPEG-21 基本对象的表示.

③ 数字项的识别和描述(digital item identification and description).这是对不同自然属性、类型的数字项进行统一标记和描述的结构.

④ 内容的管理和使用(content management and usage).MPEG-21 的目的是通过各种不同的网络和设备透明地使用网络内容,所以对于内容的检索、定位、存档、跟踪、发布和使用显得越来越重要.

⑤ 知识产权的管理和保护(intellectual property management and protection).MPEG-21 可通过大范围的网络和设备对这些权利、兴趣和认定事项提供可靠的管理和保护,同时在某种程度上获得、编辑、发布相关的政策、法规和准则.

⑥ 终端和网络(termination and network).MPEG-21 通过屏蔽网络和终端的安装、管理和实现问题,使用户能够透明地操作和发布高级多媒体内容.

⑦ 事件报告(event reporting).它可以使用户准确了解框架中所有可报告事件的接口和计量.事件报告将为用户提供特定交互的执行方法,同样允许大量超范围的处理以及其他框架和模型与 MPEG-21 的互操作.

§2.8　小　　结

媒体有 5 种:感觉媒体、表示媒体、显示媒体、存储媒体和传输媒体.其中表示媒体指的是信息的表示和表现,如图像、声音、视频等.本章讲述了表示媒体的相关知识,并重点介绍了与文本、图像、声音和视频相关的编码技术.

文本是由字符组成的.要表示文本,则要确定文本的字符编码和字符集.大多数文本文档都是有结构的,通常包括标题、章节和段落等,这样的文本就是结构化文本.结构化文本有多种编码格式和标准,常见的有字处理软件和 SGML,PDF 等.文本压缩通常基于文本中字符出现概率的分布特性来进行压缩编码,著名的压缩算法有 Huffman 编码和 LZW 编码.

图像和图形都属于视觉媒体.在计算机图形学和数字图像处理中,图像是位图的概念,基本元素是像素;图形则是向量图的概念,基本元素是图元,也即图形指令.图像压缩允许精度损失,主要是因为存在空间冗余度、色谱冗余度和心理冗余度.典型的图像压缩系统主要由三部分组成:变换、量化和编码.JPEG 标准是静态图像压缩领域的重要标准,其中传统的 JPEG 标准与 JPEG 2000 之间存在一些差异.

声音是由物体的振动造成的现象,有两个重要的参数:频率和振幅.影响数字化声音质量的因素主要有三个,即采样频率,采样精度和通道个数. MIDI 是在音乐合成器、乐器和计算机之间交换音乐信息的一种标准协议,处理对象不是声音信号.声音数字化有两个步骤:第一步是采样,就是每隔一段时间读一次声音的幅度;第二步是量化,就是把采样得到的声音信号幅度转换成数字值. PCM, DPCM, MPEG Audio 是三种重要的声音编码技术.

视频和动画是多媒体系统中的基本媒体.模拟视频含有所有的视频成分,包括亮度、色彩和同步,它们共同组成一个信号.模拟视频的合成往往会造成色彩扩散、低清晰度和高清晰度的传递损失.数字视频是模拟视频信号的数字表示,最主要的优点是没有传递损失问题. MPEG Video 图像压缩技术基本方法是:在空间上,采用 JPEG 压缩算法来去掉冗余信息;在时间上,采用移动补偿算法来去掉冗余信息. MPEG 专家组还定义了三种图像:帧内图像、预测图像和双向预测图像,并分别采用三种不同的压缩算法进行压缩. MPEG 系列标准是最著名的视频编码标准.

提出多媒体表示标准的目的是将不同的媒体标准统一起来. SMIL 和 MHEG 标准是两种不同的多媒体表示标准.

元数据是描述数据的数据.为了不仅能描述不同领域的多媒体内容,也能在网络中共享、交换、互操作多媒体内容,出现了大量的多媒体元数据标准.同时,为能使计算机系统读取,搜索和交换,也为了能让人理解,元数据必须以一种标准的方式来表达. XML 及其相关技术可以用于开发元数据模式、海量元数据仓库.这些技术是计算机在因特网上自动处理、集成和交换信息的关键技术.由于标准化元数据描述方案存在一些问题,因此又提出了标准化元数据框架. MPEG-21 是一种多媒体元数据标准化框架.

§2.9　参考文献

[1] Ashour G, Amir A, Ponceleon D, Srinivasan S. Architecture for varying multimedia formats. ACM Multimedia Workshop, 2000, Marina Del Rey CA USA.

[2] Bormans J, Gelissen J, Perkis A. IEEE Signal Processing Magazine, 2003, 20(2): 53—62.

[3] van Beek P, Smith J R, Ebrahimi T, Suzuki T, Askelof J. IEEE Signal Processing Magazine, 2003, 20(2): 40—52.

[4] Doerr M, Hunter J, Lagoze C. J. Digital Info., 2003, 4(1).

[5] Bono M G D, Pieri G, Salvetti O. A review of data and metadata standards and techniques for representation of multimedia content. Proc. Multimedia understanding through Semantics, computation and Learning, 2004 August.

[6] van Harmelen F. IEEE Distributed Systems Online, 2004, 5(3): 1—4.

[7] Magalhães J, Pereira F. Signal Processing: Image Communication, 2004.

[8] Meghini C, Sebastiani F, Straccia U. J. ACM, 2001, 48(5): 909—970.

[9] Multimedia and Hypermedia Group: http://www.mheg.org.

[10] The MPEG Home Page: http://www.chiariglione.org/mpeg/.

[11] W3C Synchronized Multimedia Homepage:
http://www.w3.org/AudioVideo/.

[12] Extensible Markup Language (XML): http://www.w3.org/XML/.

[13] 林福宗,陆达. 多媒体与 CD-ROM. 北京:清华大学出版社,1995.

[14] 林福宗. 多媒体技术基础. 北京:清华大学出版社,2000.

[15] Li Z N. http://fas.sfu.ca/cs/undergrad/CourseMaterials/CMPT365/material/notes/contents.html.

§2.10 习　题

1. 什么是表示媒体?

2. 现有 8 个待编码的符号 $m_0, \cdots, m_7$,它们的概率如表 2-6 所示. 使用霍夫曼编码算法求出这 8 个符号的所分配的代码,并填入下表中:

表 2.6

待编码的符号	概率	分配的代码	代码长度(位数)
m_0	0.4		
m_1	0.2		
m_2	0.15		
m_3	0.10		
m_4	0.07		
m_5	0.04		
m_6	0.03		
m_7	0.01		

3. 什么是图形? 什么是图像? 它们之间有什么区别?

4. JPEG 静态图像压缩编码原理是什么? 传统 JPEG 标准与 JPEG2000 有哪些异同?

5. MIDI 是什么? 它是声音数据吗?

6. 什么叫做均匀量化? 什么叫做非均匀量化?

7. DPCM 的基本思想是什么?

8. MPEG-Video 数据压缩算法的主要思想什么?

9. MPEG 系列标准都有哪些标准? 有什么区别吗?

10. 为什么需要元数据? 用 XML 来描述元数据有哪些优缺点?

11. 多媒体元数据标准化框架的作用是什么?

第三章 文本处理与信息检索

§3.1 引 言

信息检索通常指文本信息检索,包括信息的存储、组织、表现、查询、存取等各个方面,其核心为文本信息的索引和检索(例如提取关键词、对文档进行分类和提取文档摘要等).信息检索技术对多媒体内容管理和信息检索的重要性表现在两个方面:首先,在当前信息爆炸的时代,半结构文本和自由文本是其中的一类重要资源;其次,文本可以对其他媒体(如图像、音频、视频等)进行标注;然后使用成熟的信息检索技术进行多媒体信息检索.

信息检索起源于图书馆的参考咨询和文摘索引工作,从 19 世纪下半叶首先开始发展,至 20 世纪 40 年代,索引和检索已成为图书馆独立的工具和用户服务项目.随着计算机问世,计算机技术逐步走进信息检索领域,并与信息检索理论紧密结合起来,在信息处理技术、通信技术、计算机和数据库技术的推动下,信息检索在教育、军事和商业等领域高速发展,得到广泛的应用.互联网的发展促进了信息检索技术的发展和应用,一大批搜索引擎产品诞生,但是信息检索和搜索引擎是有区别的,其不同之处体现在:

(1) 数据量.传统信息检索系统一般索引库规模多在 GB 数量级,但互联网网页搜索需要处理几千万上亿的网页.

(2) 内容相关性.搜索引擎发展了网页链接分析技术;而信息检索要求基于内容的相关性排序.也就是说,和检索要求最相关的信息排在检索结果的前面,链接分析技术在此排序中基本不起作用.

(3) 实时性.搜索引擎的索引生成和检索服务是分开的,周期性更新和同步数据,大的搜索引擎的更新周期需要以周乃至月度量;而信息检索需要实时反映内外信息变化.

(4) 安全性.互联网搜索引擎都基于文件系统,但企业应用中的信息检索的内容一般均会安全、集中地存放在数据库中以保证数据安全和管理的要求.

(5) 个性化和智能化.由于搜索引擎数据和客户规模的限制,相关反馈、知识检索、知识挖掘等计算密集的智能技术很难应用,而专门针对企业的信息检索应用能在智能化和个性化方面走得更远.

搜索引擎相关内容将在第四章介绍.本章将以文本信息检索为主题,首先介绍信息检索模型、信息检索中的文本处理技术,重点讲述如何对文本进行处理和索引;接下来介绍提高检索性能的两种方法:相关反馈和查询扩展;最后介绍文本检索的评测标准、怎样评测和用什么来评测.

§3.2　信息检索模型

3.2.1 信息检索模型分类

文档的表示和计算一直是信息检索研究的中心内容.许多学者提出了众多的信息检索模型来解决这些问题,著名的有布尔(Boolean)模型、向量空间模型、概率模型等.布尔模型由于其简洁性一直受到商业搜索引擎的青睐,而向量空间模型和概率模型却由于其严谨的形式化倍受学者们的推崇.在布尔模型中,文档和查询都用索引项的集合来表示,因此我们称这个模型是基于集合论的模型.在向量模型中,文档和查询都用一个 t 维空间中的一个向量表示,因此我们把这个模型叫做基于代数的模型.在概率模型中,文档和查询的框架是基于概率论的,因此恰如其名,这个模型是基于概率的模型.

除了文本内容的模型,还有很多文本结构的模型,其中经典的有非重叠列表模型(non-overlapping lists model)和最近节点模型(proximal nodes model).由于篇幅所限,本章将不对文本结构模型作详细的介绍.

3.2.2　经典检索模型

在介绍三种经典检索模型之前,先介绍一些基本的概念.传统的信息检索系统大多使用索引项(index term)的集合来表示文档,然后在索引上进行检索.对于一篇文档,索引项就是任何一个在其中出现过的词语.但是,不同的词语对文档集中的文档的重要性是不同的.假设一个词语在文档集中的每一个文档中都出现过,另一个词语只在这一篇文档中出现,那么前一个词语对这篇文档的重要性肯定不如后一个.因此,在用索引项集合来表示文档的时候,每个索引项都会有一个对应的权值(weight)来表示它对该篇文档的重要程度.

假设 k_i 表示任意一个索引项,d_j 表示任意一篇文档,$w_{i,j}(w_{i,j}>=0)$ 是 (k_i,d_j) 的权值,我们有如下定义:

定义 3.1　令 t 是系统中索引项的总数,k_i 是任意一个索引项,K 是所有索引项集合,$w_{i,j}$ 是任意文档 d_j 中每个索引项 k_i 的权值.如果一个索引项 k_i 没有出现在文档 d_j 中,那么 $w_{i,j}=0$.文档 d_j 可以用一个索引项向量 $\bar{d}_j$ 来表示,$\bar{d}_j=[w_{1,j},w_{2,j},\cdots w_{t,j}]$.令 g_i 是返回任意 t 维向量中索引项 k_i 的权值的函数,$g_i(\bar{d}_j)=w_{i,j}$.

(1) 布尔模型.

一方面,布尔模型是一个简单的检索模型,它是基于集合论和布尔代数的.由于集合的概念非常直观,因此对于一个普通的信息检索系统用户而言,这个模型非常便于掌握,而且用布尔表达式组成的查询语义非常准确.因此,由于其内在的简单和整齐等特点,布尔模型在早期信息检索中受到了很大的关注,并且已经应用在很多早期的商业档案系统中.

但是,另一方面,布尔模型的简单性也带来很多致命的缺陷.首先,它的检索策略是基于二值(binary)决策原则的.一个文档要么是相关的,要么是无关的,没有中间状态.这在很大程度上限制了检索的性能.从这个角度来说,布尔模型更像是一个数据检索模型,而不是信息检索模型.其次,虽然布尔表达式具有准确的语义,但是通常将一个检索请求转化成对应的布尔表达式并不太容易.事实上,用布尔表达式来表示一个查询,对很多用户来说是一件既复杂又麻烦的事.用户一般提交的布尔表达式都非常简单.尽管存在上述种种缺陷,布尔模型仍然在商业文档数据库系统中享有绝对的主导地位,并且为信息检索领域带来了一个很好的开始.

布尔模型中一个索引项在文档中要么存在,要么不存在,没有第三种状态,因此该检索项的权值是二值的,非 0 即 1.一个查询 q 是索引项和三种连接谓词组合而成:"非","与","或".因此,一个布尔表达式可以用一个索引项权值的合取向量的析取式来表示.举例而言,查询 $q=k_a \wedge (k_b \vee \neg k_c)$ 可以用析取范式 $q_{dnf}=(1,1,1) \vee (1,1,0) \vee (1,0,0)$ 来表示.该析取范式的每一项都是元组 (k_a, k_b, k_c) 的二值加权向量,我们称之为 q_{dnf} 的合取项.下面用图 3-1 来说明查询 q 的三个合取项.

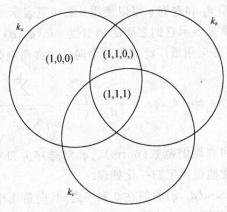

图 3-1　查询 $[q=k_a \wedge (k_b \vee \neg k_c)]$ 的三个合取项

定义 3.2　在布尔模型中,索引项的权重参数都是二值的,也即权值 $w_{i,j} \in \{0,1\}$.假设查询 q 是一个布尔表达式,q_{dnf} 是 q 的析取范式,进一步假设 q_{cc} 是 q_{dnf} 的任意一个析取子部分,文档 d_j 和查询 q 的相似性定义如下:

$$\text{sim}(d_j, q) = \begin{cases} 1, & \text{如果} \exists q_{cc}(q_{cc} \in q_{dnf}) \wedge (\forall k_i, g_i(d_j) = g_i(q_{cc})); \\ 0, & \text{其他}. \end{cases}$$

如果 $\text{sim}(d_j, q) = 1$,那么布尔模型判断文档 d_j 和查询 q 是相关的(尽管事实上可能并不是);否则判断为不相关的.

布尔模型将每篇文档分别预测为相关的或不相关的.这里没有"部分相关"的存在.举例而言,假设 $d_j = [0,1,0]$ 表示文档 d_j,该文档包含索引项 k_b,但是对于查询 $[q=k_a \wedge (k_b \vee \neg k_c)]$ 它却是不相关的.

布尔模型最大的优点是清晰、简洁的表达形式;最大的缺陷是过于精确的匹配导致检索到的结果过少或过多.为此,很多学者提出了多种扩展布尔模型,在各种扩展中,p 范式模型的运行结果是最符合实际的.扩展布尔模型可以取得比传统布尔模型和向量空间模型更好的结果,但是,使用这种模型的代价是需要更多的知识.

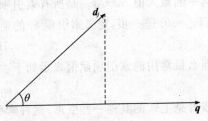

图 3-2　用的 θ 余弦值来表示 d_j 和 q 之间的相似性

(2)向量模型.

针对布尔模型二值权重的局限性,向量模型提出了一种可以实现部分匹配的模型架构.这是通过对文档和查询的索引项赋予多值权重,而不是布尔模型中的二值权重来实现的.这些索引项的权值可以用来计算系统中的文档和用户查询之间的相似度,然后根据相似度对检索的文档进行降序排序,这样就允许部分匹配的文档,也可以出现在检索结果之中.

定义 3.3　在向量模型中,索引项、文档对(k_i, d_j)的权重$w_{i,j}$是正数且非仅二值,同样查询q的索引项也是有权重的.假设$w_{i,q}$是$[k_i, q]$的权重,$w_{i,q} \geqslant 0$.那么,检索向量q被定义为一个索引项空间下的向量$q = [w_{1,q}, w_{2,q}, \cdots, w_{t,q}]$,这里$t$是系统中所有索引项的数目.如前,文档向量$d_j$仍然被表示为$d_j = [w_{1,j}, w_{2,j}, \cdots, w_{t,j}]$.

通过定义我们知道,文档d_j和查询q可以使用t维向量表示.如图 3-2 所示,向量模型用文档d_j和查询q之间的关系来表示它们之间的相似度$\mathrm{sim}(d_j, q)$,常使用的相似性度量包括绝对值距离、欧氏距离等,但是应用最广泛的是两个向量的夹角余弦值:

$$\mathrm{sim}(d_j, q) = \cos(d_j, q) = \frac{d_j \cdot q}{|d_j||q|} = \frac{\sum_{i=1}^{t} w_{i,j} w_{i,q}}{\sqrt{\sum_{i=1}^{t} w_{i,j}^2} \sqrt{\sum_{i=1}^{t} w_{i,q}^2}},$$

其中$|d_j|$和$|q|$分别为文档和查询的范数(norm),$|q|$对排序并没有影响,因为对于所有的文档都是一样的,$|d_j|$为每个文档提供了归一化处理.

由于$w_{i,j} \geqslant 0$和$w_{i,q} \geqslant 0$,$\mathrm{sim}(d_j, q)$的值在 0 和 1 之间,向量模型可以用这个值对文档进行排序,而不仅仅只是判断是否相关.一个文档就算仅仅只是部分相关,也会被检索到.举例而言,可以为$\mathrm{sim}(d_j, q)$定义一个阈值,只要相似度超过这个阈值,就认为是相关的.但是在排序之前,我们要先解决一个最重要的问题,就是如何给索引项赋值.

索引项的权值有很多种计算方法,这里我们不作一一详述.下面我们介绍其中使用最多的一种方法.在向量模型中,我们用 TF 表示索引项频率(term frequency,简称 TF),用于衡量一个索引项对于文档内容的描述能力;用 IDF 表示逆文档频率,其作用是降低一些很多文档中都出现的索引项在判断是否相关时的区分能力.

定义 3.4　假设$N\{n_i\}$是系统中所有文档的数目,n_i是索引项k_i出现的文档数目,$f_{i,j}$是索引项k_i在文档d_j中的基础频率(比如是k_i在d_j的文本内容中出现的次数),那么索引项k_i在文档d_j中的$\mathrm{TF}_{i,j}$表示如下:

$$\mathrm{TF}_{i,j} = \frac{f_{i,j}}{\max_l f_{l,j}},$$

其中的最大值$\max_l f_{l,j}$是所有索引项在文档d_j的最大值.如果索引项k_i在d_j没有出现,那么$\mathrm{TF}_{i,j} = 0$.进一步,定义索引项k_i的逆文档频率IDF_i的值如下:

$$\mathrm{IDF}_i = \log_2(N/n_i)[1],$$

那么最常用的索引项赋值表示如下:

$$w_{i,j} = \mathrm{TF}_{i,f} \log_2(N/n_i)$$

或者是上式的其他一些变形.这种索引项赋值的方法就是 TF-IDF 方法.

向量模型的优势有:(1)索引项赋值的方法提高了检索性能;(2)部分匹配的策略支持检

---

[1]　本书中,若不特别标明底数,均指以 2 为底的对数.

索一些与查询请求近似的文档;(3) 余弦排序的模式根据文档和查询的相似度对检索的文档进行排序.从理论上讲,向量模型一个很大的不足是假设各个索引项在文档中是互相独立的.但是,在实际中,考虑索引项之间的相互关系并不是一个明智的举措.由于很多索引项之间的依赖关系只是局部依赖,将这种局部依赖毫无差别的应用到文档集中的所有文档中,反而会降低整体的性能.

除去简洁性,向量模型对于很多文档集都是一个很好的排序策略,它能够产生一个很好的排序的结果集.除了查询扩展,几乎没有其他方法能够再改进这个结果集.很多其他排序方法都和向量模型比较过,结果是向量模型要么是最好的,要么是同等好的;而且它简单、快捷.由于这些原因,向量模型是迄今为止应用最广泛的检索模型.

扩展向量空间模型中应用较广的包括潜在语义分析(latent semantic indexing,简称 LSI),它的中心思想是解决一词多义和同义词的问题,尽力挖掘语义信息,其实质是起到了查询扩展的作用,本节后面将会详细介绍.

(3) 概率模型.

概率模型最初是由 Roberston 和 Sparck Jones 于 1976 年提出的,后来逐渐演变成了著名的二进制独立检索(binary independence retrieval,简称 BIR)模型.我们接下来的重点主要集中在这个模型的一些关键特征上,而对该模型的二进制独立假设等相关细节不做讨论.

概率模型试图通过一个概率的框架结构来解决信息检索问题.其基本思想是:给出一个用户查询,要找到一个恰好完全相关的文档集.我们不妨将这个文档集叫做完全结果文档集.只要给出这个文档集的描述,就能获取它.因此,我们可以认为检索的过程就是一个确定理想结果文档集特征的过程.问题在于我们不知道那些特征到底是什么.我们所知道的只是检索项的语义可以用来描述这些特征,因此只能先猜测这些特征是什么,然后根据这些猜测得到一个结果文档集的初步概率描述,再根据这个概率描述得到一个初步的文档集,最后根据和用户的交互情况进一步改进这个概率描述.

与用户的交互是这样的:首先,用户浏览检索到的文档,判断哪些是相关的,哪些不是相关的(实际浏览的往往是排序靠前的部分文档);然后,系统根据这个信息进一步精练对完全结果集的描述.这样重复 n 次后,我们可以认为这个描述与真实的描述就很接近了.因此,我们必须注意关于完全结果集的最初描述是根据猜测得来的.而且这个描述是用概率来进行描述的.

概率模型是基于如下的一些基本假设的:

假设 3.1 概率原理(probabilistic principle) 给出一个用户查询 q 和文档集中的文档 d_j,概率模型试图给出文档 d_j 在用户预期的结果文档集中的概率是多少.该模型假设相关的概率仅与查询和文档的表示形式有关.另外,模型还假设在文档集中总是存在一个文档的子集是和用户的查询 q 相关的,我们用 R 来表示这个子集,也就是我们所称的完全结果集.我们需要做的是让相关概率最大化.R 中的文档都被认为是和 q 相关的;反之,不在 R 中的文档被认为是不相关的.

这个假设的定义并不清晰,因为通过这个假设我们还是不知道如何计算相关概率.实际上,用于定义这样的概率的样本空间都没有在这个假设中给出.

给出一个查询 q,概率模型给每篇文档 d_j 一个值,这个值表示了该文档和查询之间的相似性.计算 d_j 和 q 相关的概率与 d_j 和 q 不相关的概率之比,用它可以减少相关排序时产生的判断错误.

定义 3.5 在概率模型中,索引项权值是二值的,$\omega_{i,j} \in (0,1)$,$\omega_{i,q} \in (0,1)$. 查询 q 是索引项的子集. 假设 R 是已知的(或最初假设的)相关文档的集合,$\overline{R}$ 是 R 的补集. 用 $P(R|d_j)$ 来表示文档 d_j 与查询 q 的相关概率,用 $P(\overline{R}|d_j)$ 来表示文档 d_j 与查询 q 不相关的概率. 文档 d_j 与查询 q 的相似性 $\text{sim}(d_j,q)$ 的计算定义如下:

$$\text{sim}(d_j,q) = \frac{P(R \mid d_j)}{P(\overline{R} \mid d_j)},$$

使用贝叶斯(Bayes)法则有

$$\text{sim}(d_j,q) = \frac{P(d_j \mid R)P(R)}{P(d_j \mid \overline{R})P(\overline{R})}.$$

$P(d_j|R)$ 表示随机从相关文档集 R 中选取 d_j 的概率,$P(R)$ 表示随机从整个文档集中选取一个文档,这个文档是相关文档的概率. $P(d_j|\overline{R})$ 和 $P(\overline{R})$ 则表示相反的意思. 由于 $P(R)$ 和 $P(\overline{R})$ 对于所有文档都是相同的,因此

$$\text{sim}(d_j,q) \sim \frac{P(d_j \mid R)}{P(d_j \mid \overline{R})}.$$

根据索引项的独立性假设有

$$\text{sim}(d_j,q) \approx \frac{\left(\prod_{gi(\overline{d}_j)=1} P(k_i \mid R)\right)\left(\prod_{gi(\overline{d}_j)=0} P(\overline{k}_i \mid R)\right)}{\left(\prod_{gi(\overline{d}_j)=1} P(k_i \mid \overline{R})\right)\left(\prod_{gi(\overline{d}_j)=0} P(\overline{k}_i \mid \overline{R})\right)},$$

$P(k_i|R)$ 表示索引项 k_i 存在于从 R 中随机选取的文档中的概率,$P(\overline{k}_i|R)$ 索引项 k_i 不存在于从 R 中随机选取的文档中的概率. 关于 $\overline{R}$ 的式子的含义相反.

考虑到 $P(k_i|R) + P(\overline{k}_i|R) = 1$,而且对于相同的查询,忽略因子(ignoring factor)都是常数,所以,我们可以这样计算:

$$\text{sim}(d_j,q) \sim \sum \omega_{i,q}\omega_{i,j}\left(\log \frac{p(k_i \mid R)}{1 - p(k_i \mid R)} + \log \frac{1 - p(k_i \mid \overline{R})}{p(k_i \mid \overline{R})}\right).$$

上式是概率模型中排序计算最关键的表达式.

由于最初我们并不知道 R 这个集合到底是什么,所以我们必须找到一种方法来计算 $P(k_i|R)$ 和 $P(\overline{k}_i|R)$ 的初值. 在最开始的时候,没有任何检索的文档,因此只能作如下的基本假设:假设对于所有的 $k_i P(k_i|R)$ 都是常数(假设为 0.5),索引项在不相关文档中的分布可以近似为其在文档集中所有文档的分布,那么我们有

$$P(k_i \mid R) = 0.5, P(\overline{k}_i \mid R) = n_i/N,$$

其中 n_i 是所有含有索引项 k_i 的文档数目,N 是文档集中总的文档数目. 然后我们基于这个假设进行文档检索,接着,我们可以对这个初始的假设进行如下的改进:

用 V 表示最初用概率模型检索和排序的文档的子集,这个子集可以被定义为前 r 个文档(这里 r 是预先设定的阈值). 然后用 V_i 来表示 V 中包含索引项 k_i 的文档的集合. 为了简便,我们直接使用 V 和 V_i 来表示各自集合中的元素数目. 我们仍然作两个假设:一是 $P(k_i|R)$ 近似等于索引项在目前检索的文档中的分布,二是没有检索到的文档都是不相关的,那么我们有

$$P(k_i \mid R) = V_i/V, P(k_i \mid \overline{R}) = \frac{n_i - V_i}{N - V}.$$

然后这样重复迭代几次,我们就可以得到更好的关于 $P(k_i|R)$ 和 $P(\overline{k}_i|R)$ 的概率,且不带人为的偏差. 当然,我们也可以按照最开始设想的借助用户对自己 V 的定义.

在实际中使用上式可能会出现一个问题,就是 V 和 V_i 的值过小(比如 $V=1, V_i=0$),为了解决这个问题,我们可以在上式中加入一个调节因子,得到

$$P(k_i \mid R) = \frac{V_i + 0.5}{V + 1}, \quad P(k_i \mid \bar{R}) = \frac{n_i - V_i + 0.5}{N - V + 1}.$$

开始假设 0.5 作为调整因子,但这并不总是永远适用的.一个选择是用 n_i/N 作为调整因子,得到

$$P(k_i \mid R) = \frac{V_i + n_i/N}{V + 1}, \quad P(k_i \mid \bar{R}) = \frac{n_i - V_i + n_i/N}{N - V + 1},$$

至此概率模型的计算完成.

概率模型一个最突出的优势在于,在理论上文档都按照它们可能是相关的概率来排序.其劣势在于:(1) 需要对文档最初是相关还是不相关作一个假设.(2) 没有考虑到文档中出现的索引项的频率(即索引项权重是二值).(3) 采用索引项独立假设.但是,如同在向量模型中所论述的,索引项独立假设的正确性目前在实际应用中还不肯定.(4) 经典模型之间的简单比较.大体来说,布尔模型是经典模型中最弱的一种,因为它不能找出部分匹配的文档,也不能对检索到的文档排序.至于概率模型和向量模型的性能,优越性比较的意见还不统一.但是很多研究者都认为,在大多数情况下,向量模型性能更优越;在实际应用中,也是向量模型使用得更多.

3.2.3 扩展经典检索模型

三种经典模型在方方面面都有不足的地方,随着信息检索技术的发展,都有相应的扩展模型.布尔模型的两种主要扩展模型是模糊集模型和扩展布尔模型:模糊集模型基于模糊集理论,为所有的索引项建立一个索引项相关矩阵,然后为每个索引项构造一个模糊集,可以实现根据用户查询对文档进行相关度排序;扩展布尔模型将布尔模型和向量模型结合在了一起,采用 P-norm 模型对欧几里得距离进行了推广,其目的也是根据用户查询对文档进行相关度排序.

向量模型的扩展模型主要是隐语义索引(latent semantic indexing,简称 LSI)和扩展空间向量模型.针对索引项之间相互独立这个在现实中并不成立的假设,扩展向量模型将索引项映射到一个相对原索引空间更高维的空间,其目的是在那个空间中体现索引项两两之间的相关性.

概率模型的扩展模型主要是推论网络和信任网络.推论网络模型从认识论角度来看一个检索问题.它用一组随机变量来刻画索引词、文档以及用户检索.与文档相关联的变量 d_j 表示的是观察到文档这一事件;对 d_j 的观察将把其信任度赋给一个与索引词相关联的一个随机变量.因此,对文档的观察是与索引词变量的信任度增长的原因.信任网络模型也是基于概率的认知解释的,它与推论网络模型的不同在于,它有清晰定义的样本空间,它的网络拓扑结构也稍有不同.其中的文档和查询节点在网络中是分离的.这是两种模型的主要区别.

由于这些扩展模型大部分在实际应用中很少出现,接下来只详细介绍其中引用较多的隐语义索引.

(1) LSI.

LSI 是一种被证实比在 Salton 的 SMART 系统中使用的传统向量空间技术性能更好的

信息检索向量空间技术. 下面将给出 LSI 的一个简要但严格的数学描述细节.

为了简明扼要起见, 本节省略了很多有关 LSI 进展的基本原理以及奇异值分解(singular value decomposition, 简称 SVD)的存在性和唯一性论述, 对该内容感兴趣的读者可以自行阅读一些相关资料.

首先我们通过一个最简单的例子来阐述 LSI 技术的本质. 先从全部的文档集中生成一个索引项-文档矩阵, 该矩阵的每个分量为整数值, 代表某个特定的索引项出现在某个特定文档中的次数. 然后将该矩阵进行奇异值分解, 较小的奇异值被剔除. 结果奇异向量以及奇异值矩阵用于将文档向量和查询向量映射到一个子空间, 在该子空间中, 来自索引项-文档矩阵的语义关系被保留, 同时索引项用法的变异被抑制. 最后, 可以通过标准化的内积计算来计算向量之间的夹角余弦相似度, 再将文档按与查询的相似度降序排列.

假设索引项-文档矩阵 X 有 t 行(每行表示每个索引项在文档中的出现情况)d 列(每列表示集合中的每个文档). $SVD(X) = T_0 S_0 D_0 T$, 其中 T_0 是一个 $t \times m$ 阶矩阵, 它的标准正交列称为左奇异向量; S_0 是一个 $m \times m$ 阶正奇异值按降序排序的对角矩阵; D_0 是一个 $d \times m$ 阶矩阵, 其标准正交列称为右奇异向量. m 为矩阵 X 的秩.

通过 T_0, S_0, D_0, X 可以精确地重构索引空间. LSI 中的关键创新在于只保留 S_0 中的 k 个最大的奇异值, 而将其他的值置为零. k 的值是系统设计时的一个参数, 通常在 $100 \sim 200$ 之间. 原来的 X 矩阵可以用 X' 来近似, $X' = TSDT$, 其中 T 是一个含有标准正交列的 $t \times k$ 阶矩阵, S 是一个正定的 $k \times k$ 阶对角矩阵, D 是一个含有标准正交列的 $k \times d$ 阶矩阵.

LSI 的有效性依赖于 SVD 可从文档集的索引项频率向量中抽取关键特征. 为了更好地理解这一点, 首先有必要给出一个关于构成 SVD 的三个矩阵的操作性解释. 在源向量空间表示中, XTX 是文档向量的内积 $d \times d$ 阶对称矩阵(即计算文档之间的两两相似度), 其中每个文档利用索引项频率向量表示. 这种矩阵的一个用途是支持文档集合的聚类分析. XTX 矩阵的每一列都是 X 矩阵相应列的文档向量与每个文档向量的内积集合. 因此, 我们可以用这个矩阵来计算文档 d_i 和文档 d_j 的夹角余弦相似度.

因此, 我们可以将矩阵 XT 看成一个从列向量 Xq (描述某个单一文档或查询)到一个内积列向量(可以用于计算夹角余弦相似度)的线性函数(即 $XTXq$ 中的 d 个分量代表 d 个文档分别和 Xq 的相似度). 利用 SVD 将 XT 扩展, $XTXq = D_0 S_0 T_0 TXq$. 将该式看成由 $D_0 S_{01/2}$ 和 $S_{01/2} T_0 T$ 这两个线性函数的合成. 首先考虑 $S_{01/2} T_0 T$. 该操作将查询向量投影到由左奇异向量生成的 m 维空间上. 本质上, $T_0 T$ 矩阵将 t 维文档向量空间中的文档向量投影到一个 m 维的文档特征空间. 因为每个奇异值都是正定的, 是一个真正的对角矩阵. 因此 $S_{01/2}$ 矩阵分别调节每个特征, 从而对文档特征空间进行了重新调节. 综合到一起来看, $m \times t$ 阶矩阵 $S_{01/2} T_0 T$ 是从文档向量空间到文档特征空间的一个投影, 投影过程基于这样的假设: 在估计文档相似性时, 一些特征比另一些特征更重要.

一旦文档特征向量可用, $d \times m$ 阶矩阵 D_0 可以用来计算我们想要的内积. 具体地, 可以计算文档向量空间中的 m 维向量 $S_{01/2} T_0 TXq$ 和 $D_0 S_{01/2}$ 的每一行向量之间的内积. $D_0 S_{01/2}$ 的每行可以解释成被投影到文档特征空间且与 Xq 一样重新调整的文档向量.

LSI 引入的唯一一变化就是从 S_0 中剔除小奇异值. 这相当于这样一个判断: 与小奇异值相关联的特征实际上在计算相似度时并不相关, 将它们包括进来会降低相关性判断的精确度. 保留下来的是那些对文档向量在 m 维空间中的位置大有影响的特征. 这种选择抓住了索引项-

文档矩阵的内在语义结构,同时剔除了来自索引项的"噪声".换句话说,剔除小的奇异值将文档特征空间变为文档概念空间.

剔除小的奇异值将使 SVD 变为 $X' = TSDT$. 然后可以计算文档的内积向量 $X'^TXq = DSTTXq$. 由于 $S_{1/2}TT$ 具有非平凡零化空间(nontrivial nullspace),而 $DS_{1/2}$ 不具有,通过使用矩阵 $S_{1/2}TT$,LSI 将 X' 矩阵的秩从 m 降为 k,从而达到抑制索引项用法变异的效果.这通过忽略 T_0 中左奇异向量描述的向量成分来实现,这些成分与 S_0 中的小奇异值相关.

上述分析激发了将 $S_{1/2}TT$ 看成从索引项空间到概念空间的线性函数以及将 $DS_{1/2}$ 中的每行看成与相应文档相关联的概念向量.概念向量之间使用内积的夹角余弦相似度计算比原来基于源文本向量的相似度计算更可靠,这是 LSI 广为使用的主要原因所在.

我们可以将一个自然语言查询看成一个文档,然后计算该查询和文档集中每个文档的归一化内积向量.最后把最相近的文档返回给用户.当然,查询中可能含有现存文档集上的 LSI 没有保留的概念,因此,概念空间的调准有可能对一个特定查询来说不是很适合.该技术在 TREC-2(本章后面的小节会介绍)文档集进行了实验,取得了令人信服的结果.

§3.3　文　本　处　理

我们已经知道,将文档用一个索引项集合来表示可以更好地从语义上来表示.但是在文本中,有一些词语携带的信息比其他词语相对更多.通常来讲,名词(或名词词组)最能代表一篇文档的内容.而且,使用文档集中出现的所有词语作为索引项将产生很大的"噪声".举例来说,"的"不仅本身没有意义,而且可能导致检索到很多不相关的文档.一种减少"噪声"的办法就是减少索引项的大小.因此,挑选文档中的哪些词语来作为索引项是一个很值得考虑的问题.在对文本进行预处理时,其他一些操作,比如去除停用词、词根还原(主要针对英文词)、创建辞典和压缩等,都可以同时进行.文档的预处理可以简单地被看做只是限制索引项中项的个数.一个精简的索引词典可以在一定程度上提高检索性能.

3.3.1　文本预处理

文本预处理主要包含以下 5 种文本操作:文本词汇分析(lexical analysis)、去除停用词、词根还原(stemming)、索引项选择、创建索引项分类结构(比如辞典(thesauri)).

我们将详细讨论上面的每个过程,如图 3-3 所示.在这些过程之后,我们就可以把全文的逻辑视图转换成一个高级的索引项集合.

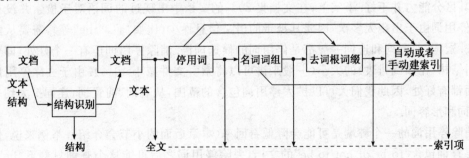

图 3-3　文本预处理的逻辑视图

(1) 文本词汇分析.

文本词汇分析是一个将字符流转换成词语(候选索引项)流的过程,也即分词过程. 因此,主要的任务就是识别出文本中的词语,比如识别出空格(专门针对英文分词;中文分词是另一个问题,本节稍后将做简单介绍),还有数字、连字符、标点符号和大小写字母. 下面我们考虑一些特殊情况.

数字通常不作为索引项,因为数字离开上下文通常都没有意义了. 比如,一个用户想要知道从 1910~1989 年间车祸造成的死亡有多少,那么他的查询应该表示为{死亡,车祸,年,1910,1989}. 这样检索到的文档可能是提到了 1910 年或 1989 年的任意文档. 这是由于数字的含义实在太模糊了. 当数字和字母混在一起(比如"510B. C")时,数字是一个非常重要的索引项,但是这种情况的规则很难被总结出来,而且,有的数字(比如身份证号码)也很重要,应该作为一个索引项. 一种最简单的处理就是将文本中出现的所有数字全部去除,除非是一些特殊指定的(比如通过正则表达式表示的规则中的数字).

连字符也存在相似的问题. 将连字符连接的词语分开可能仍然有用(由于使用情况不一致),比如将"state-of-the-art"转换成"state of the art". 但是,有时连字符连接的是数字,比如"B-49",此时的处理方法仍然是总结一个通用规则并将特殊情况一一指定出来.

通常在语义分析的时候,标点符号全部除去. 但是,有时候标点符号是词语的一部分(比如"510B. C"),不过这对于检索性能并没有大的影响,因为这个词语被错误理解的风险其实很小. 事实上,如果用户在查询中包含"510B. C",那么查询和文档中的点都会被除去因此并没有影响到检索. 不过,对于一些特殊情况还是应该单独考虑,比如若一段程序代码作为文本的一部分,那么把"x. id"和"xid"分开还是很有必要的.

字母的大小写对于确定一个索引项不是那么重要. 因此,一个词法分析器通常将所有的文本当做一种字体(要么是大写,要么是小写). 同样,一些特殊情况也需要单独处理,例如当查找一篇讲解 Unix 操作系统的命令语言的文章时,用户就希望不要对大小写字母进行转换;另外有些词大小写转换之后语义就变了,比如"Bank"和"bank".

所有的这些文本操作在实现上都不存在困难. 不过,实现时应该仔细考虑这些操作对性能产生的影响,尤其是很多用户都不能理解这些过程因此可能会觉得检索时间长得过分. 很多 web 搜索引擎都省略了这些文本操作,使得用户的检索任务变得更简单. 究竟这些策略是否应该采用,目前还没有定性的答案.

(2) 去除停用词.

停用词是指携带信息很少、没有区分力度的词. 前面我们提过,在文档中出现频率过高的词语,其区分能力并不好. 事实上,在文档集 80% 的文档中出现过的词语对于检索并没有任何作用. 停用词由于出现太多次,因此其携带的语义信息性少(比如"a","the"等),需要从索引项中除去. 冠词、前置词和连词一般都是停用词的候选词语. 消除停用词还有一个好处,即可以缩减索引结构(比如倒排表)的大小(一般来讲可以将索引文件减小 40%). 由于去除停用词在方方面面都有好处,因此我们大可以扩大停用词包含的范围,从冠词、前置词、连词扩大到一些动词、副词和形容词.

消除停用词的一个弊端是可能会降低召回率(本章后面的小节会介绍). 举例来说,假如用户想要查询包含"to be or not to be"的文档,去除停用词之后可能这个查询只剩下"be",这样找到的结果就会很糟糕. 这也是有的 web 搜索引擎使用全文检索(将文档集中出现的所有词放到倒排文件中)的另一个原因.

(3) 词根还原.

这专指英文文本.所谓词根,就是一个单词去除词缀(前缀和后缀)后剩下的部分.词根还原有助于缩小索引结构,提高检索性能.目前使用最广泛的算法是 Porter 算法,由于篇幅所限本章不作更多介绍,有兴趣的读者可以自己查看相关资料.

(4) 索引项选择.

如果不是全文索引,那么索引项必须经过认真选择.在文献学中,这种选择是由专家来完成的.除此之外,可以考虑的办法是系统自动选择候选的索引项.

索引项选择的方法很多.我们选择其中一种比较好的,叫做名词词组识别.自然语言组成的文本通常由名词、代词、冠词、动词、形容词、副词和连词等构成.每种词在一个句子中都起着不同的作用,但是不难理解大部分的语义信息都由名词携带.因此,一种直观的索引项选择方法就是自动挑选文本中出现的名词.通常在文章中会出现令两个或多个名词组成一个词组,因此我们有必要对词语进行聚类,将常在文档中同时出现并且之间的距离不超过一个预定的较小距离的词语聚合成一个词组.

(5) 辞典.

辞典包括一个预先编译的各学科中的重要词语表以及表中每个词语的一些相关词语(相关词语包括语法变形或同义词、近义词等).

但是,通常辞典的结构都远远复杂于一个简单的词语和对应的同义词列表.举例来说,由 Roget 发布的辞典就包括短语,而不仅仅是简单的词语,而且将词语、短语按照所属的类别归类.举一个例子如下:

cowardly (形容词)

缺乏勇气 cowardly turncoats

同义词:chicken (slang), chicken-hearted, craven, dastardly, faint-hearted, gutless, lily-livered, pusillanimous, unmanly, yellow (slang), yellow-bellied (slang).

对于 cowardly 这个形容词,这个辞典包含了很多它的同义词,可以把它们归为某个特定的领域.举例来说,工程词汇和科学词汇就包含那些和工程和科学相关的术语.

使用辞典的主要目的是:① 提供索引和搜索的标准词典;② 帮助用户更好地进行查询变换;③ 提供分类层次从而可以根据用户的要求扩展或缩小当前的查询请求.

在商业系统中,控制索引项词表的大小是一项普遍采用的技术,但是很多用户并不知道系统中有这个步骤.因此产生的结果可能会和用户预期的有所偏差,一些用户意料之外的检索结果会出现,同样也会有一些用户期待的文档没有出现,比如,他可能记得某篇文档中有"这个房东",但是这篇文档并不在返回的前 20 篇文档中,为什么呢?因为"这个"词可能并不是一个索引项.因此,我们看到文本预处理除了可以增进检索性能之外,同时也让检索结果对于用户来说变得更加不可理解.针对这个问题,有的 web 搜索引擎完全放弃了文本预处理,这样可能带来一些索引的噪声,但是使整个检索任务更加简单,对于普通用户来说也更直观.

在实际的大规模数字图书馆中,检索的响应时间更为重要,因为出于经济原因,一个 web 搜索引擎在 1 s 之内需要处理大量的查询.为了减少响应时间,曾经采用文本压缩技术对文档进行压缩,但是考虑到对文本压缩和解压消耗的时间,文本压缩技术并没有起到预期的作用,反而让系统变得更加复杂.随着现代压缩技术的发展,也许将来压缩技术会有可观的应用前景.

(6) 中文分词.

众所周知,英文是以"词"为单位的,词和词之间靠空格隔开;而中文是以"字"为单位,句子中所有的字连起来才能描述一个意思.对英文,计算机可以很简单地通过空格判断一个单词;但是在中文中计算机就很难判断一个词语.把中文的汉字序列切分成有意义的词,就是中文分词(有些人也称之为切词).比如"我是一个学生",分词的结果是"我＋是＋一个＋学生".中文分词技术属于自然语言处理技术范畴.现有的分词算法可分为三大类:基于字符串匹配的分词方法、基于理解的分词方法和基于统计的分词方法.

① 基于字符串匹配的分词方法.

基于字符串匹配的分词方法又叫做机械分词方法,它是按照一定的策略将待分析的汉字字符串(简称"汉字串")与一个"充分大的"机器词典中的词条进行匹配.若在词典中找到某个字符串,则匹配成功(识别出一个词).

按照扫描方向的不同,串匹配分词方法可以分为正向匹配和逆向匹配;按照不同长度优先匹配的情况,可以分为最大(最长)匹配和最小(最短)匹配;按照是否与词性标注过程相结合,又可以分为单纯分词方法和分词与标注相结合的一体化方法.常用的几种机械分词方法包括:正向最大匹配法(由左到右的方向)、逆向最大匹配法(由右到左的方向)、最少切分(使每一句中切出的词数最小).

还可以将上述各种方法相互组合.例如,可以将正向最大匹配方法和逆向最大匹配方法结合起来构成双向匹配法.由于汉语单字成词的特点,正向最小匹配和逆向最小匹配一般很少使用.一般说来,逆向匹配的切分精度略高于正向匹配,遇到的歧义现象也较少.统计结果表明,单纯使用正向最大匹配的错误率为 1/169,单纯使用逆向最大匹配的错误率为 1/245,但这种精度还远远不能满足实际的需要.实际使用的分词系统都是把机械分词作为一种初分手段,还需通过利用各种其他的语言信息来进一步提高切分的准确率.

② 基于理解的分词方法.

基于理解的分词方法是通过让计算机模拟人对句子的理解,达到识别词的效果;其基本思想就是在分词的同时进行句法、语义分析,利用句法信息和语义信息来处理歧义现象.它通常包括三个部分:分词子系统、句法语义子系统和总控部分.在总控部分的协调下,分词子系统可以获得有关词、句子等的句法和语义信息来对分词歧义进行判断,即模拟人对句子的理解过程.这种分词方法需要使用大量的语言知识和信息.由于汉语语言知识的复杂性,难以将各种语言信息组织成机器可直接读取的形式,因此目前基于理解的分词系统还处在试验阶段.

③ 基于统计的分词方法.

从形式上看,词是稳定的字的组合(简称"字组"),因此在上下文中,相邻的字同时出现的次数越多,就越有可能构成一个词.因此字与字相邻共现的频率或概率能够较好的反映成词的可信度.可以对语料中相邻共现的各个字的组合频度进行统计,计算它们的互现信息.定义两个字的互现信息,计算两个汉字的相邻共现概率.互现信息体现了汉字之间结合关系的紧密程度.当紧密程度高于某一个阈值时,便可认为此字组可能构成了一个词.这种方法只需对语料中的字组频度进行统计,不需要切分词典,因而又叫做无词典分词法或统计取词法.但这种方法也有一定的局限性,会经常抽出一些共现频度高但并不是词的常用字组(例如"这一"、"之一"、"有的"、"我的"、"许多的"等),并且对常用词的识别精度差,时空开销大.实际应用的统计分词系统都要使用一部基本的分词词典（常用词词典）进行串匹配分词,同时使用统计方法识别一些新的词,即将串频统计和串匹配结合起来,既利用匹配分词切分速度快、效率高的特点,又发挥了无词典分词结合上下文识别生词、自动消除歧义的优点.

有了成熟的分词算法,是否就能容易地解决中文分词的问题呢? 事实远非如此.中文是一种十分复杂的语言,让计算机理解中文语言更是困难.在中文分词过程中,有两大难题一直没有完全突破:一个是"歧义识别".歧义是指同样的一句话可能有两种或者更多的切分方法.由于没有专家的知识作为背景,计算机很难知道到底哪个方案正确.另一个是"新词识别".新词(专业术语称为未登录词)是那些在字典中都没有收录过但又确实能称为词的那些词.最典型的是人名,除此以外,还有机构名、地名、产品名、商标名、简称、省略语等,都是很难处理的问题,而且这些又正好是人们经常使用的词,因此对于搜索引擎来说,分词系统中的新词识别十分重要.目前新词识别准确率已经成为评价一个分词系统好坏的重要标志之一.

3.3.2 文本特性

文本是交流知识的一种基本形式.定量地衡量一篇文档中包含了多少信息是一个很难的问题,但是文本中符号的分布情况和该文档的信息量是紧密联系的.举例来说,如果一个文本中某个字符出现频率非常高,那么我们知道这个字符不可能携带大量的信息.信息理论定义了一个特殊的概念——"熵"来表示信息含量.如果字母表中有 σ 个符号,在一个文本中每一个符号出现的概率为 P_i(这里的概率是指这个符号出现的频率数目除以所有符号的总数目),那么这个文本的熵的定义为

$$E = -\sum_{i=1}^{\sigma} P_i \log_2 P_i.$$

我们用熵来定量地衡量一个文本中的信息量.熵由每个符号出现的概率来决定.要得到这些概率我们需要一个文本模型.这里我们所说的一个文本的信息量都是基于一定的文本模型之上的.

文本是由字母表中一个有限的符号集合中的元素构成的.我们可以把这些符号分成两个子集:一类是区分词语的符号;另一类是构成词语的符号.我们知道符号并不是均匀分布的.如果我们只考虑字母(从 a 到 z)的话,就会发现元音通常出现得比辅音更为频繁.例如在英语中,字母 e 具有最高的出现频率.一个简单的生成文本的模型是二项式模型.在这个模型中,每个符号都是由一定的独立的概率决定的.但是在自然语言中,上下文之间并不是独立的,而是互相关联的.举例来说,在英语中,字母'f'决不可能出现在字母'c'之后,而且元音和部分辅音具有更高的出现频率.因此,一个符号出现的频率依赖于在它之前的符号.一种较好的模型应该可以根据之前的一个、两个或者更多个字母来生成下一个符号.我们也可以在这些模型中用词语来代替符号.复杂的模型包括有限状态机模型(这个模型定义了常规的语言)和语法模型(这个模型定义了内容无关(context free)和其他的语言).但是为自然语言选择一个合适的语法模型仍然是一个尚未解决的问题.

下一个问题是不同的词语在每篇文档中具体是怎么分布的.一个近似的模型是 Zipf 规则,它给出了文本中每个词语的概率分布情况.这个规则认为如果把文本中所有的词语按照出现的频率次数由大到小排序,排在第 i 个的词语出现的频率次数是排在第 1 个(也就是出现频率最大)的词语的出现次数的 $1/i^\theta$.也即是说在一个有 n 个词语、不同的词语共有 V 个的文本

中,出现频率第 i 高的词语会出现 $n/[i^\theta H_V(\theta)]$ 次,这里 $H_V(\theta)$ 是 V 的 θ 阶的调和值(harmonic number),定义如下:

$$H_V(\theta) = \sum_{j=1}^{V} \frac{1}{j\theta}.$$

这样所有的频率之和为 n. 在图 3-4(a)中,词语按照出现的频率次数降序排列,这副图显示了词语的频率分布. θ 的值取决于文本本身. 在最简单的情况下, $\theta=1$, $H_V(\theta)=O(\log_2 n)$. 但是这种简单的情况非常地不精确,当 $\theta>1$(更精确一点,在1.5~2 之间)时与实际数据吻合得更好一些. 这个例子非常特殊,因为分布更加倾斜(skewed), $H_V(\theta)=O(1)$. 实验数据建议最好的模型是 $k/(c+i)^\theta$,这里 c 是另一个参数,k 是所有加到 n 上的频率,这个模型叫做 Mandelbrot 分布.

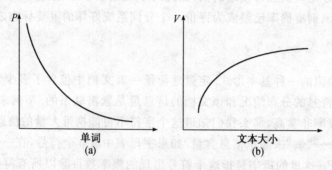

图 3-4   排序后的单词频率分布(a)和词表大小(b)

由于文本中的词语分布非常不均匀(仅有的少数几百个词语一般会在文本中出现 50% 以上),一些特别频繁出现的词语,我们将之称为停用词,由于出现了太多次而没有携带太多的信息,因此可以被忽略(指在搜索的时候可以忽略),比如"a","the"等. 多数频繁出现的都是停用词,因此几乎文本中一半的词语都可以不计入考虑的范围之中. 这样就可以大大地减少自然语言文本索引的空间大小. 举例来说,在 TREC 文档集中,最频繁的词语都是'the','of','and','a','to'和'in'.

另一个问题是文档集中出现的词语的分布情况. 一个简单的模型是假设每个词语在每篇文档中出现相同的次数. 但是,这并不符合实际情况. 一个更好的模型是考虑一个负二项式分布,也即是认为包含 k 个词语的文档的部分是

$$F(k) = \binom{\alpha+k-1}{k} P^k (1+P)^{-\alpha-k}$$

这里 P 和 α 是依赖于文档集和词语的参数. 举例来说,对于 Brown 文档集中的"said"这个词, $P=9.24$, $\alpha=0.42$. 除开这个模型之外,还有很多根据泊松分布推出的其他模型.

第三个问题是一篇文档中到底有多少个不同的词语. 通常我们用"词表"来表示这样的词语集合. 为了预测自然语言文本中的词表大小我们使用 Heap 规则. 这条规则精确的给出了一个有 n 个词的文本的大小是 $V=Kn^\beta=O(n^\beta)$,这里 K 和 β 和特定的文本相关. 图 3-4(b)显示了随着文本大小词表的大小如何变化. K 一般在 10 和 100 之间, $0<\beta<1$. 一些在 TREC 文档集上的实验指出 β 的值最好在 0.4 和 0.6 之间. 因此,我们可以认为文本中的词表大小会随着文本的大小的平方根成次线性的变化.

值得注意的是,一种语言中词语的集合大小是固定不变的(比如英语中单词的数目是不变的).但是,这个数目很大,虽然对于大的文本我们应该认为这是一个不变的数目,但是对于一般大小的文本我们仍然认为词表的大小是 $O(n^\beta)$ 而不是 $O(1)$,这样更准确.另一方面,由于拼写错误等原因致使词表的数目其实是在不断上升的.

Heap 规则也同样适用于文档集合上.随着总的文本大小上升,这个预测模型也变得更加准确.而且,这个模型对于 web 搜索也很适合.

最后一个问题是单词的平均长度.这关系到文本中单词的数目大小和文本存储的字节大小(标点符号和其他符号不计入其中).举例来说,在 TREC 不同子文档集中,单词的平均长度都在 5 个字母左右,变化都不太大(4.8~5.3 个字母).如果除去了停用词之后,平均单词长度变到了 6~7 个字母.如果只考虑词表中的单词,那么平均单词长度更高(8 或者 9 个字母).平均单词长度和词表所需要的空间大小密切相关.

Heap 规则指出了词表中的单词长度随着文本的大小而成对数增长,文本越长,单词的长度也越长.但是,实际上,整个文本中的单词的平均长度保持不变,因为文本中总是有足够多的很短的词语.长词和短词之间的比例一直保持不变,这在有限状态机中体现在:(1)空格字符的概率接近 0.2;(2)空格字符不可能连续出现两次;(3)一共有 26 个字符.这个模型与 Zipf 规则和 Heap 规则保持一致.

3.3.3 文本聚类

1. 文本聚类

聚类的基本想法是将相似的文档聚合在一起形成一个类别,该想法基于聚类假设(cluster hypothesis):紧密关联的文档往往与相同的查询要求有关.通过将相似文档聚类可以加速搜索过程.注意到聚类的对象除了文档外还可以是索引项,因此索引项也可以聚类形成共现索引项(co-occurring term)类.共现索引项通常彼此相关,有时可能是同义词.索引项的聚类对词典的自动构造和降维很有用.词典的自动构造基于统计准则,因此它在概念上与文档聚类方法是等价的.然而,也有学者认为自动索引项聚类算法的效率值得怀疑,半自动方法更值得被推荐.

文档聚类包括两个过程:生成聚类(cluster generation)及聚类搜索(cluster search).首先我们讨论生成聚类的方法并将它们分类.聚类搜索问题相对容易,将在后面部分讨论.

2. 聚类方法

首先,通过索引将文档表示成一个 t 维向量,其中 t 是索引空间中索引项的个数,该向量中每个分量的值为文档在对应的索引项上基于某个检索模型取到的权值.每篇文档可以看做 t 维空间中的一个点.接下来用文档向量进行聚类操作,也即将这些点划分到不同的类中.在理想情况下,划分过程应该达到两个目标:在理论上保持稳定性以及高效性.理论上的稳定性准则包括:(1)该方法在增长情况下保持稳定.也即当插入新的文档时,划分不会显著地改变;(2)文档描述中的细微错误只导致划分的细微改变;(3)该方法与文档的初始顺序无关.高效性准则主要是指聚类的时间开销.在分析聚类生成方法的性能时,通常忽略该方法的空间消耗.

迄今为止,人们提出了许多聚类生成方法.但不幸的是,没有哪一种方法可以同时满足稳定性准则和高效性准则.因此,在这里将各种聚类方法分成两类:(1)基于文档间相似矩阵的稳定性方法；(2) 更有效的直接来自文档向量的迭代方法.

　　首先介绍基于相似矩阵的方法. 这类方法通常需要 $O(n^2)$ 或更多的时间开销(n 为文档的数目)，且常常要用到图论技术. 该方法中，必须选择一个文档之间的相似性函数来度量两个文档之间的相似程度. 相似性函数有很多，但是如果对这些相似性函数进行适当的归一化处理后，则会发现它们提供的检索性能几乎相同. 计算出文档间相似矩阵后，先选定一个适当的阈值，将文档集用图表示，每篇文档都是图中的一个点，如果两个文档的相似度大于阈值则在它们之间添加一条边，最后该图的连通分量(最大簇)即为所要的类.

　　层次聚类(将类别聚类形成父类，父类再聚类形成父类的父类，等等，)常常可以加快检索的速度. 一种产生层次聚类的方法是将上述方法中的阈值不断减小进行使用. 一种更好的层次聚类的方法可以用单链(最近邻)聚类准则进行聚类. 将该方法用于 200 个文档进行实验，实验结果表明，该算法执行需要的时间复杂度为 $O(n^2)$.

　　上述方法(也是大多数聚类方法)的一个共同缺点就是它们都至少需要一个经验常数：指定相似性度量的阈值或者指定一个想要的分类个数. 该常数会显著影响最后的划分结果，它会在数据中强加入某种结构，而不是去探测数据内在自身已经存在的结构. 也就是说，划分结果可能不是实际存在的某个结构，而是硬性划分的一个结构.

　　迭代方法包含了运行时间少于时间开销 $O(n^2)$($如 O(n\log_2 n)$ 或者 $O(n^2/\log_2 n)$)的多种方法. 这些方法直接基于对象(文档)的描述，并且它们不需要预先计算文档之间的相似矩阵. 该方法在提高效率的同时，付出的代价是牺牲了理论稳定性，最后的分类结果依赖于对象处理的顺序，这些算法基于启发式方法，并且也需要一些经验值参数，比如：想要的分类数目、每个类中含有的最小及最大文档数目、用于文档和类之间相似度量的阈值(一个文档与类的相似度小于该值时便将它排除在该类之外)、控制类间相互重叠的值、一个任意选择的用于优化的目标函数等.

　　该类方法的过程可以概述如下：首先确定一个初始的划分，然后反复迭代，重新将文档分配到各个类中，直至不存在一个更好的重新分配为止. 迭代方法很多，最简单、最快的方法应属单遍(single pass)法. 在这个方法中每个文档只需处理一次. 如果假定平均的类个数为 $\log_2 n$ 或 $n/\log_2 n$，则迭代方法的平均运行时间为 $O(n\log_2 n)$ 或者 $O(n^2/\log_2 n)$. 然而，最坏情况下，运行时间将达到 $O(n^2)$.

3. 聚类检索

　　在已经聚类的文档中检索将比生成聚类简单得多，而且方法很多. 经典的方法是先将查询表示成一个 t 维向量，然后将该向量与每个类的质心进行比较. 检索过程只处理最相似的那些类，即那些与输入向量相似度大于某个阈值的类中的文档. 该算法中必须选择一个用于度量类与查询向量之间相似度的函数，这个函数常常选择向量间的夹角余弦函数. 另一种方法对上述策略作修改：给定一个(二值)查询向量及(二值)类向量推导出一个公式，该公式用于计算每个类中满足查询的文档数目的期望值. 然后，算法将只在可能含有足够多满足查询的文档的类中继续检索. 实验表明，该方法与夹角余弦函数方法的性能几乎一样(后者更简单些). 除此之外，还有基于模式识别的方法，该方法首先推导出一个线性判别式函数，这个函数本质上是一个查询向量与类之间的相似度计算函数. 使用文档频率的对数值作为每个索引项在类中的权值，有实验对这种方法和夹角余弦函数方法进行比较，比较结果表明前者的性能更优越.

§3.4 文 本 索 引

前面数次提到了索引,本节将介绍索引和在其上搜索的主要技术.在文本之上建立一个数据结构,我们叫这个数据结构为索引,它的作用是加速文档搜索.当文档集很大而且基本保持不变的时候,构建和维护一个文档集的索引是非常必要的.这里所说的"基本保持不变的文档集"不是说文档集中的文档完全不变,而是以一个合理的固定频率更新,这是针对真实的文本数据库,而不仅仅是词典或者其他缓慢增长的文学著作等.举例来说,当今的 web 搜索引擎和期刊文档.

接下来,我们要介绍三种主要的索引技术:倒排表、后缀序列和签名文件.首先介绍基于关键词的搜索.我们重点介绍倒排文件表,这是现在应用的最多的技术.后缀序列对于短语搜索更快而且在一些特殊的查询中更为有效,但是构建和维护更麻烦.签名文件在 20 世纪 80 年代曾经很流行,但是现在已经被倒排文件所取代.在介绍这些索引技术的时候,本节既关注搜索的代价和空间开销,同时也关注索引的构建和维护开销.

我们假设读者对于存储序列、二叉搜索树、B 树、哈希表、字符树(tree)等这些基本的数据结构已经很了解了.由于字符树下面会频繁的提到,因此这里我们简要的介绍一下字符树.字符树又称数字搜索树,是一棵多叉树,可以存储字符串集合并且可以在与其长度相同的线性时间内检索到所有的字符串(与树中存储的字符串的个数无关).每个字符串的最后都要加上一个特殊的字符以确保这个字符串不是其他字符串的前缀.树中的每一条边都有一个标签.为了检索字符树中的一个字符串,我们首先从树的根节点开始,根据字符树中适当的边降序排列找到匹配的子节点.重复这个过程直到找到了一个叶子节点(这就是要搜索的字符串)或者找不到一条适当的边继续下去(搜索的字符串不在字符树中).是用一篇文本中的词语构建一棵字符树的实例.

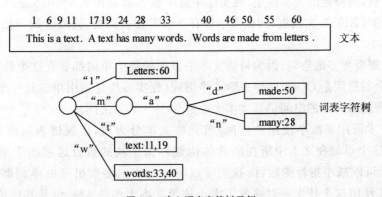

图 3-5   建立词表字符树示例

在本节中,我们采用下列的假设:设 n 是文本数据库中的文本数目,m 是查询的长度,m 通常都远远小于 n.设 M 是可用的内存大小.假设文本数据库中可以进行的操作包括增加、删除和替换(替换实际是一次删除加上一次增加).

3.4.1　倒排文件表

倒排文件(或者叫倒排索引)是一个面向单词的文本文档集的索引,可以加速检索任务的执行速度.倒排文件表的结构由两部分组成:词表和出现链表(occurrance).词表是文档集中出现的所有词语的集合.对于每个词语,倒排文件中存储了这个词语在所有文本中出现的位置.所有的这些列表叫做出现链表.图 3-6 即是一个例子.这里的位置可以是文本中的单词位置,也可以是字符位置.单词位置(位置 i 表示第 i 个单词)简化了短语查询和近似查询;字符位置(位置 i 表示第 i 个字符)有助于直接取得匹配的文本的位置.

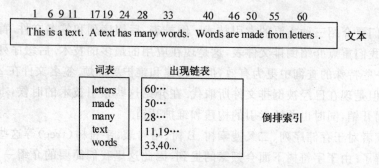

图 3-6　对一个文档建倒排索引的示例

单词都转换成小写状态,而且只有部分单词被索引.出现指向文本中的字符位置.

一些学者在倒排文件和倒排列表之间做了区分:在一个倒排文件中,列表中的每一个元素都指向一个文档或者一个文件名字;而在倒排列表中则是上述本节的定义.本章对这两个概念不区分.

词表需要的空间很小.根据 Heap 规则,词表大小以 $O(n^{\beta})$ 数量级增长,这里 β 是一个在 $0\sim1$ 之间的常数,由特定的文本决定,在实际中这个数实际是在 $0.4\sim0.6$ 之间.举例来说,对于 1 GB 大小的 TREC-2 文档集,词表大小仅有 5 MB.在去词根、词缀等归一化处理之后词表大小会变得更小.

出现链表需要更多的空间,因为每篇文本中出现的每个单词都要在这个数据结构中出现一次,这个多余的空间是 $O(n)$.即使去除了停用词(在实际构建索引中这是一个缺省的步骤)之后,实际出现链表所需的空间仍是文本大小的 $30\%\sim40\%$ 之间.

块寻址技术可用来减小使用的空间.首先将文本分为块,出现链表指向每个单词所在的块(而不是这个单词在文本中所在的具体位置).由于块的数目远远小于单词的数目,因此使用块地址可以减小指针的数目.我们可以将一个块内多次出现的单词都记为出现了 1 次(见图 3-7).使用这个技术可以将索引大小缩为文本大小的 5%.但是其代价是,如果需要精确的出现位置,那么就要对满足条件的块进行在线搜索.

块可以是固定的大小,或者也可以定义为文本集合到文件、文档、网页或者其他的自然划分.划分成固定大小的块可以有效地节约检索时间,块大小中的变量越多,对文本进行的平均顺序周游就越多,因为越大的块越能频繁地匹配各种查询,但是遍历的代价越高.

一般而言,如果块是由很多小块(检索单元)组成的,那么就需要对每个小块进行遍历以决定返回哪个检索单元.如果检索过程中只用到了一个块,而且不要求精确的匹配,那么就不需

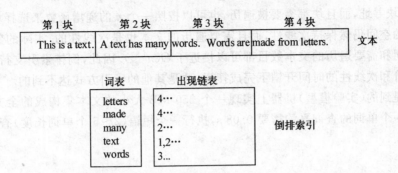

图 3-7　将示例文本分为 4 块,使用块地址创建倒排索引,出现链表中的数字表示块地址
注意到索引项"words"原来的两个地址转换成了一个相同的块地址.

要对这个块进行遍历,直接返回即可.

值得注意的是,如果要使用块地址索引,那么文本必须是立即可得的.这样对于在远程的数据库或者光盘上的数据就不成立.

1. 搜索

在倒排文件上的搜索主要由三个步骤组成(在特定应用中某些步骤可以跳过):

词表搜索将查询中的单词在词表中搜索.注意短语要被分为单个的单词.

出现链表检索检索所有出现链表中的所有单词.

出现链表操作出现链表被用于解决短语、近似和布尔操作.如果使用块寻址那么就有必要直接搜索文本来找到在出现链表中丢失的信息(比如组成短语的每个单词的精确位置).

由此可知,在倒排文件中的搜索总是从词表开始.因此我们最好把词表作为一个单独的文件,而且即便是很大的文本集,其词表也够全部读入内存中.对于一个单词的查询,很多恰当的数据结构都可以使查询速度加快,比如哈希表、字符树或者 B 树.前两种数据结构的搜索时间代价是 $O(m)$(与文本大小无关).而且按照字母顺序存储单词,不仅节约空间,性能也很优越,使用二叉搜索时间开销为 $O(\log_2 n)$.前缀查询和范围查询也可以在二叉搜索、字符树和 B 树中解决,但是不能在哈希中解决.如果查询仅是一个单词,那么这个单词对应的出现链表就是这个子进程的结果(如果查询模式能够匹配很多单词,那么需要将这些单词对应的出现链表合并在一起).

在倒排索引中,涉及上下文的查询(短语查询)要稍微复杂一些.查询中的每个元素都要单独地搜索,得到该元素在文本中位置的一个链表.然后,所有元素的链表都要进行同步的遍历,来确保这些元素在文本中确实是上下文的关系(在文本中对应的位置相邻,或者相差在一定的范围之内也是相同的处理方法).如果索引中存储的是字符的位置,那么在对短语进行查询的时候不能省略分隔符,而且也应该用字符距离来定义近似性.

最后,值得注意的是如果使用了块寻址,就必须对块进行遍历,搜索查询的关键词,因为我们需要精确的位置信息.一个较好的策略是先对所有关键词出现的块链表取交集,得到含有所有搜索关键词的块,然后顺序地在这些快中搜索查询内容.一些细节,比如块边界,在实现的时候需要多加注意,因为它们可能会将一个匹配分成两块.

根据 Heap 规则和 Zipf 规则我们知道解决查询的代价和文本大小成线性关系,即便是需要链表合并的复杂查询.时间复杂度是 $O(n^\alpha)$,这里 α 和特定的查询相关,一般在 0.4~0.8 之间. 如果使用块寻址, 而且块都需要被遍历, 也可以按照一个 n 的递增函数来选择块的大小, 因此不仅需要的空间仍然保持次线性, 而且需要遍历的文本也是次线性的. 实际的数据指出, 需要的检索空间和需要遍历的文本数目都可以接近于 $O(n^{0.85})$. 因此, 倒排索引支持可以在次线性的空间代价和次线性的时间开销下完成搜索, 这是其他的索引方式达不到的.

在前面提到的(实验模型)机器上实现一个 250 MB 大小的文本集构成的全文倒排索引, 在其上执行一个单词的查询平均需要 0.08 s, 执行一个短语(2~5 个单词长度)查询平均需要 0.25~0.35 s.

2. 构建

创建和维护倒排索引是一个很耗时的任务. 理论上, 一个 n 个字符大小的文本可以在 $O(n)$ 的时间内转换成一个倒排文件. 词表存储在字符树中, 每个单词对应一个出现链表(记录在文本中的位置). 从文本中读入一个单词在字符树中搜索, 如果没有找到, 就在字符树中加入这个单词, 并在这个单词后加一条空的出现链表. 以后每一次在文本中出现, 都在其链表最后加入出现的位置, 如图 3-5 所示.

所有的文本扫描之后, 将字符树和每个单词的出现链表写入硬盘. 一种较好的策略是将索引分为两个文件, 其中一个是连续存储的出现链表, 另一个文件是按照字母顺序存储的词表, 其中每个单词都有一个指向其出现链表中第一个文件的指针. 这样, 一般情况下, 词表都可以被完全读到内存中. 而且, 单词出现的次数也很容易从词表中知道而不需要额外(或者很少)的空间开销.

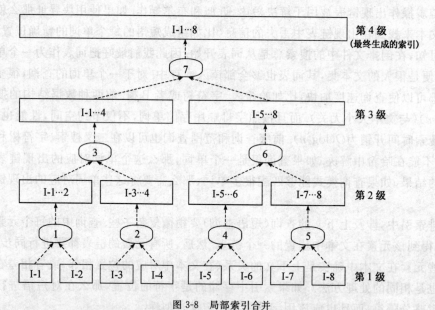

图 3-8　局部索引合并
矩形代表局部索引, 椭圆形代表合并操作, 其中的数字表示可能的合并顺序.

接下来我们分析这种模式下构建索引所需的时间. 字符树中每个字符需要 $O(1)$ 个操作, 出现的位置需要 $O(1)$ 的时间将其插入到对应的出现链表中, 因此在最坏情况下整个进程需要 $O(n)$ 的时间. 但是当文本很大, 生成的索引比内存更大的时候, 上述的算法在实际中就没有意义了. 操作系统中的分页机制将严重降低算法的性能.

下面我们介绍在实际应用中更快的另一种方法：当上述算法进行到内存被用光（如果字符树占用了过多的空间，可以考虑使用哈希表或者其他的数据结构），没有更多可用的内存时，将目前为止所有的索引 $I_i (i=1,2,\cdots)$ 写入硬盘然后从内存中全部清除，接着在内存中创建一个新的空的索引文件继续索引创建. 最后，将硬盘上所有的部分索引 I_i 合并成层次样式的文件. 索引 I_1 和 I_2 合并成 $I_{1\cdots2}$，I_3 和 I_4 合并成 $I_{3\cdots4}$，依此类推. 最后生成的索引文件的大小基本上是原来大小的两倍. 当所有的索引都这样合并之后，再继续合并下去，比如将 $I_{1\cdots2}$ 和 $I_{3\cdots4}$ 合并得到 $I_{1\cdots4}$，直到合并成一个文件. 如图 3-8 所示. 合并两个索引文件包括词表的合并，以及相同词语的出现链表的合并. 出现链表可以直接合并，其复杂度是 $O(n_1+n_2)$，n_1 和 n_2 分别是两个索引的大小.

如前所述，生成所有的部分索引文件的总时间是 $O(n)$，共有 $O(n/M)$ 个部分索引. 每一级的合并都是一个线性过程（这一级分成多少个部分索引没有关系），因此总的开销是 $O(n)$. 要将 $O(n/M)$ 个部分索引合并到一起，需要合并 $\log_2(n/M)$ 层，因此算法总的时间开销是 $O(n\log_2(n/M))$. 实际中，一次可以合并两个以上的部分索引，虽然在算法上并不能减少复杂度，但是因为需要合并的层次减少了这样就更有效率. 但是另一方面，合并的部分索引越多，每个能分到的内存就变小了，需要更多的磁盘访问. 不过，在实际应用中，一般每次合并 20 个以上的部分索引.

在前面提到的机器上对 1 GB 的文档集构建倒排索引，每分钟可以生成 4～8 MB 的索引文件，其中 20%～30% 的时间用于合并部分索引文件.

在构建索引的时候如果要节约空间，可以采用"就地合并"的策略. 当两个或者更多的部分索引合并了之后，将其写入原来索引存放的那个磁盘块，而不是写成一个新文件；还有继续进行层次合并也是一个可行的策略（比如当 I_2 一旦生成之后立即与 I_1 合并成 $I_{1\cdots2}$）. 因为词表合并中重复的单词被去除了，所以可以节约空间.

如果使用块寻址，这个算法只需要进行小小的相应改动. 下一段索引维护也不复杂. 假设一个大小为 n' 的新文本需要加入到索引中，首先生成这个文本的倒排索引然后合并索引，其复杂度是 $O(n+n'\log(n'/M))$. 删除一个文本需要对索引进行 $O(n)$ 扫描，将出现链表中每个指向该文本中位置的部分都删除. 如果该文本是某条链表中唯一出现的文本，那么就在词表中删除这个单词.

3.4.2　后缀树和后缀数组

倒排索引假设文本是单词的序列，这在某种程度上限制了查询的类型. 如果一个查询是短语，这种情况是很难被解决的. 而且在一些特殊的应用（比如基因数据库）中，单词的概念是不存在的. 这一节介绍后缀数组，后缀数组是具有空间高效性的后缀树的一种实现，可以支持更复杂的查询，但是构建索引的代价很大，而且文本必须是任何时候都可以立即访问的，并且结果不是按照文本的顺序返回的. 该结构既可以像倒排索引一样检索单词，也可以检索文本中的任意字符. 这样适合更多类型的数据库. 但是对于基于单词的应用系统，只要不涉及特别复杂的查询，倒排文件的性能比后缀数组更加优越.

后缀数组将文本看做一个很长的字符串. 文本的每个位置都被看做是一个文本的后缀（严格地讲，后缀是指从这个位置到文本的末尾）. 显然，两个从不同位置开始的后缀是不同的，每个后缀由其位置唯一决定. 在后缀数组中，并不是文本中的每一个位置都要建到索引中. 每个索引点都要在文本中精心挑选,一般都是从可被检索的内容开始.举例来说,可以是每个单词的开始,这样就可以在功能上与倒排索引达到一致.不在索引点中的其他元素不能被检索到(在后缀索引中,不可能检索到一个单词中间的部分),见图 3-9 所示.

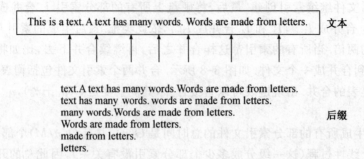

图 3-9 标注了索引点的示例文本,下面是这些索引点对应的后缀

1. 结构

实际上,后缀树是用文本所有后缀构建的一棵字符树,指向后缀的指针存在叶子节点上.为了更有效地利用空间,这里的字符树将被压缩成一棵 Partricia 树.这里包括一元路径压缩,比如那些只有一个子节点的内部节点.下一个字符的位置存储在压缩路径根节点的内部节点上.当所有的一元路径都不在树中之后,树里一共有 $O(n)$ 个节点,而不是字符树最坏情况下的 $O(n^2)$,如图 3-10 所示.这个算法最大的问题在于空间.根据具体的实现,字符树中的每个节点需要 $12\sim24$ byte,即便只索引每个单词的开始,也需要原来文本大小的 $120\%\sim240\%$.

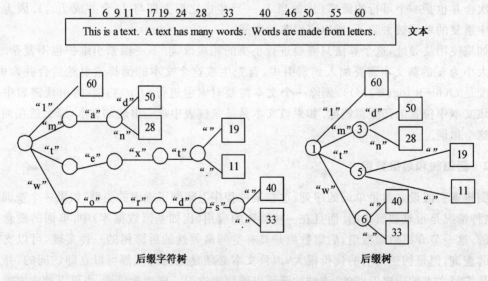

图 3-10 示例文本的后缀字符树和后缀树

后缀数组的功能和后缀树在本质上是一样的,但是需要的空间相对少很多.如果后缀树中的叶节点按照从左到右的顺序(图 3-10 中从上到下)被遍历,文本中的所有后缀都可以按照词典顺序被检索到.后缀数组是一个简单的数组,其中存储了所有文本后缀的指针,这些后缀按照词典顺序排列,如图 3-11 所示.因为每个索引的后缀都存储一个指针,因此需要的空间大小

和倒排索引几乎相同(不考虑压缩技术),基本上占文本大小的 40%.

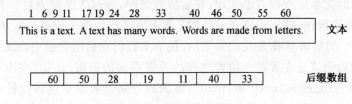

图 3-11　示例文本的后缀数组

通过比较,后缀数组中每个指针的内容可以支持二叉搜索.如果后缀数组很大(通常情况均是如此),二叉搜索的性能会由于过多的随机磁盘访问而变得很差.针对这种情况,我们可以使用超索引来解决.最简单的超索引即是从 6 个后缀数组中取一个采样,其中每个采样的前一个后缀字符都存储在超索引中.检索的第一步就是在超索引中进行搜索,从而可以减少一些不必要的外部访问.图 3-12 就是一个例子.

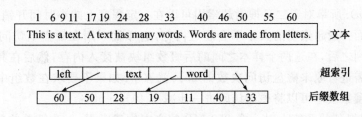

图 3-12　后缀数组上的超索引

每 3 个数组元素对应一个索引项,保存其首个字符的位置,指针是不必要的.

超索引并不需要根据固定长度的样本间隔来采样,也不需要取同样长度的样本.对于词索引的后缀数组而言,每当后缀的第一个单词改变了之后就必须重新作一次抽样,并且保存这个单词而不仅是前一个字符.事实上,这个结构和倒排索引的区别在于倒排索引中每个单词的出现都按照在文中的位置进行排序,而在后缀数组中是按照该单词后面的文本的词典顺序.图 3-13 显示了这种关系.超索引所需的空间非常小.巧的是,后缀数组加上词表超索引所需的空间大小之和刚好和倒排索引相同.

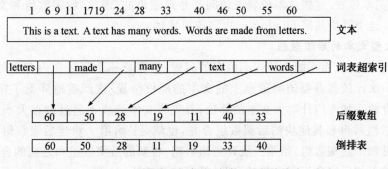

图 3-13　倒排表和超索引后缀数组之间的关系

2. 搜索

如果文本集足够小到可以创建一棵后缀树,那么很多查询模式(比如单词、前缀还有短语等)都可以在 $O(m)$ 的时间内通过简单的字符树搜索实现. 但是,实际中,由于前面解释过的种种原因,对于大型的文本后缀树并不实用. 在后缀数组中,通过二叉搜索可以在 $O(\log_2 n)$ 的时间内完成相同的搜索操作. 搜索步骤是这样的:搜索模式产生两个限制模式 P_1 和 P_2,那么任何满足 $P_1 \leqslant S \leqslant P_2$ 的后缀 S 都是我们需要的. 接下来我们在后缀数组中二叉搜索这两个限制模式,我们想要的后缀就是在那两个位置之间的元素指向的后缀. 比如,在图 3-13 中,如果要找单词"text",我们首先搜索"text"和"texu",得到的分别是数组中包含指针 19 和指针 11 那部分.

所有的查询检索到的是后缀树中的子树或者后缀数组中的一个区间. 这个结果需要进一步处理,包括合并、按照文本顺序升序排列等. 这是后缀树或者后缀数组相比倒排索引更为复杂的地方. 这种索引最好的应用是简单的短语搜索,因为后缀树或者后缀数组都存储了整个的后缀而不仅是首个单词.

值得注意的是,后缀数组上的二叉搜索需要读取磁盘,每读取一次文本文位置都要对磁盘进行随机搜索来定义这个文本所在的轨道. 由于随机搜索的大小是 $O(n)$,因此总的搜索时间开销是 $O(n \log_2 n)$. 所幸对于二叉搜索超索引可以在一定程度上减小时间开销,因为搜索首先从超索引开始,而一般超索引的大小不会超过内存,这样就不用在磁盘上访问文本 $O(\log_2 n)$ 次. 超索引中找到之后,在这两个样本之间的后缀数组块被读入内存,然后在其上执行二叉搜索. 一般这样只需进行原来磁盘访问次数的 25% 就够了. 如果不要求在数组中进行精确的划分,这样的二叉搜索技术可以将磁盘访问进一步减小 40%~60%.

在前面我们提到的系统上对一个 250 MB 的文本构建索引,一个简单的单词或者短语的查询需要 1 s,其中文本访问所需的时间为 0.6 s. 使用了超索引之后总的时间下降到了 0.3 s 左右. 值得注意的是,和倒排索引相似,仅是简单的单词索引的时间降低了,对于长的短语仍然没有降低.

3. 在内存中创建

包含 n 个字符的文本的后缀树可以在 $O(n)$ 的时间内建好. 但是,如果整棵树超过了内存大小,这个算法的性能非常低,过大的空间需求在后缀树中是一个严峻的问题. 本节讨论后缀数组构建. 由于后缀数组只是按照词典顺序排序的指针集合,这些指针先按照文本顺序升序排列组合在一起,然后按照他们指向的文本排序. 需要注意的是,每次比较两个后缀数组元素都要访问相应的文本位置. 这些文本位置的访问都是很随机的,因此,后缀数组和文本都必须常驻在内存当中. 这个算法共需 $O(n \log_2 n)$ 次字符串比较.

4. 创建大型文本的后缀数组

当文本数据库过大而不能全部读到内存的时候,就需要一个可以在内存之外实现的排序算法. 但是每一次比较都需要访问磁盘上的文本的随机位置. 这严重地降低了排序进程的性能. 下面我们介绍一种专门针对大文本的算法:首先将文本分成不超过内存大小的块,对每一块建后缀数组,然后再和其他块的后缀数组合并,也就是:给第 1 块建后缀数组;给第 2 快建后缀数组;合并两个后缀数组;给第三块建后缀数组;将新的后缀数组和之前的合并;给第 4 块建后缀数组;将新的后缀数组和之前的合并;等等如此继续.

这个算法的难点在于如何将一个已经很大的后缀数组和一个新产生的相对很小的后缀数组合并. 合并的时候需要比较可能散布在文本中任何位置的文本位置,因此,前面讲的问题仍然存在. 解决的办法是首先确定大数组中有多少元素要放置到小数组任意的元素对之间,接下来使用这个信息来合并数组而不去访问文本.因此,我们需要知道有多少大文本的后缀处于小后缀数组的两个位置之间.我们使用一个计数器来存储这个信息.将大后缀数组对应的文本顺序的读入到内存中,每一个后缀都在小后缀数组(存储在内存中)中进行搜索,一旦找到了后缀对应的元素,计算器就加 1.具体过程如图 3-14 所示.

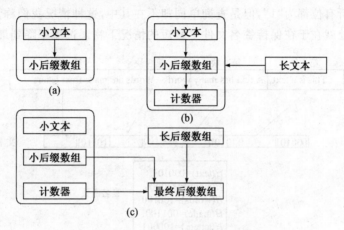

图 3-14　在大文本上创建后缀数组的步骤
(a)创建本地后缀数组;(b)计数;(c)合并后缀数组.

现在我们来分析这个算法.如果可以用于索引的内存大小为 $O(M)$,那么文本被分为块 $O(n/M)$,每一块都和一个大小为 $O(n)$ 的数组进行合并,这里大小为 $O(n)$ 的数组中的每一个元素(也即每一个后缀)都要在小后缀数组中进行二叉搜索.这个算法的 CPU[①] 复杂度为 $O(n^2 \log_2 M/M)$.

注意到这个算法也可以用于索引维护,如果数据库中要新增一个大小为 n' 的新文本,可以将其分成块然后将每块的后缀数组和之前的后缀数组进行合并.这个过程需要 $O(nn' \log_2 M/M)$ 时间.如果要删除一个文本,需要对数组进行 $O(n)$ 趟扫描去掉该文本中所有后缀的位置信息.

如前所述,后缀数组在实际应用上的代价远远大于倒排文件.创建超索引包括在后缀数组上的一个快速的终极的顺序扫描.

在前面提到的系统上为 250 MB 大小的文本创建索引的速度是 0.8 MB/s 左右.所花费的时间基本上是倒排索引的 5~10 倍.

3.4.3 签名文件

签名文件是一种基于哈希表的面向单词的索引结构.它所需的代价很低,并且搜索复杂度是线性的,而不是之前算法的近线性;但是它不适合于大的文本文件.不管如何,在大多数的应用程序中,倒排文件的性能都超过了签名文件.

1.结构

签名文件使用一个哈希(或者称为签名)将单词映射成一个 B 位的比特掩码.首先将文本分块,每块包括 b 个单词,然后为其分配一个大小为 B 的比特掩码.这个掩码是通过对文本块

---

① CPU 是中央处理单元(central processing unit)的简称.

中的所有单词的签名进行"位或"操作而得到的.因此,签名文件实际就是所有块的位掩码的序
列.这里的主要思想是如果一个单词在一个文本块中,那么所有在其签名文件中的位为"1"的
比特在该文本块的掩码中也应该为"1".因此,如果一个查询单词的某个位是"1",但是在文本
块的掩码中对应的位却不为"1"的话,那么这个单词就不在该文本块中,如图 3-15 所示.也有
可能掩码中的所有位都为"1",但是查询单词却不在其中,这种情况我们称为误选.签名文件设
计的最关键之处就在于在保持签名文件尽量短的情况下将误选概率降到最低.

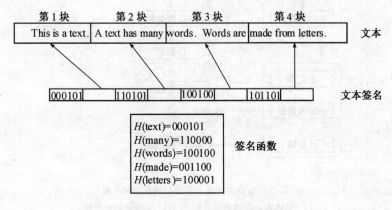

图 3-15　分块示例文档的签名文件

2. 搜索

要搜索一个单词,首先要将这个单词哈希成一个位掩码 W,然后和所有的文本块的位掩
码 B_i 比较.如果(W & $B_i = W$),这里 & 是一个"位与"操作,也就是 W 中所有为"1"的位在 B_i
中也是"1",那么就认为这个文本块可能包含了这个单词.然后我们必须遍历所有的候选文本
块来确认这个单词是否在其中.这里的遍历和倒排文件中的一样都不能省略(如果误选带来的
风险可以被接受,就可以省略).

对于短语查询和合理的近似查询,这种模式非常有效.因为如果文本块包含了要检索的短
语或者是近似的查询,那么所有的单词都会在这个块中出现.因此,所有查询的掩码都要进行
"或"操作.这样可以减少误选的概率.这是唯一的可以改进短语搜索的索引模式.

为了避免块边界的短语丢失,块边界需要格外被注意.如果要检索一个 j 个单词的短语或
者近似为 j 个单词的近似查询,连续的块必须重复 j 个单词.

目前仅有的实验数据是 1992 年的运行在 Sun 3/50 本地磁盘上的.一个2.8 MB大小的数
据库需要 0.42 s.转换成目前的技术,我们可以认为其性能基本接近于 20 MB/s(考虑到这是
一个线性时间复杂度),因此 250 MB 的文本需要12 s,比较慢.

3. 创建

签名文件的创建非常简单.将文本切成块,为每块生成一个签名文件,这个签名文件是由
块中所有单词的签名的"或"操作组成.

在数据库中增加一个文本也很简单,只是简单地生成这个文本对应的签名文件即可.删除
一个文本也只需将其对应的签名文件删除即可.

除了顺序存储所有的比特掩码之外,还有其他的存储方案,举例来说,可以为掩码中的每
个比特创建不同的文件,比如,一个文件存储所有的第 1 个比特,另一个文件存储所有的第 2

个比特,等等. 这样可以减少查询时的磁盘访问,因为仅有查询中置"1"的一位需要被遍历.

在上述介绍的索引技术中,目前应用最广泛的是倒排索引技术. 我们可以看到,其他的索引技术都因为种种原因使得它们在实际应用中效率低下,而且也不能灵活地适应新型的查询. 但是,这些索引技术仍然在一些特殊的系统中存在,比如基因数据库(使用后缀树或者后缀数组,因为只涉及很少的文本而且需要进行特别的查询)和一些办公系统(使用签名文件,因为实际上文本很少被查询).

当今在文本数据库上的索引和搜索的主要趋势有以下一些:

(1) **文本集庞大**. 一方面,这点对索引算法的每一步都提出了很大的挑战,以前的一些解决方案也不再适用. 另一方面由于处理器更加快速,外存设备显得更加缓慢,这使得以前一些可选的步骤是否可选也发生了改变(例如,文本压缩).

(2) **搜索变得更加复杂**. 随着文本数据库的增大,文本结构变得更加复杂、异构,增强查询的便利性非常必要,比如利用文本的结构,或者允许文本中的错误. 对扩展查询的支持在文本检索系统的评测中也变得越来越重要.

(3) **文本压缩在该领域的应用越来越普及**. 前面提到的处理器和外存速度差异越来越大,"文本检索"和"压缩"不再是毫无关系的两个概念. 在压缩的文本上进行直接的索引和检索,可以提供更好的时间性能. 其他的一些技术(比如块寻址)则是通过空间代价来换取处理器时间.

§3.5 相关反馈和查询扩展

由于缺少对整个文档集的了解,很多用户提交的查询不能完全表达他们的检索目的,这样就得不到理想的检索答案. 事实上,用户需要花费在初始的查询构造上的时间并不少,这就提供了一种提高检索性能的思路. 初次查询的结果并不作为检索的答案,而是一个中间结果,一方面根据这个结果得到用户的相关反馈来进行查询重写;另一方面根据这个结果进行查询扩展. 相关反馈(relevance feedback)和查询扩展是当今信息检索中较为重要的一部分,但是由于篇幅所限,接下来分别简要介绍这两项提高检索性能的技术.

1. 相关反馈

为了弥补检索性能上的不足,用户相关反馈技术被引入到相似性检索中. 这是一种通过系统与用户进行交互、动态地调整检索目标和相似性度量函数的检索机制. 用户相关反馈通常是一个人机交互的迭代过程,先在检索过程中由用户对检索结果进行评价,指出哪些检索结果是与检索目的相关的(正例)或哪些是不相关的(负例),然后根据这些用户评价信息调整检索样本或相似性度量函数,进行新一轮的检索,如此反复,直至用户得到满意的检索结果或者系统的检索精度达到了稳定状态为止. 相关反馈技术是当前信息检索研究中最为活跃的领域. 早期的相关反馈方法主要依据一些启发式思想进行检索样本与参数的调整,如修改查询向量,使其向相关检索对象的分布中心移动;根据反馈信息调整距离度量公式中各分量的权重,等等. 近年来,机器学习方法(如支持向量机(SVM)等)也与相关反馈方法相结合,探寻进一步提高检索精度的方法.

用户相关反馈通常分为检索点移动和检索参数调整两种类型. 检索点移动通常用 Rocchio 公式来描述,即检索样本中与正例相关的特征得到增强,与负例相关的特征被减弱,使检索点移向能够带来更好检索结果的位置. 接下来介绍一种具体的分层的权重调整方法:该方法的核心就是考察用户(正)反馈样本集合中的特征向量的各个分量在特征空间的各个维上的分布.反馈集合中的各个特征向量在向量空间第 i 维上的分布用其标准差 ri 度量,ri 越大,分布得越杂乱,该分量与检索的相关程度也就越小.所以,应减小该分量的权重;反之,则应增加该分量的权重.

2. 查询扩展

查询扩展早在 20 世纪 70 年代就作为改善检索的一种方法被提出.查询扩展主要是针对检索中的"词典问题"(dictionary problem).所谓词典问题是指,通常情况下,两个人使用同样的关键词描述同一物体的概率小于 20%.在当前的搜索引擎的使用过程中,这个问题变得更加尖锐.如果用户使用足够多的词描述查询内容,用词不一致的问题则会在一定程度上得到缓解.但是事实上,大多数的用户查询仅有一个单词,仅有很少的查询由两个以上单词组成.这样,传统的基于关键词的向量空间模型无法发挥正常的作用.同时,在许多情况下,用户使用的词即使在文中出现,也未必在相关文章中具有足够的权重,即仅靠用户提交的短查询无法提供检索出相关文档的足够信息.

查询扩展,简单而言,就是在原来查询的基础上加入与其相关联的词,组成新的更长、更准确的查询,这样就在一定程度上弥补了用户查询信息不足的缺陷.根据计算查询用词与扩展用词相关度的方法的不同,可以大致将已有的查询扩展的方法分为全局分析和局部分析.实验结果表明,多数情形下,局部方法在计算效率和检索性能上均优于传统的全局分析.

本节接下来将分别介绍这两种方法:

全局分析是较早出现的具有实际应用价值的查询扩展优化方法,其基本思想是对全部文档中的词或词组进行相关分析,计算每对词或词组间的关联程度.当一个新的查询开始时,则根据预先计算的词间相关关系,将与查询用词关联程度最高的词或词组加入原查询中生成新的查询.早期典型的全局分析的方法是词聚类方法,它将文档中的词按共同出现的频率先行聚类,其后根据词的不同集合对查询进行扩展.目前常见的全局分析方法包括 LSI、相似性词典等.全局分析的优势是可以最大限度地探求词间关系,并在词典建立之后以较高的效率进行查询扩展.但是,当文档集合非常大时,建立全局的词语关系词典在时间和空间上往往是不可行的,并且在文档集合改变后的更新代价巨大.因此,近期的查询扩展研究主要集中在与之对应的局部分析上.

局部分析利用两次查询的方法解决扩展问题.局部分析利用初次检索得到的与原查询最相关的 N 篇文章作为扩展用词的来源,而并非利用先前计算得到的全局词语关系词典.目前流行的局部分析方法主要是局部反馈(local feedback,也称为 pseudo feedback),它是在相关反馈的基础上发展起来的.相关反馈根据用户对初次检索的结果进行评判后,将用户认为相关的文章作为扩展用词的来源.而局部反馈解决了相关反馈必须与用户交互的问题,它将初次查询的前 N 篇文章认为是相关文章,并以此为依据对查询进行扩展.局部分析的方法是目前应用最广泛的查询扩展方法,并在一些实际的信息检索系统中得以使用.但是,当初次查询后排在前面的文档与原查询相关度不大时,局部分析会把大量无关的词加入查询,从而严重降低查询精度,甚至低于不做扩展优化的情形.

实验表明,查询扩展优化技术对于查询短小、文档集内容比较分散的情况尤为适用,可以极大地提高查准率和召回率.查询扩展是对原查询的补充和优化,其扩展用词的数量也并非多多益善,实验表明,向原查询加入 30 个扩展词时查询性能达到最高,超过 30 个扩展词后查询性能下降较快. 因为过多的相关度较低扩展词不但不会起到优化原查询的作用, 反而会因为加入噪声, 使得查询的歧义性增大.

§3.6　检索评测

在检索系统完成之后, 我们需要对这个系统的性能好坏进行评测. 最常见的系统性能评测标准是时间和空间, 响应时间越短, 所需空间越小, 我们就认为这个系统的性能越好. 通常在空间复杂度和时间复杂度之间有个权衡, 用户可以选择更侧重的某个标准. 在一个用于信息检索的系统中, 除了时间和空间还有其他的评测标准. 事实上, 由于用户的查询本身具有模糊性, 检索到的答案并不全是精确的答案而且需要根据它们和查询的相关度进行排序. 这里的相关排序在之前的数据检索系统并不存在, 但是这个部分在信息检索中具有非常重要的作用. 因此, 信息检索系统需要知道得到的答案集合到底有多么地准确, 我们称这样的评测为检索性能评测.

本章的最后这个部分介绍检索系统中的检索性能评测. 这种评测一般基于一个测试文档集和一种评测方法. 测试文档集包括一组文档集合、一个样本查询集合以及由专家给出的与每个样本查询对应的相关文档. 给定一个检索策略, 评测方法需要确定由其检索到的文本集合和专家提供的相关文档集的相似度有多高, 也就是检索策略到底有多好.

在接下来的讨论中, 我们首先介绍两种最常用的检索评测方法: 召回率(recall)和查准率. 除此之外, 我们还会介绍一些其他的方法, 比如 E 方法、调和平均值等. 之后, 我们将介绍一些测试文本集合: TIPSTER/TREC, CACM, CISI 和 Cystic Fibrosis.

3.6.1　性能评估

当讨论到检索性能评测时, 我们首先要考虑被评测的检索任务. 检索任务可以包含简单的批处理模式的查询(比如用户提交一个查询、接收一个答案), 也可以是一个交互式的会话(比如用户通过一系列与系统交互的步骤指定他所需要的信息需求). 更进一步, 检索任务也可以包括这两种类型. 批处理和交互式查询的评测非常不同, 在交互式查询中用户的行为、交互界面的设计、系统提供的向导, 还有会话的持续时间都是需要被评测的指标. 在一个批处理会话中, 这些都不重要.

除了查询请求带来的区别之外, 我们还需要考虑评测的对象以及使用的用户界面的类型. 在设置(设备)方面, 在实验室中的评测实验和现实环境下的评测非常不同. 在界面类型方面, 早期的图书馆系统(在现今的商业市场仍然占主导地位)一般提供给用户的是批处理界面, 而更新的系统提供一般提供的是复杂的交互式操作界面(在现在高效的图形显示技术下越来越流行).

接下来, 我们主要介绍实验室的评测实验, 而且只介绍批处理系统的评测. 交互式系统的评测感兴趣的读者可以自己去找其他相关资料.

1. 召回率和查准率

考虑一个查询请求 I(基于一个测试文档集合之上)和其对应的相关文档集合 R, 设 $|R|$ 是这个集合的文档数目, 假设在一个给定的检索方案(也就是待评测的)中生成的文档答案集合 A. 这些集合如图 3-16 所示.

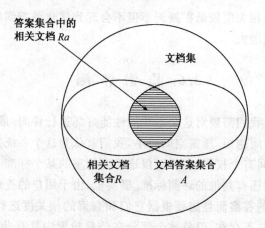

图 3-16   一个查询的召回率和查准率

召回率和准确率的定义如下：

召回率评测的是检索到的相关文档(Ra 集合)和所有相关文档(R 集合)的比率,即

$$召回率 = \frac{|Ra|}{R}.$$

查准率衡量的是检索到相关文档(Ra 集合)和检索到的所有文档(A 集合)的比率,即

$$查准率 = \frac{|Ra|}{A}.$$

根据上面对召回率和查准率的定义,我们首先要假设答案集合 A 中的所有文档都被检查过了.但是,实际上,并不是所有文档都会被检查一遍.A 中的文档会根据和查询之间的相似度进行排序,因此用户看到的是排序后的答案文档,从相关度最高的那篇文档开始.在这种情况下,召回率和查准率根据用户浏览答案集合 A 的顺序不同会产生不同的答案.因此,一次恰当的评测给出的查准率相对召回率的曲线应该如下所述.

如前,考虑一个测试文档集和一个在其上的查询 q,专家给出的 q 的相关文档集合是 R_q,为了不失一般性,我们假设 R_q 由下列的文档组成：

$$R_q = \{d_3, d_5, d_9, d_{25}, d_{39}, d_{44}, d_{56}, d_{71}, d_{89}, d_{123}\}, \tag{3.1}$$

也即该相关文档集中共有 10 个 q 的相关文档.

接下来假设待评测的检索算法给出的排序后的 q 的相关文档如下：$d_{123}^*, d_{84}, d_{56}^*, d_6, d_8,$ $d_9^*, d_{511}, d_{129}, d_{187}, d_{25}^*, d_{38}, d_{48}, d_{250}, d_{113}, d_3^*$,其中标有" $*$ "的就是和查询 q 相关的文档. 我们按照这个顺序查看检索到的文档,如果我们只查看到第 1 个文档 d_{123}（这是和 q 相关的文档）,那么此时我们认为查准率为 100%,查全率为 10%.如果我们查看到第 3 个文档 d_{56},此时的准确率约为 66%,查全率为 20%.这样我们可以画出一副图 3-17 中的查准率-召回率图.当召回率高过 50% 的时候,查准率降为 0,因为不是所有的相关文档都能被检索到.这种图一般都是基于 11 个标准级别,也就是 0%,10%,20%,$\cdots$,100%.

在上面的例子中,查准率和召回率都是针对一个查询的,但是,通常检索算法都是在一系列不同的查询下被评测的.在这种情况下,每个查询都产生一个召回率和查准率,为了评测一个算法在所有测试查询上的性能,我们对每级召回率对应的准确率取平均值：

$$\overline{P}(r) = \sum_{i=1}^{N_q} \frac{P_i(r)}{N_q},$$

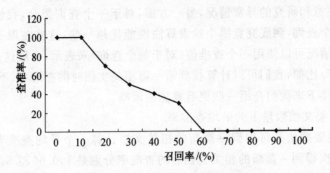

图 3-17　11 级标准召回级的查准率

这里 $\bar{P}(r)$ 是在召回率级别 r 的平均查准率，N_q 是查询的数量，$P_i(r)$ 是第 i 个查询在召回率 r 级时的查准率.

由于每个查询的实际召回率的分级情况可能和 11 级标准召回率级别有差异，因此我们需要对前面的定义稍作修改. 令 $r_j, j \in \{0, 1, 2, \cdots, 10\}$，表示第 j 个标准召回率级别（比如，r_5 表示召回率等于 50％ 的级别），那么我们令

$$P(r_j) = \max_{r_j \leqslant r \leqslant j+1} P(r),$$

也即第 j 级标准召回率对应的的查准率是处于第 j 级和 $j+1$ 级召回率之间的所有召回率对应的查准率中的最大值.

对多个查询的结果取平均值之后的查全率对查准率的图常常用来直观地比较不同的检索算法，如图 3-18. 在这张图中，一种算法在召回率较低的时候查准率较高，而另一种算法在召回率较高的时候查准率低.

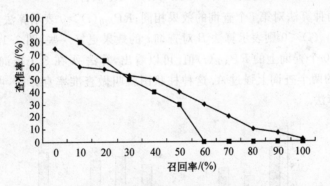

图 3-18　两种算法的查准率-召回率图

另一种比较查准率的办法是给定取的文档数目. 举例来说，我们可以要求算法返回 5, 10, 15, 20, 30, 50 或者 100 个相关文档，具体的过程和 11 个标准级别相似.

召回率、查准率是目前信息检索系统中的标准评测方法，它们可以定量地给出整个结果集合的质量. 并且，这种方法很简单，很直观，通过一条曲线就可以反映出来. 但是，这种方法也有自身的缺陷. 在讨论这个缺陷之前，我们先讨论单值总结查全率、查准率.

2. 单值评测

前面介绍了使用一系列查询的查全、查准平均值来比较不同的检索算法的性能. 但是有时候，我们只想针对某个特定的查询来比较两个检索算法，因为一方面，在平均值下可能隐藏着

一些重要的有待注意和研究的异常情况,另一方面,对于一个查询集合,我们也想知道在测试文档集上,针对每个查询,到底究竟哪个检索算法性能优越一些,这些在取平均值的时候都无法体现出来.这种情况可以使用一个查准值(对于每个查询)来表示,一般这是在一个给定的召回率之下的查准率.比如,我们可以计算找到第一篇相关文档时的查准率,不过很明显,这不是一种很好的办法,接下来我们介绍一些更有意思的策略:

(1) 在已知相关文档数量下的平均查准率.

这种策略的主要想法是每得到一篇新的相关文档计算一个平均查准率.举例来说,在图3-17的例子中,每次得到一篇新的相关文档后的查准率分别是1,0.66,0.5,0.4,0.3和0,那么在目前已知相关文档数量下的平均查准率是$(1+0.66+0.5+0.4+0.3)/5=0.57$.这种评测方法对一些能够很快检索到相关文档(相关文档相对排序靠前)的检索算法有利.当然,一种算法有可能在已知相关文档数量下的平均查准率很高,但是整体的召回率很低.

(2) R 查准率.

这种策略的主要思想是计算返回的排序后的结果中第 R 个位置的查准率.这里,R 是当前查询的所有相关文档的数目,也即 R_q 中的元素数目.举例来说,在图3-17中的 R 查准率是0.4,因为这里 $R=10$,在算法返回的结果中的前10篇文档中有4篇是相关文档.这对于在实验中观察每种查询算法的行为很有用.另外,对于所有的查询,我们也可以计算平均 R 查准率,但是,只根据这一个值就对检索算法在多个查询上的整体表现作评定未免不太精确.

(3) 查准率直方图.

我们可以使用多个查询的 R 查准率比较两种检索算法的检索历史.假设 $RP_A(i)$ 和 $RP_B(i)$ 分别是检索算法 A 和 B 的第 i 个查询的 R 查准率,我们定义它们之间的差为

$$RP_{A/B}(i) = RP_A(i) - RP_B(i).$$

$RP_A(i)=0$ 表示两种算法对第 i 个查询的效果相同;$RP_{A/B}(i)>0$ 表示算法 A 对查询 i 的效果好过 B;相反,$RP_{A/B}(i)<0$ 则表示算法 B 对查询 i 的效果更好一些.图3-19显示的是两种虚拟的检索算法在10个查询上的 $RP_{A/B}(i)$ 值.可以看出,算法 A 在8个查询上强过算法 B,而算法 B 只在剩下的两个查询上强过 A.这种柱状图就叫做查准率直方图,由此我们可以直观地比较两个检索算法.

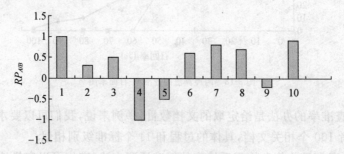

图3-19　10个查询的查准率直方图

(4) 总结表统计.

单值方法的结果可以保存成一个统计表,比如,表中可以存查询的数目、所有查询返回的总的文档数目、返回的相关文档的总数目等.

(5) 召回率和查准率的适用性.

召回率和查准率在检索算法性能评测中得到了广泛的使用,但是仍然存在一些问题.首先,对召回率的恰当估计需要对文档集中所有文档清晰了解,但是在大型的文档集中要得到这样的知识是很困难的.因此事实上,召回率很难被估计正确.其次,召回率和查准率是两种互相关联的测试方法,体现了文档集的不同方面,因此如果可以把这两种方法集合在一起会比单独使用其中任意一种更为合理.再次,召回率和查准率衡量的是批处理模式下检索的性能,但是随着信息技术的发展,“交互”正在成为检索进程中的一个关键概念,能够体现检索进程中的信息的方法更为恰当.此外,当检索的文档按照排序的结果进行线性排序时,召回率和查准率很容易计算,但是如果返回的文档不能很好地进行线性排序,那么此时使用召回率和查准率就不太恰当了.

3. 其他评测方法

虽然召回率和查准率应用很广泛,但是它们并不总是最恰当的检索性能的评测方法.一段时间以来,已经有很多其他方法陆陆续续被提出了,下面我们简要介绍其中一些方法:

(1) 调和平均值.

在前面我们已经看到,可以将召回率和查准率结合起来.调和平均值 F 就是使用召回率和查准率一起来计算的,其公式如下:

$$F(j) = \frac{2}{\frac{1}{r(j)} + \frac{1}{p(j)}},$$

其中 $r(j)$ 是第 j 篇文档的召回率,$p(j)$ 是第 j 篇文档的查准率,$F(j)$ 是 $r(j)$ 和 $p(j)$ 的调和平均值(当然也指第 j 篇文档).F 的值在区间 $[0,1]$ 内,当 $F=0$ 时,表示没有检索到相关文档;当 $F=1$ 时,表示检索到的所有文档都是相关文档.只有当召回率和查准率的值都很高时,F 的值才会高;也即当 F 取最高值的时候,其实是在召回率和查准率之间取了一个最好的折中.

(2) E 方法.

E 方法也是将召回率和查准率结合在一起的一种方法,但是它支持用户指定他对召回率还是查准率更感兴趣.E 方法的定义如下:

$$E(j) = 1 - \frac{1 + b^2}{\frac{b^2}{r(j)} + \frac{1}{p(j)}},$$

这里 $r(j)$ 是第 j 篇文档召回率,$p(j)$ 是第 j 篇文档的查准率,$E(j)$ 是 $r(j)$ 和 $p(j)$ 的 E 方法值(当然也指第 j 篇文档),b 是用户给的参数用于指定召回率和查准率之间的相对重要性.当 $b=1$ 时,F 方法退化成调和平均值;当 $b>1$ 时,表示用户更关心查准率;同理,当 $b<1$ 时,表示用户更关心召回率.

4. 面向用户的方法

召回率和查准率的计算是基于“我们认为一篇查询的相关文档是保持不变的”这个假设之上的,也即查询答案的用户无关性.但是文档是否相关,不同的用户可能会有不同的答案.面向用户的评测方法就是针对这个问题提出的,这个方法包括覆盖率、新鲜率(novelty ratio),检索召回率和召回代价(recall effort)等.

如前,考虑一个参考文档集、一个查询集合 I 和一个待评测的检索算法.R 是查询 I 的相关文档集合,A 是检索到的答案集合,U 是 R 的子集,是用户知道的一个子集,U 中的文档数目是

$|U|$,U 和 A 的交集就是检索到的用户知道的相关文档,假设其数目是 $|Rk|$,进一步的假设 $|Ru|$ 是检索到的用户已经知道的相关文档的数目,图 3-20 显示了这种情况.实际检索到的用户知道的相关文档的比例就是覆盖率:

$$覆盖率 = \frac{|Rk|}{|U|};$$

检索到的用户以前不知道的相关文档的比率就是新鲜率:

$$新鲜率 = \frac{|Ru|}{|Ru|+|Rk|}.$$

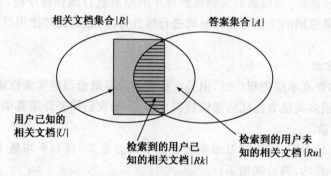

图 3-20   一个查询的覆盖率和新鲜率

覆盖率高,表示系统可以找到大多数用户预期看到的相关文档;新鲜率高,表示系统可以找到很多用户以前不知道的相关文档.

除此之外,另外两种方法定义如下:系统找到的相关文档的数目与用户预期找到的相关文档的数目之比就是相对召回率.当用户找到了预期数目的相关文档之后,他就会停止搜索,相关召回率为 1.用户预期的相关文档数目和要找到这些预期的相关文档用户一共需要浏览的文档总数之比为召回代价.

3.6.2   测试文档集

本小节将介绍在信息检索系统的评测中经常使用的一些测试文档集.常用的测试文档集包括 TIPSTER/TREC,CACM,ISI,Cystic Fibrosis 文档集等.

1. TIPSTER/TREC 文档集

早期的信息检索实验都是基于一些很小的测试集上,因此很难反应一个大的图书馆系统中的主要问题.而且不同的检索系统之间也很难比较,因为它们各自的实验都是针对检索中的不同方面,而且也没有一个被广泛接受的测试基准(benchmark).20 世纪 90 年代(1992 年开始),由美国国家标准技术局(NIST)和国防部高级研究计划局(DARPA)组织召开了一年一度的国际评测会议,文本检索会议(Text REtrieval Conference,简称 TREC)[①].TREC 会议的宗旨主要有三条:(1)通过提供规范的大规模语料(GB 级)和对文本检索系统性能的客观、公正的评测,来促进技术的交流、发展和产业化;(2)促进政府部门、学术界、工业界间的交流和合作,加速技术的产业化;(3)发展对文本检索系统的评测技术.由于文档集是通过 TIPSTER

---

①   TREC 的官方网站是 http://trec.nist.gov.

程序创建的,因此我们通常将其叫做 TIPSTER 或者 TIPSTER/TREC 测试文档集,有时也会简称为 TREC 文档集.

TREC 文档集由三部分组成:文档、查询示例(叫做主题)和每个查询的相关文档集. TREC 提供了一个标准文档库,而且还提出了一套较为科学的测试评价方法,为各种方法和系统提供了一个公平竞争的舞台,使 TREC 成为文本检索领域最权威的国际会议.文档库包括 5 张光盘,总计文本作为训练文档集和测试文档集.所用文档有的来自财经报道(如华尔街日报),也有的来自新闻报道(如美联社新闻),还有来自计算机领域的文章(如 Computer Selects articles),还有公文(如 Federal Register 等),内容十分广泛.所有的文档都用 SGML 语言进行标记.每届 TREC 会议都针对当前文本检索会议的最新热点,设置若干个评测主题或项目,比如 2000 年的评测任务包括:问题回答、网页检索、跨语言检索、文本过滤、交互检索、查询处理、语音文本检索等作为基准.总之,经过多年的实践,TREC 已经建立了在文本检索会议的国际权威地位,吸引了世界各地越来越多的高水平的参加单位,也发展了一套较为成熟的评测方法.同时,TREC 还逐渐地把评测领域从单纯的文本检索扩大到多媒体检索,如已经结束的语音文本检索和刚刚起步的视频检索.

2. CACM 和 ISI 文档集

TREC 是一个很大的文档集,在其上的实验需要很长的准备时间,而且测试本身也要进行很长的时间.并不是每个组织都可以承担这样的测试代价,因此一个小规模的测试文档集也很有用.而且,小规模的文档集还可以包括大文档集(比如 TREC)不具备的特征,比如在 TREC 中查询之间的重合非常之小,就无法体现过去的查询对于现在的影响(这点在最近的 TREC 会议中已经得到了注意).另外,TREC 文档集不能很好地支持使用不同引证据源(co-citation)的排序算法的检索算法,在这种情况下,其他的测试文档集可能更为合适.

CACM 文档集[①]包括 ACM 通信 1958~1979 年间的 3204 篇文档,这些文档都是计算机相关方面的.除了纯文档,文档集中还包括文档的结构化子域信息,包括:作者姓名、发表时间、标题和摘要部分词语原形、在层次分类中的类别名称、文档之间的直接引用、和其他文档引用相同文档的数目和其他文档被同时引用的数目.该文档集还包括了 52 个查询和每个查询对应的相关文档集,由于文档集很小而且查询很特别,每个查询的相关文档集一般不超过 15 篇文档,因此召回率和查准率都不太高.

ISI 文档集又叫 CISC 文档集[②],包括 1460 篇文档,是从科学信息协会的 Small 收集的一个文档集中挑选而出的,挑选出的都是 Small 在跨文档引用研究中发现的被引用的最多的一些文档.这个文档集的目的是支持基于项和多文档引用模式相似性的研究.

3. Cystic Fibrosis 文档集

Cystic Fibrosis 文档集[③]是一个医药文档集,包括 1239 篇文档.

§3.7　小　　结

本章介绍了三种经典的信息检索模型:布尔模型、向量模型和概率模型,其中最为实用和

---

① 见:⟨http://www.dcs.gla.ac.uk/idom/ir_resources/test_collections/cacm/.⟩
② 见:⟨http://ir.dcs.gla.ac.uk/resources/test_collections/cisi/.⟩
③ 见:⟨http://www.sims.berkeley.edu/~hearst/irbook/cfc.html.⟩

有效的是向量模型.之后较为详细地介绍了向量模型的一种扩展模型:隐语义索引.本章还介绍了应用于信息检索系统的文本处理技术,包括信息检索之前的文本预处理,并介绍了文本的特性、文本聚类的方法以及在信息检索中的应用.本章还重点介绍了三种索引方法的构造和对应的查询.最后是信息检索的评测,介绍了一些评测的方法(包括 E 方法)等,以及一些标准的文档集包括TIPSTER/TREC,CACM,ISI,Cystic Fibrosis 文档集等.

目前经典的信息检索模型都是基于索引项的检索,这种模型简单、清晰,但是同时也存在一些问题.首先,通过索引项集合,文档的语义和用户的检索查询可以很自然地表示出来,但是,当用索引项集合来代替整个文档或者用户查询的时候,文档和查询中大部分的语义已经丢失了.究其原因,索引项集合只是一个词语的集合,没有上下文关系,也没有对语义的理解.其次,用户查询和每篇文档之间的匹配是在检索项向量空间之上进行的,但是这并不是一种绝对准确的方法,检索到的文档和用户的查询常常并不相关.如果再考虑到大多数的用户并没有受过专门的训练,不能很好地表达他们的查询,问题就更严重.搜索引擎的返回结果中大多数都是不相关的内容就是一个很好的例子.

相关反馈和交互式人机界面是目前信息检索研究的一个热点.用户相关反馈技术通过人机交互的迭代过程,动态地调整检索目标和检索词之间的相似性度量权值,在很大程度上提高了检索的效率和可用性.但是目前召回率、查准率,还有调和平均值和 E 值,仍然是文本检索评测中的主要评测方法.

从历史上看,信息检索经历了手工检索、计算机检索到目前网络化、智能化检索等多个发展阶段.目前,信息检索已经发展到网络化和智能化的阶段.信息检索的对象从相对封闭、稳定一致、由独立数据库集中管理的信息内容扩展到开放、动态、更新快、分布广泛、管理松散的web 内容.信息检索的用户也由原来的情报专业人员扩展到包括商务人员、管理人员、教师学生、各专业人士等在内的普通大众.他们对信息检索从结果到方式提出了更高、更多样化的要求.适应网络化、智能化以及个性化的需要是目前信息检索技术发展的新趋势.

§3.8 参 考 文 献

[1] Abrams M. ed. World Wide Web: beyond the basic. Upper Saddle River, NJ: Prentice Hall, 1998.

[2] Anick P, Brennan J, Flynn R, Hanssen D, Alvey B, Robbins J. A direct manipulation interface for Booean information retrieval via natural language query. Proc. 13th Annual International ACM/SIGIR Conference, Brussels, Belgium, 1990, 135—150.

[3] Anick P G. Adapting a full-text information retrieval system to the computer troubleshooting domain. Proc. 17th Annual International ACM SIGIR Conference on Research Specification and Development in Information Retrieval, 1994, 349—358.

[4] Dolin R, Agrawal D, Abbadi A, Pearlman J. D-lib Magazine, 1998.

[5] Frakes W B, Ricardo B-Y. Information Retrieval: Data Structures & Algorithms. Englewood Cliffs, NJ: Prentice Hall, 1992.

[6] Lesk M. Practical digital libraries: books, bytes, and bucks. San Francisco, CA: Morgan Kaufmann Publishers, 1997.

[7] Ricardo B-Y, Barbosa E, Ziviani N. Hierarchies of indices of text searching. Proc. RIAO'94 Intelligent Multimedia Information Retrieval System and Management, 1994, 11—13.

[8] Ricardo B-Y. J. Brazilian CS Society, 1996, 3(2): 57—64.

[9] Ricardo B-Y, Navarro G. Block-addressing indices for approximate text retrieval. Proc. 6th CIKM Conference, Las Vegas, Nevada, 1997, 1—8.

[10] Ricardo B-Y, Berthier R-N. Modern information retrieval. New York: ACM Press, 1999.

§3.9 习　题

1. 什么是信息检索？搜索引擎和一般的信息检索系统相比有什么不同？

2. 著名的三种检索模型分别是基于哪些理论构建的？

3. 论述布尔模型的优缺点.

4. 向量模型中的索引项权值是什么东西？怎么为其赋值？（给出一种方法.）

5. 向量模型相比布尔模型最大的改进之处在什么地方，是如何实现的？

6. 在概率模型中都需要作哪些假设？

7. 论述潜语义索引的原理和步骤.

8. 文本预处理包括哪些操作？

9. 什么是停用词？为什么要文本预处理时要去除停用词？去除停用词有什么好处和坏处？

10. 中文分词相比英文分词最大的困难在于何处？

11. 如何基于统计对中文进行分词？

12. 如何基于字符串匹配对中文进行分词？

13. 文本聚类在文本检索中有何意义？

14. 倒排文件由哪几部分组成？

15. 如果倒排文件所需空间过大有何策略？

16. 如何在倒排文件中查询？

17. 在倒排文件中查询的时间复杂度如何？

18. 论述构建一个倒排索引的过程.

19. 后缀树和后缀数组有何相似之处，不同之处又在什么地方？

20. 构造索引文件和查询时，后缀树和后缀数组分别具有什么优势？

21. 对大型文本创建后缀数组都有哪些步骤？其中计数器有何用？

22. 签名文件中为何会有误选存在？

23. 在创建索引时，哪些方法可以解决索引文件过大的问题？这些方法是否各自有一些不足之处？

24. 什么是相关反馈，为什么它可以提高检索性能？

25. 试比较查询扩展中的全局分析和局部分析.

26. 评测文本检索的性能都有哪些方法？

27. 仅使用召回率和查准率足够评测一个检索系统吗？还可以使用哪些补充方法？

28. 为什么要单独提出针对用户的评测方法？

29. 你认为在文本检索中最为严峻的是什么问题？为什么？

30. 预测一下文本检索将在哪些方面得到发展？发展的前景如何？

第四章 Web 信息检索

§4.1 引 言

目前,随着 web 站点提供的信息的范围和种类越来越多,web 成为人们获取信息的最重要的来源之一.其中,多媒体已经成为互联网上信息的重要组成部分,图像、音频和视频等多媒体内容在 web 信息中所占的比例正在飞速增长.然而从另外的角度来看,伴随 web 爆炸性的发展,普通的 web 用户很难找到所需的信息,web 信息检索技术就是为了帮助用户找到他们所需要的信息.Web 搜索引擎正从面向 web 文本信息的检索,集成基于内容的多媒体信息检索技术,发展为面向 web 的多媒体信息检索引擎.本章的目的是讲述目前 web 信息检索的技术原理和趋势.

现代意义上的搜索引擎的设计思想起源于 Archie.它是加拿大蒙特利尔大学学生 Emtage 于 1990 年发明的,最初的设计主要是为了解决分散于多个 FTP① 主机上的文件之中的进行文件检索,其工作原理也接近于现在的搜索引擎,它依靠脚本程序自动搜索网上的文件,然后对有关信息进行索引,以支持查询.在此之后,"电脑机器人"(computer robot)的概念出现了,它是指某个能以人类无法达到的速度不间断地执行某项任务的软件程序.后来人们设计出专门用于检索信息的"机器人"程序,它可以像蜘蛛一样在网络间爬来爬去,也就是所谓的"爬虫",像开发的 world wide web wanderer,它刚开始只用来统计互联网上的服务器数量,后来发展到可以检索网站域名.再后来一些编程者将传统的爬虫工作原理作了些改进,如果所有网页都可能有连向其他网站的链接,那么从跟踪一个网站的链接开始,就有可能检索整个互联网.到 1993 年底,一些基于此原理的搜索引擎纷纷涌现,例如 JumpStation,The World Wide Web Worm(简称 WWWW)和 Repository-Based Software Engineering (简称 RBSE) spider,其中 RBSE 也是第一个在搜索结果排序中引入关键词串匹配程度概念的引擎.

另外一种 web 信息检索的思路则不使用机器人,而是靠网站主动提交信息来建立自己的链接索引.最早的是 Koster 于 1993 年 10 月创建的 ALIweb.1994 年 4 月,美国斯坦福大学的两名博士生 Filo 和美籍华人杨致远(G. Yang)共同创办的超级目录索引——雅虎(Yahoo)就是采用了类似的思路.

近年来,随着互联网的规模急剧膨胀,一方面,web 检索变得越来越困难,单一的搜索引擎已无法适应使用者的要求.而另一方面,搜索引擎之间开始出现分工协作,并有了专业的搜索引擎技术和搜索数据库服务提供商.一种搜索引擎之上的搜索引擎应运而生,典型的有 MetaCrawler,Dogpile 和 SavvySearch.

目前的 web 信息检索技术主要有如下三种:

(1) 全文搜索引擎.全文搜索引擎由爬虫(crawler)、网页数据库(page repository)、索引器

---

① FTP 是文件传输协议(file transfer protocol)的简称.

(indexer)、查询模块、查询引擎和排序模块构成. 爬虫访问的网页存储在网页数据库之中, 索引器通常需要理解搜索器所搜索的网页及其信息, 并从中抽取出索引项, 得到用于表示文档的索引表. 查询引擎主要是根据用户的查询在索引库中快速检出文档, 进行文档与查询的相关度评价, 通过排序模块将要输出的结果进行排序, 并实现某种用户相关性反馈机制.

(2) 目录索引. 目录索引就是可浏览式等级主题索引, 通常它们按照主题建立分类索引, 提供全面的分类体系结构, 并结合高质量的检索软件, 使得对网络信息的全面检索变成现实.

(3) 元搜索. 元搜索是在统一的用户查询界面与信息反馈的形式下, 共享多个搜索引擎的资源库为用户提供信息服务的系统.

我们在下面几节分别介绍这三种 web 信息检索技术. 另外, 近年来, 数据挖掘、机器学习等技术逐渐融入 web 信息检索领域, 我们会再简单介绍一下 web 信息检索相关领域的发展新动向.

§4.2 Web 信息检索的挑战

Web 检索的原理很简单, 但是在实际中就不那么容易了. Web 数据的如下特点给 web 搜索带来了巨大的挑战:

(1) 分布式数据.

由于 web 的内在特性, 数据跨越很多计算机和平台. 这些计算机通过非预先定义的拓扑结构和可利用的带宽连接在一起, 并且这些网络连接的可靠性也有很大的不同.

(2) 高比例的不稳定数据.

由于互联网的动态性质, 新的计算机和数据能够很容易地被添加和删除(估计每个月有 40% 的 web 发生改变). 当域名或文件名改变甚至消失时, 还有不稳定连接和重定位的问题.

(3) 大数据量.

目前, 因特网上面有超多 40 亿个页面, web 呈指数增长, 引起了难以应对的大数据量问题.

(4) 无结构和冗余数据.

大多数人认为 web 是一个分布式的超文本形式. 然而, 这并不是十分准确的. 任何超文本后面都有一个概念模型, 这个模型对数据和超链接进行组织并且增加一致性. 另外, 每一个 HTML[①] 页面并不是被很好的结构化的, 有些人使用半结构化数据这个术语. 此外, 许多 web 数据是重复的(通过镜像或拷贝), 或者是非常相似的, 大约 30% 的 web 页面是(或接近是)副本, 语意的冗余就更加巨大.

(5) 数据质量.

Web 可以被认为是一个新的出版媒体, 可是在大多数情况下却缺少了编辑过程. 这样, 数据可以是错误的、无效的(例如网页陈旧)、写得不好的, 或者有不同来源的许多典型错误(打字错误、语法错误、光学字符识别错误等). 初步的研究表明, 打字引起错误的单词数量对于普通单词来说, 每 200 个里面就有 1 个; 对于外国人名的姓来说, 每 3 个里面就有 1 个.

---

① HTML 是超文本标记语言(hyper-text markup language)的简称.

（6）异质数据.

首先,多媒体类型是异质的,文本、音频、视频和脚本语言并存.其次,数据质量也是鱼龙混杂,莨莠参半.目前在 web 上面有超过 100 种语言,有些字符集是非常庞大的(例如汉语或日本语里的汉字).

用户与检索系统交互的问题也给 web 搜索带来了挑战.这里基本上有两个问题:如何明确提出一个查询? 如何理解系统给出的答案? 如果没有考虑一篇文档的语义内容,就不能很容易地提出一个精确查询,除非是非常简单的情况.此外,即使用户能够提出请求,答案也可能会是上千个网页.我们该如何处理这样的一个答案? 我们该如何排列这些文档? 我们该如何选择用户真正感兴趣的文档? 即使是一篇文档也可能是很大的,我们该如何对大文档进行有效的浏览?

因此,可以用一句话来概括 web 检索的挑战:在海量的、高度异质的网页数据中,基于不良的查询条件,来满足用户多样化的信息需求.

§4.3　Web 搜索引擎

4.3.1　搜索引擎的体系结构

如图 4-1 所示,一般 web 搜索引擎由爬虫、网页数据库、索引器、查询引擎和排序模块构成.

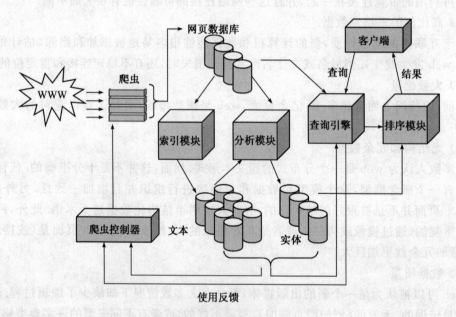

图 4-1　搜索引擎的通用体系结构

（1）爬虫.

爬虫是在互联网中漫游、发现和搜集信息的程序.它要尽可能多、尽可能快地搜集各种类型的新信息,同时因为互联网上的信息更新的很快,所以还要定期更新已经搜集过的旧信息,以避免死连接和无效连接.爬虫搜集的信息类型多种多样,包括 HTML,XML,newsgroup 文章,FTP 文件,字处理文档,多媒体信息等. 由于 web 容量巨大,发展变化迅速,商业搜索引擎的信息发现可以达到每天几百万网页. 因此爬虫的设计通常要考虑爬行策略、分布式与并行计算、负载均衡、域名解析等问题,我们会在 4.3.2 小节中作详细的阐述.

(2) 网页数据库.

经过爬虫访问的网页都要存储在网页数据库之中,通常有两种实现方式:一种是虚拟数据库,即当网页被索引之后就丢弃该网页;另外一种是物理数据库,即当网页被索引之后就保留该网页. 前者对存储空间的要求不大,但是后者能够留下不同时期 web 的拍照. Google 采用的就是物理数据库,每天都会有大量的存储设备加入系统之中,虽然增加了物理硬件开销和对系统扩展性的要求,但是保存下来的网页数据无疑又是一笔宝贵的财富.

(3) 索引器.

索引器通常需要理解搜索器所搜索的网页及其信息,并从中抽取出索引项,得到用于表示文档的索引表. 通常使用的索引项有两种:一种是与文档语义无关的客观索引项(如作者名、URL、更新时间、编码、长度等);另一种是反映文档内容的内容索引项(如关键词及其权重、短语、单字等). 为了表示一个索引项对一篇文档的区分度以及计算查询结果的相关度,每个单索引项都要赋予一定的权值. 一般为了能够快速的由索引项找到文档,索引表通常采用倒排表的形式(具体细节将在 4.3.5 小节中介绍).

(4) 查询引擎和排序模块.

查询引擎主要是先根据用户的查询在索引库中快速检索出文档,再进行文档与查询的相关度评价,通过排序模块将要输出的结果进行排序,并实现某种用户相关性反馈机制. 另外,查询引擎的人机交互界面还负责便于用户高效灵活地使用搜索引擎来得到有效、及时的信息. 因此,如何使用人机交互的理论和方法、充分适应人类的思维习惯,成为查询引擎设计的另一个关键问题(将在 4.3.4 小节中介绍).

大多数搜索引擎采用的都是集中式的爬虫-索引体系结构,如图 4-2 所示. 爬虫是遍历 web 发送新的或更新的页面到它们被索引的主服务器的程序(软件代理). 爬虫也被叫做机器人、蜘蛛、流浪者、漫游者或蠕虫或知识机器人. 然而,一个爬虫实际上并不移动到或在远程机器上运行,而是在本地系统上运行并且向远程 web 服务器发送请求. 索引被用在一个集中的形式里来回答 web 上不同地点提交的查询. 这种体系结构所面临的主要问题是网页数据的搜集,原因在于 web 高动态的特性、饱和的通讯链接和高负载的 web 服务器. 另一个重要的问题就是网页数据量.

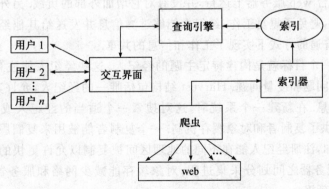

图 4-2　典型的集中式爬虫-索引体系结构

　　事实上,集中式的爬虫-索引体系结构在不远的将来可能不适应 web 的增长.特别重要的是在一个搜索引擎的不同行为之间要有好的负载平衡,包括内部的(回答查询和索引)和外部的(爬行).1998 年 7 月,考虑到 wcb 覆盖情况的因素,最大的搜索引擎分别是 AlatVista,Hot-Bot,Northern Light 和 Excite.根据当时的研究,这些引擎涵盖了所有 web 页面的 28%～55%或 14%～34%.Web 页面的数量在 1998 年估计已经超过 300 000 000,这给集中式的结构带来性能和负载瓶颈问题.

　　分布式的爬虫-索引体系结构用一种分布式的结构来收集和分布数据,这比集中式爬虫结构更加有效,例如 Harvest 爬虫分布方法,如图 4-3 所示.Harvest 分布式方法专注于爬虫-索引结构的一些问题,例如:

　　(1) web 服务器收到来自不同爬虫的请求,这增加了它们的负载;

　　(2) web 负载增加,是因为爬虫检索整个对象,但大部分内容却被忽略;

　　(3) 每个爬虫独立地搜集信息,在搜索引擎之间没有通信协作.

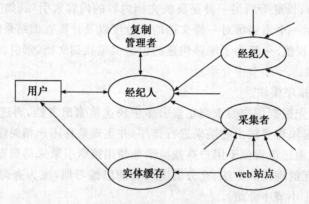

图 4-3　Harvest 体系结构

　　为了解决这些问题,Harvest 法引入了两个主要成分:采集者和经纪人.一个采集者从一个或多个 web 服务器上搜集并提取索引信息.采集时间是由系统定义的并且是周期性的.正如这个系统名字"Harvest"所表示的,有一个收获的(harvesting)时间.一个经纪人提供索引机制和所搜集数据的查询接口.经纪人从一些采集者或其他经纪人那里检索信息,根据采集者和经纪人的配置递增式地更新它们的索引,就能达到改善服务器负载和网络负载的目的.例如,一个采集者能在一台 web 服务器上运行,并没有对它增加外部的负载.另外,采集者能够向一些经纪人发送信息,避免了重复工作;经纪人能够过滤信息并发送给其他经纪人.这种设计在一种非常灵活的、普通的方式下实现了工作和信息的共享.

　　Harvest 法的一个目标就是构建特定主题的经纪人.这些经纪人能注意索引内容并且避免一般索引的词汇问题和度量问题.Harvest 结构包括唯一的经纪人,允许其他经纪人来登记采集者和本人的信息.在新建一个系统时,这对搜索一个适当的经纪人或采集者是有用的.Harvest 结构还提供了复制者和对象缓存机制.一个复制者能被用来复制服务器,加强基于用户的可衡量性.例如,注册经纪人能在不同的地理区间被复制以允许更快的访问;复制也能被用于在许多 web 服务器之间划分采集进程;对象缓存能减少网络和服务器的负载以及访问 web 页面时的响应延迟.

4.3.2　爬虫设计

1. 爬虫工作原理

爬虫是一种软件程序,能够利用 web 文档内的超链接自动递归地访问网络站点. 我们知道,整个 web 每天都在不断变大,其原有内容也以较快的速度更新. 如何在这样的情况下,实现整个 web 的信息遍历和映射,成为爬虫的主要工作.

爬虫的工作原理是:把整个 web 逻辑看做是一张由超文本构成的有向图 $G=(V,E)$,其中 V 表示节点集合,对应于各个网页(例如网页 i,j 分别对应于节点 V_i,V_j),E 表示有向边集合,对应于网页之间的超链接(即如果网页 i 有一个超链接指向网页 j,则 i 与 j 之间就有一条有向边 (V_i,V_j)). 因此,只要假设给定一个节点,就可以找出以其为源点的所有边;并且,给定一条边,就可以找到其目标节点. 爬虫的爬行过程可以看成是有向图的遍历过程.

2. 爬虫的功能

爬虫的主要工作就是自动高效地在 web 上漫游、发现和搜集信息,并且将得到的信息存储在网页数据库中. 这可以概括为站点探索、站点爬行和建立索引三个方面.

（1）站点探索.

通常,爬虫需要通过访问每一个 IP[①] 地址来判断 web 上面有哪些站点,并建立 web 站点的完整列表. 在 web 上不断有新的站点出现,有些旧的站点会消失,有些站点的内容可能得到更新,有些站点在爬虫访问时处于关机状态. 这些都是爬虫在进行站点探索时需要考虑的.

一般地,爬虫可以采用盲目探索和定向探索两种技术.

所谓盲目探索是指访问每一个存在的 IP 地址. 从 0.0.0.0 到255.255.255.255,去除局域网保留的地址之外,每一个 IP 都被访问到. 这种盲目探索的原理很简单,但是执行起来效率比较低,通常很少使用这种探索技术.

大多数爬虫采用定向探索技术,因为它的效率比盲目探索高得多. 探索的时候,可以通过多种方式获得访问使用的域名列表. 使用最多的是互联网络信息中心(InterNIC)提供的顶级域名列表. 另外,随着爬虫不断在网页上爬行,它会发现新的链接地址. 这样,访问的范围会越来越大.

（2）站点爬行.

当搜索引擎探索到一个站点之后,就要把该站点的各个网页存入网页数据库当中. 爬虫需要通过网页之间的链接从一个网页"爬"到另一个网页,遍历站点的内容. 通常的做法是:爬虫先从一个地址开始,寻找相应页面上的链接,然后访问该链接并重复第一个页面发现链接的过程. 站点爬行也是爬虫设计的一种关键技术,通常需要考虑如何消除重复、如何辨别类型、如何限制爬行范围、如何限制爬行深度等问题.

（3）建立索引.

为了能够快速高效地返回用户查询结果,爬虫需要将网页上的有用信息建成索引,添加到数据库中. 不同的爬虫建立索引的方法不同. 有些爬虫将网页中的每一个词都添加到数据库的索引中,有些爬虫只添加网页中"〈META〉"标记后列出的词. 也正是由于建立索引的方法不同,各个搜索引擎针对于相同的用户查询请求,会有不同的查询结果.

---

① IP 是网络协议(internet protocol)的简称.

3. 爬虫设计的挑战

由于 web 容量大,更新快,爬虫的工作通常需要使用大量的存储、计算以及网络资源.因此,一种合理的高效的爬虫设计是十分必要的.在设计爬虫的时候,通常需要考虑以下问题:

(1) 负载均衡.

内容日益更新的 web 需要爬虫以很快的速度完成网页数据库更新.为提高爬虫探索站点和爬行站点的速度,爬虫的程序设计都是采用多线程的方法.为保证整个系统的高效性,各个爬虫线程之间的负载均衡成为一个比较重要的问题.例如,将所有要访问的链接分为 n 个队列,一个服务器下的所有链接排在同一个队列下,而爬虫依次从每一个队列中取出一个链接,这样每个服务器可以保证在每 n 次中会被访问一次.

(2) 域名解析.

在连接一个站点之前,爬虫必须使用 DNS① 把网站的域名转化为 IP 地址.通常,DNS 的域名解析是大部分爬虫系统性能的瓶颈.有两种办法可以解决这个问题:一种办法是将解析的结果缓存下来,如果下次相同的页面被访问,就可以减少 DNS 的工作.这种方法的缺点是实际使用的 Java 域名解析函数或 Unix 域名解析函数都是同步的,所以如果需要解析没有预先缓存的页面,就会造成性能的下降.另一种办法就是自己开发一个多线程的域名解析器,并把它嵌入爬虫系统之中.这样,这个域名解析器将 DNS 的服务请求发送给本地的域名服务器,由它来处理每次查询中真正的域名解析任务.由于可以同步处理多个服务请求,所以域名解析服务效率可以得到保证.

(3) 站点爬行.

站点爬行的实际操作起来还有一些细节需要注意.通常需要考虑如下问题:

① 重复消除.Web 上的网页通常是相互链接的.在进行站点爬行的时候,相互链接的网页如果不加以处理,会使爬虫重复处理而陷入死循环中.最简单的想法是维护一个访问过的 URL 地址列表.但是为了辨识哪些网页是相同的,单凭 URL 地址是不够的,有时需要综合考虑站点的逻辑地址和 IP 地址.

② 类型辨别.通常,web 上的链接可能是一幅图片或一个应用程序.在设计爬虫的时候,要根据不同类型的网页区别对待.处理方法一般有两种:一种方法就是根据网页的扩展名进行判断(HTML 的扩展名通常有 .htm,.html,.asp 等).这种方法的缺点是爬虫会漏掉如 .exe 和 .dll 等的链接.另一种方法是对站点服务器进行轮循,主要是先对每个链接发送头(header)请求,然后判断服务器对数据是如何解释的.这是一种全面的辨别类型的方法,比根据文件类型进行猜测更可靠,但是需要效率上的额外开销.

③ 深度限制.由于一些站点的信息层次很深,要做到完全映射是不现实的.因此可以设定一些阈值,限制爬虫的站点爬行深度.具体实现的时候,可以用一个变量记录爬行的层次:当爬虫进入下一个新网页的链接时,该变量加 1;当爬虫处理完此网页并返回上一页时,将该变量减 1.

④ 访问限制.通常,web 站点中的有些目录不允许搜索引擎访问,针对这种情况提出了机器人拒绝访问协议(robot exclusion).绝大多数搜索引擎遵守这个协议,爬虫不会访问在 web 站点主目录下的 robots.txt 文件里面声明的拒绝目录.

---

① DNS 是域名服务器(domain name server)的简称.

4.3.3 排序算法

普通的搜索引擎虽然能够将用户需要的一些重要页面找出来,但这些页面在搜索结果中的位置可能比较靠后,而用户一般又没有耐心一页一页地寻找,因此如何设计出合理的、方便用户使用的排序算法,把所有满足查询条件的网页按照一定标准排列出来,成为搜索引擎设计的一个重要的环节.PageRank 算法和 HITS 算法较好地解决了这个问题.这两种算法都充分利用了索引数据库中存储页面间的超链接结构信息,即一个页面引用了哪些页面,一个页面又被哪些页面所引用.PageRank 算法可以在索引数据库进行更新后计算所有页面的重要性度量;HITS 算法则可以在查询提交后实时计算页面的重要性.搜索引擎的返回结果将按页面的重要性排序.本小节将分别介绍这两种排序算法,并对其做一比较.

1. PageRank 算法

虽然 web 页面的重要性取决于用户的兴趣、知识、意见等主观判断,但仍有一些与页面重要性相关的客观准则可供利用.PageRank 算法的基本思想是:如果一个页面被许多其他页面引用,则这个页面很可能是重要页面;如果一个页面尽管没有被多次引用,但被一个重要页面引用,那么这个页面很可能也是重要页面;一个页面的重要性被均分并传递到它所引用的页面.

页面的重要性用 PageRank 度量.PageRank 的递归描述如下:如果一个网页的所有入链的排名之和较高,则这个网页有较高的排名.网页 u 的入链定义为指向 u 的链接,出链定义为从 u 出发的链接.令 F_u 为网页 u 指向的所有网页的集合,u 的出度 $N_u=|F_u|$;B_u 为指向 u 的所有网页的集合,常系数 $c(c<1)$ 用于保证所有网页排名值的总和保持为一个常量.理想情况下,网页 u 的排名值 R_u 可由以下公式计算:

$$R_u = c\sum_{v\in B_u}\frac{R_v}{N_v}.$$

定义邻接矩阵 A 的元素:

$$A_{u,v}=\begin{cases}1/N_u,\text{如果存在 } u\to v \text{ 的超链};\\0,\quad\text{其他}.\end{cases}$$

上面的公式可以转化为 $R=cAR$,所以取 R 是 A 的主特征向量,c 为主特征值,因此保证了计算过程的收敛性,经过对初始向量的多次迭代可以得到收敛后的 R.

这种方法的缺点是,当两个页面互相指向,但不指向任何其他页面,并存在指向这两个页面的链接时,将在迭代中造成陷阱,不断地累加排名值而不传递出去.为此,提出改进的模型

$$R'_u = c\sum_{v\in B_u}\frac{R'_v}{N_v}+cE_u,$$

其中 E_u 表示网页 u 的初始排名,c 取可能的最大值,且 $\|R'\|=1$.上面的公式可转化为 $R'=c(AK+E)$,又因为 $\|R'\|=1$,可以得到 $R'=c(A+E\times 1)R'$,其中 1 为全 1 向量,所以 R' 是 $(A+E\times 1)$ 的特征向量.取 S 为 web 页面上的任意向量(如 E),计算 PageRank 的基本算法如下:

$$R_0\leftarrow S$$

Loop:

$$R_i+1\leftarrow AR_i$$

$$d \leftarrow \parallel \mathbf{R}_i \parallel - \parallel \mathbf{R}_i + 1 \parallel$$

$$\mathbf{R}_i + 1 \leftarrow \mathbf{R}_{i+1} + d_E$$

$$\sigma \leftarrow \parallel \mathbf{R}_{i+1} - \mathbf{R}_i \parallel$$

while $\sigma > \varepsilon$

可以看到，σ 的适当选择可以加速收敛速度，并影响 E 在计算过程中的作用. 在每一步迭代中，可以通过乘上某个因子来对 $\mathbf{R}$ 进行规范化.

万维网中存在大量悬空链接，即指向没有出链的节点链接，在具体计算过程中，这些链接不直接影响其他节点的排名，暂时去掉这些链接将大大减少工作量，同时保持对最终排名没有太大的影响.

2. HITS 算法

HITS 算法的目标是针对某个查询 σ 得出最有价值的网页. 它认为网页可以分为两类：authority 和 hub，其中前者为具有较高价值的网页，而后者为指向较多 authority 的网页.

不同于 PageRank 直接存取搜索引擎的页面索引并对整个万维网页面进行排名，HITS 从现有的搜索引擎(如 Altavista)中获取查询结果，从中选出接近目标的 t 个网页作为根集(记做 $\mathbf{R}_\sigma$)，然后根据这些网页的入链和出链进行前后扩展，再选出最接近目标的若干网页，构成目标网页的一个子集(记做 $\mathbf{S}_0$).

令 $\mathbf{\Gamma}^+(p)$ 表示 p 指向的网页，$\mathbf{\Gamma}^-(p)$ 表示指向 p 的网页. 算法如下：

Set $\mathbf{S}_0 := \mathbf{R}_0$

For each page $p \in \mathbf{R}_\sigma$

    Add all pages in $\mathbf{\Gamma}^+(\text{p})$ to $\mathbf{S}_\sigma$

    If $|\mathbf{\Gamma}^-(p)| \leqslant d$ then

    Add all pages in $\mathbf{\Gamma}^-(p)$ to $\mathbf{S}_\sigma$

    Else

        Add an arbitrary set of d pages from $\mathbf{\Gamma}^+(\text{p})$ to $\mathbf{S}_\sigma$

    End If

Loop

Return $\mathbf{S}_\sigma$

最后得到的子集 $\mathbf{S}_\sigma$ 具有规模小、关联页面多、包含 authority 网页尽量多的特点. 但它们之间的链接还可以进行筛选：同一网站上的页面存在很多内部互相链接，这些链接绝大多数并不表示一种认可，应当在最后结果中予以删除；另外，如果从一个网站指向另一个网站的同一网页的链接超过一定数目(如 4 个)，那么应删除这些链接，因为这很可能是"This site designed by…"这样的链接. 在这样一个经过筛选的网页集合中，再来计算它们的 authority 权重和 hub 权重.

用 $x^{(p)}$ 表示页面 p 的 authority 权重，用 $y^{(p)}$ 表示 hub 权重，它们分别满足规范化条件：

$$\sum_{p \in \mathbf{S}_\sigma} (x^{(p)})^2 = 1, \quad \sum_{p \in \mathbf{S}_\sigma} (y^{(q)})^2 = 1.$$

网页权重的传递分为两种方式，即 I 操作(hub → authority)和 O 操作(authority → hub)，分别定义如下：

$$I \text{ 操作}: x^{(p)} \leftarrow \sum_{q, (p,q) \in E} y^{(q)},$$

$$O \text{ 操作}: y^{(p)} \leftarrow \sum_{q, (p,q) \in E} x^{(q)},$$

其中 E 是边的集合.

预先设定迭代次数 k，迭代算法如下：

> 令 x_0 和 y_0 为 1
>
> For $i = 1$ to k
>> 对 (x_{i-1}, y_{i-1}) 进行 I 操作，得到 x_i'
>>
>> 对 (x_i', y_{i-1}) 进行 O 操作，得到 y_i'
>>
>> x_i' 规范化为 x_i
>>
>> y_i' 规范化为 y_i
>
> Next i
>
> Return (x_k, y_k).

可以证明，给定一个初始向量 x_0 和 y_0，迭代过程收敛，收敛的最终结果 x^* 为 $A^T A$ 的主特征向量，y^* 为 AA^T 的主特征向量.

3. PageRank 与 HITS 的比较

PageRank 和 HITS 的迭代算法都利用了特征向量作为理论基础和收敛性的依据. 这也是超链接环境下这类算法的一个共同特点. 从两者权值传播的模型来看，PageRank 基于随机冲浪（random surfer）模型，将网页的权值直接从 authority 网页传递到 authority 网页；而 HITS 将 authority 网页的权值经过 hub 网页的传递进行传播.

从处理对象来看，这两种算法都是针对整个万维网上的网页的一个子集进行排序、筛选，没有一个搜索引擎能够搜索万维网上的全部网页. 但是，PageRank 的处理对象是一个搜索引擎当前搜索下来的所有网页，一般在几千万个页面以上；而 HITS 的处理对象是搜索引擎针对具体查询主题所返回的结果，从几百个页面扩展到几千、几万个页面. PageRank 在 Google 上对 7500×10^5 个 URL 进行排序的实际运行结果是，完成一次迭代需要 6 min，收敛后加入悬空链接后再进行迭代，共耗时 5 h.

从具体应用来看，PageRank 应用于搜索引擎服务端，可以直接用于标题查询并获得较好的结果；若要用于全文本查询，需要与其他相似度判定标准（向量模型等）进行复合，以针对具体查询形成最终排名；爬虫可以将 PageRank 作为搜索优先次序的标准；算法中 E 的取值可以用来定制个性化搜索引擎. HITS 一般用于全文本搜索引擎的客户端，对于宽主题的搜索相当有效，可以用于自动编撰万维网分类目录；通过找到指向某网页的 Hub 网页并以此为根集 R_o，可以查找该网页的相关网页；也可用于元搜索引擎的网页排序. 对于窄主题的检索，HITS 现在的能力还较弱，因为根集太小，筛选的效果将不会很好.

4.3.4 交互界面设计

1. 交互检索

目前的搜索引擎都是基于关键词的查询. 从用户的角度，如下的一些原因经常使得用户得不到想要的查询结果：

（1）低质量的查询条件.

搜索引擎用户的查询条件质量经常较低.比如一个调查显示,搜索引擎用户的查询语句都很短,平均使用关键词 2.54 个,有 80% 的查询关键词少于 3 个.另外,有些用户使用的查询关键词不准确,并且很少使用查询语法,比如 80% 的查询语句中不含有操作符.

（2）用户的差异性太大.

用户之间的差异也是造成搜索引擎查询质量不高的原因.面对不同查询用户的相同请求,搜索引擎的查询结果肯定是相同的,但是由于不同用户的需求不同,期望不同,知识背景不同,他们想要得到的查询结果肯定也是不同的.如何能够在这种情况下,实现面对不同用户的查询,必须使用户在输入查询条件时能够提供充分的信息.

（3）特有的行为特征.

目前搜索引擎用户的一些行为特征同样影响搜索引擎的查询结果.调查显示,85% 的用户只看返回结果的第一屏,75% 的用户不会根据查询结果修改查询条件,另外一些用户会发生链接迷失的情况.

这样的情况给搜索引擎的交互界面设计提出了新的挑战.信息检索是一个交互的过程,检索目的的改变和转移经常发生.因此良好的检索界面应该提供一个跟踪用户检索的机制,能够保留用户每个检索请求得到的资料,减少工作负载.提供给一般检索用户和专家的不同的检索界面是一种折中策略.给一般检索用户提供的界面应该尽量简单、易用,牺牲检索的性能与效率.相反,可以给专家提供强大的检索界面,从而使之能够更多控制界面操作.

2. 网络交互

由于自然语言的模糊性,用户的检索需求不可能充分表达,即便是经过专门训练的用户,也很难完全用基于系统语言的提问来表达自己的检索需求.换言之,在开始进行检索时,用户的目标是模糊的.而传统的检索理论认为,检索需求决定检索结果,检索结果满足检索需求.这也是检索系统的指导思想.在系统内部,检索行为是以明确的提问(如主题词、分类号或明确的数学表示等)为前提的,并认为这些提问即是用户的检索需求.因此,从上面的讨论可以知道,这类检索模型与现实研究成果之间的差距较大.对于用户而言,判断一篇文章或一条信息的相关性比清晰表达用户需求更为容易,即使不能清楚地知道需要什么信息,但用户能够识别什么信息可以满足其要求,因此通过对检索到的文件的相关性进行判断,用户逐渐接近其需求,最终能得到满意的结果.

§4.4　Web分类索引

目前很多的搜索引擎都是将人工编制的等级式主题目录和计算机检索软件提供的关键词等检索手段结合起来,完成网络信息资源的组织任务,这就是 web 分类索引.在本小节,我们首先介绍 web 目录的设计思路以及设计时需要注意的问题.目前,web 目录都会结合一些搜索技术,我们对这一部分也做简要的介绍.

4.4.1　Web目录

Web 目录就是可浏览式等级主题索引,通常它们按照主题建立分类索引,提供全面的分类体系结构,并结合高质量的检索软件,使得对网络信息的全面检索变成现实.下面从分类体系、分类原理、检索方式和性能评价这四个方面对 web 目录做进一步的介绍.

1. 目录体系

web 分类的标准就是按照网页内容的主题,它通常是根据人们对日常生活的理解,设计一种层次结构将各类网页进行分类. 比如 Yahoo 由 14 个基本大类组成,包括 Art & Humanities(艺术与人文),Business & Economy(商业与经济),Computers & Internet(电脑与网络),Education(教育),Entertainment(娱乐),Government(政府),Health(健康与医药),News & Media(新闻与媒体),Recreation & Sports(休闲与运动),Reference(参考资料),Regional(国家与地区),Science(科学),Social Science(社会科学)和 Society & Culture(社会与文化). 当大类确定之后,根据每个大类拥有的信息或网站的多少及知识组织的需要程度,每一个基本类目下细分不同层次的次类目或子类目,越往下的子类目中的网站,其主题越特定. 按照这种办法就建立了一个由类目、子类目等构成的可供浏览的相当详尽的目录等级结构.

2. 分类原理

上面介绍了一般 web 目录的层次结构,但是如何能够构建出设计规范合理、结构完整全面、等级层次鲜明、各级详略得当的 web 目录,从而为网上丰富的信息资源进行归类是十分重要的. 目前 Yahoo 提供了一个不错的 web 目录结构,它在设计时采用的如下技术保证目录结构的合理清晰:

(1) 采用宽泛的主题领域建立分类索引.

为了使分类体系既具有无限的容纳性,又具有相当的专指性,Yahoo 采用较为宽泛的主题领域,通过分析兼综合的方法建立较为完整的分类索引. 这与"分面分类"的思想不谋而合,因为将知识分为宽泛的类目(即分面),多方面地反映主题内容以避免列举式类表的线性单向式的结构正是冒号分类法的主要原则所在.

(2) 根据上下文进行信息内容的组合.

从 Yahoo 的分类结构外表看,也许会认为它与叙词表很相近,因为 Yahoo 也是使用词汇而非符号来组成相应的概念词串的. 但是,从组合类目的能力看,它远远比普通的叙词表复杂得多. 通过分析 web 页面的内容特征,得到由 Yahoo 分类体系结构中某些类目词组成的概念词串或标引词串,将其放入相应的类目层次中. 在 Yahoo 的概念词串或检索词串中,包含的独立的词汇都含有自身的名字,但是一旦与其他词组合,则产生了一个上下文关系,拥有了深层次的涵义. 从这一点上来说,与分面分类法也是极为相似的.

(3) 提供不同的分类路径入口.

"虚拟的信息集合"是 Yahoo 的一大优点,体现在其拥有的概念模式和引用次序(即分面排列次序)的灵活性上. 在传统的图书馆中,一本书只能放在书架的某一固定位置上. 但在数字化的世界里,电子信息资源却不用再限制在唯一的物理位置上. 我们可以将某一信息源分到类目结构的不同位置上. 通过将分面分析方法应用到网络信息资源的组织中,Yahoo 能够为某一信息源在其巨大的分类等级结构中提供不同的路径分支入口,这样就使其能够从不同的路径,为检索相同内容的不同用户提供服务,从而完成查询.

例如,现欲查找美国 Wisconsin-Madison 大学所在的网页,Yahoo 就能提供如下几种分类或检索路径:

(1) 若从 Regional:类目入手,则相应的分类路径为

Regional:U. S. States:Wisconsin:Cities:Madison:Education:Colleges and Universities:

University of Wisconsin-Madison.

（2）若从 Education 类目入手，开始的几级路径为

Education：Higher Education：Colleges and Universities.

在 Colleges and Universities 目录下选择地理区域的子类目"UnitedStates@"后，可以看到，又返回到 Regional 目录下，之后就与上述路径相同了．其中的奥妙就在于符号"@"的运用，它提供类似于相关参照（cross reference）的作用，能够指引用户由某一子类目进入 Yahoo 的浏览性等级结构的其他分支中．

3. 检索方式

Yahoo 能够提供简单检索和细节检索．前者主要检索其分类结构中的一级目录，后者可使用关键词构成布尔逻辑式进行检索，其检索软件主要由 OpenText 公司提供．两者的结合堪称珠联璧合：一个提供强大的高质量的主题指南目录，另一个则提供高水平的检索工具．而且，Yahoo 在检索时，也不光检索自身的主题目录，同时也会相应地检索 OpenText 公司提供的收有 100 万 web 文件的 OpenText 数据库．

4. 性能评价

作为主题指南类搜索引擎的典范，Yahoo 具有以下优点：

（1）主题目录与检索软件的完美结合．

采用分面分析的方法，由信息管理专家编制主题目录，反映了人们在选择和组织信息时的知识和智慧，提高了目录编制的质量．同时，按照主题目录以人工为主对提交的网页进行筛选、归类和组织，也能不断克服单纯的由搜索软件自动完成分类的缺陷，增强分类的条理性．嵌入相应的检索软件或工具，并与之相集成，提供高质、高效的检索服务，从而加快了系统的反应速度，提高了检索的准确性，使得检索结果更接近用户的信息需求．

（2）信息检索难度的降低．

Yahoo 的数据库按照 14 个基本大类（各大类下又包含数量不等的小类）组织，其分类体系非常详尽，因此是进行宽泛主题检索的良好起点，特别是对于那些新用户和需求模糊的用户而言，选择浏览可逐级展开的主题索引比构造检索式要自然得多．并且，在用户所在的类目下，显示了该级别的类目包含的条目数，如果用户认为数量过多，还可在此范围内使用关键词检索．Yahoo 的目录特征和利用上下文的服务使得能够实现快速和容易的检索，从而在一定程度上降低了互联网信息检索的难度，提高了系统的用户友好性．

（3）检索结果的分类选择．

Yahoo 由分类路径入手，最终将检索结构分成类目输出，从而将极大地推动信息的选择．它还对结果列表中的相应内容进行必要加工，加上一些描述的词组或句子，方便用户浏览并选择，如"〔＊〕"或"〔cool〕"标记表明该结果项在内容和版面设计都优于其他项；"〔new〕"表明是最近 3 日内收录的最新内容；以及上述提及过的以"@"表示相关参照，以括号里的数字表示收录的文件数量等．另外，Yahoo 增加了结果显示的类型，可以按相关网站、相关网页、新闻等形式输出相应的检索结果．总而言之，为了更好地实现为用户服务的目的，Yahoo 正不断开发新的途径和方法用以改善信息检索服务．

在总结 Yahoo 所具有的优势的同时，也应注意它的缺陷，这些缺陷往往也正是主题指南类搜索引擎的共同弊病所在：

（1）由于互联网信息的迅猛增长，使得采集信息的速度远远比不上网络资源的增长速度，

更勿论编制主题目录的速度了．这就造成了建立的数据库规模较小，且在某些类目下收集的文件数量有限等缺点，使得用户经常"乘兴而来，败兴而归"，满足不了相应的信息需求．

（2）简单检索表中检索词之间的缺省设置". or."以及内含的自动截词功能，使得在检索结果往往会出现许多不相关的文件，导致查准率降低．

（3）为了适应不同用户的查询或检索需求，Yahoo 对相同的信息内容往往能提供不同的路径入口，并以符号"@"建立相应的参照．这一方面加大了分类工作的难度，另一方面也使得其分类的一致性难以得到确切保障，所以，经常出现从某一路径入手，却无法查到 Yahoo 中所包含的信息内容的现象．

（4）待收录的网页或其他信息内容的复杂度的增加也在无形之中加大了确切分类的难度，如与 ActiveX 技术相关的文献就很难在 Yahoo 中确切归类．

（5）为了编制高质量的主题目录并跟上网络资源发展的速度，必须投入相当大量的人力、物力和财力，且对从事该项工作的人员的素质要求也日渐提高．否则，将无法很好地保证其主题目录的质量，也就无法从根本上提供优质的服务．

4.4.2　分类索引与搜索引擎的合并使用

用户不是浏览超文本链接，就是搜索一个 web 站点（或者整个 web）．目前，在 web 目录下，一个搜索可以被简化为分类树的一条路径．因此，检索就可能丢失不在分类树中的相关页面．纵然一些搜索引擎使用公共单词来找到相似的页面，但是这通常是不够有效的．

下面我们结合一个例子进行介绍．WebGlimpse 是一个通过结合浏览和搜索来试图解决这些问题的工具．WebGlimpse 为每一个 HTML 页面的底部附加了一个小的搜索盒，并且在不停止浏览的情况下允许搜索涵盖这个页面的邻居或者整个站点．这等同于动态的超文本链接，这些链接是由通过临近搜索建立起来的．WebGlimpse 在建立个人 web 页面或热门 URL 集合的链接方面是很有用的．

首先，webGlimpse 对一个 web 站点建立索引（或对一个特定文档的集合），并且根据用户的描述计算邻居．作为一个结果，webGlimpse 向选择的页面添加搜索盒，搜集相关的远程页面，并且在本地对那些页面进行缓存．之后，用户能够用搜索盒在一个页面的邻居里进行搜索．正如名字所表示的，webGlimpse 使用 Glimpse 作为它的搜索引擎．

一个 web 页面的邻居是这样定义的：它是经由一个超文本链接路径所能达到的集合，这些链接有一个预先定义的最大距离．这个距离对本地和远程页面可以有不同的设置．例如，它可能对本地的情况是无约束的，但是对任何远程站点却只有 3．邻居还能够包括 web 页面所在目录的所有子目录．搜索时，任何全部索引中的查询都能与一个邻居表相交，来获得相关 web 页面．

§4.5　元　搜　索

元搜索引擎，也叫集搜索引擎，是指在统一的用户查询界面与信息反馈的形式下，共享多个搜索引擎的资源库，为用户提供信息服务的系统．元搜索引擎是对搜索引擎进行搜索的搜索引擎.本节先介绍元搜索引擎的基本结构;然后对元搜索引擎进行分类,指出元搜索引擎与独立搜索引擎的差别;接着分析元搜索引擎的主要指标.

4.5.1　元搜索的起源

人们在探讨哪个搜索引擎更好的过程中,发现由于搜索机制、范围和算法的不同,导致一个搜索请求在不同搜索引擎中获得查询结果的重复率很低,而每一个搜索引擎的查询相关率也不高.元搜索引擎的出现很好地解决了这个问题.元搜索引擎有搜索引擎之上的搜索引擎之称,用户在递交一个搜索请求后,将由其代替用户去调用多个预先选定的独立的搜索引擎分别进行搜索,并负责将各个查询结果集中处理后,以统一的格式呈现在用户面前,提供相对全面可靠的搜索结果,而且即使结果不能完全满足用户需求,仍可作为相对可靠的参考源进行扩展搜索,因此成为备受青睐的检索入口.在 MetaCrawler 首创这一模式取得成功后,元搜索引擎开始风起云涌,相继出现了 Dogpile,SavvySearch,FindWhat 等.

元搜索与一般搜索引擎的最大不同在于,它可以没有自己的资源库和机器人,充当一个中间代理的角色,接受用户的查询请求,将请求翻译成相应搜索引擎的查询语法.在向各个搜索引擎发送查询请求并获得反馈之后,首先进行综合相关度排序,然后将整理抽取之后的查询结果返回给用户.元搜索引擎查全率高、搜索范围更多、更大,查准率也并不低.

4.5.2　元搜索组织结构

为了更好地说明元搜索引擎的构成,先简单地介绍一下独立搜索引擎的工作原理和基本构成.独立搜索引擎根据用户的查询请求,按照一定的算法从索引数据库中查找对应的信息返回给用户.为了保证用户查找信息的精度和新鲜度,搜索引擎需要建立并维护一个庞大的索引数据库.在独立搜索引擎中,索引数据库中的信息是通过爬虫从互联网中采集得到的网页.所以一般独立搜索引擎主要由爬虫、索引与搜索引擎软件等部分组成.与独立搜索引擎相比,元搜索引擎不需要维护庞大的索引数据库,也不需要爬虫去采集网页.具体说来,元搜索引擎主要由三部分组成(如图 4-4 所示),即:请求提交代理、检索接口代理、结果显示代理.请求提交代理负责实现用户"个性化"的检索设置要求,包括调用哪些搜索引擎、检索时间限制、结果数量限制等.检索接口代理负责将用户的检索请求"翻译"成满足不同搜索引擎"本地化"要求的格式.结果显示代理负责所有源搜索引擎检索结果的去重、合并、输出处理等.

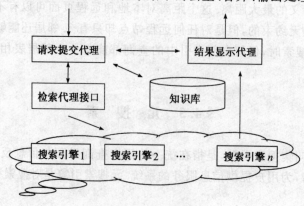

图 4-4　元搜索体系结构

（1）请求提交代理.

请求提交代理负责将用户的请求分发给独立搜索引擎.一般的元搜索引擎设定了它所调用的独立搜索引擎,比如 widewaysearch.有些元搜索引擎让用户自己选择所用的搜索引擎.还有一种通过分析用户的兴趣和网络的实际情况来选择搜索引擎,这有利于提高用户的查询的准确度和对用户的响应速度.有关如何智能化地选择搜索引擎的相关研究工作正在进行之中.一些研究提出通过遗传算法来智能化地选择搜索引擎.

（2）检索接口代理.

由于不同的搜索引擎所支持的查询方式不同（比如有些搜索引擎支持词根还原方式）,即便是同一种方式,也有不同的表达方法,所以必须将元搜索引擎中的查询请求映射到对应的搜索引擎上,而且使得语义信息不丢失.

（3）结果显示代理.

元搜索引擎的结果一般由网页标题、内容摘要、所指向网页的 URL、相关度、信息返回时间、所采用的引擎标志等.这些搜索结果是多个独立搜索引擎的并集.元搜索引擎的结果应该具有多种排序方式以满足不同用户的需要.元搜索引擎常用的排序方式有:相关度排序、时间排序、域名分类排序、搜索引擎排序等.元搜索引擎先把用户的查询串分配给几个指定的独立搜索引擎;再将各独立搜索引擎所得结果分级排序,删去重复内容;最后给出查询结果.也就是说,元搜索引擎是建立于独立搜索引擎之上的搜索引擎.

4.5.3　元搜索的分类

元搜索引擎有多种分类方式,如可以根据用户应用模式、调用独立搜索引擎的方式等进行分类.我们根据图 4-4 中请求提交代理、检索接口代理和结果显示代理的复杂程度,将元搜索引擎可以分为简单元搜索引擎和复杂元搜索引擎;根据请求提交代理、检索接口代理和结果显示代理所在位置的不同,又将复杂元搜索引擎分为桌面型元搜索引擎和基于 web 的元搜索引擎.

1. 简单元搜索引擎

简单元搜索引擎实际上不能称为搜索引擎.它只是给用户提供一个搜索引擎列表,用户可以选择想用的搜索引擎.用户输入查询请求,然后直接以 CGI 方式调用相应的搜索引擎.因为是由用户选择搜索引擎,而且查询请求只能发送到一个搜索引擎,所以请求提交代理和检索接口代理的设计就非常简单,可以直接设计在静态网页中.简单元搜索引擎不进行搜索结果的处理,这就缺省了图 4-4 中的结果集成代理.其实将简单元搜索引擎叫做搜索引擎列表更恰当.简单元搜索引擎设计上的简单性,成为众多网站采用的提供搜索服务的方法,如 Freeality①提供的搜索服务.

2. 桌面型元搜索引擎

桌面型元搜索引擎以程序的方式提供给用户.它运行在用户的机器上,用户的查询请求直接由用户端分发给它所调用的搜索引擎,然后对返回的搜索结果进行集成后以一定的方式显示.对桌面型元搜索引擎来说,图 4-4 中的请求提交代理、检索接口代理和结果显示代理都在客户端.

---

① 见:http://www.freeality.com.

3. 基于 web 的元搜索引擎

基于 web 的元搜索引擎以 web 方式为用户提供元搜索服务. 请求提交代理、检索接口代理和结果显示代理都存放在元搜索引擎所在的服务器端. 这种方式中,用户的原查询请求经过服务器端的请求提交代理和检索接口代理,将查询请求分发到它所调用的独立搜索引擎,这些独立搜索引擎返回的搜索结果由服务器端的结果显示代理处理后再返回给用户. 由于 web 易用性的特点,基于 web 的元搜索引擎使用得更为广泛.

为了描述方便,在下文中如不作特别说明,元搜索引擎是指基于 web 的元搜索引擎. 国外具有代表性的元搜索引擎有 Dataware①, Metor②, C4③, InfoZoid④, Search⑤, Dogpile⑥, MetaCrawler⑦ 和 ProFusion⑧ 等. 国内这几年也相继出现了几个中文元搜索引擎,代表性的有万维搜索⑨.

4.5.4 元搜索主要的性能指标

作为一种搜索引擎,元搜索引擎也具有普通搜索引擎的一些基本指标,如响应速度、准确率等. 但是元搜索引擎个体差异很大,很难进行精确的比较. 下面给出元搜索引擎的几个主要性能指标并对其中的一些指标进行比较:

(1) 选择独立搜索引擎的策略.

有些元搜索引擎固定地调用几个独立搜索引擎,用户不能修改. 有些元搜索引擎的高级特性中让用户选择调用哪些搜索引擎. 这种方式对于那些对独立搜索引擎比较了解的用户来说,是可取的,而对于那些不了解的用户来说,可能选择不出适合自己查询的搜索引擎. 独立搜索引擎的各种技术飞速发展,性能也随之不断地提高. 元搜索引擎只能选择几个(一般不超过 16 个)搜索引擎同时进行检索,因为选择的搜索引擎越多,固然得到的搜索结果更全面,但是结果的集成将花费大量的时间. 元搜索引擎如果一直固定地调用几个搜索引擎,将可能跟不上搜索引擎的发展潮流. 近年来的一些研究提出了通过遗传算法实现独立搜索引擎的自动调度的方法是解决这种矛盾的有效途径.

(2) 覆盖网络资源的广度.

元搜索引擎由于不需要建立自己的索引,避免了大量信息的存储和处理. 一般的元搜索引擎尽量覆盖多种网络资源. 有些元搜索引擎还支持更加专业的搜索,比如 Mp3 以及各种专业的论文查找、健康医药查找等搜索引擎.

(3) 是否提供足够的检索选项.

这包括是否提供高级检索服务,是否可以限定最长检索时间,是否可以设置每个搜索引擎返回的结果数量,是否可以设置每页显示的结果数目,是否可以设置标题大小(搜索引擎可以

---

① 见:⟨http://queryserver.dataware.com/general.html⟩、Ixquick(http://www.ixquick.com)
② 见:⟨http://www.metor.com⟩
③ 见:⟨http://www.c4.com⟩
④ 见:⟨http://www.infozoid.com⟩
⑤ 见:http://www.search.com
⑥ 见:⟨http://www.dogpile.com⟩
⑦ 见:⟨http://www.go2net.com/search.html⟩
⑧ 见:⟨http://www.profusion.com⟩
⑨ 见:⟨www.widewaysearch.com⟩

从 title 标记中显示的最大字符数)和摘要大小(搜索引擎所显示的结果中摘要的最大字符数),是否提供显示选项(用户可以通过它来设置结果的其他显示方式,如只显示标题、按照时间排序等),等等.检索选项越多,用户使用的时候就越灵活.但是由于元搜索引擎的检索特性向它所调用的独立搜索引擎检索特性转换所具有的复杂性,许多元搜索引擎不提供复杂的检索特性.大多数元搜索引擎提供通用的布尔检索.而对于如布尔检索、短语检索、自然语言检索等高级特性,则只有少数几个元搜索引擎能够提供,如 Dataware 和 Ixquick 等.

(4) 对搜索结果的处理能力.

对独立搜索引擎返回的搜索结果的处理是元搜索引擎的又一项重要技术.它包括结果的处理和结果的显示.有些元搜索引擎提供多种显示结果的方式,如有些元搜索引擎提供方式让用户按照时间、按照搜索引擎、按照相关度等来排序,如国内第一个元搜索引擎——万维搜索.有些元搜索引擎提供了让用户定制搜索结果的聚类方式,如按照域名聚类、按照主题分类等.

(5) 相关度指标.

每个搜索引擎开发商为了将最满意的结果放到前面,不遗余力地创建出各种相关度指标体系、从检索词的位置和频率到链接、流行度等.虽然没有一种方法是完美的,但都有创新和独到之处.面对这些众多的相关度评价指标,按照怎样的方式对从独立搜索引擎中返回的结果进行一致性的排序是元搜索引擎结果处理部分面临的主要问题.元搜索引擎的结果排序有多种方法,有根据搜索结果在源搜索引擎中的位置进行排序的方法;有根据搜索结果的摘要信息进行排序的方法;还有的干脆获取这些网页,然后按照位置和频率法对搜索结果进行一致性排序.Ixquick 在肯定各个独立搜索引擎所用的相关度指标的基础上,通过统计搜索结果记录被多少个独立搜索引擎所青睐,作为元搜索结果相关度评价指标,简称"星星体系"(如果在一个搜索引擎的前几条记录中出现,就得到一个星,得到的星越多,则该记录越重要).

4.5.5 元搜索的特点

从元搜索引擎的结构图中,我们可以知道,元搜索引擎的技术重心在于查询前的处理(检索请求提交机制和检索接口代理)和结果的集成.元搜索引擎可以灵活地选择所要采用的独立搜索引擎.它一般都是选择那些比较典型的、性能优异的独立搜索引擎.这种强强联合的结果保证了搜索结果的权威性和可靠性.它还可以充分发挥各个独立搜索引擎在某个搜索领域的功能,弥补独立搜索引擎信息覆盖面上的局限性.总的来说,元搜索引擎与独立搜索引擎相比,具有如下主要优点:

(1) 信息的覆盖面.

元搜索引擎一般缺省调用它自己认为比较好的几个搜索引擎,而且大多数的元搜索引擎都提供给用户在一定范围内选择搜索引擎的功能.有些元搜索引擎还以频道的方式为用户提供专业搜索引擎的分类.这样用户可以根据自己的喜好和要查询的内容选择对应的搜索引擎.

(2) 搜索结果的权威性和可靠性.

独立搜索引擎索引数据库的更新需要一定的周期,而且搜集的信息也各有一定的侧重.元搜索引擎调用多个独立搜索引擎获取搜索结果.这种方式首先保证了信息的互补性;其次与独立搜索引擎相比,提高了信息的新鲜度.如果同样的搜索结果在多个独立搜索引擎中同时出现,那么说明这个搜索结果比较重要.这样避免了有些独立搜索引擎人工干预搜索排名的缺点,使得搜索结果的排序更加公正.有些元搜索引擎还检查搜索结果链接的存在性,这样可以保证用户得到的元搜索结果的可靠性.

（3）易维护性.

易维护性是针对元搜索引擎的管理者而言的.元搜索引擎省去了独立搜索引擎中收集和存储网页、建立和存储索引的工作.它将所调用的搜索引擎看成一个可以独立完成一定功能的实体,它本身不需要去维护它们,只需知道它们的调用接口.元搜索引擎的查询精度在很大程度上在于它所调用的搜索引擎的查询精度.所以元搜索引擎可以把主要精力放在搜索引擎的选择、查询请求和搜索结果的优化上.一般的元搜索引擎都提供了对应的优化机制.如果要尽快查询到一个独特的术语或某个课题的概述,用元搜索引擎效果会稍好.当用其他独立搜索引擎查询而得不到所需文件时,可改用元搜索引擎,即元搜索引擎主要用于提高搜索的广度.对其他搜索引擎不是很熟悉的时候,也可以使用元搜索引擎作为通向其他搜索引擎的门户.

§4.6 Web 挖 掘

4.6.1 Web 挖掘简介

Web 挖掘是从数据挖掘发展而来的,是指将数据挖掘技术应用于 web.但是,web 挖掘与传统的数据挖掘相比有许多独特之处:首先,web 挖掘的对象是大量、异质、分布的 web 文档.以 web 作为中间件对数据库进行挖掘,以及对 web 服务器上的日志、用户信息等数据所开展的挖掘工作,仍属于传统数据挖掘的范畴.但目前大多数文献将此类挖掘划入 web 挖掘.其次,web 在逻辑上是一个由文档节点和超链接构成的图,因此,web 挖掘所得到的模式可能是关于 web 内容的,也可能是关于 web 结构的.再次,由于 web 本身是半结构化或无结构的,且缺乏机器可理解的语义,而传统的数据挖掘的对象局限于数据库中的结构化数据,有些数据挖掘技术不适用于 web 挖掘,即使可用也需对 web 文档进行预处理.这样,就需要开发新的 web 挖掘技术.

Web 页面是通过 HTML 语言来定义的,web 页面之间可以通过超链接相互链接,从而构成一个相互链接的超媒体系统.为了进行 web 挖掘,必须有一种数据模型来描述 web 页面之间的关系.

我们可以用一个有向图 $G=(V, E)$ 来表示 web,其中 V 是页面的集合,E 是页面之间的超链接集合.页面抽象为图中的节点,而页面之间的超链接抽象为图中的有向边.节点 V 的入边表示对 V 的引用,出边表示 V 引用其他的页面,如图 4-5 所示.每个节点都有一个 URL,其

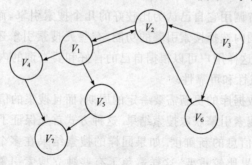

图 4-5 Web 数学模型

中包含了关于该节点所位于 web 站点和目录路径的结构信息. 所有非叶节点是 HTML 文档；叶节点可以 HTML 是文档，也可以是其他格式的文档，例如图形、图像、音频等媒体文件. 对于图 4-5 所示的数据模型，形式描述如下：

定义 4.1　页面节点用三元组（PId，P，time）表示，其中 PId 唯一标识一个页面的节点，time 为其最近被访问的时间，P 为属性集，$P=\{p_i|p_i$ 为属性，$i=1,2\cdots\}$.

定义 4.2　页面中的链接点用三元组（LId，string，target_node_id）表示，LId 唯一标识一个链接点，string 描述该链接的展示信息，target_node_id 是 LId 所指向的目标页面节点的 PId.

定义 4.3　数据模型可以用三元组（Page_node_set，Page_Linknode_set，Link_set）表示 web，Page_node_set 为页面节点集合，Page_Linknode_se 为链接点集合，Link_set 为链接集合.

按照处理对象的不同，一般将 web 挖掘按挖掘任务不同，分为三类：web 内容挖掘、web 结构挖掘和 web 使用记录挖掘.

（1）Web 内容挖掘.

Web 内容挖掘是指从文档的内容中提取知识，又分为文本挖掘（包括文本、HTML 等格式）和多媒体挖掘（包括图像、音频、视频等媒体类型）.

（2）Web 结构挖掘.

Web 结构挖掘是从万维网的组织结构和链接关系中推导知识. 它不仅仅局限于文档之间的超链结构，还包括文档内部的结构、文档中的目录路径的结构等. 由于文档之间的 URL 互联，万维网能够提供文档内容之外的有用信息. 利用这些信息，可以对页面进行排序，发现重要的页面.

（3）Web 使用记录挖掘.

Web 使用记录挖掘是指从 web 的访问记录中提取感兴趣的模式. 网络中的每个服务器都保留了 web 访问日志，记录了关于用户访问和交互的信息. 分析这些数据可以帮助理解用户的行为，从而改进站点的结构，或为用户提供个性化的服务.

4.6.2　Web 内容挖掘

Web 内容挖掘是指从 web 上的文件内容及其描述信息中获取潜在的、有价值的知识或模式的过程.

Web 内容挖掘分为两大类：

（1）对于文本文档（包括 .txt，.ps，.pdf 和 .html 类型等）的挖掘称为文本挖掘. 大多数基于数据库的数据挖掘方法经过相应的改进处理后均可应用于 web 文本挖掘，如数据归纳、分类、聚类、关联规则挖掘等. Web 文本挖掘的数据对象既可以是结构化的，也可以是非结构化的、半结构化的. Web 文本挖掘的结果既可以是对某个文本内容的概括，也可以是对整个文本集合的分类结果或聚类结果等.

目前 web 文本挖掘的主要研究内容是对 web 上大量文档集合的内容进行总结、分类、聚类、关联分析、科学文献资料浏览导航，以及利用 web 文档进行趋势预测等.

（2）对于多媒体文档（包括音频、视频和图像类型等）的挖掘称为多媒体挖掘. 多媒体信息挖掘，主要是指通过对 web 上的音频、视频数据和图像进行预处理，应用存储和搜索技术与标准的数据挖掘方法的集成,对其中潜在的、有意义的信息和模式进行发掘的过程.多媒体数据挖掘的方法主要有:多媒体数据中的相似搜索,主要有两种多媒体标引和检索技术,即基于描述的检索系统和基于内容的检索系统;多媒体数据的多维分析可以按传统的从关系数据中构造数据立方体的方法,设计和构造多媒体数据立方体;分类和预测分析主要应用于天文学、地震学和地理科学的研究,决策树分类是最常用的方法;多媒体数据的关联规则挖掘,关联规则的挖掘主要包括以下三类规则:图像内容和非图像内容之间的关联、与空间关系无关的图像内容的关联、与空间关系有关的图像内容的关联.

4.6.3　Web 结构挖掘

Web 结构包括不同网页之间的超链接结构和一个网页内部的可以用HTML,XML 表示成的树结构以及文档 URL 中的目录路径结构等.

Web 结构挖掘是从万维网的组织结构和链接关系中推导知识.主要是通过对 web 站点的结构进行分析、变形和归纳,将 web 页面进行分类,以利于信息的搜索.因为存在超文本之间的链接,所以万维网上网页的信息远比它所包含的文本内容要多.利用这些信息,可以对页面进行排序,发现重要的页面.HITS,PageRank 以及在链接结构中增加了 web 内容信息的 HITS 改进算法等,主要用于模拟 web 站点的拓扑结构、计算 web 页面的等级和 web 页面之间的关联度,典型的例子是 Google.

Web 结构挖掘所得到的模式,可以揭示许多在 web 内容之外的隐含着的有用信息.如通过文档之间的超链接,可以挖掘出文档之间的引用关系,从而有助于找到与用户请求相关的权威页面;通过分析 web 网页内部树形结构,可以发现与给定页面集合相关的其他页面;web 页面的 URL 同样可以反映页面的类型以及页面之间的从属关系,通过分析页面的 URL 信息,可以找到改变了位置的 web 页面的新位置.

4.6.4　Web 日志挖掘

Web 日志挖掘,又叫 web 访问信息挖掘,就是对用户访问 web 时在服务器上留下的访问记录进行挖掘,挖掘的对象是在服务器上的日志信息.web 日志挖掘的目的是在海量的 web 日志数据中自动、快速地发现用户的访问模式,如频繁访问路径、频繁访问页组、用户聚类等.

Web 日志挖掘的一般过程为:

(1) 数据的预处理:主要对用户访问日志(包含用户的访问日志、引用日志和代理日志)进行数据净化、用户识别、会话识别、路径补充、格式化和事件识别等处理,形成用户会话文件.

(2) 挖掘:对数据预处理所形成的用户会话文件,利用数据挖掘的一些有效算法(如关联规则、聚类、分类、序列模式等)来发现隐藏的模式、规则.

(3) 模式分析:主要是对挖掘出来的模式、规则进行分析,找出用户感兴趣的模式.

(4) 可视化:采用可视化的技术以图形界面的方式表示最有价值的模式.

Web 用户访问信息挖掘所得到的结果既有助于提高网站的性能和安全性,也可以作为优化站点拓扑结构及页面之间的超链接关系的依据;还是在 web 上进行市场开发和开展电子商务活动的依据,也可以作为网站为用户提供个性化服务和构建智能化 web 站点的依据.

目前,在国内外 web 挖掘的研究处于刚起步阶段,是前沿性的研究领域.将来几个非常有用的研究方向是:

（1）web数据挖掘中内在机制的研究；

（2）web知识库（模式库）的动态维护、更新，各种知识和模式的融合、提升以及知识的评价综合方法；

（3）半结构、非结构化的文本数据、图形图像数据、多媒体数据的高效挖掘算法；

（4）Web数据挖掘算法在海量数据挖掘时的适应性和时效性；

（5）基于web挖掘的智能搜索引擎的研究；

（6）智能站点服务个性化和性能最优化的研究；

（7）关联规则和序列模式在构造自组织站点的研究；

（8）分类在电子商务市场智能提取中的研究．

§4.7　小　　结

近年来，web正以令人难以置信的速度在飞速发展，越来越多的机构、团体和个人在web上发布信息、查找信息．Web上存储了大量的文档、图形、图像、音频数据、商业数据、天气、水文数据、和电子政务、电子商务信息等，表现出web数据的多样性．另外，web本身也具有非结构化、动态性、不完全性、混沌等特点，体现了巨大的、分布式的、多维的方式，这些为web信息检索提供了资源，但同时也带来了挑战．

目前的web信息检索技术主要有全文搜索引擎，目录索引和元搜索三种方式．

全文搜索引擎由爬虫、网页数据库、索引器、查询模块、查询引擎和排序模块构成．爬虫访问的网页存储在网页数据库之中，索引器通常需要理解搜索器所搜索的网页及其信息，并从中抽取出索引项，得到用于表示文档的索引表．查询引擎主要是根据用户的查询在索引库中快速检索出文档，进行文档与查询的相关度评价，通过排序模块将要输出的结果进行排序，并实现某种用户相关性反馈机制．爬虫设计需要考虑负载均衡，域名解析，站点爬行等问题．经典的排序算法有PageRank和HITS算法．通常，用户之间的差异性、低质量的查询条件以及用户特有的行为特征等原因使得交互查询成为必要．

Web目录就是可浏览式等级主题索引，通常它们按照主题建立分类索引，提供全面的分类体系结构，并结合高质量的检索软件，使得对网络信息的全面检索变成现实．如何能够构建出设计规范合理，结构完整全面，等级层次鲜明，各级详略得当的web目录来为网上丰富的信息资源归类是十分重要的．另外，分类索引与搜索引擎的合并使用，两者互通有无也成为web信息检索的另一种思路．

作为搜索引擎的搜索引擎，元搜索引擎通常由请求提交代理、检索接口代理、结果显示代理三部分组成．根据请求提交代理、检索接口代理和结果显示代理的复杂程度，可以将元搜索引擎分为简单元搜索引擎和复杂元搜索引擎；根据请求提交代理、检索接口代理和结果显示代理所在位置的不同，又将复杂元搜索引擎分为桌面型元搜索引擎和基于web的元搜索引擎．选择独立搜索引擎的策略、覆盖网络资源的广度、是否提供足够的检索选项、对搜索结果的处理能力和一些相关度指标是衡量元搜索的一些主要指标．

Web挖掘就是从web文档和web活动中抽取人们感兴趣的潜在的有用模式和隐藏的信息．按照处理对象的不同，一般将web挖掘分为三类：web内容挖掘、web结构挖掘和web使用记录挖掘．web内容挖掘是指从web上的文件内容及其描述信息中获取潜在的、有价值的知识或模式的过程. Web 结构挖掘是从 WWW 的组织结构和链接关系中推导知识. Web 日志挖掘(又叫 web 访问信息挖掘)就是对用户访问 web 时在服务器留下的访问记录进行挖掘,挖掘的对象是在服务器上的日志信息.

§4.8　参　考　文　献

[1] Ricardo B-Y, Berthier R-N. Modern information retrieval. New York: ACM Press,1999.

[2] 庄越挺,潘云鹤,吴飞. 网上多媒体信息分析与检索. 北京:清华出版社,2002.

[3] Feng D D, Siu W-C, Zhang H-J. ed. Multimedia information retrieval and management-Technological fundamentals and applications. Berlin, New York : Springer, 2003.

[4] Han J, Kamber M. Data Mining: concepts and techniques. San Francisco, CA: Morgan Kaufmann Publishers, 2001.

[5] Schatz, B. Science, 197, 275: 327—334.

[6] Yalley S. White paper on the viability of the internet for business homepage: http://www. strategyalley. com/articles/inet1. htm.

[7] Lynch C. Sci. Am. , 1997:52—56.

[8] Bharat K, Broder A. A technique for measuring the relative size and overlap of public web search engines. Proc. 7th International Conference on World Wide Web 7 (WWW7), Brisbane, Australia, April, 14—18; Enslow P H, Ellis A. ed. Elsevier Sci. Pub. B. V. , Amsterdam, Netherlands, 1998, 379—388.

[9] Losee R M. Text retrieval and filtering: analytic models of performance. Kluwer international series on information retrieval. Hingham, MA: Kluwer Academic Publishers, 1998.

[10] Manning, C, Schutze H. Foundations of statistical natural language processing. Cambridge, MA: MIT Press, 1999.

[11] Chakrabarti S. Data mining for hypertext: a tutorial survey. SIGKDD explorations. 2000,1:1—11.

[12] Perkowitz M, Etzioni O. Adaptive web sites: conceptual cluster mining. Proc. 16th Intl' Joint Conf. Artificial Intelligence (IJCAI99), Stockholm, Sweden, 1999, 264—269.

[13] Tauscher L, Greenberg S. International Journal of Human Computer Studies, 1997,47(1): 97—138.

§4.9　习　　题

1. Web 信息检索有哪些挑战?
2. 搜索引擎的通用体系结构是什么? 各个部分的功能是什么?
3. 爬虫的工作原理是什么? 设计爬虫时,应注意哪些问题?
4. 比较 PageRank 和 HITS 两种排序算法.
5. 什么是 web 目录? web 目录的设计原理是什么?
6. 元搜索的组织结构如何? 简述各部分的工作原理.
7. 元搜索的主要类别有哪些?
8. Web 挖掘分为哪几类? 请分别作简要介绍.

第五章　基于内容的音频检索

§5.1　引　　言

音频是一种重要的媒体,它在我们的生活中无处不在,音乐、新闻广播和语音等都是音频的不同表现形式.此外,它还是视频的重要组成部分.人类区分不同音频的能力是十分惊人的.对于一个音频片段,我们可以立即说出它的类型(语音、音乐或噪声等)、速度和情绪(快乐、悲伤等),并决定它与另一个音频片段的相似程度.

传统的计算机处理音频是采取文本标注的方式,但由于需要大量的人力,同时也掺杂着人的主观感受,对于实时的音频数据更是一筹莫展,因此很难满足人们的复杂查询需求.在这种情形下,产生了基于内容的音频检索技术.其基本思想是,通过音频的特征分析,对不同的音频数据自动赋予不同的语义;并且,具有相同语义的音频数据还需在听觉上保持一定的相似度,以此来实现人们对音频的查询.目前基于内容的音频检索主要可以分为两个方面:一方面,音频数据本身成为检索的对象,用户通过输入语义(或一段音频例子),以得到具有该语义(或与该音频示例相似)的已有音频;另一方面,还可以通过音频索引其他媒体数据,如通过音频的语义识别来正确划分相应视频的语义场景.本章将主要涉及前一个方面的内容.

与视频数据不同的是,音频数据并没有"关键帧",音频的特征是在很短的时间(一般不超过 10 ms)内就会发生剧烈的变化.音频的这种无结构化、非稳定性的特点导致在处理时不能采用"提取少量关键帧"的做法;但短时平稳性的特点使得我们可以采用"窗口"的方式,也就是将若干个音频点合在一起处理.一般而言,这样的"短时帧"是音频处理的最小单位.

最简单的基于内容的音频检索方法是直接比较查询音频片段和已存储的音频片段.但是因为不同音频片段可能由不同频率采样得到,它们的编码也可能不同,所以这种直接比较是不可行的.因此,现在通常是基于一系列抽取得到的音频特征(比如平均振幅和频率分布等)的音频检索.

基于内容的音频索引和检索通用的方法是:首先把音频归结到一些常见的类型(比如语音、音乐和噪声等);然后根据不同的音频类型,分别用不同的方法处理和索引(比如如果音频类型是语音,就使用语音识别方法),查询输入的音频例片段也进行类似的分类、处理和索引;最后比较查询索引和数据库中的音频索引,返回最为相似的音频片段.

本章的组织结构如下:§5.2 将介绍当前常用的一些音频特征;§5.3 将介绍一般的基于内容音频检索的通用过程;§5.4 将讨论在音频分类和分段中常用的一些方法;§5.5 和§5.6 将针对两种最常用的音频类型,具体说明基于内容的语音检索和基于内容的音乐检索的方法及应用;§5.7 是本章的小结.

§5.2　音频主要属性和特征

在本节中,我们将会介绍音频信号的一些常用特征,这些特征是对音频进行分类和索引的基础.音频感知本身是一门复杂的学科,考虑到篇幅关系,我们只介绍一些最为常用的音频特征.音频信号可以用时域(幅值-时间表示)的形式,也可以用频域(幅值-频率表示)的形式表示.从这两种表示法中,我们可以派生或抽取出很多不同的特征.此外,我们还会介绍一些主观特征,这些特征不能从时域或频域直接计算得到.

5.2.1　时域特征

声音实质上是一种纵波,因此可以直观地表示成幅值-时间的形式,即把采样得到的音频信号表示成随时间变化的幅值.这种表示法被称做时域表示法.图 5-1 是一小段音乐(9 个音符)的幅值-时间表示.在该图中,静音的幅值为 0(中间的基准线为 0),其他信号的幅值由声压的大小决定,如果声压高于静音时的均衡大气压,幅值为正;否则为负.

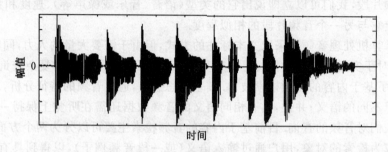

图 5-1　幅值-时间表示

在时域表述形式下抽取的特征称做时域特征,下面介绍几种常用的时域特征:

(1) 短时平均能量.

§5.1 提到在音频处理中,我们关注的核心不再是"关键帧"而是"短时帧",所有的音频特征都是基于短时帧提取的.短时平均能量指在一个短时帧内采样信号所聚集的平均能量.假设某个短时帧对应的时间窗口长度为 N,即包含 N 个信号采样点,则该短时帧的平均能量 E 可以用下面的公式计算:

$$E = \frac{1}{N} \sum_{n=1}^{N} x^2(n),$$

其中 $x(n)$ 表示该短时帧中第 n 个采样信号值.某些情况下,我们希望在计算短时平均能量的时候考虑给不同位置的采样信号以不同的权值,于是就在短时帧上加上各种不同形状、长度为 N 的窗口函数.常用的窗口函数有矩形窗、巴特立特(Bartlett)窗、三角窗、海明(Hamming)窗等(读者如果感兴趣,可以查阅相关的书籍).

短时平均能量特征的一个直接应用是静音检测(silence detection):给定一个音频示例,如果其中的某短时帧的平均能量低于一个给定的阈值,我们就判断该短时帧为静音.

(2) 过零率(zero-crossing rate).

过零率指音频信号值在单位时间内穿过零点的次数.在某种程度上,它显示了音频信号的平均频率.一个短时帧的过零率可以用以下公式进行计算:

$$Z = \frac{1}{2N} \sum_{n=1}^{N-1} | \operatorname{sgn} x(n+1) - \operatorname{sgn} x(n) |.$$

语音信号中,语音的最小组成单位是音素,最小发声单元是音节.一个音节是由元音和辅音构成的,其中元音信号振幅较大,过零率较低,短时能量较高;而辅音信号幅度较小,短时能量也较低,但其过零率较高.辅音出现在音节的前端、后端或前后端,具有调整和辅助发音的作用.在语音信号中,开始或结束部分的过零率将会有显著提高.因此,我们可以利用过零率并结合短时平均能量来判断语音信号的起终点.

此外,大多数音乐的过零率不表现出突然的升高或降低.也就是说,过零率也可用来区分语音和音乐.

(3) 静音比.

静音比表示静音在整个音频片段中所占的比例.我们把绝对幅值低于某个阈值的时间段定义为静音.使用静音比,可以区分一般音乐和独奏音乐:一般音乐的静音比较低;而独奏音乐中可能出现较长时间的静音,从而静音比较高.

(4) 线性预测系数(linear predictive coefficient,简称 LPC).

对于一段较长的音频,假设其采样信号序列为 $\{x(1),x(2),\cdots,x(N)\}$.我们可以用一个模型来模拟它的产生,这与用一个函数来描述一条直线有着相似的思想.如果使用具有有限个参数的线性数学模型近似表示该序列,这些参数就变成刻画音频序列 $\{x(n)\}$($1\leqslant n\leqslant N$)的重要特征.由于这个模型是线性的,称这些参数为线性预测系数.

$AR(p)$ 模型是一个常用的线性模型,$x(n)$ 可以用其之前的 p 个采样信号来进行预测.我们记预测值为 $x'(n)$,则该模型可以用以下公式来表示:

$$x'(n) = \sum_{i=1}^{p} a_i x(n-i),$$

其中 $\{a_i\}$($1\leqslant i\leqslant p$)为模型参数,即 LPC. LPC 的计算是该模型的关键,一般使用最小均方误差法,即使得所有预测值和实际值之差的平方和最小(具体计算可参考相关文献).

在实际应用中,考虑到即使是一段音频本身也可能由不同的机制产生,我们并不为某个音频信号序列的全体采样点建立一个全局的线性模型.通常的做法是为每个音频帧建立一个线性预测模型.假如每个短时帧有 p 个系数,这 p 个系数就是这个短时音频帧的特征.

5.2.2　频域特征

在时域表示法中,每个时刻采集到的信号幅值是对于该时刻音频信号的所有信息.但是,每一个音频信号是由不同时候、不同频率、不同能量幅度的声波组成的.人们能够感受到音频信号,是因为人耳实际上起到了一个滤波器的作用,能在不同时候感受到不同频率带上的不同能量信号.仅从时域图中,我们无法得知该音频的频率成分和能量分布,所以还要引入音频的频域表示法.

所谓音频表示法如图 5-2 所示,横坐标为不同的频率,纵坐标为频率所对应的给定时间段内的能量,通常也用幅值来衡量.

音频的时域表示和频域表示之间可以通过傅里叶(Fourier)变换及其逆变换相互转换.在频域表示的基础上,我们也能提取出若干频域特征.

(1) 频谱中心(frequency center,简称 FC).

频谱中心又被称做亮度,是用来刻画音频所含频率中心点(考虑能量加权)的特征.举个直观的例子来说,如果说话的时候把手放在嘴上,说话声音的亮度就降低了.语音的亮度一般比音乐低.亮度的计算公式如下:

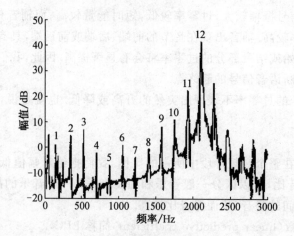

图 5-2　频域表示

$$\mathrm{FC} = \frac{\int_0^{\omega_0} \omega \mid F(\omega) \mid^2 \mathrm{d}\omega}{\int_0^{\omega_0} \mid F(\omega) \mid^2 \mathrm{d}\omega},$$

其中 ω 表示音频信号的某个频率，$\mid F(\omega) \mid^2$ 表示频率 ω 对应的能量，ω_0 是采样频率的 1/2.
为什么只考虑到采样频率的 1/2 为止的频率成分呢？这是因为根据著名的奈奎斯特采样
定理，音频信号数字化时，采样率必须高于输入信号最高频率的 2 倍，才能正确恢复信号.
因此，采样频率的 1/2 一定能够包含所有的频率范围.

（2）带宽（band width，简称 BW）.

带宽是衡量音频频域范围的指标，最简单的计算方法是取非零声谱中最大频率与最小频
率的差.一般地，语音的带宽范围比较小，在 0.3～3.4 kHz 左右；而音乐的带宽比较宽，一般
在 22.05 kHz 左右.所以我们可以利用这一特点来进行语音和音乐的分类.带宽更为一般的
含义是频谱各成分和频谱中心差值的能量加权平均的平方根，计算公式如下：

$$\mathrm{BW} = \sqrt{\frac{\int_0^{\omega_0} (\omega - \mathrm{FC}) \mid F(\omega) \mid^2 \mathrm{d}\omega}{\int_0^{\omega_0} \mid F(\omega) \mid^2 \mathrm{d}\omega}},$$

其中 FC 是频谱中心.

（3）谐音.

我们称音频信号中最低的频率成分为基频（fundamental frequency），称频率为最低频率
倍数的频谱成分为谐音.音乐通常比其他声音具有更多的谐音.不同的乐器发出同一音调时，
基频频率虽相同，但谐音成分相差甚大，这就使每种乐器有不同的音色.我们通常把基频记做
f，把谐音记做 $2f,3f,\cdots$ 等.

（4）音调.

音调是人们对音频声音高低的感觉，是一种主观特征.只有乐器以及人声发出来的声音才
会给人以音调的感觉.音调和基频相关，但并不完全等价于基频.然而，在实际应用中，我们通
常就用基频来作为对音调的近似.在音乐的领域，人们把一组有特定整数比的乐声按音调高低
排列起来，称为音阶.例如，我们熟悉的音调唱名 do，re，me，fa，so，la，ti，do 与 C 调频率的

关系如表 5-1 所示.

表 5-1　音阶的音调

唱名 n	do	re	me	fa	so	la	ti	do*
C 调 f / Hz	264	297	330	352	396	440	495	528
频率比 $f_n : f_{do}$	1 : 1	9 : 8	5 : 4	4 : 3	3 : 2	5 : 3	15 : 8	2 : 1

中国古代也有音阶的概念,称做五声调(宫、商、角、徵、羽).它们的音调频率也是成整数比的,音阶规律见表 5-2.

表 5-2　五声的音阶

声名 n	宫	商	角	徵	羽	宫*
频率比 $f_n : f_{宫}$	1 : 1	9 : 8	81 : 64	3 : 2	27 : 16	2 : 1

(5) 频率特征系数.

前文提到,通过傅里叶变换可以得到音频信号的频域表示.实际上,我们可以很快知道哪些频率上附带主要能量.这些带有主要能量的频率叫做谐波.音频信号的频域特征分析就是先把音频信号用具有不同频率和幅度的谐波构造出来,然后对这些谐波进行特征系数提取.有两种较常用的音频信号频率特征系数,分别是线性预测倒谱系数(linear predictive cepstrum coefficieut,简称 LPCC)和 Mel 频率倒谱系数(Mel frequency cepstrum coefficient,简称 MFCC).

线性预测分析从人的发声机制入手,通过对声道短管级联模型的研究,认为 n 时刻的信号可以用前若干时刻的信号线性组合来估计.通过使实际语音采样值和线性预测采样值之间达到均方差最小,即可得到 LPCC.对 LPCC 的计算方法有自相关法(也称为德宾(Durbin)法)、协方差法、格型法等.计算上的快速有效保证了这一声学特征的广泛使用.

倒谱分析是一种非线性信号处理技术,在语音、图像处理等多个领域有着非常重要的应用.MFCC 是在语音识别以及其他音频应用中使用最为广泛的特征.该系数是通过计算频谱对数的逆傅里叶变换得到的.MFCC 充分考虑了人的听觉系统中的非线性特性,可以把音频例子进行更为合理的分段.通常来说,MFCC 比 LPCC 更符合人耳的听觉特征,在有信道噪声和频谱失真情况下能产生更高的识别精度.

(6) 其他频域特征.

除了上面介绍的频域特征外,还可以提取其他频域特征,如熵和子带组合,其中熵是用来衡量信息复杂度的一个重要指标.熵的计算公式如下:

$$S = -\sum_{i=1}^{N} P(i) \lg p(i),$$

其中

$$P(i) = |M(i)|^2 \Big/ \sum_{i=1}^{N} |M(i)|^2,$$

$M(i)$ 是第 i 个频率子带上的能量,N 是子带的总个数.

人讲话的音频信号总是集中分布在某些频率子带上,而音乐和自然声音可以分布在所有子带上,因此可以将某些子带上的能量组合起来,判断音频信号是语音还是音乐.这就是子带组合特征.

5.2.3 声谱图

　　时域形式和频域形式是音频表示的两种基本方法,但是它们本身的表达能力有限:前者不能显示音频信号的频率成分;而后者不能显示不同频率成分产生的时间.因此,一种既能表示音频时间信息、又能表示音频频率信息的组合表示法就应运而生了,叫做声谱图(spectro-gram).声谱图能同时说明时间、频率和幅值三者之间的关系,其中横轴是时间,纵轴是频率,不同频率成分的幅值(或能量)由不同的灰度来表示.因此,从一段音频的声谱图我们就可以判断某些频率成分出现的规律性.

　　图 5-3 是一个音频片段的声谱图表示.从该图中可以清楚地看到每个时刻频率的能量分布,例如在 $[0.4\,\mathrm{s}, 0.6\,\mathrm{s}]$ 这个时间区间内,能量集中在 1000 Hz 以下的低频区域中.

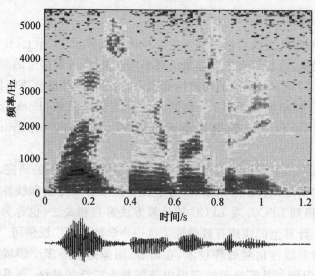

图 5-3　声谱图示例

5.2.4 主观特征

　　音乐的主观特征用来描述人们对音乐的一些主观理解,它们不能表示成时域或频域的直接度量.频域特征中介绍过的音调也属于主观特征(事实上,我们可以把基频近似看做是音调).除此之外的主观特征还有音色、节奏、响度、亮度等.

1. 音色

　　声源不同,音色就会不同;而音色的不同主要是由声源的不同谐音成分所决定的.音色通常用来区分不同乐器或噪音的音质,它对音乐的情感效果贡献最大.对于如何对音乐分析中的音色感知建立物理模型的研究已经持续了较长的一段时间.

2. 节奏

　　节奏是另一种用来刻画音乐的重要特征,它用来衡量音乐的固定周期.它同样也可用来表示音色模式的变化和每个音乐片段的能量.为了能够对节奏进行分析,节拍检测机制必须被建立.目前已有很多关于节拍检测以及节奏分析算法的论文.

3. 响度

响度由对信号进行短时傅里叶变换得到的能量再取平方根,其度量单位是 dB.一个更为准确的响度估计常被用来解释人耳的频率响应,人耳能听到响度范围为 0db~120 dB(也有人认为是-5 dB~130 dB).

4. 亮度

短时傅里叶变换谱系数的中心值就是亮度,一般以频率的对数来存储.它是用来衡量信号高频部分内容的.这也是前面频域特征中所提到的频谱中心的另外一种说法.

§5.3　通用的音频内容检索过程

本节将介绍通用的基于内容的音频检索过程.不管具体是何种类型的音频,其处理过程都是类似的,只是在不同的步骤中,才会针对不同的音频采取不同的方法,比如在音频的特征提取阶段会选择不同的特征,在分类阶段会采取不同的模型等.

5.3.1　音频分段与分类

为了更好地理解这一通用过程,我们首先简单地介绍一下音频的分段和分类,这将会在§5.4 中做进一步地阐述.

一般来说,我们得到的音频都是连续的时间序列信号,这些信号可能长达几十分钟或几小时.它们也可能分属不同的音频类别,比如一部电影的音频一般包括语音、音乐、环境背景音等不同类别.一方面,对于不同的音频类型,我们需要使用不同的处理和索引方法,比如我们用专门的语音识别技术来对语音进行处理;另一方面,查询往往是针对音频的片段而非整段音乐.这也使得分段(segmentation)(又叫分割)成为整个音频内容检索过程的第一步.

基于上述的原因,对于一段连续的音频数据,首先需要将其分割成长短不一的音频单元——分段;然后对各个音频单元进行识别,将它们归属为不同的音频类别——分类(classification).其实,无论是音频分段还是音频分类,都是对音频的一种分类过程.只不过前者是一种粗粒度的划分,如把音频流划分成音乐、语音和静音等;而后者是一种较细的划分,如把音频流中的环境背景音进一步划分成"掌声"、"爆炸声"等.

5.3.2　通用音频内容检索过程

音频的本质是信息的载体,人耳听到的音频是连续模拟信号.如果要利用计算机代替人进行对音频的自动分析处理,首先要使用音频采集设备将连续的音频信号离散化,变成数字化的信息.此后,音频还需要经过特征提取、音频分段(也叫分割)、音频识别分类和索引检索这几个关键步骤.不同的研究方法的区别主要体现在选取不同的特征和采用不同的分类方法上(前文我们已经提到分段和分类事实上都是一种分类,只是粒度不同而已).此时,我们手中的音频已经变成了不同形式的分类规则.很多情形下,这些分类规则往往表现成"〈特征向量〉+〈类别〉"

的查找表.在数据量很大的时候,一个高维索引是必需的.每个音频的分类规则和音频本身的信息都存储在音频数据库里.

最终,基于内容的音频检索就变成了一个模式匹配问题.对于输入的一段音频或是音频的特征向量,我们所需要做的就是拿这个向量到音频数据库中和已有的向量进行比较,最后系统返回最相似的音频例子.

图 5-4 是对上述描述的形象化表示.

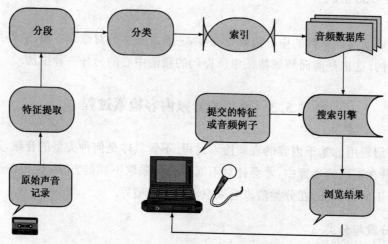

图 5-4　通用的音频内容检索过程

§5.4　音频的分段和分类

我们已经在前面提到对音频分段和分类的重要性,下面就具体来讨论分段和分类的方法.

音频的分段是将连续的音频流分割开,以保证每个分段语义相对独立,便于进一步的分析.为了将音频分段,需要使用某种方法识别出发生突变的音频短时帧.音频的分段和分类所使用的方法是一致的,只不过前者是对音频短时帧的判别,而后者更多的是对音频例子的判别;或者说前者是粗粒度的分类,后者是细粒度的分类.因此,很多地方往往把分段和分类统称为分类.

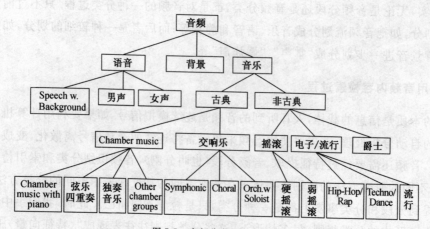

图 5-5　音频分类的一个例子

把音频划分到一个给定类别的过程就叫做音频分类,§5.2介绍的音频的各种特征是进行音频分类的基础,图5-5给出了一种可能的分类方式.由于语音和音乐是最主要的两类音频,所以我们把音乐和语音的主要特征作了对比,见表5-3.

表 5-3 语音和音乐的主要特征对比

特 征	语 音	音 乐
带宽/kHz	0~7	0~20
频谱中心(亮度)	低	高
静音比率	高	低
过零率	变化大	变化少
韵律或鼓点	无	有

音频分类主要有两种方法.虽然都是利用音频的特征值来进行分类,但是对特征值使用的不同方式造成了这两种方法的区别:第一种方法是逐步判断分类,其中每一个步骤只使用一个单独的特征;第二种方法则将所有的特征集视做一个向量,以此来计算向量间的相似度,从而达到分类的目的.

5.4.1 音频例子的特征提取

在介绍音频分类的两种方法之前,我们首先来看一下音频在特征提取时需要注意的一些问题.

对于给定的一段很长的音频,我们往往先将其处理成短时帧(短时帧一般为 $4\,\mu s$ 左右,相邻帧之间的叠加为 $2\sim3\,\mu s$),然后在短时帧上提取时域、频域和时-频域等特征.这是因为按照语音处理理论,音频信号是短时平稳的,而长时间是剧烈变化的,所以在很短时间的音频帧上提取特征,能够使提取出来的音频特征保持稳定.

但是,有时我们往往需要对一个较长的音频信号进行特征提取.比如要对一个几秒钟的音频信号进行分类,我们用到的就是这个长时间音频例子的特征.这种从长时间音频例子中得到的特征叫做音频例子特征,这种长时间的刻度可以更好地反映语义.

音频例子特征多从短时音频特征的统计值得到.具体步骤是:先把音频例子分成含叠加的短时帧,然后提取每个短时帧的特征,形成特征向量,最后把短时帧特征向量的统计值(如均值、方差)作为音频例子特征.比如,某个音频例子被分成 M 个叠加短时帧,分别从每个短时帧提取频谱中心、过零率和静音比三个特征,就得到 $3\times M$ 阶特征矩阵,其每一行数据都是一种特征,每一列数据都是一个短时帧.对该矩阵的每一行计算均值和方差,并用得到的 6 个数据值(分别是频谱中心均值、频谱中心方差、过零率均值、过零率方差、静音比均值和静音比方差)作为该音频例子的特征.当然,其他统计值也可以被用做音频例子特征.

5.4.2 逐步判断分类

在逐步判断分类中,每次单独选取一种音频特征来判断给定的一个音频片段是音乐、语音还是静音等.每种特征都被看做是滤波指标或选择指标.在每个滤波步骤中,判断音频片段的类型.假设我们对于音频提取的特征是频谱中心、过零率和静音比,则一个逐步判别的具体例子叙述(见图5-6)如下:

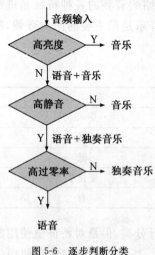

图 5-6　逐步判断分类

首先计算输入音频片段的频谱中心,如果其频谱中心值比预先设定的阈值高,则认为它是音乐.因为由表 5-3 可以看出,音乐的亮度一般是高于语音的.

但是有的音乐也具有较低的频谱中心,因此较低亮度的音频也有可能是音乐.所以,我们再计算音频的静音比.如果它的静音比低,则认为是音乐;否则就是语音或独奏音乐.

最后计算音频的过零率.如果过零率非常高的话,则是语音;否则就是独奏音乐.

在逐步判断分类过程中,特征判定的顺序是十分重要的,通常由计算的复杂性和特征的差别决定.一般而言,先判定差别性大、复杂性低的特征,这样一方面可以减化一个特殊音频片段将要经历的步骤,另一方面也可以降低所需的总的计算量.

在一些应用中,进行音频分类所依据的只是一种特征.例如,使用过零率来鉴别广播语音与音乐,平均成功率为 90%;使用静音比来区分音乐和语音时,平均成功率为 82%.使用多种特征和若干步骤可改善分类性能.

5.4.3　特征向量分类

在逐步判断分类中,我们必须使用事先得到的阈值去判断音频的类别.但是,对于不同的音频数据流、不同的特征,阈值的选定十分不方便.因此,人们自然想到是否可以用一种更为自动的方法来对音频进行分段或分类.

采用特征向量进行音频分类时,首先,在训练阶段为每类音频找到一个平均特征向量(参考向量);再在分类阶段中计算出一个输入音频片段的特征集合的值,将其作为一个特征向量;然后计算输入特征向量和给定的各个类的参考向量之间的向量距离.我们通常使用欧氏距离.输入音频属于与其距离最小的那类音频.该方法假设同类音频片段之间的特征距离较小,而不同类别的音频片段间的特征距离较大.

举个例子来说,假设输入的音频是一段语音,我们希望判断它是何人的声音.首先,提取若干个人的语音特征,通过训练建立各自的参考向量.然后计算输入音频相应的特征向量及其与各个参考向量的距离,再将其判入与之距离最小的那类,并由此判断该语音是谁发出的.

图 5-7 是一个通用的特征向量分类法的示意图.

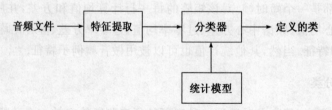

图 5-7　通用的特征向量分类示意图

§5.5 语音识别与检索

将音频分类为语音和音乐后,就可以使用不同的技术对它们进行单独处理.语音索引和检索最基本的方法是使用语音识别的方法,将语音转成文本,然后使用信息检索技术进行检索.除语音外的其他信息(如说话者,说话者的情绪等)可以用来辅助语音索引和检索.

本节将主要介绍语音识别和说话者识别这两种技术.

5.5.1 语音识别简介

1. 概念及任务

语音识别的任务就是利用语音学和语言学知识,让计算机能听懂人说话,并基于此执行其他任务.语音识别的应用之一是将所说的句子转换成文本形式,在这种情形下,语音识别可以被定义成将连续的声学信号映射到离散的符号集.一般来说,语音识别是一个模式匹配问题,其目的是从语音信号中自动地提取字词.语音识别也分为训练和识别两个阶段.在训练过程中,一个语音识别系统收集所有可能的语音单位的模型或特征向量.最小的语音单位可以是音素,也可以是单词或词组.在识别过程中,语音识别系统提取输入语音单位的特征向量,并把它与训练过程中收集到的每个特征向量进行比较,与输入语音单位的特征向量最接近的语音单位被认为是讲话人所说的语音单位.对于汉语而言,还要在此步骤中完成音字转换任务.

2. 分类

语音识别有多种分类方法.按照可识别词汇量的多少,可分为小词汇量(几十个词)、中词汇量(100~200 个词) 和大词汇量(200 个词以上);按照说话的方式,可分为孤立字识别、连接词识别和连续语音识别;按照是否需要使用者事先对系统进行训练,分为特定人的语音识别系统、多人的语音识别系统和非特定人的语音识别系统.

3. 历史及现状

计算机自动语音识别(automatic speech recognition,简称 ASR;也称做语音识别)曾经被一位知名的美国教授称为是"比登月还难"的科学难题.其实,人们很早就认识到语音识别对于人类生活的重要性.世界上第一台计算机问世之后,马上就有人想到要让计算机听懂人说话,并开始了这方面的研究工作.所以说,语音识别的研究历史与计算机的发展历史一样长.计算机的发展经历了好几代,今天已经进入普通家庭;但是,语音识别方面的产品却迟迟未能进入市场.

在 20 世纪 50 年代以前,由于计算机的计算能力和有关语音信号处理方面的理论都处于较低的水平,有关语音识别的研究工作未能形成规模.而对这一课题真正开展大规模研究是在 20 世纪 60 年代末 70 年代初.70 年代时,由于人们对这一研究的难度估计不足,多数研究者为自己提出的目标都是连续语音 ASR.所谓连续语音就是词和词之间没有停顿,像我们通常说话那样.这一要求在当时无论是对设备条件还是理论方面的准备来说,都显得过高了.这一阶段为期 10 年,所有的研究计划最后均未达到预期目标.尽管如此,它对于以后的研究和发展还是非常重要的.70 年代中期,语音识别的研究从连续语音转入到以孤立字为主的阶段,隐马尔可夫模型(hidden Markov model,简称 HMM)的引入是这一阶段的最大成果.HMM 给语音识别带来的新希望很快就被认识到了,而且随着语音识别研究工作的深入,HMM 语音识别方法越来越受重视.人们对 HMM 进行了用于特征连续分布、混合分布、连接词、连续语音、句子等,几乎是全方位的研究,而且取得了令人鼓舞的成绩.利用 HMM 建立的最有代表性的系统就是美国卡内基-梅隆大学的 SPHINX 系统、英国剑桥大学的 HMM ToolKit 系统.HMM 语音识别模型和算法已成为当今国际上的主流技术.

表 5-4 概括了近 20 年来语音识别的研究进展.

表 5-4　近 20 年语音识别的发展状况

年　份 ＼ 限制因素	噪 声 环 境	说　话　者	语 音 类 型
1985	安静的房间	说话者相关	小心阅读
1995	正常的办公室环境,各种麦克风、电话	说话者无关、自适应	计划好的语音
2000	交通噪声、无线电、手机	带地方口音的	自然的人机对话,说话者要调整
2005	任何语音发生的环境	所有使用该语言的人,包括外国人	所有的类型,人和人的对话

4. 难点

语音识别的研究中有很多难点,造成这些难点的原因主要和自然语音的特性相关.自然语音在多个层次上存在差异.比如,不同的说话者拥有不同的噪音,此外,即使是同一个说话者,其噪音也会有一些变化.在一般的对话中,根据上下文,我们可能会强调某些词或词的某些音节,噪音的响度和音调会改变,说话的速度也会有不同.即使说话者尽量使用平稳的噪音,也没有两个音节是完全一样的.因此,在语音识别系统中,考虑到语音的一些特性,我们通常会对要分析的语音作一些限制,比如限制说话者的人数、词汇量的大小、语音中的噪声量,假定所有的输入都确实是语音,等等.

5.5.2　语音识别过程

语音识别过程主要包括训练阶段和模式识别阶段.在训练阶段,计算机首先要根据人的语音特点建立语音模型,对输入的语音信号进行分析,并抽取所需的特征,在此基础上建立语音识别所需的模板.最常用的特征是 MFCC,该特征基于人耳的听觉心理原理.而计算机在模式识别阶段中,首先要根据语音识别的整体模型,将计算机中存放的语音模板与输入的语音信号的特征进行比较,并根据一定的搜索和匹配策略,找出一系列最优的与输入语音匹配的模板.然后,据此模板号的定义,通过查表就可以给出计算机的识别结果.显然,这种最优的结果与特征的选择、语音模型的好坏、模板是否准确都有直接关系、这也是目前语音识别过程中的一个难点.

语音识别过程中的常用算法有基于神经网络的训练和识别算法、基于动态时间环绕的 DTW 识别算法和基于统计的 HMM 模型识别和训练算法.无论采用什么模型和算法,都有一个模型(或模板)的训练问题.从本质上讲,语音识别过程就是一个模板匹配的过程,所以,模板训练的好坏直接关系到语音识别系统的识别率的高低.为了得到一个好的模板,往往需要有大量的原始语音数据来训练这个语音模型,特别是对于非特定人的语音识别系统来说,这一点就显得更为重要.因此,在开始进行语音识别研究之前,首先要建立起一个语音数据库,数据库包括具有不同性别、年龄、口音的说话者的声音,并且必须要有代表性,能均衡地反映实际使用情况.否则,用这种数据库训练出来的语音模型(或模板)就很难得到满意的识别结果.

有了语音数据库及语音特征,我们就可以开始建立语音模型,并用语音数据库中的语音来训练这个语音模型.这里所说的训练过程是指选择系统的某种最佳状态(如对语音库中的所有语音有最好的识别率),不断地调整系统模型(或模板)的参数,使系统的性能不断向这种最佳状态逼近的过程.这是一个复杂的过程,要求计算机有强大的计算能力,并有很强的理论指导,才能保证得到良好的训练结果.

当语音识别系统进行识别时,相对来说,其识别过程要比训练过程简单,对计算机的运算能力要求也低,并且速度较快.这有利于实现实时的语音识别系统和商品化开发应用.

5.5.3　语音识别系统框架

自动语音识别系统一般由三个部分组成:声学模型(acoustic model)、发音词典(pronunciation dictionary)和语言模型(language model),如图 5-8 所示.声学模型是用来描述构成语音的声学特征描述的,发音词典是用来描述构成各词的语音单元序列组合的模型,语言模型是用来描述讲话过程中各种词序的可能性的统计模型.

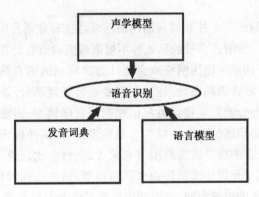

图 5-8　语音识别系统框架示意图

1. 声学模型

在声学层面上,语音信号随着说话者个人的生理因素、社会因素,语音的上下文环境,背景和输入通道的差异会产生很大的变化.声学模型通常由获取的语音特征通过学习算法产生.在识别时将输入的语音特征同声学模型(模式)进行匹配比较,得到最佳的识别结果.声学模型是读者识别系统的底层模型,并且是其中最关键的一部分.声学模型的目的是提供一种有效的方法计算语音的特征向量序列和每个发音模板之间的距离.声学模型的设计和特定语言发音特点密切相关.声学模型单元大小(字发音模型、半音节模型或音素模型)对语音训练数据量大小、系统识别率,以及灵活性有较大的影响.必须根据不同语言的特点、识别系统词汇量的大小决定识别单元的大小.隐马尔可夫模型(HMM)是目前用来进行声学建模的最主要的方法,这一方法将在下一小节详细介绍.隐马尔可夫模型比较有效地符合了语音信号短时稳定、长时时变的特性,并且能根据一些基本建模单元构造成连续语音的句子模型,达到了比较高的建模精度和建模灵活性.声学模型的贡献是,根据可以观测到的声学特征得到拼音串.

2. 发音词典

发音词典详细列出了语音识别器需要输出的单词的有限集合,同时为其中每一个单词都列出了至少一种发音.换句话说,发音词典给出了从单词到发音的映射,比如著名的卡耐基-梅隆大学发音词典以音素的形式记录单词的发音,他们提供的音素集包含了 39 个音素.例如对于美国英语的语音识别任务在现有的系统当中,一般使用 60 000 多单词的词典,总共的发音大约是 70 000 多.

发音词典的贡献是,通过查阅发音词典,可以把声音和单词联系起来.在声学模型的基础上,再通过发音词典,我们可以生成单词网格图(一种有向无环图),见图 5-9.

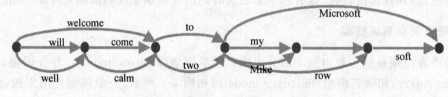

图 5-9　单词网格图

3. 语言模型

在语言层面上,语言的的歧义性和语言结构的随意性在日常语言中随处可见,自然口语发音中的次序颠倒、重复、修正、非语言信号的插入等不规范现象给语言处理带来很大的困难.语言模型可以是由识别语音命令构成的语法网络或由统计方法构成的语言模型,语言处理可以进行语法、语义分析,对小词汇量语音识别系统,往往不需要语言处理部分.语言模型对中、大词汇量的语音识别系统特别重要.当分类发生错误时可以根据语言学模型、语法结构、语义学进行判断纠正,特别是一些同音字则必须通过上下文结构才能确定词义,从而确定正确的字.语言学理论包括语义结构、语法规则、语言的数学描述模型等有关方面.目前比较成功的语言模型通常是采用统计语法的语言模型与基于规则语法结构命令语言模型.语法结构可以限定不同词之间的相互连接关系,减少了识别系统的搜索空间,这有利于提高系统的识别效率.

语言模型主要分为规则模型和统计模型两种.统计语言模型是用概率统计的方法来揭示语言单位内在的统计规律,其中 N-Gram 模型简单有效,被广泛使用.所谓 N-Gram 模型是基于这样一种假设,一个词的出现只与前面 $N-1$ 个词相关,而与其他任何词都不相关,整句的概率就是各个词出现概率的乘积.这些概率可以通过直接从语料中统计 N 个词同时出现的次数得到.常用的是二元的 Bi-Gram 和三元的 Tri-Gram.统计模型能很好的解决模糊音和同音词的问题.

语言模型的作用是,利用语言学知识从上一步生成的单词网格图中找到一条最好的路径(即单词序列),得到一个符合语法和语义的句子.

5.5.4　语音识别常用的技术

1. 模板匹配(template matching)

模板匹配技术的主要想法是为每个词或短语分别训练为一个单独的模板,对于输入的待识别的语音逐帧地与已有的语音模板进行比较,计算差异的和,选择匹配最好的模板,要求不相似性低于预定的阈值范围.因此模板匹配是在词的级别上进行比较的.

考虑到不同的人说同样的词,或同一个人在不同的条件下说同样的词,其变化是非线性的,简单的比对是不实际的.具体来说,不同说话者发出的音素或同一说话者在不同时刻发出的音素或同一说话者在不同时刻发出的音素的周期、幅度和频率成分特征都不同,也就是说,不可能100%地唯一识别出一个音素.环境中往往有大量噪声,这些噪声可以加大上述区别.另外,因为不同的音素具有不同的周期,正常的连续的语音很难分离成单个音素.音素随着在单词中位置的不同而不同,如一个元音的频率成分常受到周围辅音的严重影响.

计算识别过程中,输入特征向量和识别数据库中的特征向量之间的距离的最简单的方法是计算不同特征向量帧与帧之间差值的和,并称与输入特征向量距离最小的匹配为最佳匹配.但实际上,这种简单方法是没有用的,因为根据前面所讲的,不同人讲话或者同样的人在不同时刻的讲话之间存在非线性偏差,即两者之间不存在线性变换.比如不同的人说同样的单词所花费的时间可能就不一样,如果直接计算两者之间的距离,我们会认为两者根本不相似.

60年代日本学者Itakura提出的动态时间弯曲(Dynamic Time Warping)方法克服了简单匹配的不足.算法的思想就是把未知量均匀地升长或缩短,直到与参考模式的长度一致.在这一过程中,未知单词的时间轴要不均匀地扭曲或弯折,以使其特征与模型特征对正.使用该方法可以在时态变化上进行正态化或拉伸,使特征向量与最佳模板的匹配的距离之和最小.换句话来说动态时间弯曲技术把语音间隔标准化或尺度化,以便使最可能匹配的特征向量之间的距离和为最小.虽然参考语音和测试语音的发声词汇是相同的,但是它们在进行时间弯曲之前可能有着不同的时间间隔,计算它们之间的特征差值变得很困难.然而在时间弯曲之后,它们可以变得非常相似,且距离可以通过帧与帧之间或者样本与样本之间的差值的和来算出.图5-10是动态时间弯曲的一个例子,经过时间弯曲之后,测试语音和参考语音两者之间的距离和减小了很多.

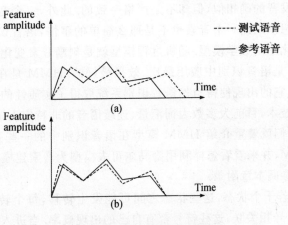

图 5-10 动态时间弯曲示意图
(a) 时间弯曲之前;(b) 时间弯曲之后.

具体来说,动态时间弯曲是将时间规整和距离测度结合起来的一种非线性规整技术.假设测试语音参数共有 N 帧向量,而参考模板共有 M 帧向量,且 $N \neq M$. 要找时间规整函数 $j = w(i)$,使测试向量的时间轴 i 非线性地映射到模板的时间轴 j 上,并满足

$$D = \min_{w(i)} \sum_{i=1}^{M} d[T(i), R(w(i))].$$

式中，$d[T(i),R(w(i))]$是第 i 帧测试向量 $T(i)$ 和第 j 帧模板向量 $R(j)$ 之间的距离测度．D 则是在最优情况下的两向量之间的匹配路径．一般情况下，DTW 采用逆向思路，从过程的最后阶段开始，逆推到起始点，寻找其中的最优路径．

动态时间弯曲技术的一个很好的应用是语音信号端点检测．语音信号的端点检测是语音识别中的一个基本步骤，是特征训练和识别的基础．所谓端点检测就是检测语音信号中的各种段落（如音素、音节、词素）的始点和终点的位置，从语音信号中排除无声段．在早期，进行端点检测的主要依据是能量、振幅和过零率，但效果往往不明显．使用动态时间弯曲技术就可以很好的提高检测效果．

2．声学——语音学识别（acoustic-phonetic recognition）

该方法起步较早，在语音识别技术提出的开始，就有了这方面的研究，由于语音知识及该模型本身的复杂性，现阶段没有达到实用的阶段．通常认为常用语言中由有限个不同的语音基元（即音素）组成，而且可以通过其语音信号的频域或时域特性来区分．该方法只存储语言的音素，分为三步实现：

（1）特征提取．对给定的语音输入进行特征提取．

（2）分段和标号．把语音信号按时间分成离散的段，每段对应一个或几个语音基元的声学特性．然后根据相应声学特性对每个分段给出相近的语音标号．

（3）得到词序列．根据第二步所得语音标号序列得到一个语音基元网格，从词典得到有效的词序列，也可结合句子的文法和语义同时进行．

3．随机过程模型（stochastic processing）

语音是一种有意义的声音，而音素是这种声音的基本单位．每个音素和其他音素都是不同的，但即便是同一个音素也不是一成不变的．当我们发出一个音素的时候，我们可以发现它和之前出现的相同音素发音的确相似，但却不是严格一致的．此外，一个音素的发音还受它周围音素的影响．因此，要想识别出一个音素也不是那么简单的事情，语音识别的的一个难点就是怎样对音素的这些变化建立数学模型．随机过程模型就是刻画音素变化的数学模型．最常用的随机过程模型，HMM 是语音识别中应用最广、效果最好的．HMM 是在 20 世纪 70 年代被引入到语音识别理论的，它的出现使得自然语音识别系统取得了实质性的突破．HMM 方法现已成为语音识别的主流技术，目前大多数大词汇量、连续语音的非特定人语音识别系统都是基于 HMM 模型的．下面我们就着重介绍 HMM 模型在语音识别中的一些基本思路，下面我们就简单地介绍一下 HMM，并来看看怎样利用隐马尔可夫模型为音素建模并对其进行识别．关于 HMM 的具体介绍请参阅本章附录．

一个 HMM 包含若干个状态，这些状态之间可能发生转移，每个转移都对应一个转移概率．每个状态和一些符号相关联，这些符号都有自己的出现概率．当进入一个状态时，就会产生一个符号．给定一个状态，究竟产生哪个符号由该符号在该状态下的出现概率决定．在一个 HMM 中，根据输出的符号序列是无法唯一确定其对应的状态序列的，所有和输出符号序列等长的状态序列都是有可能的，只是每个这样的状态序列的出现概率不一样罢了．所以我们说，状态序列被"隐藏"了起来，观察者只能看到输出的符号序列．这就是我们为什么把这个模型叫做"隐马尔可夫模型"的缘故．虽然我们并不能基于观测到的一个输出序列唯一决定出其对应的状态序列，但是我们可以根据 HMM 的状态转移概率和每个符号的出现概率计算出最有可能生成该输出序列的状态序列．

现在让我们来看看 HMM 在语音识别中的应用. 每个音素可以被分成三个发声状态: 初始状态, 中间状态和最后状态. 每个状态可以持续一帧以上(一帧通常为几个毫秒). 在训练阶段, 用作训练数据的语音数据被用来构建每个音素的隐马尔可夫模型. 每个 HMM 都有上述三个状态以及状态转移概率和符号出现概率. 此时的符号(即我们能观察到的输出值)将是根据每个帧计算得到的特征向量. 需要注意的是, 并不是每个状态之间都可以转移, 比如说每个音素只能从初始状态进入中间状态或者直接进入最后状态, 而从最后状态进入中间状态等逆向转移是不允许的. 此外, 状态自身之间的转移是可以的, 这种转移可以为语音的时间变异性进行很好的建模. 这样, 在训练阶段的最后, 每个音素都会用一个 HMM 来表示, 并且该HMM 可以表达出不同帧中代表同一个音素的特征向量间的差异. 这些差异可能是由不同说话者造成的, 也可能是由于时间差异、环境噪声等引起的.

在语音识别第二阶段中, 每个输入音素(需判类的音素)的特征向量被逐帧计算出来. 识别问题就变成了找出哪个音素的 HMM 最有可能生成当前输入音素的特征向量序列. 该 HMM对应的音素就被认为是输入的音素. 因为一个单词有很多个音素, 所以若干个音素构成的序列会一起识别. 目前有很多算法可以计算一个 HMM 生成给定特征向量序列的概率, 比如向前算法和 Viterbi 算法. 前者主要识别孤立单词, 后者用来识别连续语音.

4. 人工神经网络

人工神经网络(全称 ANN)在模式识别中一直被广泛使用, 并在 20 世纪 80 年代末期应用到语音识别中. 人工神经网络本质上是一个自适应非线性动力学系统, 模拟了人类神经活动的原理. 一个人工神经网络系统由很多神经元和连接这些神经元的带有权重的边组成, 具有自适应性、并行性、鲁棒性、容错性和学习特性, 其强大的分类能力和输入输出映射能力对语音识别来说都很有吸引力. 用 ANN 方法的语音识别也分成两个阶段: 训练和识别. 在训练阶段中,ANN 系统中各条边的权重将根据训练数据的各帧特征向量计算得到; 在识别阶段, ANN 将确定最有可能产生当前特征向量的音素. 但是由于存在训练、识别时间太长的缺点, 目前 ANN方法仍处于实验探索阶段.

由于 ANN 不能很好的描述语音信号的时间动态特性, 所以常把 ANN 与传统识别方法结合, 分别利用各自优点来进行语音识别. 目前已有很多将 ANN 和动态时间弯曲结合以及将ANN 和 HMM 结合的方法.

5.5.5　语音识别系统评估

评价一个语音系统的好坏, 主要从以下三个方面来评判: 能识别的语音是孤立词还是连续语音, 能识别的单词数量以及该系统是否是和说话者无关的.

一个孤立词语音识别系统要求说话者说话的时候单词之间必须停顿, 这样识别起来就更为简单. 而连续语音识别系统需要处理单词之间并没有停顿的语音, 这种形式的语言语音识别系统处理起来非常困难, 但这却是人们非常自然的发音形式. 具体来说, 连续语音识别系统的难度主要体现在以下几个方面: 首先, 词与词之间或者音素与音素之间的边界是未知的, 并且每个单词词尾的发音就单个单词而言都比较随意, 这给单词的正确提取增加了很大的难度; 其次, 连续语音中说话速率变化很大, 由于说话者性别、情绪等差异导致说话者差别很大; 再次,语音信号的质量容易受环境和信道的影响.

现有语音识别系统能够识别的单词量差异很大, 少的只能识别几个单词, 多的能识别成千上万个单词. 显然,能识别单词的数量影响到一个语音识别系统的系统复杂性,处理需求以及识别的准确度.

对于语音识别而言,说话者的差异性也是一个非常重要的问题. 一个说话者独立的语音识别系统可以对使用一种语言的所有说话者起作用. 但是依赖于说话者的语音识别系统可能只能供一个说话者使用,而其他人要使用的话必须在使用之前再进行训练. 依赖说话者的语音识别系统就实际试验来讲是更为准确一些的,但是说话者独立的语音识别系统却更加灵活、更加具有实用价值. 当然,考虑到不同说话者之间发音的巨大差异,建立说话者独立的语音识别系统要更为困难一些.

5.5.6　说话者识别

说话者识别(speaker recognition)是一项根据语音波形中反映说话者生理、心理和行为特征的语音参数,自动识别说话者身份的技术,属于生物测定学(biometrics)的范畴. 与语音识别不同,说话者识别利用的是语音信号中的说话者信息,而不考虑语音中的字词意思,强调说话者的个性;而语音识别的目的是识别出语音信号中的言语内容,并不考虑说话者是谁,强调共性. 说话者识别技术的核心是通过预先录入说话者的声音样本,提取说话者独一无二的语音特征并保存在数据库中,应用时将待验证的声音与数据库中的特征进行匹配,从而决定说话者的身份. 说话者识别能够广泛地应用到各种身份鉴定、安全保密、门警等系统中.

与其他生物识别技术诸如指纹识别、掌形识别、虹膜识别等相比,说话者识别技术有很多优点. 首先,识别方式自然,言语是人与人之间进行交流和沟通的最常用手段之一,因此无需记忆并且使用方便;其次,语音的采集设备比较简单、便宜,并能利用网络进行远程传输;另外具有比较低的用户侵犯性.

但是现有的说话者识别技术还不是很成熟,主要的一些挑战包括:语音随时间、健康状态、智力水平、心理因素等变化;设备、信道、声学环境对效果的影响很大;识别率比指纹等生物测定方式低.

说话者识别任务有许多类型. 一般来说,可以分为三类:说话者辨认、说话者确认和说话者探测、跟踪. 说话者辨认是指从给定用户集中把测试语音所属的说话者区分出来;说话者确认是针对单个用户,即通过用户测试语音来判断其是否是所声明的用户身份;说话者探测是指对一段包含多个说话者的语音,要正确标注在这段语音中说话者切换的时刻. 前两个问题在某种程度上是相通的,即如果把说话者确认问题看做是一个两类的说话者识别问题,则其基本算法是一致的.

说话者识别任务从对语音的要求上可以分为:与文本无关的说话者识别和与文本有关的说话者识别. 与文本无关的说话者识别指模型训练语料不要求特定的语言和内容,而且训练语料与测试语料之间也不要求一致;与文本有关的说话者识别指模型的训练语料是由用户按照给定的文本朗读得到,测试语料应与训练语料相一致.

说话者识别系统也分成训练阶段和识别阶段两个部分,系统框架图如 5-11 所示. 在说话者识别问题中,关键问题是用语音信号的哪些特征来表征和识别说话者才是有效和可靠的,也就是特征提取问题. 对于一个实用的说话者识别系统,识别率、识别速度,以及对存储量的要求等都是系统的重要指标. 另外,系统的友好程度及价格也在很大程度上会影响到一个系统的使用.

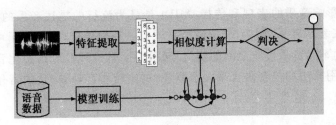

图 5-11　说话者识别系统框架

5.5.7　小结

当一个音频片段被确定为语音之后,我们就可以使用语音识别技术将语音转换为文本.之后,我们就可以使用第三章提到的 IR 技术来进行语音索引和检索.从语音识别中得到的信息也可以用来提高 IR 的性能.

§5.6　音乐的索引与检索

在上一节我们讨论了基于语音识别方法的语音索引和检索,本节将讨论音乐的索引和检索.

音乐是我们经常接触的媒体,像 MIDI,MP3 和各种压缩音乐制品、实时的音乐广播等.音乐检索按检索的查询方式大体可以分为三类:文本音乐检索,音符检索和音乐内容检索.文本音乐检索是利用文本注释,如按歌名、歌手、歌词、作曲者等信息进行检索的一种检索方式.文本音乐检索比较简单,但如果要人工添加文本注释的话,工作量将非常大,并且音乐的旋律和感受并不都是可以用语言讲得清楚的.音符检索针对了解乐理知识的用户,按音符进行查找,可以精确匹配.但是并不是所有的用户都是音乐方面的专业人士,因此我们需要更为方便的查询方式.

通过在查询中出示例子,基于内容的检索技术在某种程度上可以解决上述问题.如果说前两种查询方式得到的结果都是精确的话,基于内容的音乐检索得到的结果将是近似的.

5.6.1　音乐的存储类型

音乐就存储类型而言可以分为两类:第一类是基于采样序列的;第二种是基于结构的或者叫合成的.不同的音乐类型在处理上会有所不同,因此我们先分别介绍这两种类型.

首先,音乐可以基于对声音的采样来存储,就像语音一样存储成原始的音频格式.这种格式可以抓住一个音乐片段以一种特定方式演绎出来的外在的、细节的信息,它能够准确地记录乐器的音色和一些特别的声音.这些元素在现代音乐中很常见,却很难用其他形式把它们记录下来.然而,原始的音频格式也有它的缺点,比如说它不能表示内容的结构,原始音频格式只是描绘了一个片段的一种表现实例,而这个音乐片段本身是可以按多种解释方式来演绎的.显然,这种格式严重阻碍了音乐分析和作曲这样的应用.

音乐的第二种表示方式是结构化表示.结构化的音乐和声音效果由一系列命令或算法来表示,是以符号形式表示的按时间发展的一系列事件.常见的事件包括音符、变奏以及拍子的变化.虽然这种表示方法解决了上一种格式使用中出现的问题,但是缺少对声音和音色的丰富描述,而这会最终影响音乐的表现和传播. MIDI 是最为流行的描述音乐的标准,它使用许多音符和控制命令来表示音乐. 因为MIDI最早是源自一种硬件接口,它除了可以表示和存储音乐之外还可以帮助不同音乐设备之间的交流. MPEG-4 是一种针对结构化音频(音乐及声效)较新的标准,它使用算法和控制语言来表示声音. 相比较而言,结构化的音乐比基于采样的音乐更为紧凑.

5.6.2 音乐的索引

在谈到音乐检索技术之前我们首先要介绍音乐的索引技术. 在音乐检索框架中引入一个增加检索效率和提高查询结果正确率的索引技术是非常重要的. 但是要建立这样一个框架决非易事,音乐内容比起文本来要难很多. 所以,我们首先要研究音乐内容的本质,并且最终要达到理解语义的目标. 我们主要讨论三种音乐特征来感受一下其中的困难. 图 5-12 描述了一个音乐片段,并说明了三种特征:间隔序列,旋律轮廓和音符持续序列(note duration sequence,NDS).

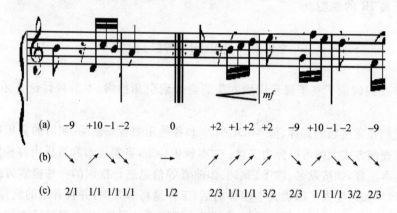

图 5-12 三种音乐特征
(a) 间隔序列;(b) 旋律轮廓;(c) 音符持续序列.

下面分别介绍这三种特征:

间隔序列是每个音符相对其前面一个音符的位置,位置考虑钢琴上的黑键和白键,每差一个位置,数量相差 1. 所以从最左边的 B 音符到第二个低八度的音(也是一个 B 音),位置差为－9.

旋律轮廓可以被视做音符的大致轮廓,或者是相邻音符的比较. 它记录的信息诸如音符是增加了还是降低了,同一个音符被演奏了两次或是三次. 现在一般的做法是:如果当前音符比前一音符高,记做 U;若当前音符比前一音符低,记做 D;若与前一音符相似或相等,则记做 S. 按这种规则,任意一段旋律可转化为一个包含字母 U,D,S 的字符序列,图 5-12 中的例子就可以表示为－DUDDSUUUUDUDDD.

音符持续序列是比较当前音符和它前面一个音符持续的时间. 例如,如果一个持续 1/2 拍的音符后面跟着一个 1/4 拍的音符,那么后面音符的比率为 1/2(1/4:1/2).

在任何信息索引算法中,一个显而易见的想法是搜索的目标都是为相对稀少的输入产生配对. 比如说如果有人想寻找本章中"的"字到目前为止的出现次数,他可能发现有成百上千个实例,但是"显而易见"在本章中只出现了一次. 在音乐词汇中,也有这样的"词"或者模式与其他相比较而言出现的比较多. 我们生成配对也是基于有意义的重复出现的模式. 一个好的索引技术要避免出现太过频繁的模式,这样的模式在搜索中是没有什么帮助的.通常来说在建立索引时,对什么是太平常的什么是有用的都会有一个共识.比如,在间隔序列中−2或者+2太平常了.音符持续序列中,1/1,1/2和2/1也太平常了.对于旋律轮廓而言,平的变化(没有变化)比 U,D 这样的变化要不寻常些.

5.6.3　基于内容的音乐检索

　　和语音或者纯粹的声音检索相比,音乐检索更为困难.这是因为音乐中含有很多种声音类型和不同的乐器效果.音乐信息最为核心的内容是旋律,这使得旋律成为音乐检索的重要线索.一般而言,各个音乐片段的旋律首先以乐谱或音符的形式被存储在数据库中.用户则通过键盘输入一段音符,或者是用乐器弹奏一段,或者是通过麦克风哼唱一段的形式生成一个旋律查询.输入的查询旋律通常都是不完整的、不准确的,并且可以从目标旋律的任何位置开始.但是,目前数据库中的音乐内容大都是 MIDI 文件或者是乐谱形式,这些形式都易于表现为符号序列.为了使得基于内容的音乐检索更加实用,数字音频文件诸如 WAV 和 MP3 格式的文件都应该被用来抽取旋律.

　　哼唱是未经过专业训练的人士用来生成音乐查询的最自然的方式.哼唱的调子通过信号处理技术之后将会转变为类似音符的记录方式.另外来讲,音乐(MIDI 或乐谱)可以被表示成音符序列的形式,并且这个序列可以被转换成字符串,因此字符串的匹配可以直接应用到音乐检索上来.

　　对于外行人士来说,哼唱得十分准确是十分困难的.特别是要做查询的时候,往往都是根据记忆来唱的.因此,基于内容的音乐查询技术对于各种哼唱中出现的错误来说必须是鲁棒的.使用上一节提到的旋律轮廓特征,确实能很有效地进行查询.但若要使用该特征,仍需要进行音调提取.因为只要比较音调之间的高低关系,因此音调提取工作其实可以简单很多.除了这个好处之外,该方法允许非专业歌唱水准的用户参与其中.有研究人员使用灵活的字符串匹配算法来定位一段音乐中相似的旋律所处位置,并且提供了详细的设计信息和一个包含音乐检索方方面面的原型系统.该系统首先转录输入的声音,声音通常是用户哼唱的形式,然后查询结果按照和输入的近似程度排序.

1.　结构化音乐的检索

　　结构化的声音标准和格式并不是专门为声音的检索设计而成的,其设计的初衷是为了满足声音的传输、合成和生产的需求.但是不管怎么说,这些格式中体现出来的显而易见的结构和音符描述使得检索过程简单了许多,因为特征提取这一环节就不需要了.

　　结构化的音乐和音效非常适合要求查询例子和数据库声音文件严格匹配的查询需求.用户可以使用具体的一个音符串作为查询输入,查找包含该音符序列的结构化声音文件要相对简单一些.但是值得注意的是,即便我们找到了与输入音符串严格相匹配的声音文件,该声音文件生成的声音也有可能并不是用户所期望的,这是因为同一个结构化声音文件可以由不同的设备演绎出完全不同的声音.另外一方面,如果输入是哼唱的形式,那么哼唱本身就不能避免错误,并且从哼唱音乐转录成音符的过程中也会出现差错.

　　正因为严格匹配不一定能找出理想的结果,我们考虑返回和查询相似的结果.但是即使是在结构化音乐中查找和输入相似的音乐也是一件十分复杂的事情.最为关键的问题是如何定义两个音符序列之间的相似性,这点非常困难.一种可行的方法是基于音符序列的音调变化来检索音乐.这就是上一节中提到的提取旋律轮廓的方法,查询输入以及声音文件中的每个音符(除了第一个)都转换成其相对于前一个音符的音调变化.音符序列因此变成了符号序列,这样查询任务就变成了字符串匹配过程.这种方法最初是为基于采样的声音检索提出的,在基于采样的声音检索中,还需要增加音符识别这一步骤,音调变化要通过特别的算法来计算,这些我们将在下一小节里介绍.但是这个方法同样也适用于结构化音乐检索,只不过这里的音符已经是已知的了,音调变化基于这些已知的音符很容易就可以得到.

2. 基于采样音乐的检索

基于采样音乐检索一般有两种方法:第一种是基于所抽取的声音特征的;第二种是基于音乐音调的.下面就分别简单介绍这两种方法:

(1) 基于特征集的音乐检索.

在这种方法中,首先为每个声音文件以及查询输入文件抽取一些声学特征,这些特征形成一个特征向量.查询例子和数据库中音乐片段的相似性就通过计算各自对应的特征向量间的相似性得到.这种方法是处理声音的通用方法,音乐、语音以及声效等一般的声音都可以用该方法进行处理.

已有研究使用该方法取得了很好的效果,在这些工作中,使用了响度、音调、亮度、带宽和谐音等五个特征.这些特征逐帧被提取出来,然后计算每个特征的三个统计参数,分别是均值、方差和自相关系数,并且就用这三个参数来表示该特征.计算查询向量和数据库中音频的特征向量之间的距离可以使用欧氏距离或者 Manhattan 距离.

该方法基于这样一个假设,那就是感官上相似的声音在我们所选择的特征空间上距离也比较近,感官上差别大的声音在该特征空间上相距也比较远.该假设是否正确就完全取决于我们所选择的用来表示声音的特征了.

(2) 基于音调的音乐检索.

一般而言,一个基于音调的音乐检索流程如图 5-13 所示.首先在在线处理部分提取出音符,然后转换成某种中间表现形式(比如字符串形式),再用这种中间表示和数据库中已经提取的音乐音符的中间形式相比较,最后按相似度给出查询结果.然而,从声音信号到音符这个转换过程(就是前面说的转录)并不那么简单,下面就具体介绍如何对输入声音信号提取音高(音调),这个过程我们称做音高追踪(pitch tracking).

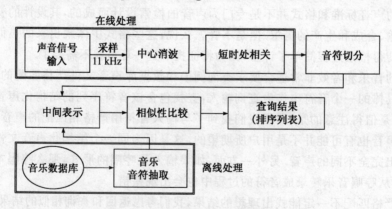

图 5-13 基于音调的音乐检索流程图

音高追踪的基本流程如下：

(1) 首先将整段音频信号分成帧，相邻帧之间可以重叠；然后算出每帧所对应的音高；最后排除不稳定的音高值（可由音量来筛选，或由音高值的范围来过滤）；最后对整段音高进行平滑化，通常使用的是中位数滤波器(median filters).

让相邻帧重叠的目地，只是希望相邻帧之间的变化不会太大，使抓出来的音高曲线更具有连续性. 但是在实际应用时，各帧之间的重叠也不能太大，否则会造成计算量的过大. 在选择帧的大小时，有下列考虑因素：

帧的长度至少必须包含 2 个基本周期以上，才能显示语音的特性. 已知人声的音高范围大约在 50～1000 Hz 之间，因此对于一个的采样频率，我们就可以计算出音框长度的最小值. 例如，若采样频率 f_s＝8000 Hz，那么当音高 f＝50 Hz（例如男低音的歌声）时，每个基本周期的点数是 f_s/f＝8000/50＝160，因此帧必须至少是 320 点；若音高是 1000 Hz（例如女高音的歌声）时，每个基本周期的点数是 8000/1000＝8，因此每帧必须至少是 16 点.

(2) 帧长度也不能太大，太长的帧无法抓到音频的特性随时间而变化的细微现象，同时计算量也会变大.

(3) 帧之间的重叠完全是看计算机的运算能力来决定，若重叠多，计算量就跟着变大. 若重叠少（甚至可以不重叠或跳点），计算量也跟着变小.

由一个帧计算出音高的方法很多，可以分为时域和频域两大类. 我们主要介绍时域方法中的自相关方法(autocorrelation function).

自相关方法计算音频平移后与平移前序列的自相关系数，最后的结果是一个随音频平移间隔变化的序列. 每个序列和自身的自相关系数总是 1. 在存在周期性的序列中，如果平移间隔正好是周期的倍数，那么自相关系数也为 1. 在音频序列中，由于存在噪声，所以除了自身和自身的自相关系数为 1 之外，其他平移间隔对应的子相关系数都小于 1，但是间隔为周期倍数对应的自相关系数仍然很高. 所以，据此我们就可以把音频中存在的这个周期找到，同时由这个周期就可以把对应的频率（在这里对应音高）计算出来.

有的时候为了消除在零点附近的噪声，我们会在用自相关方法之前，首先将音频经过中心消波(center clipping)处理. 所谓中心消波，是说只保留音频信号较强的那部分信号，这些信号的幅值通常是最大幅值的 30%～40% 以上的. 这样，音频本身的周期性就能更好的体现出来了.

当我们得到一段音乐的各个帧的音调后，我们再对其进行音调的分段，以此把相似的音调看做是一个音符，这就是音符切分工作. 这个时候我们就得到了以音符为中间表现形式的音乐片段，此后的检索工作就可以基于此中间形式使用字符串匹配的方法. 这里还需要注意的是，考虑到哼唱中会出现错误并且用户也希望返回一些相似的结果而非一个完全相同的结果，所以我们使用近似匹配而不是严格匹配. 所谓近似匹配是说在字符串匹配时，允许其中出现若干个不匹配的字符.

§5.7 小　　结

本章介绍了基于内容的音频索引和检索的一些相关问题和常用技术. 基于内容的音频索引和检索的一般方法是首先将音频分类到一些常见的音频类型，比如语音和音乐，然后使用不同的技术来处理和检索不同类型的音频.语音检索和索引相对来说比较简单,主要是通过在识别出来的单词上应用 IR 技术来实现.但是针对任意主题、任意词汇量的语音识别技术性能还有待提高.音乐检索从方法上分成两类:一类是基于特征向量的,另一类是基于近似音调的.然而,还有很多工作值得我们去做,比如音乐及音频通常是如何被感知的,音乐片段之间的相似性比较怎样才更为合理,等等.音乐检索研究的下一步工作之一是如何自动将音乐划分到不同的音乐类型,比如流行音乐、古典音乐等等.

　　本章提到的分类和检索在很多领域都是非常重要的,比如要用到很多音频信息的新闻以及音乐产业.这样的应用例子有:用户可以哼歌或者弹奏一曲来找出系统中相似的歌曲;电台主持人可以提出一个关于特定场合的具体要求,系统就会自动选择出满足这些要求的音频供主持人播放;当一个报告者想找到某段语音录音,可以敲进该演讲的某部分,系统就可以直接定位到真正的录音.其中有些应用我们已经可以做得比较好了,但是其他一些仍然需要我们去完善.

§5.8　参 考 文 献

[1] 边肇祺,张学工等.模式识别(第二版).北京:清华大学出版社,2000.

[2] 庄越挺,潘云鹤,吴飞.网上多媒体信息分析与检索.北京:清华大学出版社,2002.

[3] Ghias A. ed. *Query by Humming-Musical Information Retrieval in an Audio Database*. Proceedings of ACM Multimedia 95,9(5—9),1995,San Francisco,California.

[4] Jang J R,Lee H. *Hierarchical Filtering Method for Content-based Music Retrieval via Acoustic Input*. MM' 01. 2001.

[5] Foote J. *Content-based Retrieval of Music and Audio*. In Multimedia Storage and Archiving Systems, Proc. of SPIE. 3229,1997,138—147.

[6] Hori C,Furui S. *Improvements in Automatic Speech Summarization and Evaluation Methods*. In Proc. International Conference on Spoken Language Processing,1998,Sydney,Australia.

[7] Houstsma A J M. *Pitch and Timbre: Definition, Meaning and Use*. Journal of New Music Research, 26,1997,104—105.

[8] Lu G,Hankinson T. *A Technique towards Automatic Audio Classification and Retrieval*. Proceedings of International Conference on Signal Processing,Oct. 12—16,1998,Beijing,China.

[9] Lu G. *Multimedia Database Management Systems*. ARTECH HOUSE, INC. 1999,105—129.

[10] Kashino K,Murase H. *Music Recognition Using Note Transition Context*. In Proc. ICASSP99,1999.

[11] Kimber D,Wilcox L. *Acoustic Segmentation for Audio Browsers*. In Proc. Interface Conference,Sydney,Australia,1996.

[12] Klapuri A,Eronen A,Seppanen J,Virtanen T. *Automatic Transcription of Music*. In Proc. Symposium on Stochastic Modeling of Music,22nd of October,2001,Ghent,Belgium.

[13] McNab R,Smith L,Witten I. *Signal Processing for Melody Transcription*. Proceedings of the 19th Australasian Computer Science Conference,Melbourne,Australia,1996.

[14] McNab R,Smith L,Witten I,Henderson C,Cunningham S. *Towards digital music library: Tune retrieval from acoustic input*. Digital Library' 96,1996,11—18.

[15] Rabiner L R. *A Tutorial on Hidden Markov Models and Selected Applications in Speech Recognition*. Proceedings of the IEEE,Vol. 77,No. 2,Feb. 1989.

[16] Rabiner L R. and Juang B H. *Fundamentals of Speech Recognition*. Prentice Hall, 1993.

[17] Shakra I., Frederico G., Saddik A E. *Music Indexing and Retrieval*. VECIMS 2004, 2004.

[18] Tseng Y. *Content-Based Retrieval for Music Collections*. SIGIR' 99. 1999.

[19] Xu G, Feng D, Tian Q. *Content-Based Retrieval for Digital Audio and Music*. In: Feng D D, Siu W-C, Zhang H-J. ed. *Multimedia Information Retrieval and Management-Technological Fundamentals and Applications*. 2003. Berlin: New York : Springer, 95—120.

§5.9 习 题

1. 试列举表示音频属性的特征.
2. 试描述区分语音和音乐的算法.
3. 什么是 ARCP 模型? 查阅相关资料,写出计算 ARCP 模型参数的公式.
4. 直接计算两个音频例子的距离差来判断两者之间的相似性合理吗? 为什么?
5. 什么是 ASR? 描述 ASR 的基本原理.
6. 什么是隐马尔可夫模型,它在 ASR 中如何应用?
7. 请查阅相关资料,详细描述 Viterbi 算法.
8. 请谈谈语音识别系统和说话者识别系统的异同.
9. 试叙述基于内容的音乐检索的方法.

§5.10 附录: HMM

HMM 对语音信号的时间序列结构建立统计模型,可将之看做一个数学上的双重随机过程:一个是用具有有限状态数的马尔可夫链来模拟语音信号统计特性变化的隐含的随机过程;另一个是与马尔可夫链的每一个状态相关联的观测序列的随机过程.前者通过后者表现出来,但前者的具体参数是不可测的.人的言语过程实际上就是一个双重随机过程,语音信号本身是一个可观测的时变序列,是由大脑根据语法知识和言语需要(不可观测的状态) 发出的音素参数流.可见 HMM 合理地模仿了这一过程,很好地描述了语音信号的整体非平稳性和局部平稳性,是较为理想的一种语音模型.

下面具体地介绍隐马尔可夫模型的概念、原理和应用.在此之前,我们先简单的介绍一下马尔可夫模型.马尔可夫模型可以理解为一个离散时域的有限状态自动机,由一个状态集、起始状态概率和决定状态间转移概率的转移矩阵确定.在一段时间 T 内,我们以一定的时间间隔记录下当前时刻的状态,便可得到一个表示状态跃变的时间序列 $\{q_1, q_2, \cdots, q_n\}$,这个时间序列叫做随机时序序列.通常为了简化计算,我们只考虑一阶马尔可夫过程,即每个状态只和其之前的一个状态相关,与其他状态无关.当然,马尔可夫过程也可以是高阶的,即当前状态可以与前面 n 个状态相关,只是高阶马尔可夫过程模型复杂,计算量大,因此在实际中很少使用.在实际应用中,马尔可夫过程模型中的参数(主要指转移矩阵)需要对样本进行训练才能得到.值得注意的是,在马尔可夫过程中,每个时刻的观测到的随机变量的值就是状态本身,因此该随机变量序列就是状态序列.

然而在隐马尔可夫过程中,得到的随机变量序列不再是状态序列,要从观测得到的随机变量序列得到状态序列,还需要通过其他的变化运算.真实的状态就被这其中的变化运算隐藏起来了,这也正是"隐"字的含义.马尔可夫随机过程由于过于简单,应用十分有限.这是因为在马尔可夫过程中,观测值只能对应一个状态值.但是在实际中,很多观测向量往往不是一维,这样每个观测向量不能直接对应一个状态值,而必须存在一个映射将这个多维的观测向量映射到一个状态中去.

　　前面说到对于隐马尔可夫过程而言,我们看到的只是观测序列,而不是状态序列.所谓观测序列,指的是要识别语音数据的特征.比如,一段音频例子有 100 个短时音频帧,每个短时音频帧提取 5 个音频特征,此时的观测序列 $O=(o_1,o_2,\cdots,o_{100})$.其中 $o_i(i=1,2,\cdots,100)$ 每个叫做一个观测事件,是一个 5 维的特征向量.

　　使用隐马尔可夫过程进行语音识别,也要分成训练和识别两个阶段.在训练阶段,我们首先根据若干个已知类型语音例子的观测序列训练得到一个隐马尔可夫模型.在识别阶段,对于一个未知的音频例子,首先提取音频特征,得到其观测序列,然后使用已经训练好的隐马尔可夫模型去判断该音频例子是否属于已知类型.

　　为了直观的理解隐马尔可夫模型,我们看一个简单的投硬币的例子.假设有三枚硬币,外观一样,但是投掷出现正、反面的概率却不一样.我们每次先选出一枚硬币进行投掷,然后记录投掷结果,正面用 H 表示,反面用 T 表示.这样,该隐马尔可夫模型有三个状态:第一枚硬币、第二枚硬币或者第三枚硬币,分别用 1,2 和 3 表示;我们所能观测到的事件有两个:正面或者反面,分别用 H 和 T 表示.比如,在一次试验中,我们得到的观察序列为 $O=\{H,H,H,T,H,H,T,T\}$,但是其对应的状态序列 S 却不知道,即对于每次投掷,我们只能看到投掷结果,而不知道具体是由哪枚硬币投出来的.这样只能通过映射函数,得到观测结果与状态之间的对应关系,一般而言映射函数是概率求解函数.该 HMM 的示意图见图 5-14.其中,a_{ij} 代表从状态 i 到状态 j 的转移概率.考虑到从状态 i 必须转移到三个状态之一,这些转移概率必须满足 $\sum\limits_{j=1}^{3} a_{ij}=1$.对于每个状态(即每枚硬币),还需给出投掷得到正面的概率(反面的概率=1−正面概率),分别用 $P_1(H),P_2(H),P_3(H)$ 来表示.因此对于该 HMM 来说,有 9 个参数需要被确定.对于更为复杂的模型来说,需要确定的参数就更多了.

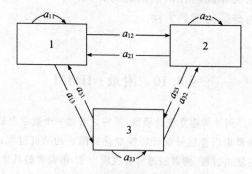

图 5-14　三枚硬币的 HMM

　　一般来说,HMM 可以记做 $\lambda=(N,M,A,B,\pi)$,其中 N 表示状态总数,M 表示每个状态对应的观测事件数,A 是转移矩阵(由 a_{ij} 组成),B 是观测事件对应状态的概率分布(如,每个硬币投正反面分别的概率),π 是起始时刻处于每个状态的概率,π 是一个 N 维向量,且 $\sum\limits_{i=1}^{N} \pi_i=1$,其中 π_i 为状态 i 为初始状态的概率.考虑到状态总数 N 和观测事件数 M 是人为指定的,HMM 有时也记做 $\lambda=(A,B,\pi)$.训练 HMM 要做的事情实际上就是根据得到的已知类型的一系列观测序列,调整 λ 的各个参数,使得在这组参数下出现该观测序列的概率最大.此时得 λ 称作最优参数,记做 λ^*.最优参数 λ^* 的求解可表示为 $\lambda^*=\arg\{\max[P(O|\lambda)]\}$.经典 HMM 语音识别的一般过程是:用前向-后向(forward-backward)算法通过递推方法计算已知模型输出 O 及模型 $\lambda=f(\pi,A,B)$ 时的产生输出序列的概率 $P(O|\lambda)$,然后用 Baum-Welch 算法,基于最大似然准则对模型参数 $\lambda(\pi,A,B)$ 进行修正,求得最优参数 λ^*.最后用 Viterbi 算法解出产生输出序列的最佳状态转移序列 X.所谓最佳是以 X 的最大条件后验概率为准则,即 $X=\arg\max\{P(X|O,\lambda)\}$.Viterbi 算法是一种基于动态规划技术的算法.

　　涉及 HMM 模型的相关理论包括模型的结构选取、模型的初始化、模型参数的重估以及相应的识别算法等.具体如下:

(1) 模型的结构选取需考虑的问题包括状态数 N 的确定,每个状态对应的观测事件数 M(有些文献假定观测向量是在经历各非空转移时产生的输出),还有马尔可夫链形状的确定,这主要由 π, A 两组参数决定. 根据 Rabiner 的实验研究以及国内一些学者的研究经验表明目前马尔可夫链状态数为 6 比较理想. 超过 6 个状态的模型计算量太大,而且识别准确率增加并不明显.

HMM 的结构主要有两种,一种是各态历经(ergodic)的,另一种是从左到右(left-right)的. "各态历经"是说,每个状态状态都已直接到达模型中的任何状态,包括自身. 而"从左到右"是说每个状态只能到达自身和相邻的下一个状态. 状态的转移又可分为吸收的和不吸收的: "不吸收的"是指状态可以从一个任意状态转移到下一个任意状态; "吸收的"是指状态只能转移到下标等于或大于当前状态下标的那种转移(而且下标小的状态将优先于下标更大的状态),而极少或几乎没有返回到以前状态的可能性. 根据语音信号的特性,目前比较常用"左-右"吸收转移模型. Bakis 拓扑结构属于这种模型,如图 5-15 所示.

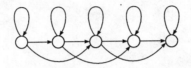

图 5-15　Bakis 拓扑结构

(2) 观察符号的概率分布. 观测序列概率描述在某状态时观察符号的概率分布. 根据对观测符号概率的不同描述 HMM 方法可分为离散的 HMM(简称 DHMM)、连续的 HMM(简称 CHMM)以及半连续的 HMM.

对于 DHMM, B 就是一个概率矩阵; 对于 CHMM 来说, B 是每个状态对应的一个观测概率密度函数, 函数是对数凹对称连续分布函数(如高斯密度或高斯自回归密度函数), 后来推广到椭球对称密度的连续分布函数. DHMM 和 CHMM 所需的存储的参数是不同的, 在 DHMM 中, B 中直接存储每个状态产生的某个观测事件的概率 $b_j(o_t)$(意为第 j 个状态出现观测事件为 o_t 的概率), 识别时直接使用 Viterbi 等算法即可求出 $P(O|\lambda)$; 在 CHMM 中, 存储的参数为每个状态 j 的 M_j 个 C_{jm} 权值以及用来表示高斯概率密度函数的 M_j 个均值 μ_{jm} 和方差 σ^2_{jm}. 识别时计算下式, 然后使用 Viterbi 算法:

$$b_j(o_t) = \sum_{m=1}^{M_j} c_{jm} N(o_t ; \mu_{jm} ; \sigma^2_{jm}) \quad (1 \leqslant j \leqslant N).$$

可见 CHMM 不需要向量量化,通过特征提取后的特征向量求出均值和方差后使用上式计算观测概率.

由于 DHMM 存在量化畸变问题影响识别率, 而 CHMM 由于每个状态都有不同的概率密度函数从而训练和识别时计算量比较大, 所以 Huang 提出了半连续 HMM(简称 SCHMM), 该方法结合 DHMM 和 CHMM 的优点, 值得注意的是所有模型的所有状态共享 M 个高斯概率密度函数, $M=1$ 时, 就变成了 DHMM; B 矩阵同在 DHMM 中一样直接存储每个状态产生的某个观测事件的概率 $b_j(o_t)$, 同时还要存储 M 个高斯概率密度函数的均值 μ_{jm} 和方差 σ^2_{jm}. 识别时, 先进行向量量化, 找出较大的 M 个 $b_j(o_t)$ 作为权值, 然后像上式一样求出 $b_j(o_t)$, 最后使用 Viterbi 算法求出最好的模型.

(3) 一般认为起始状态概率 π、状态转移概率 A 的初值的选取对模型参数重估的影响不大, 所以常采用均匀分布; 而观测序列概率 B 对参数重估影响较大. 当设置不恰当时, 使用重估算法时收敛所需次数太多, 并且算法可能收敛于局部最优解而不是全局最优解. 所以 B 的初值设置除了均匀分布外, 可根据"初值估计原则"进行估计, 还有把初值的设置与训练过程结合, 使用 Viterbi 算法来重新确定初值的方法, 对于 CHMM 也可采用分段 k 平均值法. 一般倾向采取较为复杂的初值选取方法.

(4) 模型参数的重估是统计模式识别中最重要的环节, 重估性能的好与坏直接影响到识别的准确率. 目前还没有一个最佳的方法来估计模型, 主要采用递归的思想来进行重估, 即经典的 Baum-Welch 算法, 该算法通过递归使 $P(O|\lambda)$ 局部极大, 作为基于爬山的算法, 它有两个优点: 一是收敛迅速; 二是每一步迭代后似然概率都增大. 然而这种方法一个很大的缺点是它只是用预先标识好属于一个模型的数据来训练该模型, 使其

似然概率趋于局部最大,从而不能保证这一似然概率比其他模型对应数据的似然概率更大,一旦出现这种情况,很容易导致误识.

为了克服这一缺陷,提出了很多改进的方法,最有代表性的就是基于最大互信息准则(maximum nutual information,简称 MMI)的参数重估方法,也可以将训练和最后对模型的测试联系起来,利用识别结果来修正训练的模型,如纠错训练法.还有采用经典算法和遗传算法相结合的估计方法,神经网络的竞争训练法等等.

下面介绍一个利用 HMM 来进行音频分析的强有力的工具——隐马尔可夫模型工具包(简称 HTK)[①],是用来创建 HMM 的.对任意的时间序列数据,都可以找到合适的 HMM 来对它们进行模拟仿真,因此 HMM 有着广泛的应用.虽然 HTK 是一个通用的 HMM 工具包,但是它主要设计并应用于基于隐马尔可夫模型的语音识别领域.

---

①　读者可以在 http://htk.eng.cam.ac.uk/注册后免费获得 HTK 工具包.

第六章 基于内容的图像检索

§6.1 引　言

近年来,随着网络和新的数字图像采集技术的发展,在科学、教育、医疗、工业和其他应用领域所产生的数字图像的数量在以惊人的速度增长.这些图像中包含了很多有用的信息,但是由于它们分布过于广泛,人们很难有效地访问.所以需要一种能够准确和快速地查询和访问用户所需图像信息的技术,这就是图像检索技术.

从 20 世纪 70 年代开始,数据库系统和计算机视觉就一直推动着图像检索技术的发展,现在它仍然是一个非常活跃的研究领域.1979 年,一个主题为"图像应用中的数据库技术"的会议在意大利佛罗伦萨召开.从那时开始,图像数据库管理技术的研究吸引了越来越多学者的注意.早期图像检索使用的是基于文本的图像检索(text-based image retrieval,简称 TBIR)技术.基于文本的图像检索使用传统的数据库技术存储图像,对每一幅图像添加标注,标注中含有对图像的描述.图像可以根据不同的主题或语义层次进行组织.然而,当时的技术无法自动产生对图像的合理描述,只能借助人工标注.但图像的数据量往往很大,人工标注的代价过高,因此需要新技术来解决这一问题.

1992 年,美国国家科学基金会举办了一个有关视觉信息管理系统的研讨会,提出图像数据库管理系统中新的发展方向.当时,大家已经形成了一种共识:表示和索引图像信息的最有效的方法,应该是基于图像内容本身的.基于内容的图像检索(content-based image retrieval,简称 CBIR)技术从此发展起来.基于内容的检索技术自动提取图像内部的基本视觉特征,如颜色、形状、纹理等,并根据这些特征建立索引以进行相似性匹配.现有的很多研究性的和商用的图像检索系统都使用了基于内容的图像检索技术.

我们可以在不同层次上使用各种不同的特征来描述图像的内容.图像低层特征包括颜色、纹理、形状等.中层特征包括图像内的对象、图像背景、不同对象间的空间关系等.更高层的是语义特征,如场景、事件、情感等.对于目前的图像技术而言,能够实现自动提取的主要是中低层特征,如颜色、纹理、形状、空间关系等,而语义特征的自动提取还不成熟.例如对于一幅图书馆里拍摄的图片,现有技术能够识别出书和书桌以及它们的颜色、纹理、距离远近、空间位置关系等,但是很难能自动识别出这是图书馆.

本章将介绍基于颜色、纹理、形状、空间关系等不同图像特征的图像检索技术.对每种检索技术都将介绍其特征表达方式,索引的建立和特征匹配过程.反馈技术的应用会提高检索的效率和正确性,具体的实现方式在本章也会有所介绍.最后是对现有一些基于内容的图像检索系统的简介.

§6.2　CBIR 系统的框架

在 CBIR 系统(图 6-1)中,对于保存在数据库中的图像,系统先自动提取并用多维向量表示其特征(如颜色、纹理、形状等).所有图像的特征向量都保存在库中,形成图像特征数据库.用户可通过构造草图、轮廓,选定色彩和纹理样式,选择具有代表性的一幅或多幅示例图像等多种方式提出查询要求.系统先对这些示例图像进行特征提取并构造出相应的特征向量;接着检索图像特征数据库,计算示例图像的特征向量和特征数据库中特征向量的距离;最后找出与示例图像最相似的图像,在检索过程中会用到相应的索引信息.为了提高检索的正确性,现在很多系统提供了反馈机制,用户可以根据反馈信息更改查询要求,进行再次查询,从而获得更精确的查询结果.

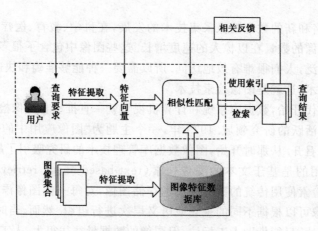

图 6-1　CBIR 系统的框架

§6.3　基于颜色特征的图像检索

颜色是在图像检索中最常用的视觉特征,它和图像中所包含的物体和场景关系很密切.另外,与其他的视觉特征相比,它对图像的尺寸、方向、视角的依赖性较弱,因此具有较高的稳定性.

使用颜色特征进行图像检索时需要解决三个主要问题.首先,针对不同的具体应用,应该根据需要选取合适的颜色空间来描述颜色特征.其次,需要把颜色特征表示成向量的形式,以便建立索引和进行相似性匹配.最后,需要定义不同颜色特征向量之间的距离(即特征向量对应图像间的相似程度).系统先把用户的查询需求表示成一个特征向量,再根据相似性准则从特征数据库中找出与该特征向量距离最近的那些特征向量,并把这些特征向量对应的图像作为检索结果.

6.3.1　颜色空间模型

RGB 是常用的一种颜色空间,它包含红、绿、蓝三种原色,任何一种原色都不能由另外两种原色配出.RGB 颜色空间是依赖于设备的,这导致显示的颜色不仅依赖于 RGB 值,而且还依赖于设备的特性.此外,RGB 的空间结构并不符合人们对颜色的主观判断.在 RGB 颜色空间中差别很大的两种颜色在感知上可能是相似的,反之亦然.因此,RGB 颜色空间并不很适用于基于颜色的图像索引.

除了 RGB 外,还有 CIE Luv 空间、CIE Lab 空间、HVC 空间和 HSV 空间,它们更符合人们对颜色的主观判断,其中 HSV 空间是最为常用的. HSV 的三个分量 h,s,v 分别代表色彩 (hue)、饱和度(saturation)和值(value). RGB 与 HSV 空间之间可以互相转化,从 RGB 空间到 HSV 空间的转化公式如式(6.1)所示.

$$v = \max(r,g,b),$$
$$s = [v - \min(r,g,b)]/v,$$

$$h = \begin{cases} 5 + b', & \text{如果 } r = \max(r,g,b) \text{ 且 } g = \min(r,g,b), \\ 1 - g', & \text{如果 } r = \max(r,g,b) \text{ 且 } g \neq \min(r,g,b), \\ 1 + r', & \text{如果 } g = \max(r,g,b) \text{ 且 } b = \min(r,g,b), \\ 3 - b', & \text{如果 } g = \max(r,g,b) \text{ 且 } b \neq \min(r,g,b), \\ 3 + g', & \text{如果 } b = \max(r,g,b) \text{ 且 } r = \min(r,g,b), \\ 5 - r', & \text{其他;} \end{cases} \tag{6.1}$$

$$r' = [v - r]/[v - \min(r,g,b)],$$
$$g' = [v - g]/[v - \min(r,g,b)],$$
$$b' = [v - b]/[v - \min(r,g,b)],$$

其中 r',g',b' 分别代表……. 计算 HSV 空间中两种颜色的距离有多种方法,其中一种如下:

$$a(i,j) = 1 - (1/\sqrt{5})[(v_i - v_j)^2 + (s_i \cos h_i - s_j \cos h_j)^2$$
$$+ (s_i \sin h_i - s_j \sin h_j)^2]^{1/2} \tag{6.2}$$

其中 (h_i, s_i, v_i) 和 (h_j, s_j, v_j) 代表 HSV 颜色空间中的两种颜色. 也可把以上公式看做一个圆柱形颜色空间中的欧氏距离,该空间中的颜色值表示为 $(sv \cos h, sv \sin h, v)$.

6.3.2 颜色直方图

颜色直方图是常用的一种颜色特征表示方法. 它所描述的是不同颜色在整幅图像中所占的比例,而不关心每种颜色所处的空间位置,所以它并没有识别图像中的对象. 直方图比较适合用于描述那些难以进行对象识别且不需要考虑颜色空间位置的图像.

计算颜色直方图时需要将颜色空间划分成若干个区间,每个区间成为一个 bin. 这个过程称为颜色量化(color quantization). 接着计算图像中落入不同 bin 的像素数目,即可得到直方图. 例如在 RGB 颜色空间中,如果每个颜色通道被离散成 16 个颜色区间,则整个 RGB 颜色空间被量化成 $4096(=16^3)$ 个 bins. 其颜色直方图 H(M) 就是向量 $[h_1, h_2, \cdots, h_i, \cdots, h_{4096}]$,其中元素 h_i 代表图像 M 落入 bin i 的像素的数量. 颜色量化有多种方法,例如向量量化、聚类方法和神经网络方法. 最简单的方法是将颜色空间的各个分量均匀的划分,得到的直方图中每个 bin 的宽度是相等的. 对于图像的像素在颜色空间中分布不均匀的情况,这种量化方法的效果不是很理想. 相比之下,聚类算法则会考虑像素在整个颜色空间中的分布情况,动态的划分区间,避免某些 bin 中像素过于稀疏或过于密集的情况,改善了量化的效果. 另外,如果图像是 RGB 格式而直方图是从 HSV 格式中得到的,则可以预先建立从量化 RGB 空间到量化 HSV 空间的查找表,这样可以加快直方图的计算过程.

我们使用一个向量来表示图像的直方图,并用两个向量间的距离表示两幅图像间在颜色特征上的相似程度. 直方图向量的距离度量方法有多种,最简单的是 L-1 度量法. 图像 I 和 H 之间的距离可定义为

$$d(I, H) = \sum_{l=1}^{m} |i_l - h_t|, \tag{6.3}$$

其中 i_l 和 h_t 分别是落入图像 I 和 H 中的颜色区间 l 的像素数. 另外一种常用的距离度量方法是欧氏距离.

对于选定的颜色空间, 应该根据具体的应用选择合适的颜色量化方法. 一般来说, bin 的数目越多, 直方图对颜色的分辨能力越强, 但是会增加计算的负担和建立索引的代价. 另外把颜色空间划分的过于精细, 容易使得检索时错漏相关图像, 这对某些应用是不能容忍的. 为了减少直方图 bin 的数目, 可以选取那些像素分布最密集的 bin 来构造直方图, 因为它们包含了图像中大部分像素的颜色. 实验证明这种方法并不会降低检索的效果, 反而有时还会因为忽略了那些数值较小的 bin, 使得直方图对噪声的敏感程度降低, 从而获得更好的检索效果.

对于用户而言, 他们不仅对与检索图像颜色完全相同的图像感兴趣, 而且还会对感知上与检索图像具有相似颜色的图像感兴趣, 所以很多时候用户的要求不是很精确. 使用直方图技术进行图像检索时, 也希望能够找出感知上与检索图像颜色相似的图像. 但上面提到的直方图方法还不能很好的满足这一要求, 需要进行改进.

在 RGB 空间中的直方图忽略了不同颜色之间在感知上的相似性. 例如两幅图像的颜色直方图几乎都相同, 只是错开了一个 bin, 这时如果采用 L-1 距离或者欧氏距离计算两者的相似度, 会得到很小的相似度值. 这意味着使用 RGB 直方图进行图像检索时, 具有感知上相似颜色但没有共同颜色的两幅图像, 会被认为是不相同的. 在实际应用中由于光照中具有噪声和光照本身的变化, 还有图像采集设备的差异等原因, 图像的颜色可能会发生轻微的变化, 这些变化可能使得不能检索到感知上相似的图像. 目前, 有很多解决这些颜色相似问题的方法, 下面介绍三种方法:

(1) 考虑感知上相似的颜色在距离或相似性计算中所占比重. Niblack 等人考虑了感知上相似的颜色对相似性的影响, 重新定义了相似性的度量方法. 设 X 是检索直方图, Y 是数据库中图像的直方图, 两者都是经过规范化的. 可以计算两幅图像间的相似性直方图 $\mathbf{Z}$, 则 X 与 Y 之间的相似性由以下公式给出:

$$\|\mathbf{Z}\| = \mathbf{Z}^{\mathrm{T}} \mathbf{A} \mathbf{Z}, \tag{6.4}$$

其中 $\mathbf{A}$ 是对称颜色相似矩阵, $A(i,j) = 1 - d(c_i, c_j)/d_{\max}$, c_i 和 c_j 是颜色直方图中的第 i 种和第 j 种颜色二值数, $d(c_i, c_j)$ 是数学变换到 Munsell 颜色空间 (MTM) 的颜色距离. $d_{\max}$ 是颜色空间中任意两种颜色之间的最大距离. 相似性矩阵 $\mathbf{A}$ 代表着不同颜色对其之间的感知相似性. 如果两个颜色很不一样, 则 $d(c, c_j)$ 将接近于 $d_{\max}$, 则 $A(i,j)$ 将接近于 0, 从而导致图像相似性接近于零分布. 另一方面, 如果两幅图像的颜色很相似, 则 $d(c, c_j)$ 将接近于 0, 而 $A(i,j)$ 将近似等于 1, 从而导致图像相似性的高分布.

(2) 使用累加直方图计算图像距离. 根据颜色直方图 $H(M)$, 图像 M 的累加直方图为 $ch(M) = (ch_1, \cdots, ch_i, \cdots, ch_n)$, 其中 $ch_i = \sum_{j \leqslant i} h_j$. 在这种方法中, 图像间的相似度由累加直方图之间的 L-1 距离或欧氏距离来表示.

(3) 使用感知加权直方图 (PWH). 在使用 PWH 之前, 先找出颜色空间中具有代表性的颜色, 这些颜色的个数等于颜色空间中 bin 的数目, 且均匀分布在每个 bin 中. 构建直方图时, 为每个像素找出 10 个感知上最相似的代表颜色, 求该像素与代表颜色的距离. 然后把与代表距离成反比的加权值分配给这 10 个具有代表性的颜色. 其他技术都只是在进行图像距离计算时才考虑颜色相似性,会丢失一些颜色相似性信息,而 PWH 技术是在构建直方图时就考虑颜色相似性,会保留较多的相似性信息,所以具有更好的图像检索性能.

除了以上提到的问题外,颜色直方图还存在一个不足之处:忽略了像素间的空间关系,没有表示出图像中的对象. 如图 6-2 所示的三幅图像,在使用颜色直方图进行检索时会认为是相同的,但从人的感知上来说它们还是有较大差别的.

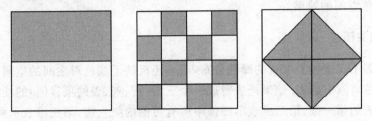

图 6-2 具有相同直方图的三幅图像

为了克服这个不足之处,可以在建立直方图时把空间区域信息考虑进去. 有两种方法可用于提取图像中的空间区域信息:一种是对图像进行自动分割,提取出图像中所包含的对象或颜色区域,再对这些区域进行颜色特征提取. 另一种是对图像进行均匀划分,再对每个规则的子块进行颜色特征提取. 第一种方法中由于自动分割技术对于末经过预处理图像的效果不是很好,所以常采用第二种方法,即把每幅图像按一定方式划分成固定数量的子块,并为每个子块计算其直方图. 在检索时,可对相应子块的直方图进行比较.

6.3.3 颜色矩

颜色矩技术已经被成功应用到了很多图像检索系统中. 它对于只包含有明确对象的图像特别有效. Stricker 证明了仅采用一阶矩(mean)、二阶矩(variance)和三阶矩(skewness)就足以表达图像的颜色分布. 这三个低次矩的数学表达式为

$$\mu_i = \frac{1}{N}\sum_{j=1}^{N} f_{ij},$$
$$\sigma_i = \left(\frac{1}{N}\sum_{j=1}^{N}(f_{ij}-\mu_i)^2\right)^{\frac{1}{2}}, \tag{6.5}$$
$$S_i = \left(\frac{1}{N}\sum_{j=1}^{N}(f_{ij}-\mu_i)^3\right)^{\frac{1}{3}},$$

其中 f_{ij} 是图像中第 j 个像素的第 i 个颜色分量,N 是图像中像素的个数. 一般来说,CIE Luv 空间和 CIE Lab 空间中定义的颜色矩,比 HSV 空间中定义的颜色矩检索的效果要好些. 在一阶矩和二阶矩的基础上再使用三阶矩,其性能比单纯使用一阶矩或二阶矩好. 由于只需要 9 个分量(3 个颜色分量,每个分量上 3 个低阶矩)就能表示一幅图像的颜色内容,颜色矩与其他颜色特征相比是非常简洁的,但同时它也可能降低对图像的分辨能力. 颜色矩经常在其他颜色特征之前使用,以缩小其他颜色特征的搜索空间.

6.3.4 颜色聚合向量

另一种在直方图中加入空间区域信息的方法是颜色聚合向量(color coherence vectors)

法. 每个直方图的 bin 都被分成两部分: 一部分为聚合像素, 每个聚合像素所占据的连续区域的面积都大于给定的阈值; 另一部分则称为非聚合像素. 假设 α_i 与 β_i 分别代表直方图第 i 个 bin 中聚合像素和非聚合像素的数量, 则该图像的颜色聚合向量表示为 $[(\alpha_1, \beta_1), (\alpha_2, \beta_2), \cdots, (\alpha_N, \beta_N)]$. 而 $[\alpha_1 + \beta_1, \alpha_2 + \beta_2, \cdots, \alpha_N + \beta_N]$ 就是该图像的颜色直方图. 由于增加了空间区域信息, 颜色聚合向量的检索效果会比颜色直方图要好, 特别是对于那些含有大片颜色或纹理区域的图像. 另外对于颜色直方图和颜色聚合向量, 使用 HSV 颜色空间的效果会比使用 CIE Luv 和 CIE Lab 颜色空间的效果好.

6.3.5　颜色相关图

颜色相关图不仅描述了像素的颜色分布, 而且还反映了颜色对之间的空间关系. 颜色相关图是一个由颜色对索引的表. 如果把表看成一个三维(行、列、表的项目值)的柱状图的话, 则颜色相关图对应表的第一维、第二维表示图像中所有可能的颜色值, 第三维表示两个颜色间的空间距离. 表中下标为 $\langle i, j \rangle$ 的表项, 其第 K 个分量表示颜色为 $c(i)$ 的像素和颜色为 $c(j)$ 的像素之间的距离小于 k 的概率. 现假设 I 表示整张图像的全部像素, $I_{c(i)}$ 表示颜色为 $c(i)$ 的所有像素. 则颜色相关图可表达为

$$\gamma_{i,j}^{(k)} = \Pr_{P_1 \in I_{c(i)}, P_2 \in I} [P_2 \in I_{c(j)} \mid\mid P_1 - P_2 \mid = k]. \tag{6.6}$$

如果考虑所有可能的颜色组合, 颜色相关图会变得非常复杂和庞大(空间复杂度为 $O(N^2 d)$). 所以常使用它的简化形式, 称之为颜色自动相关图(color auto-correlogram). 颜色自动相关图只考虑相同颜色间的空间关系, 其空间复杂度减少为 $O(Nd)$.

比起颜色直方图和颜色聚合向量, 颜色自动相关图检索的效果最好, 但同时由于维度较高, 它的计算代价也是最大的. 所以, 在实际应用中应该根据具体情况选择合适的颜色检索方法.

§6.4　基于纹理特征的图像检索

纹理是图像的另外一个重要特征, 它是物体表面具有的内在特征, 包含了关于表面的结构安排及周围环境的关系. 纹理特征很难描述, 而且人们对它的感知具有一定的主观性.

纹理的表示方法可以分成两类: 结构化的和统计的. 结构化的方法包括: 形态学算子(morphological operator)和邻接图(adjacency graph). 该方法通过定义结构化的原语和它们的位置规则描述纹理. 结构化方法比较适用于处理纹理特征十分规则的图像. 统计的方法包括共生矩阵(co-occurrence matrix)、Tamura 纹理特征、马尔可夫随机场(Markov random field, 简称 MRF)、分形模型(fractal model)、小波变换(wavelet transform)、Gabor 变换、多分辨率的过滤技术(multi-resolution filtering technique)等等. 这些方法都是通过统计图像强度的分布情况来描述图像的纹理特征的. 这些方法已经被有效利用于很多基于内容的图像检索系统中.

6.4.1　Tamura 纹理特征

目前为止最好的纹理规范是由 Tamura 等人提出的. 为了找到纹理描述, 他们首先进行了心理实验, 使描述尽可能接近人的感知. Tamura 纹理特征的 6 个分量分别对应于心理学角度

上纹理特征的 6 种属性：粗糙度(coarseness)、对比度(contrast)、方向度(directionality)、线像度(linelikeness)、规整度(regularity)和光滑度(roughness).其中,前三个分量对于图像检索尤其重要.接下来介绍这 6 个分量的具体含义,同时还给出了粗糙度、对比度和方向度的数学表达式：

（1）粗糙度.

粗糙性是相对于细微而言的,它是最基本的纹理特征.图像元素差别越大,则图像越粗糙.所以,放大了的图像比原始图像更粗糙.粗糙度的计算可以分为以下几个步骤进行：首先,计算图像中大小为 $2^k \times 2^k$ 个像素的活动窗口中像素的平均强度值,即

$$A_k(x,y) = \sum_{i=x-2^{k-1}}^{x+2^{k-1}-1} \sum_{j=y-2^{k-1}}^{y+2^{k-1}-1} g(i,j)/2^{2k}, \tag{6.7}$$

其中 $k=0,1,2,\cdots,5$, 而 $g(i,j)$ 是坐标为 (i,j) 的像素的强度值.接着对每个像素计算它在水平和垂直方向上互不重叠的窗口之间的平均强度差：

$$\begin{cases} E_{k,h}(x,y) = |A_k(x+2^{k-1},y) - A_k(x-2^{k-1},y)|, \\ E_{k,v}(x,y) = |A_k(x,y+2^{k-1}) - A_k(x,y-2^{k-1})|. \end{cases} \tag{6.8}$$

对于每个像素,能使 E 值达到最大（无论方向）的 k 值用来设置最佳尺寸 $S_{\text{best}}(x,y)=2^k$. 最后,粗糙度可以通过计算整幅图像中 S_{best} 的平均值得到,具体如下：

$$F_{\text{crs}} = \frac{1}{mn} \sum_{i=1}^{m} \sum_{j=1}^{n} S_{\text{best}}(i,j) \tag{6.9}$$

粗糙度特征的另一种改进形式是采用直方图来描述 S_{best} 的分布,而不是像上述方法一样简单地计算 S_{best} 的平均值.这种改进后的粗糙度特征能够表达具有多种不同纹理特征的图像或区域,因此更有利于图像检索.

（2）对比度.

对比度是通过对像素强度分布情况的统计得到的：

$$F_{\text{con}} = \frac{\sigma}{\alpha_4^{1/4}}, \tag{6.10}$$

其中 $\sigma_4 = \mu_4/\sigma^4$, μ_4 是四次矩而 σ^2 是方差.

（3）方向度.

计算图像的卷积时,首先需要算出下列两个 3×3 数组所得的水平分量 Δ_h 和垂直分量 Δ_v：

$$\begin{bmatrix} -1 & 0 & 1 \\ -1 & 0 & 1 \\ -1 & 0 & 1 \end{bmatrix}, \quad \begin{bmatrix} 1 & 1 & 1 \\ 0 & 0 & 0 \\ -1 & -1 & -1 \end{bmatrix}; \tag{6.11}$$

接着计算每个像素处的梯度向量.该向量的模和方向分别为

$$\begin{cases} |\Delta_G| = (|\Delta_h| + |\Delta_v|)/2, \\ \theta = \arctan(\Delta_v/\Delta_h) + \pi/2. \end{cases} \tag{6.12}$$

当所有像素的梯度向量都被计算出来后,一个直方图 H_d 被构造用来表达 θ 值.该直方图首先对 θ 的值域范围进行离散化,然后统计了每个 bin 中相应的 $|\Delta_G|$ 大于给定阈值的像素数量.这个直方图对于具有明显方向性的图像会表现出峰值,对于无明显方向的图像则表现得比较平坦.最后,图像总体的方向性可以通过计算直方图中峰值的尖锐程度获得,如下所示：

$$F_{dir} = \sum_{p=1}^{n_p} \sum_{\phi \in w_p} (\phi - \phi_p)^2 H_d(\phi), \tag{6.13}$$

上式中的 p 代表直方图中的峰值,n_p 为直方图中所有的峰值. 对于某个峰值 p,W_p 代表该峰值所包含的所有的 bin, 而 ϕ_p 是具有最高值的 bin.

(4) 线像度与纹理元素的特征有关.

(5) 规则度测量元素位置所呈现的规则变化. 一个细微的纹理在感知上通常被认为是有规则的,而不同的元素形状能够降低规则性.

(6) 光滑度测量纹理是光滑还是粗糙的,与粗糙性和对比度有关.

6.4.2　灰度直方图的矩

借助于灰度直方图的矩来描述纹理是最简单的一种纹理描述方法. 把直方图的边界看做一条曲线,则可把它表示成一个一维函数 $f(r)$,这里 r 是个任意变量,取遍曲线上所有点. 可以用矩来定量地描述这条曲线.

如果用 m 表示 $f(r)$ 的均值,即

$$m = \sum_{i=1}^{L} r_i f(r_i),$$

则 $f(r)$ 对均值的 n 阶矩为

$$\mu_n(r) = \sum_{i=1}^{L} (r_i - m)^n f(r_i),$$

这里 μ_n 与 $f(r)$ 的形状有直接联系,如 μ_2 也叫方差,是灰度对比度的度量,表达了曲线相对于均值的分布情况,描述了直方图的相对平滑程度,进一步说是描述了图像中灰度的分散程度. 基于 μ_3 可定义偏度,它表达了曲线相对于均值的对称性,描述了直方图的偏斜度,即直方图分布是否对称的情况,进一步说是描述了图像中纹理灰度起伏分布. 基于 μ_4 可定义峰度,它表示了直方图的相对平坦性,即直方图分布聚集于均值附近还是接近两端的情况,进一步说是描述了图像中纹理灰度的反差. 需要注意的是,这些矩与纹理在图像中的空间绝对位置是无关的.

6.4.3　基于共生矩阵的纹理描述方法

仅借助灰度直方图的矩来描述纹理没能利用像素相对位置的空间信息. 为利用这些信息,可建立区域灰度共生矩阵,即表示图像灰度级空间相关的矩阵. 借助共生矩阵提取纹理特征是一种有效的方法,因为图像中相距 $(\Delta x, \Delta y)$ 的两个灰度像素同时出现的联合频率分布可以用灰度共生矩阵来表示. 若将图像的灰度级定为 L 级,那么共生矩阵为 $L \times L$ 阶矩阵,可表示为 $M(\Delta x, \Delta y)(h, k)$,其中位于 (h, k) 的元素 m_{hk} 的值表示一个灰度为 h 而另一个灰度为 k 的两个相距为 $(\Delta x, \Delta y)$ 的像素对出现的次数.

设 S 为目标区域 R 中具有特定空间联系的像素对的集合,则共生矩阵 P 可定义为

$$P(g_1, g_2) = \frac{\#\left|\left[(x_1, y_1), (x_2, y_2)\right] \in S \,\middle|\, f(x_1, y_1) = g_1 \,\&\, f(x_2, y_2) = g_2\right|}{\# S}.$$

$$\tag{6.14}$$

上式等号右边的分子是具有某种空间关系、灰度值分别为 g_1 和 g_2 的像素对的个数,分母为像素对的总和个数($\#$ 代表数量). 这样得到的 P 是归一化的.

不同的图像由于纹理尺度的不同其灰度共生矩阵可以有很大的差别.细纹理指有较多细节,纹理尺度较小的情况;粗纹理指相似区域较大(灰度比较平滑,纹理尺度较大)的情况.细纹理图像的灰度共生矩阵中 m_{hk} 值散布在各处,而粗纹理图像的灰度共生矩阵中 m_{hk} 值较集中于主对角线附近.因为对于粗纹理,像素对趋于具有相同的灰度.因此可看出,共生矩阵可反映不同灰度像素相对位置的空间信息.

6.4.4 分形模型

分数布朗运动(全称 FBM)是一种非常适用于描述自然纹理的随机分形模型([Pentland84]).通过对 FBM 的指数 H 的估计,可建立一种基于分形的自然纹理描述方法——自相关法.

先看 FBM 的定义([谢 97]).给定指数 $H,0<H<1$,如果概率空间 (Ω,A,P) 上的随机过程 $X(t):(0,\infty)\to R$ 满足下面两个条件:

(1) $X(0)=0$ 并且 $X(t)$ 连续;

(2) 对于任意 $t\geqslant0$ 及 $\tau>0$,增量 $X(t+\tau)-X(t)$ 服从均值是 0、方差 $\sigma^2\tau^{2H}$ 是的正态分布 $N(0,\sigma^2\tau^{2H})$,即

$$P[X(t+\tau)-X(t)\leqslant x]=\frac{1}{\sqrt{2\pi}\sigma\tau^H}\int_{-\infty}^x \exp\left[\frac{-\mu^2}{2\sigma^2\tau^{2H}}\right]\mathrm{d}u, \tag{6.15}$$

则 $X(t)$ 称为指数 H 上的 FBM,用 $B_H(t)$ 表示.

在 FBM 图集的分形维数 D 与 FBM 的指数 H 之间存在着一一对应的关系: $D=2-H$.所以,基于对指数 H 的估计,就可利用 FBM 来描述纹理.进一步,因为 FBM 的傅里叶功率谱 $P(f)\propto|f|^{-2H-1}$, f 为频率,从而可以通过对 $\ln\{P(f)\}$ 和 $\ln|f|$ 的关系曲线做线性递归估计出 H 值.不过该方法仅在连续情况下才有效,在离散情况下则会失效,所以实际中采用下面所述的利用二阶矩估计 H 的方法:

由 FBM 的定义可知,因为 $X(t+\tau)-X(t)$ 的分布与 τ 有关,所以 $B_H(t)$ 是一个非平稳的齐次增量过程,而不是独立增量过程($H=1/2$ 除外).现定义 $I_\tau(t)$ 是具有时间步长 τ 为的增量随机过程的分数布朗运动(全称 IFBM),即

$$I_\tau(t)=B_H(t)-B_H(t-\tau). \tag{6.16}$$

将式(6.16)写成离散形式为

$$I_m(n)=B_H(n)-B_H(n-m). \tag{6.17}$$

显然, $I_m(n)$ 服从 $N(0,\sigma^2m^{2H})$ 分布,即 $I_m(n)$ 的均值为 0,方差为 σ^2m^{2H}. $I_m(n)$ 是一个平稳随机过程,它的自相关函数为([Wen98])

$$R_{I_m}(K)=\frac{\sigma^2}{2}\{(k+m)^{2H}-2k^{2H}+(k-m)^{2H}\}. \tag{6.18}$$

可见, $I_m(n)$ 的自相关函数 $R_{I_m}(k)$ 与指数 H 有关系.不过由于其关系是非线性的,因而利用式(6.18)估计 H 是比较困难的,为此可对式(6.18)进行简化.设 $k=m$,则有

$$R_{I_m}(m)=\frac{\sigma^2}{2}\{(2m)^{2H}-2m^{2H}\}=\frac{\sigma^2}{2}(2^{2H}-2)m^{2H}. \tag{6.19}$$

式(6.19)虽然仍是非线性的,但可以经过简单的换算获得对 H 的估计.给定 $m(=k)$ 的值分别为 s 和 t,它们为自然数且 $s\neq t$,将它们对应的自相关函数值相除,可得

$$\frac{R_{I_s}(s)}{R_{I_t}(t)} = \left(\frac{s}{t}\right)^{2H}, \tag{6.20}$$

式(6.20)两端取对数,稍做整理可得

$$H = \ln\left\{\frac{R_{I_s}(s)}{R_{I_t}(t)}\right\}\Big/\left[2\ln\left(\frac{s}{t}\right)\right]. \tag{6.21}$$

由于自相关函数值 $R_{I_s}(s)$ 和 $R_{I_t}(t)$ 可以从图像数据中很容易地计算出来,这样就可以很容易地计算出 H 的值.

在理想情况下,对于任意不同的 s,t 对,由式(6.21)计算出的 FBM 指数 H 应该是相等的,而且有 $0 < H < 1$. 但对于实际的纹理图像则不然.实际纹理图像中对于不同的 s,t,计算所得的 H 值不仅不相等,而且差别还很大.另外 H 值也不局限于 $0 \sim 1$ 之间.出现这种情况的原因包括:(1) FBM 仅是描述纹理图像的一种模型,它只是理论上对模型的一种近似,实际的纹理图像并不完全符合 FBM 模型;(2) 数字抽样时混叠现象的影响,因为 FBM 模型并不是有限带宽的;(3) 数字图像成像过程中非线性的影响.现已证明了分形在线性变换下具有不变性,说明对于图像上纹理的测量是直接与对象表面的纹理或粗糙度有关的.然而考虑到环境因素、设备条件以及量化噪声的影响,数字图像成像过程并不是严格线性的.

考虑上述因素,需要对式(6.21)做适当的修改.从式(6.21)可以看出,它反映的是 $R_{I_s}(s)$ 和 $R_{I_t}(t)$ 之间的相对关系,而这种关系在原始的纹理图像上,就表现为纹理图像上定义在不同邻域的局部统计特性之间的关系.可以认为 H 随 s,t 变化的现象,正是相应纹理图像本身的局部统计特性的体现.事实上,如果一幅图像区域的局部统计特性或其他局部属性是不变的、变化缓慢的或者是近似周期性的,那么该区域就具有不变的纹理([Sklansky78]).因此,可将由不同的 s,t 对计算而得的 H 作为描述自然纹理的特征,记做 $H_{s,t}$,即

$$H_{s,t} = \ln\left\{\frac{R_{I_s}(s)}{R_{I_t}(t)}\right\}\Big/\left[2\ln\left(\frac{s}{t}\right)\right], \tag{6.22}$$

其中 s,t 都是自然数且 $s \neq t$.

$H_{s,t}$ 是对图像表面粗糙度的一种度量.对于细纹理,由于灰度分布比较随机,对于不同的 s,t,其亮度差值图像的自相关函数值比较接近,因此由式(6.22)计算而得到的各个 $H_{s,t}$ 也比较接近;相反,对于粗纹理,像素之间的相关性较强,对于不同的 s,t,其亮度差值图像的自相关函数值差别也较大,因而各个 $H_{s,t}$ 分布比较分散.由此可见,$H_{s,t}$ 可以作为描述纹理粗糙度的一个特征来描述纹理,而这种描述自然纹理的方法可称为自相关法.实验表明,用 $H_{s,t}$ 作为纹理分类的特征可获得较好的分类性能.

下面给出 $R_{I_s}(s)$ 的计算方法.假设纹理图像 $T(i,j)$ 的大小为 $M \times M(0 \leqslant i,j < M)$,首先计算原始纹理图像以 s 为步长的亮度差值图像,即 FBM 的一个增量随机过程可表示为

$$I_s(i,j) = T(i,j) - \frac{1}{\# N(s)}\sum_{k,l \in N(s)} T(i+k, j+l), \tag{6.23}$$

其中 $N(s)$ 是内外半径分别为 $s-1$ 和 s 的圆环内像素的集合,即

$$N(s) = \{k,l \mid (s-1)^2 < k^2 + l^2 \leqslant s^2\}, \tag{6.24}$$

$\# N(s)$ 为 $N(s)$ 包含的像素数目.最后可求得

$$R_{I_s}(s) = \frac{1}{M^2}\sum_{i,j=0}^{M-1}\left[I_s(i,j)\frac{1}{\# N(s)}\sum_{k,l \in N(s)} I_s(i+k, j+l)\right]. \tag{6.25}$$

6.4.5　自回归纹理模型

最近二十年中有大量的研究集中在应用随机场模型表达纹理特征,这方面 MRF 模型取得了很大的成功.自回归纹理模型(simultaneous auto-regressive,简称 SAR)就是 MRF 模型的一种应用实例.

在 SAR 模型中,每个像素的强度被描述成随机变量,可以通过与其相邻的像素来描述.如果 s 代表某个像素,则其强度值 $g(s)$ 可以表达为它的相邻像素强度值的线性叠加与噪声项 $\varepsilon(s)$ 的和,如下所示:

$$g(s) = \mu + \sum_{r \in D} \theta(r) g(s+r) + \varepsilon(s), \tag{6.26}$$

其中 μ 是基准偏差,由整幅图像的平均强度值所决定;D 表示了 s 的相邻像素集;$\theta(r)$ 是一系列模型参数,用来表示不同相邻位置上的像素的权值;$\varepsilon(s)$ 是均值为 0 而方差为 σ^2 的高斯随机变量.通过上式可以用回归法计算参数 θ 和标准方差 σ 的值,它们反映了图像的各种纹理特征.例如较高的 σ 表示图像具有较高的精细度或较低的粗糙度.又如,如果 s 正上方和正下方的 θ 很高,表明图像具有垂直的方向性.最小误差法(least square error)和极大似然估计(maximum likelihood estimation)可以用来计算模型中的参数.此外,SAR 的一种变种称为旋转无关的自回归纹理特征(rotation-invariant SAR,简称 RISAR),具有与图像的旋转无关的特点.

定义合适的 SAR 模型需要确定相邻像素集合的范围.然而,固定大小的相邻像素集合范围无法很好地表达各种纹理特征.为此,有人提出过多维度的自回归纹理模型(multi-resolution SAR,简称 MRSAR),它能够在多个不同的相邻像素集合范围下计算纹理特征.实验结果表明 MRSAR 纹理特征能够较好地识别出图像中的各种纹理特征.

6.4.6　基于小波变换的纹理描述

小波变换是一种常用的纹理分析方法,它的基本思想和傅里叶变换相似.在傅里叶变换中,信号被分解成许多不同频率的正弦值.而在小波变换中,信号被分解成许多选择的基函数以及被称为小波的变量.采用二维离散小波变换可将图像分为四个子带:LL,LH,HL 和 HH.其中,LL 为水平和垂直方向低频子带,LH 为水平方向低频、垂直方向高频子带,HL 为水平方向高频、垂直方向低频子带,HH 为水平和垂直方向高频子带.在图像纹理分析中,主要采取两种小波变换:塔式小波变换(PWT)和树形小波变换(TWT).塔式小波变换每次只对低频子带 LL 做分解,而树形小波变换对每个子带均做下一层次的分解.事实上,塔式小波变换是树形小波变换的一个特例.

(1) 塔式小波变换.对图像进行塔式小波变换,假设共分解成 L 层,从而得到 $3L+1$ 个子带(子图).计算每个子带的均值及标准方差,构造特征向量.最终描述图像纹理的特征向量由 $(3L+1) \times 2$ 个分量构成.对于示例图像与图像库中图像,以欧氏距离计算特征向量的相似性.

(2) 树形小波变换.由于有些纹理图像的重要信息常常包含在 HL 或 LH 频段中,因而采用塔式小波变换容易丢失一些纹理图像的细节信息.为此,常采用树形小波分解方法对图像纹理进行分析,其中可选用图像的能量来判断子带是否继续分解.对于给定的图像 I,其能量 e 为

$$e = \frac{1}{MN} \sum_{i=0}^{M-1} \sum_{j=0}^{N-1} |I(i,j)|, \tag{6.27}$$

其中 $I(i,j)$ 为图像像素点 (i,j) 的灰度值. 图像的树形小波分解算法可以描述如下：

① 计算原始图像的能量，记为 e_0；

② 对图像进行小波变换，将图像分解成 4 个子带，并计算各个子带图像的能量 e_{LL}，e_{LH}，e_{HL} 及 e_{HH}；

③ 如果子带的能量小于 ce_0，则停止分解，其中 c 为一事先给定的常数；

④ 如果子带的能量大于 ce_0，则对子带图像按上述步骤继续分解.

对于最终分解得到的各子带，提取其均值和方差来描述纹理. 通过对图像实施上述变换，就可以形成一个树状分布的纹理特征向量. 这种算法不但保留了小波变换算法的多分辨率特性，而且充分利用了纹理图像丰富的细节信息，以形成有效的特征向量.

6.4.7 基于 Gabor 变换的纹理描述

Gabor 变换已广泛用于图像纹理特征的提取，在图像检索领域内，这是一种很有效的方法，其性能优于基于小波变换的纹理描述方法.

令小波函数为

$$\psi(x,y) = \frac{1}{2\pi\sigma_x\sigma_y}\exp\left[-\frac{1}{2}\left(\frac{x^2}{\sigma_x^2}+\frac{y^2}{\sigma_y^2}\right)\right]\exp(i2\pi Wx), \qquad (6.28)$$

其中 W 为调制频率.

对小波函数 $\psi(x,y)$ 进行膨胀及旋转，可得到自相似函数

$$\psi_{mn}(x,y) = a^{-m}\psi(\tilde{x},\tilde{y}), \qquad (6.29)$$

式中坐标变换公式为

$$\begin{cases} \tilde{x} = a^{-m}(x\cos\theta + y\sin\theta), \\ \tilde{y} = a^{-m}(-x\cos\theta + y\sin\theta), \end{cases} \qquad (6.30)$$

其中 $\theta = n\pi/N$；a 为伸缩因子，且 $a>1$；m 和 n 分别指定小波的尺度和方向，$m=0,1,\cdots,M-1$；$n=0,1,\cdots,N-1$.

图像 $I(x,y)$ 的离散 Gabor 变换定义为

$$G_{mn}(x,y) \sum_s\sum_t I(x-s,y-t)\psi_{mn}^*(s,t), \qquad (6.31)$$

式中 $\psi_{mn}^*(s,t)$ 是自相似函数 $\psi_{mn}(s,t)$ 的复数共轭.

对图像进行离散 Gabor 变换，在不同的方向及尺度上计算变换后系数幅度序列

$$E(m,n) = \sum_x\sum_y |G_{mn}(x,y)|, \qquad (6.32)$$

式中 $m=0,1,\cdots,M-1$；$n=0,1,\cdots,N-1$. 这些幅度值在不同尺度及方向上表征了图像的能量.

以系数幅度序列的均值 μ_{mn} 与标准方差 σ_{mn} 表示图像的纹理特征：

$$\mu_{mn} = \frac{E(m,n)}{K}, \qquad (6.33)$$

$$\sigma_{mn} = \frac{\sum_x\sum_y[|G_{mn}(x,y)|-\mu_{mn}]^2}{K}, \qquad (6.34)$$

其中 K 为图像中像素的个数.

以 μ_{mn} 和 σ_{mn} 为分量构成特征向量 f 用来描述图像的纹理，在通常的实现中，该向量采用 5

个尺度和 6 个方向,即

$$f = (\mu_{00}, \sigma_{00}, \mu_{01}, \sigma_{01}, \cdots, \mu_{45}, \sigma_{45}) \tag{6.35}$$

对于查询图像 Q 及图像库中待检测图像 I,两幅图像间的距离定义如下:

$$D(Q, I) = \sum_m \sum_n \sqrt{(\mu_{mn}^Q - \mu_{mn}^I)^2 + (\sigma_{mn}^Q - \sigma_{mn}^I)^2}, \tag{6.36}$$

式中,μ_{mn}^Q 与 σ_{mn}^Q 为图像 Q 的纹理特征,μ_{mn}^I 与 σ_{mn}^I 为图像 I 的纹理特征.

这种纹理描述方法不具备方向不变性,会使不同方向的相似纹理漏检.一种简单的方法就是,设定能量参数最大的方向为主方向,同时将特征向量 f 中主方向所对应的分量排在首位,同样按能量参数的大小调整后面各分量的次序.这种方法的基本思想是,即使两幅纹理相似的图像发生了旋转,它们也有相同的主方向.

§6.5　基于形状特征的图像检索

图像经过边缘提取和图像分割,就会得到对象的边缘和区域,进而获得对象的形状.有三种方式可用于反映对象的形状信息:区域、边界和骨架.比起灰度信息,人们的视觉系统更关心对象的形状.对象的形状特征均可由其几何属性(如长短、面积、距离、凸凹等)、统计属性(如投影)和拓扑属性(如连通、欧拉数)来描述.区域所具有的形状特征可以通过对区域内部或外形进行各种变换来提取,也可以用图像层次型数据结构来表达.骨架是形状特征描述的重要方法,对于某些特殊的图像区域,如文字,它提供了极为重要的形状概念.在基于形状的图像检索中,一种好的形状特征表示方法和相似性度量准则应尽量满足下面两个要求:

(1) 由于人们对物体形状的变换、旋转和缩放主观上不大敏感,同时为了能识别大小不同、位置不同并且方向不同的对象,好的形状特征应满足与变换、旋转和缩放无关.

(2) 相似的形状应具有相似的表示方法,这样就可以根据相似性准则定义形状间的距离,并基于这一距离检索图像.

根据不同的标准对形状描述方法进行分类,可以得到不同的分类结果.通常根据采用的信息是形状的边界还是形状的内部来进行分类.由此可得到两种形状描述方法:一种是基于轮廓特征的;一种是基于区域特征的.本节将会详细介绍这两类形状描述方法.

6.5.1　基于轮廓的形状描述方法

把图像边缘连接起来就形成景物的轮廓(contour),轮廓可以是断开的,也可以是闭合的.闭合的轮廓对应于区域的边界,断开的轮廓可能是区域边界的一部分,也可能是图像的线条特征,例如手写体笔画、图画中的线条等.基于轮廓的纹理描述方法不需要将形状分成子块,而是利用边界对应的特征向量来描述形状.

1. 简单的形状特征

常用的形状特征有周长(perimeter)、形状参数(form factor)、偏心率(eccentricity;也叫伸长度)、长轴方向(major axis orientation)与弯曲能量(bending energy)等.周长指整个边界的长度.长轴指边界上距离最远的两点间的连线.端点落在边界上、与长轴垂直并且距离最长的线段称为短轴.形状参数 F 是根据边界的周长 C 和区域的面积 A 计算得到的:

$$F = \frac{C^2}{4\pi A}. \tag{6.37}$$

偏心率为边界长轴长度与短轴长度的比值.弯曲能量 B 是由下式定义的

$$B = \frac{1}{P}\int_0^P |\,\kappa(p)\,|^2 \mathrm{d}p,\tag{6.38}$$

其中 $\kappa(p)$ 是曲率函数,p 是弧长参数,P 为整条曲线的长度.

2. 傅里叶描述法

傅里叶描述法已被广泛应用于形状的轮廓描述和形状分析中,下面介绍三种不同的傅里叶描述法:常规的傅里叶描述算子、仿射傅里叶描述算子和短时傅里叶描述算子.

(1) 常规的傅里叶描述算子

对于任何一维形状标识函数 $u(t)$,其离散傅里叶变换为

$$a_n = \frac{1}{N}\sum_{t=0}^{N-1} u(t)\exp(-\mathrm{i}2\pi nt/N) \quad (n=0,1,\cdots,N-1).\tag{6.39}$$

可以利用傅里叶序列 $\{a_n\}$ 来描述形状.由于对同一个形状进行旋转、平移和缩放后得到的形状为相似形状,形状描述算子在这些变换下应该是保持不变的.在形状边界上选择不同的起始点得到的 $u(t)$ 不应该影响形状描述算子.

对原始轮廓经过平移、旋转、缩放以及改变起始点后,其傅里叶系数的一般形式为

$$a_n = \exp(\mathrm{i}n\tau)\exp(\mathrm{i}\phi)sa_n^{(0)} \quad (n\neq 0),\tag{6.40}$$

式中 $a_n^{(0)}$ 和 a_n 分别为原始形状和相似变换形式的傅里叶系数;$\exp(\mathrm{i}n\tau)$,$\exp(\mathrm{i}\phi)$ 和 s 是由起始点、旋转和缩放变换引起的变化因子.除了直流成分 a_0 外,所有其他系数都不受平移的影响.

考虑下面的表达式:

$$\begin{aligned}b_n &= \frac{a_n}{a_0} = \frac{\exp(\mathrm{i}n\tau)\exp(\mathrm{i}\phi)sa_n^{(0)}}{\exp(\mathrm{i}\tau)\exp(\mathrm{i}\phi)sa_0^{(0)}}\\[2mm] &= \frac{a_n^{(0)}}{a_0^{(0)}}\exp[\mathrm{i}(n-1)\tau] = b_n^{(0)}\exp(\mathrm{i}(n-1)\tau),\end{aligned}\tag{6.41}$$

式中 b_n 和 $b_n^{(0)}$ 分别为相似变换形状和原始形状的归一化傅里叶系数,它们仅仅相差一个因子 $\exp[\mathrm{i}(n-1)\tau]$.如果不考虑傅里叶系数的相位信息而只考虑其幅度信息,则 $|b_n|$ 和 $|b_n^{(0)}|$ 是相同的,即 $|b_n|$ 不随平移、旋转、缩放和起始点的改变而改变.相似变换形状的归一化傅里叶系数的幅度组成集合 $\{|b_n|,0<n<N\}$ 可作为形状描述算子.

选择 a_0 作为归一化因子的原因是它是信号的平均能量,而且一般来说也是最大的系数.因此,归一化后的傅里叶描述算子取值在 $0\sim1$ 之间.

(2) 仿射傅里叶描述(AFD)算子.

AFD 算子是对早期的保持相似变换不变的傅里叶描述算子的一种推广,它是通过复杂的数学分析得到的.

假定形状表示为 $u(t)=(x(t),y(t))$,X_k,Y_k 分别为 $x(t)$,$y(t)$ 的傅里叶系数.当参数 t 在仿射变换下是线性时,下面的归一化系数是仿射不变的:

$$Q_k = \frac{X_k Y_P^* - Y_k X_P^*}{X_P Y_P^* - Y_P X_P^*} \quad (k=1,2,\cdots),\tag{6.42}$$

其中"$*$"表示复共轭,P 为常数,且 $P\neq0$.

但是,一般情况下使用的弧长参数在仿射变换下不是线性变化的,而下式表示的面积参数在仿射变换下是线性变化的:

$$t_{j+1} = t_j + \frac{1}{2} \left| x'_j y'_{j+1} - x'_{j+1} y'_j \right| \quad (j = 0,1,2,\cdots,N-1), \tag{6.43}$$

其中

$$\begin{pmatrix} x'_j \\ y'_j \end{pmatrix} = \begin{pmatrix} x_j - x_c \\ y_j - y_c \end{pmatrix},$$

(x_c, y_c) 是形状的质心,则 $\begin{pmatrix} x(t) \\ y(t) \end{pmatrix}$ 的傅里叶变换为

$$\begin{pmatrix} X_k \\ Y_k \end{pmatrix} = \frac{t_N}{(2\pi k)^2} \sum_{j=0}^{N-1} \frac{1}{t_{j+1}-t_j} \begin{pmatrix} x_{j+1}-x_j \\ y_{j+1}-y_j \end{pmatrix} (\phi_{k,j+1} - \phi_{k,j})[1 - \delta(t_{j+1}-t_j)]$$
$$+ \frac{i}{2\pi k} \sum_{j=0}^{N-1} \begin{pmatrix} x_{j+1}-x_j \\ y_{j+1}-y_j \end{pmatrix} \phi_{k,j} \delta(t_{j+1}-t_j), \tag{6.44}$$

其中

$$\phi_{k,j} = \exp\{-i2\pi k t_j / t_N\}, \quad \delta(t_{j+1}-t_j) = \begin{cases} 1 & (t_{j+1} = t_j), \\ 0 & (t_{j+1} \neq t_j). \end{cases} \tag{6.45}$$

应该注意,AFD 算子不同于由面积得到的傅里叶描述算子,它是直接从以面积为参数的边界坐标中得到的.

(3) 短时傅里叶描述(SFD)算子.

SFD 算子不仅获得了形状边界的全局特征,而且获得了局部特征.但是,作为局部形状特征,傅里叶描述算子只是说明了局部特征的幅度而没有说明局部特征的位置.短时傅里叶变换可以定位边界的局部特征.

在短时傅里叶变换中,用一个窗函数(称做分析滤波器)和信号相乘,窗函数仅仅在感兴趣区域内取非零值,短时傅里叶变换定义为

$$a_{nm} = \frac{1}{T} \int_0^T u(t) g(t - nt_0) \exp(-i2\pi mt/T) dt, \tag{6.46}$$

其中 t_0 为滤波器的步长.事实上,短时傅里叶变换等效于将信号 $u(t)$ 投影到一个依赖 t_0 和 $\omega_0 = 2\pi/T$、参数为 n, m 的基函数族: $g(t - nt_0) \exp(-i2\pi mt/T)$.

窗函数 $g(t)$ 通常为一个高斯窗或矩形窗.高斯窗和矩形窗的主要差别是高斯窗是无限支撑的而矩形窗是有限支撑的.试验表明,矩形窗更适合于提取形状的边界特征.矩形窗定义如下

$$\text{rect}(t) = \begin{cases} 1 & (-t_0/2 < t < t_0/2), \\ 0 & \text{其他}. \end{cases} \tag{6.47}$$

类似于傅里叶描述算子,对每一个窗内的系数进行归一化.归一化后,得到 SFD 特征集 $\{\text{SFD}_{nm}, n = 0, \cdots, N-1; m = 0, \cdots, M-1\}$,这里的 N 为空间分辨率,而 M 为频率分辨率.

6.5.2　基于区域的形状描述方法

1. 几何不变矩

几何不变矩常用于图像识别并已用于大量的图像检索系统中.对于一个数字图像 $f(x,y)$,$p+q$ 阶矩定义为

$$m_{pq} = \sum_x \sum_y x^p y^q f(x,y),$$

其中 x, y 是图像中的像素位置，$f(x, y)$ 是像素强度.

如果 $\bar{x}$ 和 $\bar{y}$ 定义为

$$\bar{x} = m_{10}/m_{00}, \quad \bar{y} = m_{01}/m_{00}, \tag{6.48}$$

则中心矩可表示为

$$\mu_{pq} = \sum_x \sum_y (x - \bar{x})^p (y - \bar{y})^q f(x, y). \tag{6.49}$$

直到第 3 阶的中心矩定义如下：

$$\mu_{00} = m_{00}, \quad \mu_{10} = 0, \quad \mu_{01} = 0,$$

$$\mu_{20} = m_{20} - \bar{x} m_{10}, \quad \mu_{02} = m_{02} - \bar{y} m_{01}, \quad \mu_{11} = m_{11} - \bar{y} m_{10},$$

$$\mu_{30} = m_{30} - 3\bar{x} m_{20} + 2m_{10}\bar{x}^2, \quad \mu_{12} = m_{12} - 2\bar{y} m_{11} - \bar{x} m_{02} + 2\bar{y}^2 m_{10},$$

$$\mu_{21} = m_{21} - 2\bar{x} m_{11} - \bar{y} m_{20} + 2\bar{x}^2 m_{01}, \quad \mu_{03} = m_{03} - 3\bar{y} m_{02} + 2\bar{y}^2 m_{01}.$$

$$\tag{6.50}$$

规范化的 $p+q$ 阶中心矩可用 η_{pq} 描述，定义为

$$\eta_{pq} = \frac{\mu_{pq}}{\mu_{00}^\gamma}, \tag{6.51}$$

其中 $\gamma = \dfrac{p+q}{2} + 1 (p+q = 2, 3, \cdots)$.

基于以上矩，下列 7 个矩具有变换、旋转、缩放和平移无关性：

$$\begin{cases} \Phi_1 = \eta_{20} + \eta_{02}, \\ \Phi_2 = (\eta_{20} - \eta_{02})^2 + 4\eta_{11}^2, \\ \Phi_3 = (\eta_{30} - 3\eta_{12})^2 + (3\eta_{21} - \eta_{03})^2, \\ \Phi_4 = (\eta_{30} + \eta_{12})^2 + (\eta_{21} + \eta_{03})^2, \\ \Phi_5 = (\eta_{30} - 3\eta_{12})(\eta_{30} + \eta_{12})[(\eta_{30} + \eta_{12})^2 - 3(\eta_{21} + \eta_{03})^2] \\ \qquad + (3\eta_{21} - \eta_{03})(\eta_{21} + \eta_{03})[3(\eta_{30} + \eta_{12})^2 - (\eta_{21} + \eta_{03})^2], \\ \Phi_6 = (\eta_{20} - \eta_{20})[(\eta_{30} + \eta_{12})^2 - (\eta_{21} + \eta_{03})^2] + 4\eta_{11}(\eta_{30} + \eta_{12})(\eta_{21} + \eta_{03}), \\ \Phi_7 = (3\eta_{21} - 3\eta_{30})(\eta_{30} + \eta_{12})[(\eta_{30} + \eta_{12})^2 - 3(\eta_{21} + \eta_{03})^2] + (3\eta_{12} - \eta_{30}) \\ \qquad (\eta_{21} + \eta_{03})[3(\eta_{30} + \eta_{12})^2 - (\eta_{21} + \eta_{03})^2], \end{cases} \tag{6.52}$$

上述 7 个矩量可以用于形状特征描述. 两个形状特征描述之间的欧氏距离可用做两个形状之间的距离. 然而，实验证明：两个形状的几何不变矩相似并不一定表示这两个形状相似，例如视觉上不同的两个形状，它们的几何不变矩可能有部分是相似的，而其他是不同的. 因此，基于几何不变矩的形状索引和检索的性能并不高.

2. Zernike 矩

Hu[Hu62]根据正交多项式的原理提出用正交矩来恢复图像，并且引进了 Zernike 矩，Zernike 矩允许构造任意阶的独立不变矩. 复 Zernike 矩是从 Zernike 多项式得到的：

$$V_{nm}(x, y) = V_{nm}(\rho\cos\theta, \rho\sin\theta) = R_{nm}(\rho)\exp(im\theta), \tag{6.53}$$

其中 ρ 为点 (x, y) 到形状质心的半径；θ 为 ρ 与 x 轴的夹角；n, m 为整数且 $n - |m|$ 为偶数，$|m| \leqslant n$；

$$R_{nm}(\rho) = \sum_{s=0}^{(n-|m|)/2} (-1)^s \frac{(n-s)!}{s!\left(\dfrac{n+|m|}{2} - s\right)!\left(\dfrac{n-|m|}{2} - s\right)!} \rho^{n-2s}. \tag{6.54}$$

Zernike 多项式为单位圆内的一组完备的复正交基.(n,m) 阶复数 Zernike 矩定义为

$$A_{n,m} = \frac{n+1}{\pi} \sum_x \sum_y f(x,y) V_{mn}^*(x,y) \quad (x^2 + y^2 \leqslant 1), \tag{6.55}$$

其中 $f(x,y)$ 为二值图像.

由于 Zernike 基函数的定义域在单位圆内,所以在计算 Zernike 矩之前,必须指定此单位圆.在实现时,所有的形状都必须归一化到单位圆内.单位圆以形状质心为中心,这样得到的 Zernike 矩具有平移和尺度不变性.仅利用 Zernike 矩的幅度就可得到旋转不变性.

Zernike 矩的思想与傅里叶变换的思想是类似的,即将信号展开成一系列正交基的组合.然而,在计算 Zernike 矩时不需要知道边界信息,这就使得它更适用于描述复杂形状.

§6.6 基于空间关系的图像检索

上文中所提到的颜色、纹理和形状等特征反映的是图像的整体特征,但没有体现图像内对象之间的空间关系,如拓扑、方位、距离等.在某些基于内容的图像检索系统中,用户通过交互界面提供的绘图工具简单描绘出示例图像,在这种情况下用户往往很关心示例图像中对象间的空间关系,希望检索结果中对象间的空间关系和示例图像中的类似.例如,蓝色的天空和蔚蓝的海洋在颜色特征上是非常相近的,但如果在检索条件中指明"蓝色区域位于图像上半部分",则返回的检索结果应该是天空,而不是海洋.由此可见,空间关系特征能够弥补其他图像特征在图像检索时的不足.

基于空间关系进行图像检索时,首先对图像进行自动分割,划分出图像中所包含的对象或颜色区域;然后定义拓扑、方位、距离等各种空间关系;最后根据这些定义提取出每幅图像的空间关系特征向量.系统还会为这些特征向量建立索引,检索时会根据相应的相似性匹配准则,利用索引检索出具有相似空间关系的图像.本节首先介绍常用的图像分割方法;接着给出拓扑、方法、距离等空间关系的定义和相似性匹配准则;最后介绍基于空间关系特征检索的具体步骤.

6.6.1 图像分割方法

Lybanon 等[Lybanon94]用基于形态学动作进行自动图像分割.他们用各种类型的图像来测试算法效果,包括光学天文图、红外线的海洋图和磁力图等.这种模拟方法在处理以上科技图像有良好的效果,但处理一般图像的效果还有待进一步证实.Li 等[Li94]提出了基于模糊熵的分割算法.这种方法是以这样的事实为前提的,即熵的局部最大值对应图像上各个区域之间的不确定性.它对于那些直方图上没有明显起伏的图像是非常有效的.

所有以上提到的算法都是自动的,其主要优点是可以从大量的图像中提取边界而不占用用户的时间和精力.然而,对于通用领域内没有经过预处理的图像,这种自动的分割技术效果就不太好.通常,算法所划分的仅仅是区域而不是对象.如果想在图像检索中获得高层语义上的对象(实体),就需要人工的辅助.Samadani 和 Han[Samadani93]提出计算机辅助下的边界提取法,将用户手工输入和计算机图像边界生成算法结合起来.Daneels 等[Daneels93]提出了一种关于有效轮廓的更完善的方法.该方法在用户出入的基础上,首先用贪婪法获得快速初始收敛,然后再动态地改进边框轮廓.Rui 等[Rui96]提出了基于色彩、纹理空间的聚类算法,首

先由用户指出图像上感兴趣的区域,再用这个算法将该区域聚合成有意义的对象.

6.6.2　拓扑关系

两个对象间的拓扑关系可以用"九交"模型来表示,如图 6-3 所示.这些关系为:相离(disjoint),相接(meet),交叠(overlap),相等(equal),包含(contains),在内部(inside),覆盖(covers),和被覆盖(covered by).假设 T_1、T_2 为两种拓扑关系,若 T_1 不经过任何一个中间拓扑关系就能连续变换成 T_2,就说两种拓扑关系 T_1 与 T_2 是相邻的.按此定义,相离与相接相邻,而 disjoint 与 overlap(交叠)就不相邻.因为 disjoint 首先要转换为 touch,然后才能转换到 overlap.拓扑关系的相邻图如图 6-4 所示.形式上,两种拓扑关系 T_1 与 T_2 之间的距离 $d_{\text{top}}(T_1, T_2)$ 定义为相邻图上 T_1 和 T_2 之间最短路径中边的数目.

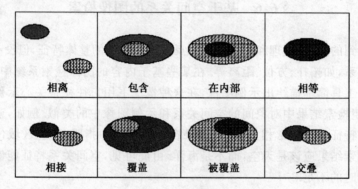

图 6-3　九交模型

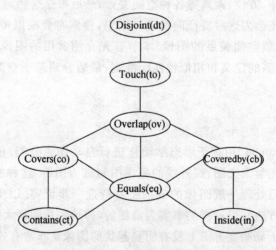

图 6-4　拓扑相邻图

6.6.3　方位关系

类似于拓扑关系作法,可以定义方位关系,8 个所熟知的方位如下:北(N)、西北(NW)、西(W)、西南(SW)、南(S)、东南(SE)、东(E)、东北(NE).

唯一不同的是,对于具有一定空间范围的对象(如多边形等),很难精确定义它们之间的方位关系.例如,西北到哪里结束,北又是从哪里开始? 所以,很多时候是采用方位关系的模糊概念方法.

其中一种方法是使用如图 6-5 中所示的方位邻近图.图中的实线可以用来计算两个节点之间的距离,虚线则表示两个节点之间的距离为零.两种方位关系 D_1 与 D_2 之间的距离 D_{dir} (D_1,D_2)定义为

$$D_{dir}(D_1,D_2) = \begin{cases} \text{图上的最短路径,} & \text{如果 } D_1 \text{ 和 } D_2 \text{ 用实线连接,} \\ 0, & \text{如果 } D_1 \text{ 和 } D_2 \text{ 用虚线连接.} \end{cases}$$

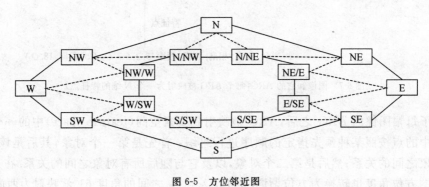

图 6-5 方位邻近图

6.6.4 距离关系

从某种意义上说,基于距离的相似性是三类空间关系(拓扑的、方位的和度量的)中最不重要的,尤其是在拓扑关系和方向关系保持不变的情况下.例如,观察如图 6-6 所示的图像,图像 P 至少在视觉上更相似于图像 Q 而不是图像 R,尽管就距离而言 P 与 R 更靠近.对于距离关系,我们可以采用对象质心之间的标准欧氏直角距离作为度量准则.

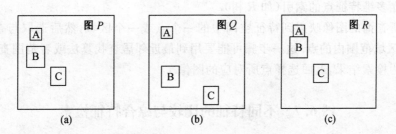

图 6-6 对比距离和拓扑在区分空间关系上的作用

6.6.5 属性关系图

属性关系图(attribute relation graph,简称 ARG)是刻画对象及其空间关系信息的完全连通图.在如图 6-7 所示的图像和它的属性关系图(ARG)中,ARG 的节点标有对象的标识符,两个节点之间的边标有两个节点间的关系信息.例如,节点 O_1 与 O_2 之间的边标有(相离,61,5.2),这表明 O_1 与 O_2 之间的拓扑关系为相离,它们之间的角度为 $61°$(随下标递增顺序测量),距离为 5.2 个单位.

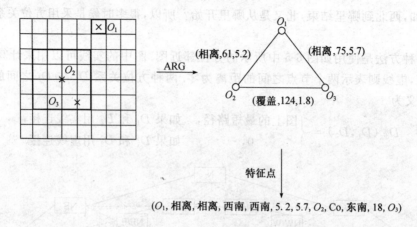

图 6-7 图像和它的 ARG(每个 ARG 被映射为一个 N 维的特征点)

创建了每幅图像的 ARG 之后,ARG 被映射到要素空间(feature space)中的一个多维点. 要素空间中的点按照某种预先指定的顺序进行组织:首先是第一个对象,其后是该对象与所有其他对象之间的关系;然后是第二个对象,以及它与随后所有对象之间的关系. 在这个阶段,对象之间的方位角度也转换为方位谓词. 例如,O_1 与 O_2 之间的角度 61°就映射为西南方位.

6.6.6 基于空间关系特征检索的步骤

(1) 将图像数据库中的所有图像映射为多维特征空间的点,这种映射是通过最初在数据库中为每幅图像构建一个 ARG 来完成的.

(2) 对应每种相似性准则来定义一个距离度量. 由于检索是基于拓扑、方位和距离共三种相似性准则来完成的,所以最终的距离度量是这三个部分的聚集,可以根据情况设置各部分的权重.

(3) 建立多维特征点的索引(如 R 树).

(4) 将所查询的图像映射到特征空间中的一个点或一个区域,然后选取与查询点靠近或者位于查询区域范围内的点. 这一步骤可能要用到最近邻居查找算法或者范围查询处理算法.

(5) 作为检索结果,返回选择点所对应的图像.

§6.7 不同特征的比较与综合特征检索

前面介绍了四种不同的图像特征,每种特征应用于图像检索时都有其优点和缺点,它们从不同的角度刻画了图像的内容. 为了全面地描述图像内容,有效地提高检索性能,现有的很多系统检索时都是结合了多种图像特征,或构建综合特征进行检索. 以下总结了颜色、纹理、形状和空间关系特征的特点,并对它们进行了简单的对比,最后介绍了特征的综合使用.

6.7.1 不同图像特征的特点总结

(1) 颜色特征.

颜色特征的提取是基于像素点的,因此图像区域内的所有像素点对颜色特征都有贡献. 由于颜色对图像的方向、大小等变化不敏感,所以颜色特征不能捕捉图像中对象的局部特征. 另外,仅仅使用颜色特征进行检索时,如果图像数据库很大,检索结果中会包含很多用户不需要的图像.

(2) 纹理特征.

由于纹理需要在包含多个像素点的区域中进行统计计算,所以在模式匹配中,这种区域性的特征具有较大的优越性,不会因为局部的偏差而无法匹配成功.而且纹理还有旋转不变性.但是,纹理只描述物体表面的特性,并不反映物体的本质属性,所以仅仅利用纹理特征是无法获得高层图像内容的.另外,纹理特征很明显的一个缺点是当图像的分辨率发生变化时,所计算出来的纹理可能会有较大偏差.

(3) 形状特征.

各种基于形状特征的检索方法都可以比较有效地利用图像中感兴趣的目标来进行检索,但它们也有一些共同的问题,包括:① 目前基于形状的检索方法还缺乏比较完善的数学模型;② 如果目标有变形则检索结果往往不大可靠;③ 许多形状特征只描述了对象的局部性质,若要全面描述目标,则需要较大的时间和空间代价;④ 许多形状特征反映的目标形状信息与人的直观感觉不完全一致,也就是说,特征空间的相似性与人视觉上感受到的相似性有差别.

(4) 空间关系特征.

空间关系特征的使用能够更好的描述图像的内容,但空间关系特征常对图像或目标的旋转、反转、尺度变化等比较敏感.另外,在视觉应用中,仅仅利用空间信息往往是不够的,因为它不能有效准确地表达场景信息.为了保证有较好的效果,除使用空间关系特征外,还需要结合其他特征进行检索.

6.7.2　不同特征的比较

下面对不同的图像特征进行了比较,以便利用它们各自的优点,结合多种特征进行检索:

(1) 颜色和纹理.颜色特征充分利用了图像的色彩信息,而纹理特征只利用了图像的灰度信息;颜色特征侧重于图像整体信息的描述,而纹理特征更偏重于局部.

(2) 颜色和形状.颜色特征多具有平移、旋转和尺度不变性,而不少形状特征只具有平移不变性.

(3) 纹理和形状.通常纹理特征的计算比较容易,而形状特征的计算常比较复杂.

(4) 纹理和空间.纹理特征所反映的空间信息与人的直观感觉常常不完全一致,而空间关系特征所表达的信息与人的认知比较吻合.

(5) 形状和空间.虽然计算形状特征和空间关系特征都需要对图像进行提取边界、图像分割等处理,但基于形状的图像检索一般是要找到具有某种形状的目标图像,主要侧重于对单个目标进行描述;而基于空间关系特征的图像检索则不考虑单个目标的形状,而是考虑这些目标的相互空间关系.

6.7.3　特征的综合使用

综合利用颜色、纹理、形状和空间关系特征,全面描述图像内容的检索方法,称为综合特征检索.综合特征检索既可使用不同特征的两两结合来完成检索,也可以使用两种以上的特征进行结合来完成.有两种进行综合特征检索的方法:

（1）在检索中同时使用多种特征，即综合考虑几种特征（如取加权和）共同进行检索．例如综合使用模糊直方图的颜色特征，基于共生矩阵的 14 种纹理描述特征，区域轮廓和骨架及最大内切圆等形状特征．从皮肤癌数据库中检索出相关图像以帮助诊断．

（2）综合考虑各特征的特点，设计新特征，实现更深层次的结合．例如结合颜色特征和空间关系特征的特点可构成基于颜色布局的图像检索方法，而色彩相关直方图（color correlogram）则可以看做是颜色特征与纹理特征结合构成的特征．

综合使用颜色、纹理、形状和空间关系等不同特征进行检索有许多优点，其中较为突出的是以下两点：

（1）可以达到不同特征优势互补的效果．例如，在颜色特征的基础上加上纹理特征即可弥补颜色特征缺乏空间分布信息的不足又能保留颜色特征计算简便的优点，在颜色特征的基础上加上形状特征，不仅能描述图像的整体彩色性质还可以描述目标局部的彩色性质．

（2）可以提高检索的灵活性和系统的性能，满足实际应用的需求．例如，将颜色特征与纹理特征结合可用于对彩色 B 超图像的检索．在人体组织中含有丰富的纹理信息，而彩色 B 超图像的应用又借助了颜色信息．以肝脏组织彩色 B 超图像为例，由于各种不同的肝脏组织纤维不同，对超声脉冲的吸收、衰减、反射均有差异，反映在颜色和纹理上都会有可用于检索的特点．

§6.8　图像检索过程中的相关反馈技术

现在基于内容的图像检索算法的检索精度仍然有限，其瓶颈是底层视觉特征和高层语义特征之间的差异．不同的人对同一幅图像往往有不同的语义解释，甚至同一个人对同一幅图像在不同时间也会有不同的理解．为了解决这一瓶颈，人们把交互式概念引入图像检索领域，就是基于相关反馈的 CBIR 方法．它通过图像检索中的人机交互方式实现：首先接受用户对当前检索结果的反馈意见，然后根据反馈信息自动调整查询，最后利用优化后的查询要求重新检索．这也意味着用户不需要人为指定各种特征的权重，而只需要指出他认为的与查询相似或不相似的图像，系统能够自动地调整特征权重来更好地模拟图像的高层语义和感知主观性．

由于所有图像都可以表示为向量形式，所以可以把它们看做是特征空间中的点，而检索过程实质上是寻找特征空间中离查询向量最近的那些点所对应的图像．从向量模型的角度出发，可以将相关反馈技术分成两大类：查询向量优化算法和特征权重调整算法．本节将介绍这两类方法中具有代表性的算法，同时还会简单介绍一下其他的相关反馈算法．

6.8.1　查询向量相关反馈

在向量模型中，查询可以表达为特征空间中的一个点，称为查询点．假设用户每次进行查询时，他心目中都有一个理想的查询点恰好能准确地表达他的查询要求，我们称这个点为理想查询点．但实际上，用户必须借助某些其他对象或手段才能表达他的查询请求，比如提交示例图像等，这些示例图像在特征空间中对应的点就是查询点．查询点应该比较接近理想查询点，但在一般情况下两者还是有明显的差距．

查询向量优化算法的本质就是根据用户反馈信息来调整查询点，使之更加接近理想查询点，再用调整后的查询点去重新计算检索结果．在每次相关反馈中，用户都会提交一些他所认为的与查询相关和不相关的例子图像,称为反馈正例和反馈负例.查询向量优化算法的具体做法是移动查询点,使之更加接近理想查询点.

图像检索的查询向量优化算法借鉴了传统文本信息检索领域中的相关反馈技术.文本检索中的相关反馈技术使用的是 Rocchio 提出的文本反馈公式[Rocchio71],该公式操作于用户给出的相关文档 D_R' 和非相关文档 D_N' 的集合:

$$Q' = \alpha Q + \beta \Big(\frac{1}{N_R'} \sum_{i \in D_R'} D_i \Big) - \gamma \Big(\frac{1}{N_N'} \sum_{i \in D_N'} D_i \Big) \tag{6.56}$$

其中 α, β 和 γ 分别是常数,$N_{R'}$ 和 $N_{N'}$ 是在 D_R' 和 D_N' 中的文档数目.Q' 代表优化后的查询向量,它能够通过不断的相关反馈逐步逼近理想的最优查询向量 Q_{opt}.每次用户反馈后,可以计算优化的 Q',然后用新的 Q' 为查询向量由式6.56计算新的文本检索结果,这样可以提高文本检索的精度.

把文本信息检索的相关反馈技术扩充应用到图像检索领域时,可以假设图像 i 的特征向量为

$$F_i = [f_{i1}, \cdots, f_{ik}, \cdots, f_{iN}], \tag{6.57}$$

其中 N 为该图像的特征个数.同一个特征向量的不同分量 f_{ik} 的物理含义可能不同,比如常见的表现图像纹理的特征向量中,有的分量可能代表图像对比度,有的则代表粗糙度等.不同分量的值域范围有可能差别较大.

文本检索中,关键词频率(全称 TF)和逆文档频率(全称 IDF)的乘积是对某个关键词在文档中权重的准确估计.受到这种方法的启发,Rui 和 Huang 针对图像检索领域提出了分量重要性(component importance,简称 CI)因子和逆集合重要性(inverse collection importance,简称 ICI)因子的概念.其中 ci 因子放映了某个分量在一个特征向量中的相对重要程度,而 ici 因子体现了某个分量将一个特征向量区别于集合中其他图像特征向量的能力.

为了估计 CI 因子,就必须注意到 CI 和分量值 f_{ik} 具有非常相近的含义,前者表现的是某个分量在向量中的相对重要性,后者则表现了某种特征在图像中出现的显著程度.另外一个值得注意的因素是不同分量 f_{ik} 定义在不同的物理范畴上.为了消除分量之间因为值域不同所带来的不可比较性,采用如下归一化方法来从 f_{ik} 值计算 CI:

$$\mathrm{CI}_i = \Big[\frac{f_{i1}}{m_1}, \frac{f_{i2}}{m_2}, \cdots, \frac{f_{ik}}{m_k}, \cdots, \frac{f_{iN}}{m_N} \Big] \tag{6.58}$$

其中 m_k 表示分量 f_{ik} 在所有图像的特征向量中的平均值.正如在文本检索中仅仅使用 TF 因子来估计关键词权重是不准确的,在图像检索中除 CI 因子外,还需要估计 ICI 因子.ICI 因子可用如下公式来估计:

$$\mathrm{ICI}_i = [\log_2(\sigma_{i1} + 2), \cdots, \log_2(\sigma_{ik} + 2)], \cdots, \log_2(\sigma_{iN_v} + 2), \tag{6.59}$$

其中 σ_{ik} 为所有图像的 CI 向量的第 k 个分量值的标准方差.从该公式可以看出,如果某个分量值在所有图像中都十分接近,则它的标准方差就比较小;相反,如果某个分量值在不同图像之间差别很大,则它的标准方差也很大.标准差具有的这种规律是因为 ICI 因子倾向于那些具有分辨不同图像能力的分量,而减弱了那些没有分辨能力的分量的影响.由此可见,标准方差是衡量 ICI 因子的一个很好的度量.

最后,图像 i 的权重由 CI 因子与 ICI 因子的乘积得到:

$$W_i = \mathrm{CI}_i \times \mathrm{ICI}_i. \tag{6.60}$$

在将特征向量 F_i 转化为权重向量后,就可以直接采用基于文本关键词方式所描述的相关反馈模型来对图像检索结果进行反馈和优化了.但需要注意的是,对于图像检索而言,式(6.56)中的 Q 代表对图像的查询向量,D'_R 和 D'_N 则分别代表用户所指定的相关图像和无关图像,而且所有图像均由其权重向量 W 表示,而不是特征向量 F.

类似于文本检索,系统在开始时将用户提交的例子图像或者用户指定的特征权重向量 W 作为初始查询向量 Q,然后根据用户提交的相关和无关图像采用式6.56得到优化的查询向量 Q',然后利用 Q' 重新计算检索结果,这样可以逐渐提高图像检索的精度.

6.8.2　特征权重相关反馈

以调整特征权重为途径的相关反馈方法通过动态地调整图像特征的权重来达到改进检索结果的目的.该方法无需像查询向量相关反馈一样将图像的特征向量转变为权重向量,而是首先由归一化操作来统一不同特征的权重,然后根据相关反馈动态地调整它们的权重以改善检索精度.接下来首先介绍基于特征权重方法的相关反馈机制的总体结构,然后介绍归一化方法和特征权重的调整方法.

1. 特征权重相关反馈结构

一幅图像对象 I 可表示为如下三元组:

$$I = I(D, F, R) \tag{6.61}$$

其中 D 是原始图像数据,例如 JPEG 格式的图像;$F = \{f_i\}$ 是此图像对象的底层特征的集合,这些特征包括颜色、纹理和形状特征等;$R = \{r_{ij}\}$ 是某种给定特征 f_i 的表达形式,如颜色直方图和颜色矩都是颜色特征的表达方式.每种特征表达 r_{ij} 本身可能就是由许多分量组成的向量,可以写成如下形式:

$$r_{ij} = [r_{ij1}, \cdots, r_{ijk}, \cdots, r_{ijK}], \tag{6.62}$$

其中 K 是这个向量的维数.该对象模型允许采用多个特征(及特征表达)对图像进行描述,每个特征都有动态权值与之对应.图像特征权值存在于上述模型的每一级上,W_i、W_{ij} 和 W_{ijk} 分别对应于图像特征 f_i、特征表达 r_{ij} 和特征表达的每一分量 r_{ijk}.

一幅图像对象模型 $I(D, F, R)$ 和一组相似性算法 $M = \{m_{ij}\}$ 一起构成了 CBIR 模型 (D, F, R, M).相似度算法 M 用来计算两幅图像对象之间的相似度.不同的特征可能采用不同的相似度算法,例如,欧拉距离适用于向量特征,而直方图相交适用于颜色直方图.基于上述图像对象模型和一组相似度算法,使用特征权重相关反馈技术的图像检索过程可描述如下:

(1) 将所有权值 $W = [W_i, W_{ij}, W_{ijk}]$ 初始化为 W_0,W_0 是一组无偏权值,使所有的特征和特征分量具有相同的权重:

$$\begin{cases} W_i = W_{0i} = 1/L, \\ W_{ij} = W_{0ij} = 1/J_i, \\ W_{ijk} = W_{0jki} = 1/K_{ij}, \end{cases} \tag{6.63}$$

其中 L 是集合 F 中的图像特征的数目,J_i 是特征 f_i 的表达形式的数目,K_{ij} 是特征向量 r_{ij} 的维数.

(2) 用户的信息用查询对象 Q 表示,也即用户提交的例子图像.查询 Q(例子图像)按照权重 W_i 分解成一组图像特征 f_i,每个特征 f_i 又按照权重 W_{ij} 进一步分解到相应的特征表达 r_{ij} 上.

（3）在某个特征表达 r_{ij} 上,图像 I 和查询 Q 之间的相似度是根据相应的相似度算法 M_{ij} 和权值 W_{ijk} 来计算的:

$$S(r_{ij}) = M_{ij}(r_{ij}, W_{ijk}). \tag{6.64}$$

（4）图像 I 和查询 Q 之间在某幅图像特征 f_i 上的相似度是通过合并每个特征表达上的相似度来得到的:

$$S(f_i) = \sum_j W_{ij} S(r_{ij}). \tag{6.65}$$

（5）图像 I 和查询 Q 之间的总相似度 S 是通过合并各个 $S(f_i)$ 给出的:

$$S = \sum_i W_i S(f_i). \tag{6.66}$$

（6）计算数据库中所有图像与查询 Q 的总相似度,按相似度大小排列图像,返回最相似的前 N_{RT} 幅图像给用户,其中 N_{RT} 是用户所需要的图像数目.

（7）用户根据自己的查询需求和主观意见,判断返回的每一幅图像与查询之间的相关程度. 相关程度分为 5 档,分别是极相关、相关、无意见、不相关或极不相关.

（8）系统根据用户反馈的意见调整权值,使调整后的权值和查询 Q 更接近用户的需要.

（9）回到第（2）步,开始新一轮的检索.

2. 特征归一化

将各个 $S(r_{ij})$ 进行线性组合计算 S 之前,必须将每个 $S(r_{ij})$ 都归一化到 $[0,1]$ 区间内,否则如果某一 $S(r_{ij})$ 的值域范围较大,就会削弱其他值域较小的 $S(r_{ij})$ 对 S 的影响. 同理,在采用 m_{ij} 计算 $S(r_{ij})$ 之前,也需要将该特征向量的各个分量 r_{ijk} 进行归一化操作. 把对 r_{ijk} 的归一化称为特征内归一化,而对 $S(r_{ij})$ 的归一化称为特征间的归一化.

（1）特征内部的归一化.

假设数据库中共有 M 幅图像,而 m 为图像的索引值,那么

$$V = V_m = [V_{m,1}, V_{m,2}, \cdots, V_{m,k}, \cdots V_{m,K}] \tag{6.67}$$

表示第 m 幅图像的特征向量,而 K 是特征向量 $V = r_{ij}$ 的维数. 如果将所有图像的 V_m 叠加在一起,可以得到维数为 $M \times K$ 的矩阵:

$$v = [v_{m,k}] \quad (m = 1, \cdots, M; k = 1, \cdots, K), \tag{6.68}$$

其中 $v_{m,k}$ 是特征向量 V_m（对应于第 m 幅图像）的第 k 个分量. 矩阵的第 k 列是维数为 M 的一个列向量,记为 v_k. 归一化的目标是将每列中的元素都归一化到一致的值域范围中,以保证在计算两个向量之间的相似度时,各分量具有相同的重要性. 一种较好的方法是采用高斯归一化方法. 假设列向量 v_k 是一个高斯数列,先计算该数列的平均值 μ_k 和标准方差 σ_k,然后用如下公式将数列中的每个数归入 $(0,1)$ 区间内:

$$v_{m,k} = \frac{v_{m,k} - \mu_k}{2\sigma_k} \tag{6.69}$$

容易证明,根据 $3-\sigma$ 规则,数值落在区间 $[0,1]$ 范围中的概率大约为 99%. 在实际应用中可以认为数列所有值都已经在 $[0,1]$ 范围中了,对于非此范围中的数值可以简单地对应到 -1 或 1 上. 高斯归一化地优点在于,即使数列中存在一些非常大或非常小的数值,在计算向量间的相似度时也不会导致分量 r_{ijk} 重要性的偏差.

（2）特征之间的归一化.

特征之间的归一化过程描述如下:先计算数据库中的任何一对图像 I_m 和 I_n 之间的相似

度 $S_{m,n}(r_{ij})$：

$$S_{m,n}(r_{ij}) = m_{ij}(r_{ij}, W_{ijk}) \quad (m, n = 1, \cdots, M \text{ 且 } m \neq n). \tag{6.70}$$

由于一共有 M 幅图像，则计算任两者之间的相似度可以得到 $C_M^2 = \dfrac{M(M-1)}{2}$ 个相似度值。将它们看成一个数列，计算此数列的平均值 μ_{ij} 和标准方差 σ_{ij}，并将 μ_{ij} 和 σ_{ij} 的值保存在数据库中，以便以后在归一化中使用。

当用户提交了查询 Q 时，计算 Q 与数据库中所有图像之间的相似度（未归一化的相似度）：

$$S_{m,Q}(r_{ij}) = m_{ij}(r_{ij}, W_{ijk}). \tag{6.71}$$

对这些未归一化的相似度进行高斯归一化：

$$S'_{m,Q}(r_{ij}) = \frac{S_{m,Q}(r_{ij}) - \mu_{ij}}{3\sigma_{ij}}. \tag{6.72}$$

由于高斯归一化会使 99% 的 $S'_{m,Q}$ 值落在区间 $[-1,1]$ 上，再通过以下的平移操作使这些值最终落在 $[0,1]$ 上：

$$S''_{m,Q}(r_{ij}) = \frac{S'_{m,Q}(r_{ij}) + 1}{2}. \tag{6.73}$$

经过这样的移动后，可以认为所有的值都在区间 $[0,1]$ 上。在归一化过程中，需要假设 M 是足够大的。根据大数原理，由这样 C_M^2 个相似度得出的 μ_{ij} 和 σ_{ij} 才近似等于所有可能 $S_{m,n}(r_{ij})$ 的真实平均值和标准方差，才能保证以上归一化方法的正确性。

3. 图像特征权重调整

经过上述的特征内部和特征之间的归一化过程后，特征向量 r_{ij} 中的每个分量 r_{ijk} 都具有相同的重要性，总相似度 S 中的每个特征相似度 $S(r_{ij})$ 也具有了相同的重要性。接着可以根据用户反馈的意见调整特征之间和特征内部的权重了。

(1) 调整 W_{ij}（特征之间的权重）。

W_{ij} 对应于不同的特征向量 r_{ij} 的权重，它反映了用户对总相似度中各特征的注重程度，动态调整 W_{ij} 能够使用户更准确的表达自己的查询要求。

假设 RT 是初次检索中根据总相似度 S 得出的 N_{RT} 幅最相似图像所组成的集合：

$$\boldsymbol{RT} = [RT_1, \cdots, RT_l, \cdots, RT_{N_{RT}}] \tag{6.74}$$

令 S 是用户对图像 RT_i 所给出的反馈得分值组成的集合：

$$S_i = \begin{cases} 3 & \text{（极相关）}, \\ 1 & \text{（相关）}, \\ 0 & \text{（无意见）}, \\ -1 & \text{（不相关）}, \\ -3 & \text{（极不相关）}. \end{cases} \tag{6.75}$$

分值 $3, 1, 0, -1, -3$ 的选取是任意的，实验证明上述这组分值能够比较真实地反映"极相关"和"相关"等程度信息。理论上来说，相关性级数越多，反馈越精确，但相关级数多会给用户与系统交互带来不便利之处。实验证明，5 级相关性是简便性和精确性的最佳平衡点。

同时，将根据某一特征 r_{ij} 的相似度 $S(r_{ij})$ 计算所得的与 Q 最近似的 N_{RT} 幅图像所组成的集合为 RT^{ij}：

$$RT^{ij} = [RT_1^{ij}, \cdots, RT_l^{ij}, \cdots, RT_{N_{RT}}^{ij}], \tag{6.76}$$

接下来计算 r_{ij} 的权值 W_{ij}. 首先初始化 $W_{ij} = 0$,然后计算:

$$W_{ij} = \begin{cases} W_{ij} + Score_i, & \text{如果 } RT_l^{ij} \text{ 在 } RT \text{ 集合中} \\ W_{ij} + 0, & \text{如果 } RT_l^{ij} \text{ 不在 } RT \text{ 集合中} \\ 0, \cdots, N_{RT} \end{cases} \tag{6.77}$$

这里,将所有不在 RT 集合中的图像归入"无意见"这一类中,分值为 0. 经过以上步骤,如果 $W_{ij} < 0$,则将其值置为 0. 经以上步骤得到的权值还要通过除以权值总和进行归一化,使得归一化后的权值总和等于 1:

$$W_{ij} = \frac{W_{ij}}{W_{Tij}}, \tag{6.78}$$

其中 $W_{Tij} = \sum\limits_{ij} W_{ij}$ 为权值的总和.

可以发现,如果 RT 和 RT^{ij} 集重合越多,相应的 W_{ij} 值也越大. 这也就是说,如果某一特征反映了用户的信息需要,它将获得较大的重视程度.

(2) 调整 W_{ijk}(特征内部的权值).

W_{ijk} 反映的是分量 r_{ijk} 对特征向量 r_{ij} 的贡献大小. 允许特征分量具有不同权重这一特点使系统能够构造更为准确可靠的特征,从而获得更好的检索性能. 调整 W_{ijk} 时,首先从返回的 N_{RT} 幅图像中找出用户标记为"极相关"或"相关"的图像(假设总数为 M'),将它们的特征向量 r_{ij} 叠加在一起组成一个 $M' \times K$ 阶的矩阵. 这样,矩阵的每一列都是维数为 M' 的 r_{ijk} 值的序列. 从直观上讲,如果所有相关图像在某个分量 r_{ijk} 上的值非常接近,那就意味着该分量所对应的那种图像特征很好地反映了用户的查询要求,应该给予较高的权重;相反,如果相关图像在某个分量 r_{ijk} 上的值彼此相差很远,则说明该分量所对应的特征无法很好地反映用户的查询需求,则权重应该较小. 根据以上分析,将 r_{ijk} 序列的标准方差的倒数作为对分量 r_{ijk} 的权重 W_{ijk} 的估计:

$$W_{ijk} = \frac{1}{\sigma_{ijk}} \tag{6.79}$$

其中 σ_{ijk} 是 M' 维的 r_{ijk} 序列的标准方差值. 也就是说,标准方差越小,权重就越大;反之亦然. 假设用户至少要标记一幅图为相关的或极相关,这样 σ_{ijk} 就不会等于 0. 这个假设显然是成立的,因为用户如果没有指定相关图像,就意味着用户将重新开始查询,也就不需要进行相关反馈了.

此外,还需要归一化 W_{ijk} 如下:

$$W_{ijk} = \frac{W_{ijk}}{W_{Tijk}}, \tag{6.80}$$

其中 $W_{Tijk} = \sum W_{ijk}$.

6.8.3 其他图像相关反馈技术

除了上述查询向量优化和调整特征权重两大类相关反馈算法外,还有很多其他的相关反馈技术. 比如 Ishikawa 等人设计的 MindReader 图像检索系统把相关反馈描述成一个最小化问题的参数估计过程. 在一般的相似度计算模型中,距离函数总是可以用特征空间中的一个椭圆体来表示,而该椭圆体的轴是沿着坐标轴方向的. 相比之下,在 MindReader 系统中,距离函数可以由轴方向不沿着坐标轴的椭圆体代表,即该距离函数不但允许不同特征具有不同的权重,还考虑到了不同特征之间的相关性. Rui 和 Huang 提出了一种方法,将多个层次上的相关反馈问题统一到一个全局最优化问题中. 此外,还有贝叶斯相关反馈技术,它的应用较为广泛. 采用该技术的代表主要有麻省理工学院的 Vasconcelos 和 Lippman 等人,日本 NEC 公司的研究中心所开发的 PicHunter 系统也采用了这一技术. 读者若想更加深入地了解这些相关反馈技术,可以去查阅相关的参考文献,本文在此不再详细介绍.

§6.9　基于内容的图像检索系统实例

基于内容的图像检索自从 20 世纪 90 年代早期开始就以成为一个非常活跃的领域. 到目前为止,无论是在商业还是在研究领域上,都出现了一些基于内容的图像检索系统. 其中大部分的图像检索系统都具有以下一个或几个功能特点:

(1) 随机浏览功能;

(2) 基于示例图像的检索;

(3) 基于草图的检索;

(4) 基于文本的检索(包括关键词和语音);

(5) 图像的分类浏览.

本节列举一些具有代表性的图像检索系统,并着重介绍它们各自的突出特点.

1. QBIC

QBIC(全称 query by image content)[①]是由 IBM 公司著名的 Almaden 实验室在 20 世纪 90 年代开发的. 该系统建立较早,技术成熟,功能全面,它的设计框架和采用技术对后来的图像检索系统产生了深刻的影响.

虽然 QBIC 只提供了三种属性的检索功能:颜色特性、纹理特性和形状特性,但它的检索效率非常高. 颜色特性的查询包括颜色百分比查询和颜色分布查询,利用颜色百分比查询,用户可以找到具有相似颜色及比率的图像,而利用颜色分布查询可进一步找到不仅颜色相似且颜色分布也相似的图像. 纹理特性是对图像中线条的粗糙性、对比性、方向性三者的综合考虑. 形状属性查询包括对象形状查询和轮廓查询. QBIC 除了上面的基于内容特性的检索,还辅以文本查询功能,以便用户能根据图像的高层语义进行检索.

2. VisualSEEK 和 WebSEEK

这两个系统都是由美国哥伦比亚大学开发的,它们的主要技术特点是采用了图像区域之间的空间关系和从压缩域中提取的视觉特征. VisualSEEK 是基于视觉特征的搜索引擎,而 WebSEEK[②]是一种面向万维网的文本或图像搜索引擎. 这两个系统所采用的视觉特征是颜色集和基于小波变换的纹理特征. 为了加快检索速度,它们采用基于二叉树的索引方法.

VisualSEEK 同时支持基于视觉特征的查询和基于空间关系特征的查询. 例如用户要查找有关"日落"的图像,可以通过构造一幅上半部分是橘红色,下半部分是蓝绿色的草图来提出查询要求.

---

① QBIC 演示程序可以在如下网址中找到: http://www.qbic.almaden.ibm.com.

② WebSEEK 演示程序可从以下网址中找到: http://www.ctr.columbia.edu/wedseek.

WebSEEK 由三个主要部分构成,分别是图像、视频收集器、主题分类和索引器、检索器. WebSeek 提供了 40 多个一级类目管理图像,用户首先通过关键词检索得到初步结果,然后可以根据初次反馈结果,选中满意的图像作为训练样本进行相关反馈,以选中图像的特征来调整下一次查询的要求. 目前,WedSEEK 已借助其软件从万维网上收集到多于650 000幅图像,并对它们从分类、文字描述和内容特征三个方面进行了标引和整理,用户也可以从这三个方面对图像进行检索.

3. Virage

Virage[①] 是由美国 Virage 公司开发的基于内容的图像检索引擎,其中 vir 指 Visual Information Retrieval. 同 QBIC 系统一样,它也支持基于颜色、颜色布局、纹理和形状的检索. 但是 Virage 相对于 QBIC 进步的一点是,用户可以任意组合以上四种基本查询方式构成综合特征查询.

进行综合特征查询时,用户可以对每个查询的图像特征设定权值. 在结果显示矩阵中可以选择查看 3,6,9,12,15 或 18 幅简图. 简图根据相似度降序排列,点击简图标题可得到该图像的一些详细说明,包括 Virage 计算出的相似比. 通过调整四个特征的权值,可显示出不同的检索结果. 为了达到最佳检索结果,用户可以反复进行试验.

4. Photobook

Photobook 是由美国麻省理工学院的多媒体实验室所开发的用于图像查询和浏览的交互式工具. 它的三个子系统分别用于提取形状、纹理和人脸特征. 用户可以分别在这三个子系统中根据相应的特征进行查找. 在 Photobook 新的版本FourEyes 中,Picard 等人提出了让用户参与图像注释和检索过程的想法. 更进一步的,由于人的感知是主观的,他们又提出"模型集合"来结合人的因素. 实验表明,这种方法对于交互式图像注释非常有效.

5. MARS

MARS 是多媒体分析和检索系统(multimedia analysis and retrieval system)的英文缩写,是伊利诺斯大学香槟分校开发的. MARS 与其他图像检索系统最大的差别就是它融合了多学科的知识,包括计算机视觉、数据库管理系统以及传统的信息检索技术.

MARS 在科研方面的最大特点包括数据库管理系统 DBMS 和信息检索技术的结合(如分级的精确匹配),索引和检索技术的融合(如检索算法如何发挥底层索引结构的优点)以及充分发挥人的作用(如相关反馈技术)等等.

§6.10　小　　结

基于文本的图像检索技术存在着一定的局限性,例如人工标注图像的代价过高,标注的内容过于主观,难以真正反映图像的内容等. 基于内容的图像检索技术提取图像的底层特征,例如颜色、纹理、形状和空间关系等,同时建立相应的索引,可以根据用户给出的图像内容描述或示例图案来检索图像,提高了检索的效率和精确性. 为了能在检索时综合各种不同的图像特征,以便更好地反映用户需求,研究者提出了综合特征检索技术,并已将它应用到现有的很多系统中. 图像检索过程中的相关反馈技术使得图像检索系统有了一定的学习能力,能够根据用

---

①　Virage 的主页为: http://www.virage.com/.

户提供的反馈信息来调整各种参数,接着再进行检索,从而得到更精确的结果.

基于内容的图像检索已经在一些研究方向上取得了一定成就,如图像特征的提取、图像相似度匹配模型和相关反馈机制等,并且已经实现了一些实验性的系统.但是,现有系统在图像检索的准确性方面还难以达到实用性的标准.以下列举了在基于内容的图像检索研究领域面临的一些问题和挑战,它们在一定程度上也代表了该研究领域在未来的发展方向.

1. 减少高层语义和底层视觉特征的差距

人们在日常生活中对图像的识别习惯使用的是高层语义特征,而目前计算机能从图像中提取的都是底层的特征.只有在个别领域(如指纹和人脸识别等),可以将高层语义和底层视觉特征建立联系,其他时候高层语义和底层特征之间都没有直接的联系.所以如何减少两者间的差距,使计算机能识别图像中的高层语义信息,将是该领域未来的研究重点.

为了缩小两者之间的差距,可以使用脱机或在线的学习机制.脱机学习可以通过监督学习、非监督学习或两者结合而完成,例如神经网络、遗传算法以及聚类算法等.在线学习需要一个强大并友好的智能化查询界面,以便让用户将对检索结果的评价反馈给系统.MARS 中的相关反馈就属于这类技术.

2. 在图像检索中发挥人的作用

早期的图像检索系统都希望能实现"全自动的图像检索",并且寻找最优图像特征.但这些尝试都失败了,因为目前的计算机技术水平还没达到实现全自动化所需的技术水平.因此,很多研究人员把更多精力都放到"交互式系统"和"人机结合"的课题上来.比如 QBIC 系统采用交互式的图像区域分割;麻省理工学院研究小组把他们自动化的 Photobook 系统发展到交互式的 FourEyes 系统;WebSEEK 允许人们在相关反馈的基础上对动态图像特征向量进行重新计算;加州大学圣巴巴拉分校的研究人员则在图像纹理分析中加入了监督学习的技术.

3. 面向 web

现在 web 正以难以想象的速度发展和扩张.Web 上已经存储了海量的数据,其中很多是图像数据.为了使用户能够从这些海量图像数据中检索出自己需要的图像,必须有强大的图像搜索引擎.而目前尽管已经有一些图像搜索引擎的相关项目,但需要达到和文本搜索引擎媲美的实用性阶段还需要技术上的突破.

4. 高维数据索引

Web 飞速发展使得现有的图像数据库的规模越来越大,这使得检索得效率成为了研究人员需要考虑的问题.需要采用高维数据索引技术提高检索的效率.尽管目前高维数据的索引技术领域已经取得了一些进展,但真正有效的技术还急需研究人员去开发.

5. 性能评价标准和测试集

任何一门技术都是由该领域中相应的评价标准来推动的,比如数据压缩领域的评价标准是信噪比(signal noise ratio,简称 SNR),在基于文本的信息检索领域是查准率和查全率.一个好的评价标准会引导相关技术向正确的方向发展,而差的标准则有可能"误导"研究工作.就目前而言,图像检索领域的标准主要是借用文本检索的查全率和查准率,另一些系统中采用基于"开销/检索时间"比例的评判标准.

尽管上述评判标准在一定程度上反映了图像检索系统的某些性能指标,但它们还远不能让人满意.其中一个重要原因在于选取的评价标准关系到人们对图像内容的主观理解.也就是说,人们对图像内容理解的主观性妨碍了在图像检索中定义一个完全客观的评价标准.然而,人们还是需要找到一种评价系统性能的途径,并以此来引导研究工作向正确方向发展.

与评价标准具有同等意义的一个课题是建立一个平衡的、大规模的测试数据集.一方面,一个好的测试数据集必须具有相当的规模,以便于对系统的规模可扩展性进行测试,比如其对高维数据索引的能力.另一方面,好的测试集应该是平衡的.应包括各种类型的图像,以求对系统所提取图像特征的有效性和系统的整体性能进行评价.

6. 图像特征映射与图像基寻找

目前图像编码是按照像素点进行的,因此在提取图像特征时,就是从每个像素点得到色度值,形成直方图和纹理等特征.但是,人们欣赏图像时,并不是先识别出每个像素的色彩值,再形成图像中的对象.而是直接形成图像中对象,得到图像语义.所以,进行基于内容的图像检索时,从图像中得到物体对象,按照物体对象实现图像检索,可以很好地匹配人对图像的感知机理.

为了实现基于对象的图像检索,可以采取两种方式:一是按照人脸识别中生成"特征人脸"过程,寻找每个物体的"图像基",然后将每类物体投影到这类物体的"图像基"空间,实用投影系数表示每类物体,而不是使用像素点特征表示每类物体,这也是图像特征映射的手段.二是寻找图像特征中的"特征基".在文本识别中,关键词是描述文本的索引文字.如果将一幅图像比做一个文档,这幅图像中就存在"关键图像子块".得到图像中的关键子块,许多文本检索的技术就可以直接使用到图像检索中.

§6.11　参　考　文　献

[1] 李弼程,彭天强,彭波. 智能图像处理技术. 北京:电子工业出版社,2004,343—358.

[2] 吴高洪,章毓晋,林行刚. 基于分形的自然纹理自相关描述和分类.清华大学学报,40(3):90—93,2000.

[3] 谢和平,薛秀谦. 分形应用中的数学基础与方法. 北京:科学出版社,1997.

[4] 章毓晋. 基于内容的视觉信息检索. 北京:科学出版社,2003,84—101,162—179.

[5] 庄越挺,潘云鹤,吴飞. 网上多媒体信息分析与检索. 北京:清华大学出版社,2002,28—70.

[6] Feng D D, Siu W-C, Zhang H-J. ed. *Multimedia Information Retrieval and Management-Technological Fundamentals and Applications*. 2003. Berlin; New York: Springer, 1—22,57—72.

[10] Chaudhuri B B, Nirupam S. *Texture segmentation using fractal dimension*. IEEE-PAMI,17(1):72—77,1995.

[11] Dirk Daneels, D. Campenhout, Wayne Niblack, Will Equitz, Ron Barber, Erwin Bellon, and Freddy Fierens. *Interactive outlining: An improved approach using active contours*. In Proc. SPIE Storage and Retrieval for Image and Video Databases, 1993.

[12] HU M K. *Visual pattern Recognition by Moment Invariants*. IRE Transactions on Information Theory, IT-8:179—187, 1962.

[13] Keller J M, Chen S. *Texture description and segmentation through fractal geometry*. Computer Vision, Graphics and Image Processing,45:150—166,1989.

[14] Chung-Sheng Li, Lawrence D. Bergman, Vittorio Castelli, John R. Smith. *A Progressive Content-Based Spatial Image Retrieval Engine*. SIGMOD2000.

[15] X. Q. Li, Z. W. Zhao, H. D. Cheng, C. M. Huang, and R. W. Harris. *A fuzzy logic approach to image segmentation*. In Proc. IEEE Int. Conf. on Image Proc, 1994.

[16] Lu G. *Multimedia Database Management Systems*. Boston/London：Artech House. 1999,113—134.

[17] Lybanon M, Lea S, Himes S. *Segmentation of diverse image types using opening and closing*. In Proc. IEEE Int. Conf. on Image Proc, 1994.

[18] Pentland A P. *Fractal-based description of natural scene*. IEEE_PAMI,6(6)：661—674,1984.

[19] Rocchio, Jr., J. J, Relevance Feedback in Information Retrieval. In *The SMART Retrieval System*：*Experiments in Automatic Document Processing*（Salton, G. eds）313—323. Prentice-Hall. 1971.

[20] Yong Rui, Alfred C. She, and Thomas S. Huang. *Automated shape segmentation using attraction-based grouping in spatial-color-texture space*. In Proc. IEEE Int. Conf. on Image Proc. 1996.

[21] Ramin Samadani and Cecilia Han. *Computer-assisted extraction of boundaries from images*. In Proc. SPIE Storage and Retrieval for Image and Video Databases, 1993.

[22] Shashi Shekhar, Sanjay Chawla 著. 空间数据库. 谢昆青，马修军，杨冬青等译. 北京：机械工业出版，2004，271—276.

[23] Sklansky J. *Image segmentation and feature extraction*. IEEE-SMC, 8(4)：237—247.

[24] Wen C Y, Acharya R. *Self-similar texture characterization using a Fourier-domain maximum likelihood estimation method*. Pattern Recognition Letters,19：735—739, 1998.

§6.12 习 题

1. 基于文本和基于内容的图像检索系统间的差别是什么？

2. 简述基于内容的图像检索系统的结构.

3. 列举基于颜色特征进行图像检索时常用的方法，并比较它们的优缺点.

4. 用颜色直方图表示颜色特征的缺点是什么，如何进行改进？

5. 心理学角度上纹理特征的六种属性是什么，如何用数学方法表示它们？

6. 查阅相关文献，了解多维度自回归纹理模型如何在不同的相邻像素集合范围下计算纹理特征.

7. 如何描述图像中对象的形状特征？具体有哪些方法？

8. 如何描述图像中对象的拓扑关系，怎样定义不同拓扑关系间的相似性？

9. 比较不同图像特征的优缺点，说明为什么要使用综合特征检索.

10. 在特征权重相关反馈中，为什么要进行特征归一化？

第七章 视频索引、检索与结构化

§7.1 引　言

在前面的章节里,我们已经介绍了基于内容的文本、音频和图像检索.本章将介绍基于内容的视频索引和检索方法.近年来视频检索已成为一个热点研究方向,这是因为随着数据获取、存储、传输技术的飞速发展,人们可以轻易地查询、获取和产生大量丰富多彩的视频信息.另一方面,现阶段用于描述、组织和管理视频数据的工具和技术却十分有限,远远不能满足广大用户希望能够方便快捷地检索和查询视频信息的需求.

视频数据是指存储声像信息的一类十分特殊的数据,它所传递的信息量远大于静态图像和文字.一般来说,视频数据具有以下特点:

(1) 视频数据有较高的信息分辨率.所谓信息分辨率是指媒体提供细节的多少,如对于一段描述犯罪现场的视频数据,可从中分辨出犯罪地点、背景、犯罪人、犯罪工具乃至作案手段等细节.

(2) 视频数据之间关系复杂,其数据组织是非结构化的.视频段之间,视频段内的对象之间既有时间上的关系,又有空间上的关系,此外,视频数据还与特定的应用领域有关.

(3) 视频数据解释的多样性及模糊性.视频数据不像字符数值型数据有完全客观的解释,而常常带有个人主观的因素.由于视频数据的模糊性,当对其进行基于内容的查询时,无法像传统的数据库检索那样采用关键词确切查询一个特定记录,常常只能用相似性进行查询.

视频包含的信息极其丰富,一段完整的视频往往由字幕、音轨(语音的和非语音的)、图像记录以及按一定速率连续播放的图像记录组成.因此,视频可以被看做是文本、音频以及含时间维的图像的集合.此外,视频也可能关联于某一些元数据,例如视频标题以及作者、制片人、导演等.所以,视频索引和检索有以下的方法:

(1) 基于元数据的方法.

这种方法中利用了传统的数据库管理系统,视频的索引和检索基于结构化了的元数据.一般的元数据是视频标题、作者、制片人、导演、制作数据以及视频类型.

(2) 基于文本的方法.

视频的索引和检索可利用基于文本的信息检索技术.通常,很多类型的视频包含抄本和字幕,例如新闻节目和电影,这样就即避免了人工注释过程.同时,时间信息也应该被包含到相关视频帧的关联文本中.

(3) 基于音频的方法.

这是一种基于关联音轨的视频索引和检索的方法.音频被分为语音和非语音部分:语音部分首先采用语音识别技术转录成文本,然后根据这些文本,采用信息检索技术来对视频进行索引和检索.另外如果能识别出非语音信号的含义,也可以从中获取一定的视频信息.同样,时间信息也应该被包含到相关视频帧的音频文本中.

（4）基于内容的方法.

基于内容的视频索引和检索通常有两种方法.在第一种方法中,视频被看做一系列相互独立的帧或者图像的集合,于是可以采取第六章介绍的图像内容检索技术来对视频进行索引和检索.这种方法存在的一个很大问题是忽略了视频帧之间的时序关系,而且需要处理的图像数量超乎寻常的大.第二种方法将视频序列分割成由相似的帧组成的组（即镜头）,然后在各组的代表帧上进行索引和检索,这就是基于镜头的视频索引和检索方法.

（5）综合的方法.

以上的两种或更多的方法结合起来,以达到更高效和多目标的视频索引和检索.

基于内容的视频检索,就是根据视频的内容和上下文关系,对大规模视频数据库中的视频数据进行检索.它提供这样一种算法:在没有人工参与的情况下,自动提取并描述视频的特征和内容.早期的采用人工产生视频信息描述的方法代价昂贵,时间消耗巨大,面对现今庞大的不断增长的视频数据几乎是不可能的,而且,人工方法的结果往往带有主观色彩,难以保证准确性和完整性.

第六章中介绍的基于内容的图像检索技术可以扩展到视频检索中来,但是这种扩展并不是简单的延伸.一段视频由一系列相互间冗余度极高的图像帧组成,哪怕一分钟时间内的帧数也相当多.视频内容以情节和事件组织,包含特定时间和空间内的故事或者特定视觉信息.所以,更应该将视频看做文档,而不是毫无结构的帧序列.视频的索引同样可以认为类似于文本文档的索引.结构化过程中,文本文档首先需要被分解为段、句和词（或字）,再建立索引.相应地,视频同样需要被分解为基本的单元来建立索引.基于镜头的视频索引和检索方法将视频序列分割成由相似的帧组成的组（即镜头）,然后在各组的代表帧上进行索引和检索.

本章的其余部分组织如下,§7.2介绍基于镜头的视频索引和检索.§7.3详细介绍镜头的检测和切分技术.而对视频单元进行索引和检索将在§7.4中介绍.§7.5将讨论如何有效地压缩视频内容和在有限的显示空间里进行显示.§7.6是TRECVID及IBM参赛视频检索系统的介绍.§7.7是本章总结.

§7.2　基于镜头的视频索引和检索

7.2.1　视频结构化

传统的视频表示方法是将视频表示为视频数据流序列,但如果需要利用视频的内容进行索引、浏览、查询、检索等,就需要对视频进行有效合理地组织,自动对视频数据流进行结构化,并通过分析进行组织和建立索引.组织后的视频数据具有合适的结构可用于非线性浏览,而建立索引后进行基于内容的检索就很方便了.

视频结构化就是对视频流中的连续帧序列进行切分,把一个连续视频流按其内容展开的不同,将它分成若干语义段落单元.一般来说,这些语义段落单元包括镜头、组和场景等.

视频的结构特征和内容可以用场景、组、镜头、帧等来进行描述:

（1）帧是组成视频的最小单位,每帧是一幅静态的图像,视频可以看做是一个连续的图像序列.

（2）镜头由一系列帧组成的一段视频,它描述同一场景,表示的是一个摄像机操作、一个事件或连续的动作.一般认为在同一组镜头中的视频帧的图像特征保持不变.

（3）关键帧中的每一幅均代表镜头特征和主要内容的帧.关键帧的数目远远小于镜头所包含的帧的数目,使用关键帧表示镜头信息简单而有效.

（4）组是介于物理镜头和语义镜头之间的结构.举例来说,一段采访的录像,关于主持人的镜头属于一组,关于被采访者的镜头则属于另外一组,而整个采访构成了一个场景.

（5）场景由语义相关的镜头或组构成,这些镜头不一定在时间上连续.场景描述了一个独立的故事单元(或者说是一个高层抽象概念),它是一段视频的语义组成的单元.

一段视频的典型结构如图 7-1 所示,这是一个 5 层的结构.

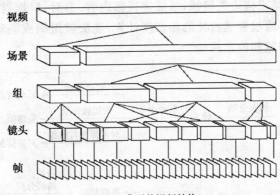

图 7-1　典型的视频结构

图 7-2 描述了对视频数据流进行结构化的过程:连续的视频图像帧通过视频镜头边缘检测被分割成长短不一的镜头单元;然后对每个镜头单独提取关键帧,得到可以表征每个镜头单元的关键帧.其中由于每个镜头长短不一,所以可以提取的关键帧数目也不一样.接着分析视频关键帧,得到视频组;最后在视频组的基础上,得到视频场景.在这个结构化过程中,就得到了视频目录,用它来作为原始的无结构视频数据流的索引.这样用户就可以通过浏览视频目录,而快速地了解整段视频数据所表达的内容.

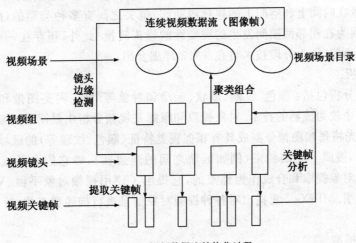

图 7-2　视频数据流结构化过程

7.2.2 基于镜头的视频索引和检索

一个中等长时间(如 1 h)的视频包含的帧已经相当多,如果对这些帧分别进行单独处理,索引和检索的效率会非常低.但是通过镜头来组织视频,则会具有一定的逻辑关系.例如在新闻视频中的,每个新闻项目都对应着一个镜头.因此,镜头是视频结构中很重要的一个语义单元.

图 7-3 描述了基于镜头的的视频索引和检索的主要过程.视频首先被分割成各个镜头,并对每个镜头进行运动分析(主要针对摄像机运动和物体运动).基于运动分析,可以提取并跟踪镜头中的对象,同时选择或构造关键帧,来描述视频内容.然后,根据提取镜头、关键帧和对象的视觉特征,进行索引.通过视觉特征的相似度计算,镜头被组织成场景.最终,用户可以通过一种简单方便的方法浏览和检索视频.

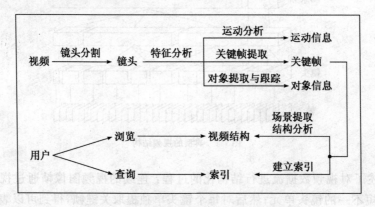

图 7-3　基于镜头的视频索引和检索过程

基于镜头的视频索引和检索的关键技术如下:

(1) 镜头分段.

通常视频流中的镜头,是由时间连续的视频帧组成的.它对应着摄像机一次记录的起停操作,代表一个场景在时间上和空间上的连续的动作.镜头之间有多种类型的过渡方式,最常见的是"突变",表现为在相邻两帧间发生的突变性的镜头转换.此外,还存在一些较复杂的过渡方式,如淡入、淡出等.镜头分段技术将在 §7.3 详细介绍.

(2) 特征分析.

基本的特征分析包括:颜色、纹理、形状、运动和对象等.前三种是图像和视频共有的,属于数字图像处理中较为成熟的技术.对象提取和跟踪是视频分析中最困难的部分,可利用运动信息进行处理:先将每帧图像分割成具有相似视觉特征(颜色、纹理等)的区域,然后根据各个区域的运动特征,按照一定的约束(例如区域之间的连通性),将它们合并成对象.国际标准MPEG-4 便是以对象提取和合成作为焦点的,它提出了使用视频对象平面(VOP)的概念,对视频对象进行索引.MPEG-7 更提出对各种视频对象信息进行描述和查找.特征分析技术将在§7.4 详细介绍.

(3) 关键帧提取.

为了克服基于镜头的方法存在的问题,人们提出了一种基于内容分析的方法.这种方法通过分析视频内容(颜色直方图、运动信息)随时间的变化情况,来选取所需关键帧的数目,并按照一定的规则为镜头抽取关键帧.当然还有其他的方法,如用无监督聚类技术来选择关键帧等.

(4)视频结构分析.

视频结构分析的过程,就是将语义相关的镜头组合、聚类的过程.举例来说,假设有一段两人对话的视频段,在拍摄过程中,摄像机的焦点在两人之间来回切换,用前面所述的镜头分割技术,必然会把这一段视频分割为多个镜头.而这一组在时间上连续的镜头是相关的,因为这一组镜头是一个情节(称为场景).结构分析的目的,便是使视频数据形成结构化的层次,可以方便用户进行有效地浏览.

§7.3　镜头检测和分段

视频是一种时间媒体数据,它不容易被管理.在视频数据由粗到细的顺序划分为四个层次结构(视频、场景、镜头、帧)中,镜头是视频数据的基本单元,它代表一个场景中在时间上和空间上连续的动作,是摄像机的一次操作所摄制的视频图像,任何一段视频数据流都是由许多镜头组成的.

一般来说,在视频情节内容发生变化时,会出现镜头切换,即从一个镜头内容转移到另外一组镜头内容.因此,通过视频检索实现对视频镜头的切分,即将原始连续视频分成长短不一的镜头单元,是结构化和后续视频分析处理的基础.

在镜头切换时,切换点前、后两帧通常在内容上变化很大.镜头的分段就需要一个合适的镜头切分阈值来判断是否出现了镜头转换,是否需要镜头切分.

阈值是否合适并没有一种很客观的方法,而常常要依靠主观判断,人为地选取合适的阈值.但是仍然可以笼统地去判断一个阈值是否合适,合适的阈值既要能判断出个别帧之间的变化,又能确保整体切分性能保持在一定水平.

7.3.1　镜头切换和运动

1. 镜头切换

由于一个镜头只能拍摄相邻地点连续发生的事情,它的描述能力有限,所以大多数的视频都是由许多镜头通过编辑连接而成的.有的视频切换频繁,镜头的持续时间短,如电视新闻节目、故事片等.这些视频通过镜头的切换来反映不同地点或不同时间发生的事情.也有的视频切换较少,每个镜头的持续较长,例如体育节目的转播.而用于银行保安、交通监管的监控视频几乎没有镜头的切换,对于这些视频人们关心的主要是镜头内物体的运动.

镜头的切换有两种:突变和渐变.突变是指前一个镜头的尾帧被下一个镜头的首帧快速代替,是两个镜头之间最简单的切换,将在7.3.2小节中介绍;从视频编辑的角度看,渐变主要是通过色彩编辑和空间编辑得到,是指前一个镜头的尾帧缓慢地被下一个镜头的首帧代替,其中包括淡入、淡出、隐现、擦洗等;淡入是指某镜头的首帧缓慢而均匀地从全黑屏幕中出现;淡出是指某镜头的尾帧缓慢而均匀地变黑直至全部消失;隐现是指前一个镜头的尾帧缓慢而均匀地变成下一个镜头的首帧;擦洗是指下一个镜头的首帧逐渐穿过并覆盖前一个镜头的尾帧.渐变切换的特征量的变化太小,很难用单个的阈值来检测,需要更复杂的办法,在7.3.3小节会单独介绍.

2. 镜头内的运动

镜头内的运动包括由对象运动导致的局部运动和由摄像头运动导致的全局运动.

（1）对象运动.

对象的运动根据实际情况的不同千变万化,但又是视频检索的一个重要方面,特别是对于监控视频.例如用户可能需要检索某个物体被移动的视频片段或汽车发动的视频片段.常见的几种对象运动归纳如下:

① 出现:一个对象出现于镜头;

② 消失:一个对象从镜头中消失;

③ 进入:一个运动的对象出现于镜头;

④ 退出:一个运动的对象从镜头中离去;

⑤ 运动:一个原本静止的对象开始运动;

⑥ 停止:一个原本运动的对象停了下来;

⑦ 通过对以上对象运动的分析,可实现对监控视频的基于内容的检索.

（2）摄像头的运动.

在视频的拍摄过程中,摄像头可以按不同的方式运动,以达到特定的拍摄效果.摄像头的运动包括:

① 摇镜头（tilt and pan）:摄像机位置不动,借助于三脚架上的云台,按某一方向水平或垂直转动摄像头所拍摄到的镜头;其画面效果犹如人们转动头部环绕四周或将视线由一点移向另一点的视觉效果.

② 推镜头（zoom in）:通过变焦使画面的取景范围由大变小、逐渐向被摄主体接近的一种拍摄方法.

③ 拉镜头（zoom out）:与推镜头相反,拉镜头是通过变焦使画面的取景范围和表现空间由小到大、由近变远的一种拍摄方法.

④ 移动镜头（translation）:摄像机跟随运动的被摄体一起移动而进行的拍摄,其特点是画面始终跟随一个运动的主体,并且要求这个被摄对象在画框中要处于一个相对稳定的位置上.移动又可分为水平移动和垂直移动.

⑤ 组合拍摄（combination）:组合拍摄是指在一个镜头中有机结合推、拉、摇、移动等几种不同摄像方式的拍摄方法,用这种方式拍摄的画面也叫综合运动镜头.此时一般只分析主要的运动.

7.3.2　突变镜头检测

两个镜头间的切换是将两个镜头直接连接在一起得到的,中间没有使用任何摄影编辑效果.切换一般对应在两帧图像间某种模式（由场景量度或颜色的改变,目标或背景的运动,边缘轮廓的变化导致）的突然改变.

对镜头切换的检测目前一般都采用类似图像分割中基于边缘的方法,即利用镜头间的不连续性.这类方法有两个要点:（1）对每个可能的位置检测是否有变化;（2）根据镜头切换的变化特点确定是否有切换发生.

镜头边缘检测的方法很多,下面介绍常见的几种:

(1) 绝对帧间差法.

绝对帧间差法是最直观的镜头边缘检测方法,这种方法通过判断前后相邻两个图像帧之间的特征是否发生了显著变化来判断镜头是否发生了切换.具体实现时,可以将相邻两帧的差别定义为两帧各自对应的所有像素的色彩亮度和之差.

图像帧数目很大,为了避免大量计算,考虑到相邻时刻内图像的特征变化很小,可以采取小数据采样,只处理部分帧.

(2) 图像像素差法.

当视频从一个镜头转换到另一个镜头时,相邻图像帧中对应像素点会发生变化.判断相邻图像帧中像素点发生变化的多少,可以达到视频镜头边缘检测的目的,这就是基于图像像素差法进行镜头边缘检测的基础.

使用像素差法进行镜头边缘检测的步骤如下:首先统计两帧对应像素变化超过阈值的像素点个数,再比较变化的像素点个数和另一个阈值,如果超过范围则判断为镜头边界.但是这种方法对镜头移动非常敏感,对噪声的容错性较差.

(3) 颜色直方图法.

基于图像颜色直方图特征进行镜头边缘检测的方法就是颜色直方图法.这种方法最适用于突变和擦洗造成的镜头切换的判断.如果相邻帧的颜色直方图之间出现一个大的差值,则可以确定出现了一个镜头切换点.

假设 $H_i(j)$ 表示第 i 个帧的直方图,其中 j 是颜色的可能的灰度级别,则第 i 帧与其后续帧之间的差值可由下列公式表示:

$$SD_i = \sum_j \big| H_i(j) - H_{i+1}(j) \big|.$$

如果 SD_i 大于预定的阈值,则可以判定它是一个镜头边界.

对于彩色视频,可增加考虑颜色成分.一种简单有效的方法是比较根据从 R, G 和 B 成分中推导出的颜色代码而构成的两个直方图.在这种情况下,上述方程的 j 将表示颜色代码而不是灰度级别.

(4) 边界跟踪法.

边界跟踪方法的思路为:镜头转换导致距离原来边缘很远的位置出现新边缘,而原来的边缘会逐渐消失.因此,镜头转换的判断可以看做是两个图像帧中边缘的比较.

比较颜色直方图和颜色比例的镜头边缘检测算法是在边界识别的基础被提出的.在这种方法中,连续帧被排列成一行,以减少镜头移动造成的影响,然后再比较图像中边的个数和位置.同时计算相邻两帧间进入或者离开图像的边所占百分比,百分比最大的是镜头的切分点.而且,这种方法也可以通过百分比的相关值判断是否出现隐现和淡入淡出.边界跟踪法对运动的敏感度不大.

边界跟踪法中,如果 p_{in} 表示帧 f 和 f' 中最近边中像素点距离超过阈值 r 的像素点数目在 f 中所占百分比,p_{out} 表示帧 f' 和 f 中最近边中像素点距离超过阈值 r 的像素点数目在 f' 中所占百分比,则相邻帧 f 和 f' 的差为

$$d(f, f') = \max(p_{in}, p_{out}).$$

如果 $d(f, f')$ 超过一定阈值,则认为在 f 和 f' 处,应当进行视频镜头分段.

其他比较常见的镜头边缘检测方法还有很多,如矩不变量法、运动向量法等.

7.3.3　渐变镜头检测

　　渐变是许多镜头切换方式的总称,它们共同的特点是整个切换过程逐渐完成的,从一个镜头变化到另一个镜头常可能延续十几帧或几十帧.与突变只有一种不同,渐变有许多种.许多突变检测算法也可用来检测渐变.渐变也有自身的特点,所以也有许多专门用于渐变检测的方法.

　　当渐变发生时,镜头间的相邻帧之间的差值要比镜头内的差值高,但比镜头阈值低很多.表7-1给出了一些典型的渐变类型及特点:

表 7-1　一些常见的渐变类型

名　称	特　点
淡入	后一镜头的起首几帧缓慢均匀地从全黑屏幕中逐渐显现
淡出	前一镜头的结尾几帧缓慢均匀地变暗直至变为全黑屏幕
隐现	前一镜头的结尾几帧逐渐变暗消失而同时后一镜头的起始几帧逐渐显现
滑动	后一镜头的首帧从屏幕一边(角)拉入,同时前一镜头的尾帧从屏幕另一边(角)拉出
上拉	后一镜头的首帧由下向上拉出,逐步遮挡住前一镜头的尾帧
下拉	后一镜头的首帧由上向下拉出,逐步遮挡住前一镜头的尾帧
擦洗	后一镜头的首帧逐渐穿过并覆盖前一镜头的尾帧
翻页	前一镜头的尾帧逐渐从屏幕一边拉出,显露出后一镜头的首帧
翻转	前一镜头的尾帧逐渐翻转,从另一面显露出后一镜头的首帧
旋转	后一镜头的首帧从屏幕中旋转出来并覆盖前一镜头的尾帧
弹进	后一镜头的首帧从屏幕中显露出来并占据整个画面
弹出	前一镜头的尾帧从屏幕中甩离出去并消失
糙化	用暗的模板逐渐侵入屏幕而渐进地覆盖前一镜头的尾帧直至变为全黑屏幕

　　显然镜头渐变的检测要比镜头突变的检测要困难得多.目前镜头渐变的检测的主要方法有:

　　(1) 双阈值比较法.

　　双阈值比较法设置两个阈值 T_b, T_s.当帧差大于 T_b 时,存在镜头突变;当帧差小于 T_b 而大于 T_s 时存在镜头渐变.当接续帧的帧差开始超过 T_s 时,这一帧称为镜头渐变的起始帧.然后同时计算两种帧差:一种帧差是上述统称的接续帧的帧差,即相接两帧的帧差 $fd_{k,k+1}$;另一种帧差是相隔帧的帧差 fd_l,即相隔 l 帧的帧差.当镜头渐变的起始帧检出后,便开始计算 fd_l,即 k 逐渐增加时,也同时逐渐增加 l.显然,相隔帧的帧差随着相隔帧数 l 的增加而增加,因而相隔帧的帧差是一个累计帧差.当相隔帧的帧差 fd_l 累计超过 T_b,而接续帧的帧差低于 T_s 时,这一帧便为镜头渐变的终止帧.注意,上述两种帧差是同时计算的,在相隔帧差开始累计后,同时观察接续帧的帧差 $fd_{k,k+1}$,如果 $fd_{k,k+1}$ 小于 T_s,则结束该起始帧,接着重新寻找起始帧.

　　(2) 模糊聚类法.

　　模糊聚类算法不但可用于检测镜头突变,也可用于检测镜头的渐变.把一段视频进行模糊聚类后便得到各帧属于明显变化(SC)和非明显变化(NSC)两类场景的隶属度.如果某帧属于

SC 的隶属度大于属于 NSC 的隶属度,则该帧属于明显变化类,并用二进制"1"表示;反之用"0"表示.这样便把这段视频表示成二进制序列,例如 00110001001111011….

视频序列中镜头突变和渐变具有一定的模式,因此,可对视频二进制序列进行模式判别,便可检测镜头突变和渐变.例如 010 模式表示镜头突变,而 011 或 110 模式表示镜头渐变.该方法对由灰度帧差特征和直方图帧差特征组成的线性特征空间进行模糊聚类.为了提高模糊聚类的精度,建议当隶属度在 0.4~0.6 区间时采用对由灰度帧差特征和直方图帧差特征相乘组成的非线性特征空间进行模糊聚类,这可拉大两类的差别,从而提高模糊聚类的精度.

(3) 淡入淡出和隐现的检测.

实际中,虽然渐变的方式类型很多,但 99% 以上的镜头编辑方法都可归属于三类,即突变、淡入淡出和隐现,所以渐变镜头检测主要为对淡入淡出和隐现的检测.

淡入、淡出和隐现都是借助像素的亮度(颜色)变化来平滑连接不同镜头的.下面具体介绍两种典型方法.

① 利用差值直方图.

前面小节介绍的通过比较两相邻帧图像颜色直方图来判断是否有突变的方法,可以推广到对渐变的检测.同时,相比双阈值比较法使用较大的 T_b 来检测突变和较小的 T_s 来检测渐变,步长为 N 的帧间直方图差值判定算法在检测渐变切换时也作了进一步的推广,在计算相邻帧间差值的同时,在适当的位置还计算步长为 N 的帧间差值.

步长为 N 的帧间直方图差值判定算法对视频进行两次扫描,并设置三个阈值 $T_1>T_2>T_3$.第一次扫描与突变镜头检测单阈值判定算法一致,首先计算帧间直方图差值,并以 T_1 为阈值判定突变切换.然后,步长为 N 的帧间直方图差值判定算法在完成第一次扫描的基础上,进行第二次扫描,在第一次扫描过程中已划分的镜头内部再搜索出可能存在的变化稍缓的突变切换及所有的渐变切换.第二次扫描以 N 帧间直方图差值为依据,计算每一个已判定镜头的内部帧和与之相距 N 的后续帧之间的差值,如果这个差值超过阈值 T_2 且这一帧与本身所处镜头的起始帧和结束帧相距均大于步长 N,则判定此帧为新镜头的起始帧.如果此帧和与之相距 N 的后续帧之间的差值小于阈值 T_2,但大于阈值 T_3,则考察下一帧和与之相距 N 的后续帧之间的差值,如果下一帧的 N 帧间差值也大于阈值 T_3,而且它们与本身所处镜头的起始帧和结束帧相距均大于步长 N,则同样可判定此帧为新镜头的起始帧.显然,计算 N 帧间差值可以有效地跳过渐变过程本身,摆脱在渐变过程中相邻帧差值不明显的困扰,从而准确判定出镜头分割点.对于步长 N,可取 4,6,8,10,12 等值.步长为 N 的帧间直方图差值判定算法具体描述为:

计算帧间直方图差值 $SD_i=SD(i,i+1)$;

对帧间直方图差值 SD_i 的每一个值,如果有 SD_l 同时满足以下条件:

(a) $SD_l \geqslant T_1$,其中 T_1 为突变切换阈值;

(b) $l>e+N$,其中 e 为前一镜头结束帧号,N 为算法步长.

则判定第 l 帧为新镜头的起始帧.

从每一个镜头的第一帧起,计算 N 帧间直方图差值 SD_i,$SD_{i,N}=SD(i,i+N)$;

对 N 帧间直方图差值 $SD_{i,N}$ 的每一个值,如果有 $SD_{i,N}$ 满足以下条件其中之一:

(a) $SD_{l,N} \geqslant T_2$,且 $s+N < l < e-N$,T_2 为渐变切换阈值,s 为所处镜头的开始帧帧号,e 为所处镜头的结束帧帧号;

(b) $D_{l-1,N} \geqslant T_3$,$D_{l,N} \geqslant T_3$ 且 $s+N < l < e-N$,T_3 为渐变切换阈值,s 为所处镜头的开始帧帧号,e 为所处镜头的结束帧帧号.

则判定第 l 帧为新镜头的起始帧.

② 借助产生式模型.

淡入、淡出和隐现的检测也可以借助建模来进行.考虑 $f(x,y,t)$ 是一个灰度序列,长度为 L,那么在渐变过程中产生的序列 $g(x,y,t)$ 可以表示为

$$g(x,y,t) = f(x,y,t)(1-t/L), \qquad t \in [t_0, t_0+L].$$

考虑表 7-1 中列举的淡入淡出特点,可理想地分别模型化为

$$g_i(x,y,t) = B(x,y) + f_i(x,y)(t/L),$$
$$g_0(x,y,t) = f_0(x,y)(1-t/L) + B(x,y),$$

其中 $B(x,y)$ 代表黑色图像,当 $f_i(x,y)$ 代表淡入时 $f(x,y,t)$ 的最后一帧,$f_0(x,y)$ 代表淡出时 $f(x,y,t)$ 的最前一帧.上述模型假定在淡入和淡出的过程中原始序列本身不随时间变化,可用一帧 $f(x,y)$ 代替.

通过对上面的式子进行微分,可以得到一阶差图像,这是一幅正比于淡入或淡出速率的常数图像.于是通过对一阶差图像是否为常数图像的检测就可以判断是否发生了淡入或淡出.

隐现可以看做是一个淡出后面跟着一个淡入,所以可以模型化如下:

$$g(x,y,t) = f_0(x,y)(1-t/L_0) + f_i(x,y)(t/L_i),$$

其中 L_i 和 L_0 分别是隐现中两个镜头各自的长度.一般来说,隐现里淡入各帧和淡出各帧中的亮度分布是不一样的,并且其中一个常能盖住另一个.

需要注意的是,在实际情况下,上述理想模型并不一定成立,这时一阶差的图像将不是常数图像,通过判断一阶差图像是否为常数进行检测淡入淡出的方法会受到影响.

§7.4 视频索引和检索

将视频序列分割成镜头后,需要对视频进行索引,实现视频流的表征与相似性度量,这是视频结构化的关键过程.文本检索中通常会采用词和短语作为语句、段落以及文献的索引.而在视频系统中则常采用一个或者多个关键帧来索引镜头、场景或者整个视频,用户可以使用这些索引结构快速浏览或检索视频内容.

7.4.1 关键帧提取

关键帧是从原始的视频序列中抽取出的最能表示镜头内容的静态图像.这是因为每个镜头都是在同一个场景下拍摄的,同一个镜头中的各帧图像有相当多的重复信息.实际运用中,由于场景中目标的运动或拍摄时对摄像机的操作(如变焦、摇镜等),一个关键帧常常不能很好的表达镜头的内容,这时就需要几幅关键帧.表达镜头所需关键帧的多少取决于该镜头中视频序列信息变化的大小,如果视频内容发生了较大的变化,则需要比较多的关键帧,反之亦然.

关键帧提取有以下几种比较常见的方法:

（1）基于颜色特征法.

在基于视频图像颜色特征提取关键帧的方法中，将镜头中的帧顺序处理，比较当前帧及之前一个关键帧的颜色直方图，如有较多特征改变，则当前帧被认为是一个新的关键帧.

在实际中，可以将镜头的第一帧取为关键帧，然后通过依次对后面的帧进行比较逐渐得到后续关键帧.

这种方法对不同的视频镜头提取出的关键帧数目不同，而且各关键帧之间的颜色差别很大. 但基于颜色特征的方法对摄像机的运动很不敏感，无法量化地表示运动信息的变化，造成关键帧提取的不稳健.

（2）基于运动分析法.

在视频摄影中，摄像机运动造成显著运动变化是产生图像变化的重要因素，因此也是提取关键帧的一个依据.

这种方法将摄像机运动造成的图像变化分为两类：一类是摄像机焦距变化，这种情况下选取首尾两帧为关键帧；另一类是摄像机角度变化，此时比较当前帧与上一关键帧的重叠范围，低于某一数值（如 30%），则当前帧选取为关键帧.

（3）基于聚类的方法.

设某个镜头 S_i 包含 n 帧图像：$S_i = \{F_{i_1}, \cdots F_{i_n}\}$，其中 F_{i_1} 为首帧，F_{i_n} 为尾帧. 相邻两帧之间的相似度定义可以采用这两帧的颜色直方图相似度，预先定义一个阈值 δ 控制聚类密度.

对当前帧 F_{i_i}，计算它与现存聚类质心之间的距离，如果大于阈值 δ（即相似度小于 δ），则认为当前帧与该聚类之间距离较大，不能加入到该聚类中. 如果 F_{i_i} 与所有现存聚类质心的相似度均小于 δ，则形成一个以 F_{i_i} 为质心的新聚类；否则将 F_{i_i} 加入到与之相似度最大的聚类中，并相应调整该聚类质心：

$$d_c' = d_c * \frac{F_n}{(F_n + 1)} + \frac{1}{(F_n + 1)} * LF_{i_i} * \frac{1}{(F_n + 1)},$$

其中 d_c, d_c' 和 F_n 分别是聚类群原有质心、聚类更新后质心和该聚类群的帧数.

将镜头 S_i 所包含的 n 个图像帧分别归类到不同聚类后，选择每个聚类中距离聚类质心最近的帧作为这个聚类的代表帧，所有聚类的代表帧就构成了镜头 S_i 的关键帧.

聚类算法中的 δ 选取得越大，形成的聚类数目越少，镜头 S_i 划分越粗，关键帧越少；反之，δ 越小，形成的聚类数目越多，镜头 S_i 划分越细，关键帧越多.

这种基于聚类的关键帧提取方法不仅计算效率高，还能有效地获取视频镜头的显著视频内容. 对于低活动型镜头，一般只提取出少量的关键帧；而对于高活动型镜头，则会根据镜头的视觉复杂性自动提取多个关键帧. 聚类算法本质上是一个非监督过程，用户只需要提供聚类参数 δ，聚类和关键帧提取等其他过程就可以自动完成，效率较高.

近来还有一些比较特殊的关键帧提取方法. 其中一种利用了图论思想. 在这种方法中，镜头被映射到邻接图，而每帧映射为图的顶点，这样关键帧提取问题就变换为顶点覆盖问题. 特别的，我们希望找到一个顶点的最小覆盖，使覆盖中的顶点与其邻近点的特征距离最小，这是一个 NP 完全问题. 对这个问题，提出了基于贪心算法和失真率性能的次优解法.

7.4.2　运动特征提取与索引

采用关键帧对视频进行索引和检索，可以方便地对视频数据进行不同对象、不同场景的检索.由于视频数据量巨大,在存储容量有限的情况下,通常仅存储镜头关键帧,可以收到数据压缩的效果.最关键的一点是,用关键帧来代表镜头,使得对视频镜头可以用基于内容的图像检索技术来进行检索.

但是由于关键帧是静态图像,在提取过程中丢失了运动信息,无法表示运动内容,所以有一定的局限性.而视频中除了包括从每幅帧图像中可得到的视觉特征(如颜色、纹理、形状和空间位置关系等),还有运动的信息.运动是对序列图像进行分析的一种基本元素,它直接与空间实体的相对位置变化或摄像机的运动相联系.运动信息是视频数据所独有的,可用一组参数值或表示空间关系如何随时间变化的符号串来表示.运动信息表示了视频图像内容在时间轴上的发展变化,它对于描述理解视频内容具有相当重要的作用.基于运动特征可对视频内容进行索引和检索.

1. 运动信息提取

在视频信息检索中,目前获得运动信息的方法主要有在图像序列上计算光流,或者从MPEG视频流中直接提取运动向量两种方法.

(1) 光流估算法.

光流估算法是通过计算连续图像序列之间的差异来提取运动信息的.光流方程为

$$I_x(i,j)u(i,j) + I_y(i,j)v(i,j) + I_t(i,j) = 0,$$

其中(i,j)为像素坐标,$I_x(i,j)$、$I_y(i,j)$和$I_t(i,j)$分别是图像在x,y方向和时间t上的偏导数.偏导值是通过计算差分图像得到的.经求解光流方程,得到光流在水平方向上的分量$u(i,j)$和在垂直方向上的分量$v(i,j)$,即可得到光流场.光流场反映的是图像中每一像素的运动信息.

由于在光流方程中,对图像上某一像素(i,j),光流方程中存在两个未知数:$u(i,j)$和$v(i,j)$,因此该方程是不定的.解决方法是采用局部窗口平滑技术,即同时考虑图像上局部窗口内多个像素,使得计算出的光流较为可靠.

光流分析的另一个问题是,根据视频中相邻的两帧计算出的光流一般模值较小,容易受到误差的影响.可以通过对光流在时域上进行积分,得到较大模值的光流来消除这种影响.

光流分析能获得每一像素的运动信息,这使得它在物体分割、分析物体运动的场合较为有用.但它的缺点是需要相当大的计算开销,因而限制了应用.

(2) 运动向量估算法.

对于MPEG编码的视频流,有效获得运动信息的方法是利用编码中的运动向量.这也是在基于运动特征的视频检索中中经常采用的主要方法.然而,在MPEG视频中,不同类型的图像帧(I帧,P帧,B帧)所包含的运动向量类型不同,而且各个参考帧与其被参考帧之间所隔的帧数也有不同,由此带来了运动向量模值尺度上的不等.为此,简单的应用中只使用P帧中的前向运动向量.在典型的视频流中P帧的出现频率约每秒出现8次,这对于基于运动特征视频检索来说是足够了.

如果需要逐帧提取运动信息,就得同时利用P帧和B帧中的运动向量.为了解决参考帧距离不相等的问题,定义了逐帧前向运动向量,它是通过将参考帧距离相差一帧的同向运动向量作差得到的,该方法可以得到每一帧的前向运动向量.

由于运动向量信息可以直接在MPEG码流的压缩域中通过部分解码获得,因此利用运动向量获得运动信息具有计算开销小、速度快的优点,同时在对精确度和分辨率要求不高的情况下,运动向量场是光流场较好的近似.正因为这些,利用运动向量获得运动信息已成为基于运动特征的视频检索中所采用的主要方法.

2. 运动特征的描述

如何对运动特征进行表示是运动分析最根本的问题之一.它要考虑如何使运动特征的表示符合检索需求,并且具有一定的语义.

(1) 相机运动(camera motion).

相机运动体现为视频中的全局性运动.只需对运动向量进行统计分析就可以得到相机的运动类型,由此来索引视频.一个简单的做法是根据运动向量方向的优势分布将相机运动标注为 8 个主要运动方向(上、下、左、右及四个斜方向)之一.另外,还可根据运动向量是否有向焦点汇聚的特性来检测相机是否在作缩放运动.

相机运动的优点是它具有相当直观的意义,检索要求容易提交;同时也很好评价相机运动的检索效果.但它的缺点是对运动特征的表达能力较弱,所包含的语义信息较少,这使得用户较难进行有意义的运动检索.

(2) 参数化运动(parametric motion).

这里对运动信息的表示是将运动看成为图像到图像的一个变换.当前图像的坐标是前一图像的坐标通过变换而成,即 $(x', y') = (g_1(x, y), g_2(x, y))$,其中 $G = (g_1, g_2)$ 是坐标变换函数.根据选取的变换函数不同,就得到了不同的参数运动模型.常见的参数模型有

$$(x', y') = (a_1 x + a_2 y + a_3, a_4 x + a_5 y + a_6) \quad \text{(仿射模型)},$$

$$(x', y') = \left(\frac{a_1 x + a_2 y + a_3}{a_7 x + a_8 y + a_9}, \frac{a_4 x + a_5 y + a_6}{a_7 x + a_8 y + a_9} \right) \quad \text{(投射模型)}.$$

仿射模型相对简单,而投射模型则较好地反映了景深的透视效果.其他的还有双线性模型和双二次模型等,由于形式过于复杂,一般不采用.

参数化运动的好处是它将运动特征数学模型化了,因此可以为后续的各种处理带来方便.其中之一就是能够根据参数模型重构运动场,这在运动分析的其他方面(如根据运动特征的物体分割)有潜在的应用价值.但想直接将参数化运动作为特征检索视频还有一定困难,所以在应用上,它常常作为运动特征分析的中间过程,为进一步的分析做准备.

(3) 运动活跃程度(motion activity).

运动活跃程度主要捕捉视频中运动的强度,以及运动强度在空间上的分布情况.如运动是强还是弱,是集中还是分散等.在 MPEG-7 标准中,运动强度根据人的主观感觉被划分为五个等级.划分标准可以是运动向量模值的均值,也可以是运动向量模值的标准差.统计结果表明,采用运动向量模值的标准差来划分运动强度的等级与人对运动强弱的主观感觉更加相符一些.所以 MPEG-7 标准采用运动向量模值的标准差来描述运动强度.

除了运动强度,还要考虑运动的空间分布.从直观上说,运动的空间分布描述的是运动在图像中的离散程度.比如,一个面部的特写镜头可能包含一大块连续的运动区间,而从空中拍摄的繁忙城市街道则包含许多分散细小的运动区间.这就对应了不同的运动空间分布.运动的空间分布在实现上是以宏块为单位,根据运动向量的模值大小对其分布情况进行分类统计得到的.

运动活跃程度具有明确的语义,同时在检索上也有相当重要的意义.和其他运动特征的表示方法相比,运动活跃程度精简且有效,能很好地符合人主观上所表达的概念,因此不失为一

种较为理想的检索特征.

3. 基于运动特征的视频信息检索原理

(1) 运动信息的可靠性分析.

由于对运动向量编码的初衷并不是为了反映视频中的运动信息,运动向量中有相当一部分会对运动分析起到干扰作用.所以在实现上,对运动向量的过滤对于接下来的运动分析过程具有非常重要的意义.

对于利用运动向量获得的运动信息的情况,首先要排除那些未能真实反映运动情况的运动向量,以免给进一步的分析带来不必要的干扰.有效的方法是采用空域和时域上的滤波器对运动向量进行平滑.其中一种方法是将图像的运动向量场划分为若干个区间,分别统计运动向量的均值和方差,对于方差大于某一阈值的区间,将被认为是不规则的,不再进一步考虑.在时域上也要做类似的筛选.

对于参数模型的运动特征表示,与之相结合的一种消除不可靠运动向量的方法是"迭代求精",即在每一轮求解模型的参数后,根据参数模型重构运动向量场,从而可以计算出每个运动向量与重构的运动向量之间的误差.对于误差超过某一阈值的运动向量,在下一轮重新求解参数的过程中将被排除.如此经过若干轮迭代,可以很好地消除不相干的运动向量的干扰,使得最终计算出来的参数模型更为精确地反映全局运动信息.另外迭代求精的方法在光流分析中也可以使用,只要运动特征是通过参数模型来表达的.

最后,对于相机运动分析的应用,一般假设相机在一定时间内的运动是稳定的,所以对于相机运动分析的结果,可以采用时域窗口进行平滑,以消除在个别帧上不连续的相机运动类型.

(2) 运动特征的相似度定义.

因为存在多种运动特征的表达方式,所以运动特征的相似度定义也有多种.如果将运动特征作为一个向量,则可简单地采用绝对值距离和欧氏距离.

可以将运动特征表达为直方图,相似度就定义为直方图间的距离.为了更符合人的主观感觉,还可以进一步定义相似度矩阵,它考虑了直方图不同槽之间的相关性影响.

总之,对相似度的定义依赖于所采用的运动特征表达方式.同时相似度的定义应该尽量符合人的主观感觉.

(3) 运动特征的聚类.

在某些应用环境下,比如在体育比赛的视频中,运动信息有其特殊的语义.一般的体育比赛(比如篮球、足球比赛等),往往由为数不多的几类镜头组成,像远距离的全场镜头、中距离的局部镜头以及近距离的运动员特写镜头等.通过它们运动特征的特定模式,就可以很好地区分这几类镜头.另外通过对运动特征的分析,还可以监测特定事件的发生,比如进攻、得分等.所以对于像体育比赛这种运动特征较有特定意义的视频,根据运动特征将视频镜头进行聚类通常能将视频镜头合理归类.

另外,对运动特征的聚类也是实现视频分类的重要手段之一.相比于颜色、纹理等静态图像的特征用于视频分类,运动特征往往能给出更为有效的结果.同时,运动特征还可以与其他特征相结合用于视频分类,以达到更为理想的效果.

7.4.3　视频对象特征提取和视频分割技术

把视频分割成不同对象或者把运动对象从背景中分离出来,是实现基于内容的视频索引、检索和交互式多媒体应用的前提条件.视频对象分割涉及对视频内容的分析和理解,这与人工智能、图像理解、模式识别和神经网络等学科有密切联系.目前人工智能的发展还不够完善,计算机还不具有观察、识别、理解图像的能力;同时关于计算机视觉的研究也表明要实现正确的图像分割需要在更高语文层次上对视频内容进行理解.

进行视频对象分割的一般步骤是:先对原始视频数据进行简化以利于分割,这可通过低通滤波、中值滤波、形态滤波来完成;然后对视频数据进行特征提取,可以是颜色、纹理、运动、帧差、位移帧差乃至语义等特征;再基于某种均匀性标准来确定分割决策,根据所提取特征将视频数据归类;最后是进行相关后处理,以实现滤除噪声及准确提取边界.但由于视频对象分割问题的病态特征,至今还未有完善的解决方法.目前进行视频对象分割的主要方法有:

(1) 利用运动场模型进行分割.

运动信息是运动对象的一个重要特征,因此可以根据运动的一致性来分割各个对象,也可以结合颜色、纹理、边沿等特征.因各特征在对象的分割中的重要程度不同,常常对各特征采用不同的加权系数进行聚类,或采用一些简单的推理规则融合多种分割的结果,从而得到最终的运动对象.对运动一致性好的对象,可以建立二维运动场模型.在 7.4.2 小节介绍的仿射模型和投射模型中,经过适当地选择映射参数,可以区分不同的三维运动和表面结构之间的特征.

该方法有较好的分割效果,缺点是只适合刚体运动对象,此外,计算运动场所需的运算量也很大.

(2) 利用变化检测模型进行分割.

这种方法先通过帧间变化检测可得到运动区域,然后进一步分割得到运动对象.此方法避免计算运动场,因此简单快捷,具有很好的实时性.但变化检测模型受噪声的影响较大,而且对于存在部分运动的对象的分割效果也不是很好.提高算法对噪声的鲁棒性是此方法的关键.

(3) 利用概率统计模型进行分割.

贝叶斯概率统计模型是分割算法中的一种常用方法.根据前一帧中对象特征的概率分布,如颜色、纹理、边沿、位置或形状等特征,并认为这些特征互不相关,从而可以得到多个特征的联合概率密度函数.利用贝叶斯规则 $P(X/O) = \dfrac{P(O/X)P(X)}{P(O)}$,通过最大后验概率 $P(X/O)$ 来分割当前帧中的运动对象.采用贝叶斯法可以同时完成运动场的计算和对象的分割,但运算量也较大,不适用于实时处理.

(4) 利用对象三维模型进行分割.

利用对象的三维模型是一种准确且利于对象恢复的分割方法.首先利用前两帧得到对象的初始模型,并在随后的处理中不断更新模型.根据二维图像序列恢复出对象的三维形状模型和位置深度信息,在随后的分割与跟踪中可以通过简单的纹理映射等完成多个对象的分割.尽管这种方法在分割效果上有一定的改进,且有利于对象的编码,但是即使只计算几帧,计算量也相当大,运算非常复杂,实时性差.

(5) 利用对象轮廓模型进行分割.

基于轮廓的对象分割方法是最近研究的一个重要方向.由于语义级的对象通常包含多个

不同颜色、纹理,甚至不同的运动区域(对非刚体运动对象),因此形状信息成为一个重要的分割特征.通常可以采用基于 Hausdoff 距离匹配法、广义 Hough 变换、变形模板、Level Set 等方法.使用空间变换的网格模型也是目前一个主要的研究方向,由于采用网格的运动估计较准确,而且网格结构可以较好地反映对象的结构特性.

(6) 利用运动跟踪模型进行分割.

利用当前帧中已分割对象的特性,采用基于帧间跟踪的方式对下一帧进行分割,是一种高效的分割方式.常用的方法有基于 Hausdoff 距离的跟踪、基于区域的跟踪、基于网格的匹配跟踪、基于变形模板的跟踪等.

7.4.4　视频检索的相似性度量

基于内容的视频检索主要是依赖它的视觉特征以及时空特性,最常用的检索方式是提交例子视频,查询类似的视频.所以要设计出好的基于内容的视频检索系统,必须定义怎样的视频算是相似的,也就是要解决视频相似性度量的问题.

1. 帧相似性度量

一种基于块的颜色直方图来构造帧的相似度度量方法如下:每一个视频帧分成 B 个子块,帧的相似度就通过比较两帧相应子块的颜色直方图来进行.帧 f 和帧 g 的相似度定义为相应子块直方图差的绝对值的和,再对像素总数求平均,即

$$s(f,g) = \frac{1}{2P} \sum_{b=0}^{B-1} \sum_{l=0}^{L-1} | H_f(b,l) - H_g(b,l) |,$$

其中 B 为图像子块的个数,L 是颜色直方图的级数,P 是图像像素的总数(假定两幅图像的像素总数相等),$H_f(b,l)$ 和 $H_g(b,l)$ 是图像 f 和图像 g 在各自子块 b 和 l 级色彩直方图上的相应的直方图的值.通过改变子块数 B 和直方图级数 L,可以得到不同的视频帧相似度的度量.视频帧的距离 $s(f,g)$ 的值在 $0 \sim 1$ 之间,值越靠近 0,表明两帧相似度越大.

2. 镜头相似性度量

与基于特征的内容检索相比,视频检索中镜头的相似性定义要困难得多,因为视频检索包括更多的、常常还具有不同重要性的特征.基于内容的比较可以通过关键帧特征,镜头时态和运动特征或对象特征来实现,也可以结合以上三种方式实现.

当采用关键帧特征比较方法进行内容比较时,镜头相似性被定义为两个关键帧集之间的相似性.两个镜头表示为 S_i 和 S_j,关键帧集表示为 $K_i = \{f_{i,m}, m=1, \cdots, M\}$ 和 $K_j = \{f_{j,n}, n=1, \cdots, N\}$,则这两个镜头的相似性被定义为

$$S_k(S_i, S_j) = \max\{S_k(f_{i,1}, f_{j,1}), S_k(f_{i,1}, f_{j,2}), \cdots, S_k(f_{i,1}, f_{j,N}), \cdots,$$
$$S_k(f_{i,m}, f_{j,1}), S_k(f_{i,m}, f_{j,2}), \cdots, S_k(f_{i,m}, f_{j,N})\},$$

其中 S_k 为两个关键帧的基于图像特征的相似性度量;一共有 $M \times N$ 个这样的相似性度量值,而其中最大的一个将被选取作为两个镜头相似性的度量.这种定义方法假设两个镜头之间的相似性能被能被它们的关键帧集中最相似的一对决定,如果两个镜头的关键帧集中有一对相似的关键帧,则这两个镜头被认为相似.

另一种基于关键帧的镜头相似性定义为

$$S_k(S_i, S_j) = \frac{1}{M} \sum_{m=1}^{M} \max\{S_k(f_{i,m}, f_{j,1}), S_k(f_{i,m}, f_{j,2}), \cdots, S_k(f_{i,m}, f_{j,N})\} \qquad (7.1)$$

这种定义认为两个镜头之间的相似性由它们关键帧集中最相似的那些帧对的相似性之和共同决定.

类似的,在查询中,查找镜头中的一个或多个对象,则查询镜头和候选镜头之间的相似性定义为关键对象之间的相似性.相似的,如果两个镜头的关键对象集为 $K_i = \{O_{i,m}, m=1,\cdots, M\}$ 和 $K_j = \{O_{j,n}, n=1,\cdots, N\}$,则两个镜头的相似性为

$$S_k(S_i, S_j) = \frac{1}{M}\sum_{m=1}^{M}\max\{S_k(O_{i,m}, O_{j,1}), S_k(O_{i,m}, O_{j,2}), \cdots, S_k(O_{i,m}, O_{j,N})\}, \qquad (7.2)$$

其中 S_k 为两个对象的相似性度量.与式(7.1)类似,这种定义认为两个镜头之间的相似性由它们最相似的那些对象对的相似性之和共同决定.

除了基于关键帧和关键对象的相似性度量之外,基于镜头特征集的相似性度量,也被用来定义视频序列的相似性.

§7.5　视频表现和抽象

视频序列的信息非常丰富,需要较大的存储空间并要求具有时间维.视频信息能否被高效地运用,关键问题是如何用有效的视频表现和抽象工具来压缩视频内容以及如何在有限的显示空间里显示视频的主要内容.视频表现和抽象工具需要应具有以下的功能特性:

（1）视频浏览.

浏览是判定视频是否相关并定位相关的视频剪辑的最有效的方法之一.传统的用于浏览的视频操作(如播放、快进、快退)都是按顺序进行的,非常耗时.而视频的压缩表示可以使用户不需按顺序浏览就可以快速了解视频的主要内容.

（2）显示视频检索结果.

对查询,检索系统常常返回大量的视频或镜头.视频压缩表示能够在有限的显示窗口显示查询结果,并使用户不需要浏览整个返回列表就可以快速地确定他需要的视频或者镜头.

（3）降低网络带宽要求和时延.

很多访问视频数据库和视频服务器的用户都是通过互联网访问的远程用户.在下载或者播放视频之前,用户常常需要了解视频内容来进行选择.视频压缩表示比视频本身小很多倍,采用视频压缩表示不仅能够达到快速浏览的目的,而且能够降低网络带宽要求和时间延迟.

视频分析和表现的初期主要集中在分析视频帧的低层特征上,例如颜色、形状、纹理等;而目前的研究则主要集中在分析更加接近直观内容的高层特征上.其中一个重要的研究内容就是如何从原始视频中提取视频片段,同时保留比较完整的视频内容以及如何实现对视频的快速浏览和检索,这就是目前数字视频技术的一个研究热点和难点——视频摘要.

7.5.1　视频摘要

"视频摘要"(video summarization)的概念是从文本摘要延续而来的.一篇文章的摘要,是对文章的简要总结,而视频摘要则是用计算机分析处理数字视频数据,获取其中"有代表性"的内容,以简明扼要、用户可读的浓缩形式再现,尽可能低的代价(网络传输带宽、时间、存储)供用户查询预览视频数据库.

视频摘要应保留原始视频的基本内容,以便能够实现对原始视频进行快速浏览和检索.视

频摘要主要应用在以下领域：

（1）视频数据的存档和检索.

多媒体个人电脑和工作站的普及以及因特网和多媒体数据压缩技术的发展，使越来越多的视频信息被数字化存档，庞大的数据量造成检索十分不便，因此需要利用视频摘要技术来改进视频数据的存档.视频摘要是视频数据库的重要索引，依靠视频摘要，用户可以快速找到自己感兴趣的视频内容.

（2）影视广告行业.

在电影院里正片开播之前，常常会播放另一部电影的精彩剪辑（也称为片花），这样的剪辑一般由原始视频中的精彩画面组成，而且不包含故事的结局，以达到吸引观众，为另一部电影作广告宣传的目的.这是一类比较特殊的视频摘要，在电影、电视和广告等传媒行业应用广泛.目前，这种视频摘要的制作不仅昂贵，而且耗时费力，如果能够采用较好的自动视频摘要生成系统，那么就可以根据观众的喜好，快速便捷地制作这种电影剪辑.

（3）家庭娱乐业.

视频摘要的一个重要应用就是视频点播业务，用户可以快速浏览视频摘要，并通过视频摘要来轻松选取自己中意的电影.如果你只记得电影中的某一段情节，而不知道片名或者演员，就可以通过视频摘要迅速找到所希望的电影.

根据表现形式的不同，视频摘要可以分为静态的视频摘要和动态的视频摘要.静态的视频摘要，又称为视频概要，是以静态的方式来表现视频的内容，如标题、关键帧、故事板、幻灯片、STG图等，它是从视频流中抽取或生成的有代表性的图像.动态的视频摘要，又称为缩略视频（video skim），是图像序列及其伴音的集合，它本身也是一段视频，但比原视频要短得多.相比缩略视频，视频概要通常只考虑视觉信息，不考虑音频和文本信息，以及与时间同步问题，因此它的构建与表现都相对简单.缩略视频由于含有丰富的时间以及音频信息，因而更加符合用户的感知.

图7-4显示了视频摘要的分类结构.

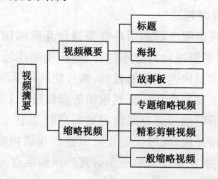

图 7-4　视频摘要的分类

7.5.2　基于图像的视频摘要

视频概要是最能代表视频内容的静止图像集合，因此，关键帧的提取是视频概要实现的主要技术.目前关键帧提取的方法按帧、镜头、场景的视频层次结构划分，主要有基于镜头的和基于场景的关键帧提取方法两类.

1. 基于镜头的关键帧提取方法

既然镜头被定义为一个连续的视频帧序列,那么在这个序列中就不存在场景或者摄像机运动的突变,因此一个很简单自然的方法就是把每个镜头的第一帧作为关键帧.如果镜头内的内容变化不大,则一个关键帧就足够了;否则就应该提取多帧关键帧.但是,提取镜头中的哪些帧作为关键帧呢? 在目前计算机语义理解还很困难的情况下,大多以低层视觉特性(例如颜色、运动等)为衡量标准来抽取多帧关键帧:

(1) 基于颜色的方法.

由于颜色信息不受图像转动的影响,因此基于颜色的关键帧提取方法就被广泛应用.一种实现方法是在提取镜头的第一帧作为关键帧的基础上,再求出接下来的帧与第一帧之间的颜色信息的差值,如果这个差值超过了一定的阈值,就提取这一帧作为关键帧;另一种是采用聚类的方法,即首先根据颜色直方图的特征,将一个镜头中的所有帧聚类成一定数目的类,然后将提取到的每一类质心位置的帧作为关键帧.但是,基于颜色的关键帧提取方法也存在如下不足:一是帧的选取需依赖于阈值的选择;二是颜色特征还是不能很好地表达视频的语义信息.

(2) 基于运动的方法.

这种方法比较适合于时序上有动态变化的帧,其中常用的有光流法.光流法的基本思路是:首先计算镜头中每一帧的光流,然后根据得出的光流场来衡量运动强度,同时分析光流场运动强度函数,最后把具有极小运动强度的帧作为关键帧.

(3) 基于图像拼接的方法.

基于颜色和运动的方法都不可能通过选择某一关键帧来代表整个视频段的内容,而图像拼接技术则不仅能将一个镜头中具有相同或者部分相同背景的图像帧连成一幅图像,而且能用一幅图像表示整个镜头的内容,并且从时间和空间上压缩了数据,即排除了连续视频帧在时间和空间上的冗余.生成拼接图像一般分为如下两步:第一步对连续帧的运动,套用一定的全局运动模型,例如平移模型、旋转模型、仿射模型、平面透视模型等来进行变换.第二步根据估算的摄像机的运动参数来对图像进行变形处理,之后拼接成一幅全景图像.这种图像拼接法对于背景信息虽然保存得很完整,但是它不能保留前景对象的运动信息,例如,一个镜头表示一个男孩从院子的东端走到院子的西端,全景图就不能包含走的信息.为了解决这个问题,人们把全景图分为静止的背景全景图和动态对象的前景全景图两类,最后把两者结合起来恢复全景图.图像拼接法的不足在于:它比较适合于包含有确定的摄像机运动的视频片段,而并不适合于真实世界中包含有复杂摄像机运动和频繁背景前景交替的视频.

2. 基于场景的关键帧提取方法

对于基于镜头的关键帧提取方法,如果是长视频,那么将提取数以百计的关键帧,这样浏览起来不仅费时,而且低效.基于此原因,人们开始考虑基于更高一层的视频单元的关键帧提取法,称为基于场景的关键帧提取法.这里的场景比视频层次结构中的场景更广泛、更丰富,它可以是一幕情景、一个事件,甚至是整个视频序列.

基于场景的关键帧提取方法中比较有名的是 FX Palo Alto 实验室的漫画书.这种漫画书就是一种特殊的故事板.在该研究项目中,研究人员首先把所有视频帧聚类成预定数目的类,然后根据一段连续帧属于哪一类来对视频进行分割.对于每一分割段,再根据它的长度和出现频率计算一个衡量值,如果这个值小于某一阈值,这个视频分割段就会被忽略.接着提取剩余分割段的关键帧,并通过关键帧的链接可以回放原始视频段.这里,最特别的是关键帧的显示,即比较重要的也就是衡量值较大的关键帧显示较大的图像,而不是很重要也就是衡量值较小的关键帧显示较小的图像,这样即得到一种类似漫画书形式的视频摘要.漫画书中图像帧是从分割的场景中提取的,且在关键帧的显示上也别具特色,即它能从空间顺序上来表示关键帧的重要程度.但是,聚类的数目如何定义,场景的重要程度如何衡量,阈值如何选取,这都是值得进一步深入研究的问题.

7.5.3　基于内容的视频摘要

　　基于图像的视频摘要表现形式本身依然是静态的,基于内容的视频摘要则不同,它通过播放而不是浏览的方式来展现视频内容.基于内容的视频摘要是对原始视频、音频的提炼,它提供了一种保留原视频动态内容的机制,相比静态的视频摘要,它需要考虑的问题更多,包括时间信息、视频、音频同步以及连贯性问题等.它的应用范围相当广泛,可用于电影预告片的制作、交互电视的视频点播以及新闻节目的制作等.

　　视频剪辑是这样的一类视频摘要,它是原始视频中精彩场景的集合,但是并不包含故事的结局,通俗的称呼是片花.德国曼海姆大学对剪辑视频曾做过研究,其研究焦点就是精彩场景的探测和选取.研究人员首先认为包含有强烈对比的前后帧可能包含有重要对象的重要事件;然后他们把表示整个视频段的基本颜色基调的场景也包括在视频摘要中;最后,把所有选取的场景按照时序组织起来.

　　1.　专题缩略视频的实现技术

　　专题缩略视频是一种针对某一特定领域视频数据的缩略视频.对于专题缩略视频,一般可结合该领域的专题知识,采用特殊的方法来生成视频摘要.很多情况下,专题缩略视频是从专题知识出发,更多的是采用基于模型,而不是基于内容的方法来生成摘要.

　　2.　一般缩略视频的实现技术

　　事实上,选取整个视频中最精彩的图像帧往往是由人主观确定的,而且如何把人的认识与计算机匹配起来是一件非常困难的事情.基于以上原因,目前缩略视频的重点集中在一般缩略视频的研究.

　　一般缩略视频实现的一个最直观的方法就是通过压缩原始视频来加速视频回放的速度.从目前视频摘要技术的发展来看,一般缩略视频的实现主要采用多特征融合的方法,也就是结合文本、音频和视频等媒体的特征来生成视频摘要.其中比较有名的是卡内基-梅隆大学的研究.研究人员致力于从原始视频中提取最有代表意义的音频和视频信息,以创建一段简短的缩略视频,即首先从一些文字说明中提取关键词,同时从视频中探测字幕;然后根据这些关键词创建语音摘要;接下来就是抽取代表帧,主要包括以下几类:包含有关键人脸或者文本的帧、表明摄像机运动的帧、视频场景中的开头帧,由于以上这几类图像帧提取的优先级是依次降低的,因此这些提取出来的帧不一定按照时间顺序排列,但是从视觉效果上讲,这样的缩略视频更加合适;最后,按照文本、音频和帧的匹配关系来生成缩略视频.这种方法对于那种有附加语音或者文本信息的视频非常有效,例如记录片等,而对其他的视频效果则不是很好.

7.5.4　基于结构的视频摘要

　　对于视频来讲,浏览是与有明确目的的检索同样重要的工作.浏览需要视频具有在高层语义层次上的表示.对于高层语义层次上视频的表示,需要对视频进行结构上的分析,得到基于结构的视频摘要,它已成为基于内容视频检索的新的重要研究方向.

场景转换图(scene transition graph,简称 STG)通过将视频分割成场景,用一种简洁可视的方式来表现视频数据.它是一个有向图,节点代表场景的聚类,两个节点之间的关系用边来描述,表示时间上的转换,节点与边共同构成了场景图,反映视频内容的场景转移.通过对 STG 的化简,可以去掉不重要的镜头,并得到视频的紧凑的表示.用 STG 的组织方式来支持视频浏览,同时结合限时聚类的方法将 STG 分割成故事单元,并且根据分割后子图的不同特点分析该场景是对话场景还是动作场景;通过选取视频中的重要帧的方法,获得视频摘要.

场景转移图提供了视频的一种简洁表示,可以对视频进行层次化的非线性的浏览.STG 方法与图像拼接法的共同点在于可以得到视频的时间动态.另外,通过分析 STG 的转移标志也可以探测一些视觉句法,如对话等.该类方法的缺陷与图像拼接法一样,仅仅提供了对整个视频内容的静态快照.虽然转移图的边能够表明聚类间的时间关系,但它们通常难以解释,假如用户对图所表达的语义不太熟悉的话,往往无法有效地理解整个视频的内容.

§7.6　TRECVID 及 IBM 参赛视频检索系统

基于内容的视频检索对开发高效的视频数据库分析、索引和检索技术提出了极大的挑战. TRECVID 通过给出一套标准的测试数据集和评分程序来对新技术和系统进行评估,极大地促进了基于内容视频检索技术的发展.

TRECVID 是视频检索领域中的国际性权威评测,得到包括美国国防部高级研究计划局(DARPA)在内的美国多个政府部门的支持,并由美国国家标准技术研究所(NIST)组织实施,中国科学院有人把它称为信息检索中的"奥运会".NIST 向世界各国的大学和公司的参评者发布标准测试数据,参评者用这些标准测试数据测试自己开发的算法和软件,在规定时间以前提交自己的运行结果,然后由 NIST 提供标准答案并对各结果进行评价.2001 年,NIST 首次在 TREC 中加入视频检索的子项目.由于视频检索的重要性,2003 年 TRECVID 发展成为独立的评估项目.TRECVID 每年举行一次,分为四个子任务:

(1) 镜头边界检测(shot boundary detection,简称 SBD);

(2) 情节分割(story segmentation);

(3) 高层特征抽取(high-level feature extraction);

(4) 检索(search).

参加 TRECVID 评估的单位主要是世界各国的大学和研究机构.IBM 的研究小组从 2001 年起参加 TRECVID,而在 2004 年中,他们参加了所有四个子任务的评测,开发出多套方法和系统.

以下主要以 IBM TRECVID-2004 视频检索系统为例,分别介绍 IBM 参赛系统的各个子任务的研究方法以及评测结果.[①]

---

① 其中,因为情节分割不在本章讨论的范围内,所以略过不谈,有兴趣的读者可以登录 TRECVID 主页查看相关文章,http://www-nlpir.nist.gov/projects/trecvid.

7.6.1 镜头边界检测

IBM 的镜头边界检测系统采用基于有限状态机（finite-state machine，简称 FSM）的 CueVideo 镜头边界检测算法，每次沿视频顺序处理一帧. CueVideo 系统实时地进行镜头边界检测，自动检测出镜头和提取出关键帧，并且对低质量的视频也能达到较高的鲁棒性. 这是因为其中采用了一些方法，如 RGB 颜色直方图、局部边沿梯度直方图，以及粗略比较相距较长时间间隔的视频帧对. 在粗略比较方法中，时间间隔取为 1,3,5,7,9 以及 13 帧，计算这些视频帧对之间的帧间差，不同时差的帧对采取不同的阈值，而自适应的阈值通过滑动窗口来进行计算.

CueVideo 镜头边界检测算法的第一步是创建一个基准系统，然后从检索训练集中挑选出一个包含十个视频段的训练集，每个视频段长 5 min，是采用伪随机算法按照正态分布概率截取出来的.

基准 CueVideo 镜头边界检测系统采用取样的 RGB 颜色直方图来比较视频帧对. 视频帧的颜色直方图存储在缓冲区里，这样就可以分别地比较多达七个视频帧相互之间的帧间差. 帧间差的统计数据通过处理帧的移动窗口进行计算，同时计算自适应的阈值. 图 7-5 显示了不同尺度的比较. 一个有限状态机检测不同的事件状态. 这个镜头边界检测系统不需要灵敏度调整参数.

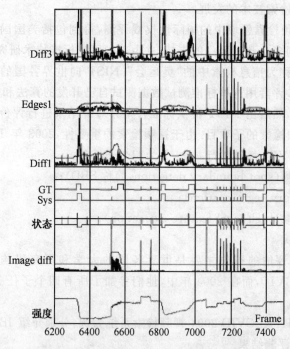

图 7-5　镜头边界检测算法的逐帧处理过程

CueVideo 系统中的人工有限状态机算法允许针对某类特殊错误的局部改进. 为了能够更好地适应低品质视频，基准视频检测算法集成了不少调整. 基准系统进行测试并且跟踪错误以找出错误的根本原因，逐次处理以改进有限状态机：

（1）引入局部边缘梯度直方图以避免颜色误差.

（2）引入队列过滤以处理新类型和更高层的噪声.更长间隔的视频帧对的比较是为了消除 MPEG-1 高压缩噪声.同样许多新状态被加入到有限状态机以便检测到某种类型的视频错误以及检测非常短（2～3 帧）的隐现.

（3）闪光摄影检测以消除高速闪光的错误检测.这是发生最多的错误,导致发现镜头插入突变.闪光检测是是通过比较该帧前后的帧实现的.图 7-6 中,前两行是正确的检测,而最后一行则是一种错误的情况（出现了一个极亮帧）.这种情况下,闪光帧的正确检测避免了错误的突变检测.

Rank	Frame#	Comf.	Cousecutive frames around the detected flashlight							
1	1394	1.00								
2, 3	20067-20068	1.0C								
58	49679	0.39								

图 7-6　闪光摄影检测的示例

（4）更好处理淡入淡出以处理急剧的淡入淡出.急剧的淡入淡出是指屏幕全黑,然后逐渐淡入.

（5）探测和处理 MPEG 部分帧错误.很多视频包括坏的宏块,探测这些宏块可以消除检测镜头插入的突变错误.不同的 MPEG 解码器处理 MPEG 错误的方式不同.CueVideo 系统处理整帧错误,同时也检测部分帧错误,这样就消除了在子帧边界的检测错误.

7.6.2　高层特征检测

我们以 IBM 的 TRECVID-2004 视频检索系统为例说明 IBM 对高层特征检测的处理.在 TRECVID 2004 的测试中,IBM 参加高层特征检测任务的小组提交了 10 个运行结果.

1. 概念检测系统

IBM 概念检测任务包括 10 个概念（或称为高层特征）,这些概念中的大多数在训练集中出现的频率都很低.因此 IBM 系统集中面对了稀有概念检测的挑战.

该系统由各个特征抽取模块组成,这些特征包括区域的或整体的视觉特征,以及从自动语音识别系统和其他系统中产生的基于文本的特征,同时使用直接从压缩数据流中抽取的视觉特征和从解压后的关键帧中提取的特征做实验.特征提取出来之后,使用基于特征的建模模块.主要尝试了两种方法：一种是基于支持向量机（简称 SVM）的分类方法,另一种是基于最大熵的分类方法.SVM 建模使用到了许多基于压缩域和基于解压的视觉和文本特征.最大熵方法使用类似的视觉特征集.视觉特征包括颜色相关图、颜色直方图、边沿直方图、颜色矩、小波纹理、共生纹理等.一个基于验证集的方案被用来调整分类器的参数.然后,把基于特征和分类器组合的不同模型的输出结果使用两种方法融合起来：整体融合和最大熵.再运用确定上下文的过滤来去除锚镜头,这取决于镜头的长度以及所处的位置.

为了解决大多数基准概念在训练集中很少出现的问题并且以一种系统化的方式来使用多模态性,系统试验了一种全新的方法来影响无标签的数据集和有标签的数据集,以及结合多种模态.该方法被称为 CFEL 或者交叉特征全体学习.提交的 10 个运行结果都将至少一个视觉模型输出和一个基于文本的模型输出相结合.所有结合视觉特征的四个模型输出(SVM-V1,SVM-V2,MEV 和 Parts)的运行结果被称做"Mall"(记做 Mall).所有使用 TRECVID 2003 特征开发主体中训练样本的运行结果称为"Tall".所有影响无标签数据集连同有标签数据集的运行结果在他们的名字前会有"CM",其中的 8 个运行结果并没有任何过滤阶段.表 7-2 列出了所有的运行结果的名字及其描述.

表 7-2　概念检测系统运行结果的名字及其描述

系统名称	描　　述
● BOM:	单个 A 和 V 的最好的组合
● Mall_T1_EF:	所有模型,全体融合
● Mall_T1_MEMF:	所有模型,ME 融合
● Mall_Tall_EF:	所有模型,所有集合,全体融合
● CM2all_T1_EF:	所有模型,共同训练,全体融合
● CM2all_T1_MEMF:	所有模型,共同训练,ME 融合
● (TREC03 集合作为无标签集合)	
● CM2all_Tall_EF:	所有模型,共同训练,所有集合,EF(TREC03 集合作为无标签集合)
● CM4all_Tall_EF:	所有模型,共同训练,所有集合,EF(TREC04 集合作为无标签集合)
● Fiter1:	Mall_T1_EF 过滤(w/anchor,对 2 个概念深度过滤)
● Fiter2:	CM2all_Tall_EF 过滤(w/anchor,对 2 个概念深度过滤)

2. 概念检测结果

IBM 关于 10 个概念的结果中的 4 个有着较高的平均精度性能.

图 7.8 对 10 个概念在深度为 100 的时候,对 IBM 的最好结果和迄今最好的结果进行了精度性能比较.

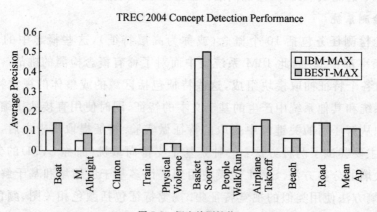

图 7-8　概念检测性能

3. 概念检测总结

IBM 小组对其提交的 10 个运行结果进行了总结：

（1）多模态融合能够显著改善单个模态.

（2）交叉特征总体学习可以最大程度上改善精度.

（3）除了一个结果之外其他所有结果在 BOM 上都有改善.

（4）最大熵作为一个融合技术是失败的，结果显示比总体融合的性能差.

（5）由于取出了锚，过滤改善了一两个概念，但是改善不是很大.

（6）SVM 分类器对稀有概念分类来说比其他分类器更好.

7.6.3　检索

IBM 小组参与了 TRECVID 中的检索模块测试，提交了 3 个交互检索、6 个手动检索和 1 个全自动检索共 10 个的测试结果，以下分别介绍其中一些测试结果.

1. 自动检索

自动检索综合了自动语音识别和自动视觉检索功能. 其中自动语音识别基于自动语音识别（LIMSI ASR）抄本和隐藏字幕（closed caption）文本，采用卡内基-梅隆大学提供的标准. 为了提取每个主题中的关键词，需要对查询主题进行简单的预处理，例如除去停用词和短语"查找……的镜头". 自动视觉检索基于多例子内容检索（MECBR）方法.

总的来说，全自动测试结果的平均精度（mean average precision，简称 MAP）得分为 0.057，高于很多自动测试结果，而且和所有 67 个手动和自动测试结果的平均 MAP 相等. 自动检索方法相比以往做了不少改进，包括增加一个新的视觉特征集，使用新的方法来选择视觉查询示例，以及使用一种新的用于合并多特征查询结果的特征融合方法.

（1）特征选取和融合.

特征选取时采取的方法是：全局地优化每个特征模态中的特征类型和粒度（例如颜色和纹理），在每个独立的模态中进行早期的特征融合，然后在所有模态中进行后期的特征融合. 这样做的目的是，即使一个特征模态相对于另一个特征模态的重要性（例如颜色相对于纹理）随着查询主题的改变发生了改变，在一个给定特征模态中的某个特征的相对性能（例如颜色相关图和颜色直方图）也不会随着查询主题发生改变. IBM 小组在离线实验中使用 TRECVID 2003 的查询主题去选择最好的颜色特征类型、粒度和颜色特征组合，并以同样方法选择最好的纹理特征类型、粒度和纹理特征组合. 基于这个实验，他们选取了一个全局的 166 维 HSV 颜色相关图和一个基于 3×3 网格、81 维的 Lab 颜色矩，将它们的规范化组合作为最好的颜色特征. 类似地，又选取了全局的 96 维自相关纹理特征和一个基于 3×3 网格、27 维的 Tamura 纹理特征，把它们的规范化组合作为最好的纹理特征. 他们使用的第三个特征模态是 46 维的语义模型向量.

（2）示例选取和融合.

IBM 小组使用以下的方法选择视觉查询示例：处理每个示例的视频片段，从中提取出所有的帧，并且选取其中 3 帧作为有代表性的关键帧. 删除每个片段的边界帧（例如最开始的 5 帧和最后的 5 帧），以防选择到镜头变换的帧. 从剩下的帧中均匀采样，并从样品中选择 3 个视觉查询示例代表这个视频片段. 所有的示例图像，包括从每个视频片段中选取出来的关键帧，被当作独立的基于内容查询请求应用于所有 3 个特征空间中（颜色、纹理、和语义模型向量).所有示例的查询结果被规范化到零均值和单位标准差,并且使用取最大值方法融合这些结果,这类似于使用"或"逻辑融合查询示例(即若与任何某个示例较好匹配就被认为与所有示例都较好匹配).

2. 手动检索

(1) 手动多模态 TJW 测试结果.

这一测试过程中综合应用了基于内容的检索,基于模型的检索和基于自动语音识别抄本的简单文本检索.每个查询都手工地通过公式来表示,测试中所用的系统能在不同粒度上提取视觉特征,例如全局的、基于空间布局或基于规则网格的.这些特征包括 166 维 HSV 颜色直方图、166 维 HSV 颜色相关图、6 维 Lab 颜色矩、108 维 Lab 颜色子波、96 维共生纹理、12 维子波纹理、3 维 Tamura 纹理、64 维边沿直方图和 6 维 Dudani 形状不变矩.这个系统还支持基于高层语义特征和简单关键词匹配的检索.该测试结果有个很低的 MAP 得分为0.048,这主要是因为使用的语音检索模型较为简单.

(2) 手动多模态 ARC 测试结果.

这个测试结果产生自 IBM Almaden 研究中心开发的多模态视频检索系统.它主要依靠基于语音的检索和对以上描述的视频特征的重排序.该测试结果的 MAP 得分是 0.109,是所有 IBM 手动测试结果中最高的.

(3) 手动视觉信息检索测试结果.

IBM 小组提交了一个手动视觉信息检索的测试结果,它与上面提到的全自动视觉信息检索的测试结果类似,不同之处只是手动选择视觉查询示例.这个手动视觉信息检索与前面的全自动视觉信息检索使用相同的视觉特征(颜色、纹理和语义模型向量)和相同的示例融合方法,只是融合三个视觉特征模态时使用的得分规范化和聚集方法有点区别.

(4) 多模态融合测试结果.

IBM 小组提交了两个手动测试结果,它们是把上面提到的手动视觉信息检索测试结果和两个主要的手动多模态测试结果(即多模态 TJW 测试结果和多模态 ARC 测试结果)分别进行后期融合的结果.两个融合所使用的方法都一样,即加权平均(权值与查询主题有关).对于每个查询,从以下权重组合中手动选择(只基于查询主题的描述)一组,作为两个测试结果的权重:$\{0.1, 0.9\}$,$\{0.3, 0.7\}$,$\{0.5, 0.5\}$.在聚集操作之前,需要归一化得分的取值范围.不幸的是,虽然对个别查询的性能有所改进(包含多模态 ARC 测试结果的融合中有 6 个主题的查询性能有改进,包含多模态 TJW 测试结果的融合中有 8 个主题的查询性能有改进),但这两个含有视觉信息测试结果的融合还是降低了总体的性能.这两个多模态融合测试结果的 MAP 得分是 0.045 和 0.080,而其他两个手动测试结果的 MAP 得分分别是0.048和0.011.融合性能的不理想主要是因为设置融合权重时含有较多的主观因素.

3. 交互检索

(1) 交互的多模态 Almaden 测试结果.

CueVideo 系统提供检索和浏览功能,同时使用了多种不同的索引、反馈方法以及手动镜头选择与评估.这与手动检索不一样,交互检索提供检索和查询的精练,但不提供浏览和手动镜头选择.需要确定的一个重要问题是,比起一次性提出一个更好的查询要求,浏览和手动镜头评估会给查询效率带来多少好处.搜索和浏览在很多方面都是互补的,在一个典型的交互过程中,系统首先根据用户需求检索,给出一个结果列表以便用户浏览,接着用户可以精练查询进行再次检索,或者浏览查询结果邻域内的其他镜头.一次的检索可以得到很多近似的匹配,而浏览可以让用户从中选择出更精确的匹配.所以单一的检索可以认为是在整个数据库之上的全局操作,而浏览是在一个小邻域范围内的局部操作.一次性的检索可以在一个大视频数据集中找到很多正确的匹配,而浏览却没有很好的可伸缩性,尤其是当很多近似匹配存在的时候.IBM 小组在 TRECVID 数据和主题上的初步实验表明,浏览和镜头评估在交互检索中起到了很重要的作用,特别是对于一些罕见的查询主题.

(2) 交互的多模态 TJW 测试结果.

IBM 小组基于 IBM MARVEL MPEG-7 视频检索系统开发了一个交互检索系统[①].MARVEL 检索引擎提供了基于内容的、基于模型的和基于语音术语的查询.并且允许用户在一次查询中综合使用这三种检索方法.

§7.7　小　　结

目前,相比海量文本信息内容分析和检索已经被以 Google 为代表的搜索引擎高效的实现,还没有真正一套系统实现基于视频内容的分析和语义检索,视频检索仍然停留在文本标注或元数据检索层面,这给视频高效管理带来了很大挑战,其主要原因在于很难自动理解视频所蕴涵丰富语义.

1976 年,McGurk 等人验证了人类对外界信息的认知是基于不同感官信息而形成的整体性理解,任何感官信息的缺乏或不准确将导致大脑对外界信息的理解产生偏差,这个现象被称为"McGurk 现象".这一现象揭示了大脑在进行感知时,不同感官被无意识和自动地结合到了一起进行处理.更为重要的是,后继神经系统科学研究也揭示,在大脑皮层的颞上沟和脑顶内沟等部位,不同感官信息的处理神经相互交融,人脑生理组织结构决定了其认知过程是对外界多种感官信息进行融合处理.由于视频包含了如图像帧、音频、转录文本、视频字幕和人脸等丰富多媒质特征,为了应对视频语义理解不精确的挑战,通过视频所包含的多媒质特征融合分析,进而实现其语义理解,成为目前研究的一个热点和亟待突破的核心问题.

而在视频语义理解基础上,实现其内容合理表达,也是视频内容管理和检索的关键问题.作为多媒体数据内容描述接口的 MPEG-7,虽然按照对象规定视频数据表达,但是由于视频语义理解存在"语义鸿沟",使得其尚难以应用.

在技术层面上,基于内容的视频检索和索引是一项综合集成技术,其中一些关键技术,如镜头边界检测、关键帧提取、特征提取等的研究虽然取得了一定的进展,但由于各种理论和相关技术都不尽完善,所以还有相当多的问题需要进一步深入研究.

(1) 高识别率与识别速度.

目前对突变切换和简单的渐变切换识别率可以达到 80% 以上,但是这些技术的识别速度与实际应用相距甚远,而且当有高速的物体或镜头运动、灯光背景的闪烁、复杂的剪辑效果(如碎裂、波纹、变形等)等复杂情况出现时,误识别和漏识别率普遍较高.因此,有必要对镜头切换识别进行重点研究.

---

① IBM MARVEL MPEG-7 视频检索引擎的演示版可以在 http://mp7.watson.ibm.com/ 获得.

（2）有效的特征提取.

特征提取是基于内容的视频检索技术的关键.以往的研究主要集中在颜色、纹理、形状等低级特征上,但这些特征不能完全准确地描述出图像的含义,如何提取高级特征使检索更接近人类视觉、生理、心理特点是一个研究课题.另外由于视频数据具有时空性,如何更好地提取物体和对象的运动特征也是一个研究课题.

（3）综合的多特征检索技术.

声音和文字是伴随视频的高层次内容,包含着与其密切相关的许多信息,它们还间接地对视频分类、场景分割、对象识别等起很大作用.因此,在视频检索中加入声音和文字信息辅助检索能大大简化视频处理的复杂度,增加视频检索的效率,是完善基于内容的视频检索技术的可行方法.

（4）基于对象的检索.

在实际的视频检索服务中,用户的最终要求是能够直接访问视频中的对象,如对某种动物行为现象的收集、某个球星历次参赛录像的查询等,这些要求更多的是从语义出发的检索请求.因此,基于内容的视频检索技术一定要从基于帧发展到基于对象才能满足未来的要求.

（5）视频语义联想和内容综合.

人的大脑对事物的记忆有时是通过联想实现的.在视频检索中,如能实现基于语义联想的视频检索,将会使视频检索变得更加符合人的思维习惯.

（6）面向 Web 检索.

在当今的信息时代,万维网以其生动形象的内容作为出色的传播方式逐渐代替传统打印/电视传播方式.为了更好地组织和检索网上几乎是无穷的信息,十分需要有基于 Web 的搜索工具.目前流行的基于文本信息的搜索引擎有 Yahoo、Google 等,而对 Web 上的视频搜索,虽然已做了些较好的工作,但仍有待技术上的突破.

§7.8 参 考 文 献

[1] Allen J F, Maintaining knowledge about temporal intervals, Communications of ACM, 1983, 26(11): 835—843.

[2] Arnon Amir, Marco Berg, Shih-Fu Chang. IBM Research TRECVID-2003 Video Retrieval System. http://www-nlpir.nist.gov/projects/tvpubs/tv.pubs.org.html#2003.

[3] Arnon Amir, Janne O Argillander, Marco Berg, IBM Research TRECVID-2004 Video Retrieval System. http://www-nlpir.nist.gov/projects/tvpubs/tv.pubs.org.html.

[4] Bill Adams, Arnon Amir, Chitra Dorai. IBM Research TREC-2002 Video Retrieval System. http://trec.nist.gov/pubs/trec11/papers/ibm.smith.vid.pdf.

[5] Zhu B-B, Mitchell D. Swanson, Multimedia authentication and watermarking. In: Feng D D, Siu W-C, Zhang H-J. ed. Multimedia Information Retrieval and Management-Technological Fundamentals and Applications. 2003. Berlin; New York : Springer, 148—177.

[6] John S Boreczky, Lawrence Arowe, Comparison of Video Shot Boundary Detection Techniques. Berkeley Multimedia Research center, 1994.

[7] P Bouthemy, M Gelgon, F Gamasia, An Unified Approach to Shot Change Detection and Camera Motion Characterization, IEEE Trans. on Circuits and Systems for Video Technology, 1999, 9 (7): 1030—1044.

[8] Chang H S, Sull S, Lee S U,. Efficient Video Indexing Schema for Content-based Retrieval, IEEE Trans. on Circuits and System for Video Technology,9(8), December 1999.

[9] Sen-ching S Cheung, Avideh Zakhor, Efficient Video Similarity Measurement and Search, Proc. IEEE Int. Conf. Image Processing, Vancouver, British Columbia, September 2000.

[10] Christel. M. G, Winkler. D. B, Taylor. C. R, Multimedia abstraction for a digital video library, Proceedings of the 2nd Association for Computing Machinery, International Conference on Digital Libraries, Philadelphia, Penn, USA, 1997, 21—29.

[11] Hampapur A, Jain R, Weymouth T, Production model based digital video segmentation, Multimedia Tools and Application, 1995, 1(1): 9—46.

[12] Hauptmann A, Christel M. Successful approaches in the TREC Video Retrieval Evaluations. Proceedings of ACM International Conference on Multimedia. New York City, 2004,668—675.

[13] Oomoto E, Tanaka K, OVID: design and implementation of a video-object database system, IEEE Knowledge and Data Engineering, 1993, 5(4): 629—643.

[14] Patel Nilesh V, Sethi Ishwar K, Video shot detection and characterization for video databases, Pattern Recognition, 1997, 30: 583—592..

[15] TRECVID home, http://www-nlpir. nist. gov/projects/trecvid/.

[16] Zabin, R, Miller, J, Mai, k. A Feature-based Algorithm for Detecting and Classifying Scene Breaks. San Francisco, CA: Proc ACM Multimedia 95, November 1993, 189—200.

[17] 陆燕，陈福生. 基于内容的视频检索技术. 计算机应用研究，2003,(11):1—4.

[18] 曾玮，薛向阳. 基于运动特征的视频信息检索综述. 计算机科学，2004,V(3):135—138.

[19] 章毓晋. 基于内容的视觉信息检索. 北京：科学出版社，2003.

[20] 赵丕锡，王秀坤，李国辉，田宏. 视频概要的分类与综合评价方法. 计算机应用研究，2004:5—7.

[21] 周洞汝等. 视频数据库管理系统导论. 北京：科学出版社，2000.

[22] 庄越挺，潘云鹤，吴飞. 网上多媒体信息分析与检索. 北京：清华大学出版社，2002.

§7.9 习　　题

1. 视频的主要特征是什么？主要关联于视频的信息类型有哪些？根据视频的特征和关联信息特征索引有哪些问题？试描述视频索引和检索的主要方法.

2. 描述视频流自动结构化的过程.

3. 描述常见的视频模型有哪些以及各自的适用范围.

4. 视频镜头是什么？讨论镜头检测的基本原则.

5. 突变镜头检测方法有哪些？分析比较适合各种方法的阈值选取范围.

6. 比较渐变镜头检测相对突变镜头检测的难点.

7. 讨论双阈值比较算法的优点和不足.

8. 描述基于运动特征的视频信息检索原理.

9. 简述视频对象分割的一般步骤.目前进行视频对象分割的主要方法有哪些？

10. 分析两种基于关键帧的镜头相似度量定义的优、缺点.

11. 视频摘要分为哪几类,它们各自的应用范围是哪些？

第八章　多媒体数据库

§8.1　引　言

多媒体数据库(MMDBMS)的概念最早是由 TSichritzis 和 Christodoulakis 等人于 1983 年在第 9 届 VLDB(very large data base,简称 VLDB)会议上提出的,至今已经经历了 20 多年的探索与发展.

传统的数据库管理系统对结构化数据的管理已较为成熟,但它对客观世界中许多应用领域所涉及的大量非结构化的媒体信息,却显得束手无策,其中最主要的也是最根本的问题是非结构化的多媒体数据量大、种类繁多、特性各异、结构不同,同时它们之间又具有各种信息的关联.人们要求提供像传统的数据库管理系统那样管理功能齐备、人机界面友好、性能安全可靠、使用方便的管理系统产品.这不仅要提出完善的基础理论,而且要及时提供合乎应用需要的、性能可靠的数据管理技术和方法.目前,MMDBMS 已经成为研究热点,开发了大量的研究原型系统,并已有一些较成熟的产品推出.

MMDBMS 能够浏览、检索、操纵、处理不同类型媒体,满足不同的应用需求,特别是在多媒体数据的检索和查询上,不仅能对媒体数据的属性或其他描述性信息(元数据)进行检索,而且应能对媒体数据(如图像、声音)进行内容分析,理解它们的内容,这种方式一般被称为基于内容的检索与查询.

传统的数据库系统是专门为管理文本和数字字符类型的数据而设计的,检索这种类型的数据只需要进行简单数据类型的比较.然而,这种简单的匹配字符的检索方法对于多媒体来说就不能胜任了.由于图像、视频、音频的数字化表现并不能真正表达媒体的含义,而且不同类型数据的相互组合总会产生新的语义内容,需要用户的识别和理解.因此,基于内容的多媒体数据库系统的实现需要大量的技术集成.

检索多媒体数据内容需要有对应的数据库管理系统.然而,传统的数据库系统大多数是基于关系模型,不能提供足够的手段来管理和检索多媒体数据内容,主要有以下几个原因:

(1) 面向对象模型和关系模型缺乏管理时空关系的能力.

音频和视频数据本质上蕴涵了时间概念,其含义就是,数据之间的时间关系可以是一个需要管理的元素(变量).当我们考虑视频中的字幕等外挂文本(与视频数据分开存储)时,空间关系同样需要管理,并且需要定义空间和时间的关联.我们再考虑图像数据,尤其是对于地理数据库那样存储大量地图数据的系统,空间关系更加重要.基于以上例子,管理时空关系的能力是多媒体数据库的一个重要特性.

(2) 传统数据库管理系统缺乏解释原始数据语义内容的能力.

知识检索过程中,对多媒体内容的识别和理解是不可避免的.即使单一媒体数据不同角度和不同人来理解,特别是在不同的上下文环境中都会产生不同含义.

多媒体数据中内容的解释和识别处理对于多媒体管理和检索来说是必不可少的.图像、视频、音频的外在表现与它们的内容本身不是一回事,为了评价与被检索数据的语义内容相关联的内容,要求数据库管理系统具有从原始数据中理解数据内容的能力.

(3) 查询表现问题.

多媒体数据库要考虑查询表示问题.关系数据库中记录的检索表示为关系代数表达式,以文本或数字形式表示的查询条件对于多媒体数据库中不同形式的数据类型来说并不总是适用的.相反,示例查询的方法(QBE)的表现形式更加接近于要检索的数据,是一种更好的解决方案,其表达查询条件相对文本来说更加自然.

综上所述,我们可以看到,由于不能管理时空关系,不能识别多媒体内容传达的语义内容,不能允许各种类型的查询表现,传统的数据库系统不能提供充分的灵活性来管理多媒体数据.这三种缺陷关系到数据库系统的所有组件,具体地说,第一种缺陷依赖数据模型或索引,第二种缺陷关系到 DBMS 结构,第三种缺陷关系到用户界面.

本章将从五个方面详细讲述多媒体数据库.§8.2讲述多媒体数据库技术的发展;多媒体数据模型将在§8.3讲述;§8.4讲述多媒体查询语言 SQL/MM;§8.5讲述 MMDBMS 的设计问题;§8.6讲述 MPEG-7 与多媒体数据库系统的联系;最后,§8.7 将讨论多媒体数据库其他一些值得关注的问题.

§8.2 多媒体数据库技术的发展

8.2.1 第一阶段

第一代 MMDBMS 主要依赖操作系统进行存储和文件检索,并有专门用于多媒体数据存储的系统.20 世纪 90 年代中期出现了第一代商业应用的MMDBMS,包括 MediaDB,MediaWay,JASMINE 和 ITASCA(ORION 的商业后继产品).它们都能够处理各种类型的数据,并且提供了查询、检索、添加和更新数据的机制.大多数这类产品存在几年后就从市场上消失了,只有少数产品保存下来,并且成功地适应了硬件、软件的进步和应用的改变.例如,MediaWay 很早就提供了对多种不同媒体类型的特殊支持.特别是不同的媒体文件格式(从图像、视频到幻灯片文档)都能被分割管理、连接和查询.

8.2.2 第二阶段

在第二阶段中,提出了能够处理多媒体内容的商业系统,它们为不同类型的媒体提供了复杂的对象类型.面向对象的方式为定义新的数据类型和适用于新类型的操作提供了方便,例如音频、图像和视频.因此,广泛使用的商业 MMDBMS 是可扩展的对象关系 DBMS(简称 ORDMBMS).从 Informix 开始,它们从 1996~1998 年被成功地投入使用.当前的版本在性能和集成到核心系统方面有重大的提高,未来的工作包括将查询服务扩展到音频和视频并且提高表示和浏览的方便性.

最先进的解决方案被 Oracle 10g、IBM DB2 和 IBM Informix 市场化,它们提出相似的方法来扩展基础的系统.下面将以 IBM DB2 Universal Database Extenders 为例进行讲解.

IBM DB2 Universal Database Extenders 将 ORDBMS 管理扩展到了图像、音频、视频和空间对象.所有的这些数据类型均在统一的框架下被模块化、访问和使用.其特点包括从数据库中输入或输出多媒体对象和它们的属性,将非传统类型的数据的访问控制在和传统数据相同的保护级别上,浏览或播放从数据库中检索到的对象.

例如,DB2 Image Extender 定义了一种独特的数据类型 DB2 IMAGE 以及相关的用户定义的存储和管理图像文件的功能.DB2 图像描述的图像文件的实际内容可以被存储为二进制大对象(简称 BLOB)或者数据库之外的文件.下面的 SQL 例子表示了如何将一个图像存储到叫做"example"的表中的图像列.在这个例子中,图像的内容来自一个文件服务器,并且作为BLOB 被保存到数据库中.

```
INSERT INTO example (image) VALUES (
  DB2IMAGE (
  CURRENT SERVER,
  'pisa.jpg',                    /* source_file */
  'JPG',                         /* source_format */
  1,                             /* 1=BLOB, 2=file pointer */
  'my Image File'                /* comment */
  )
)
```

DB2 Image Extender 提供对 DB2IMAGE 类型的图像基于 QBIC 技术的近似查询功能.QBIC提供基于内容的图像的查询和检索功能,使用这一技术,用户可以指定图像内容的特征,例如颜色或将其他图像文件作为输入来查询.这些特征与存储在数据库中的图像的内容进行匹配,然后为每一幅图像打分;分数是一个介于 0 和 1 之间的双精度浮点数,表示了一幅图像与 QBIC 查询指定的特征的匹配程度;分数越低越匹配.可以用作 QBIC 查询的图像特征包括平均颜色、颜色分布、位颜色值、图像的文理.下面的 SQL 查询演示了一个平均颜色匹配红色的 QBIC 查询的例子:

```
SELECT CONTENTS(image),
  QBScoreFROMStr('averageCole=<255,0,0)',image) AS SCORE
  FROM signs ORDER BY SCORE
```

除了商业的产品,一些研究的项目开发了完全成熟的多媒体数据库系统.近来比较成功的项目包括 MIRROR(multimedia information retrieval reducing information oveRload),DISI-MA 等.MIRROR 由 Twente 大学开发.它采用一种集成的方法,既有内容管理,又有传统的结构化数据管理,MIRROR 在 ODBMS Monet 数据库系统之上实现.在 MIRROR 之上运行ACIOI 系统[①],此系统是为多媒体内容建立索引和检索的检索平台,系统采用插件体系结构,允许采用各种特征提取算法对多媒体内容建立索引.

MIRROR 的系统如图 8-1 所示.

---

① 见:(http://monetdb.cwi.nl/acoi/).

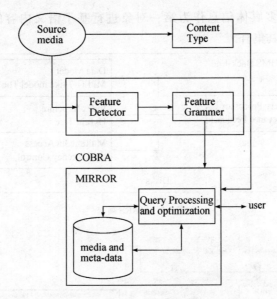

图 8-1　MIRROR 系统

DISIMA 是由 Alberta 大学开发的分布式图像数据库系统,能够进行基于内容的查询. 系统原型在 DBMS ObjectStore 基础上实现;采用 MOQL 查询语言(或者可视化 MOQL),对图像和空间应用采用了一种新型的概念模型,允许进行时空查询和自定义查询.

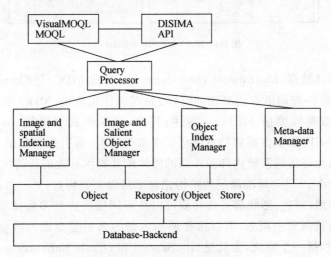

图 8-2　DISIMA 系统

8.2.3　第三阶段

第三代系统包括目前进行的一些项目,他们更加强调丰富语义内容的应用需要,大多数符合 MPEG-7,MPEG-21 标准. 代表性的项目是 MARS(multimedia analysis and retrieval system)[①],由 UIVC 或伊利诺伊大学合作开发. MARS 实现了多媒体信息检索系统和数据库管理

---

① 更多详细信息请访问 http://www-mars.ics.uci.edu.

系统的完全融和,支持多媒体信息作为第一对象进行基于语义内容的存储检索,也提供了MMDBMS后端支持工具集合.

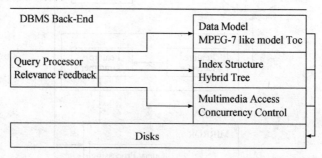

图 8-3 MARS 项目

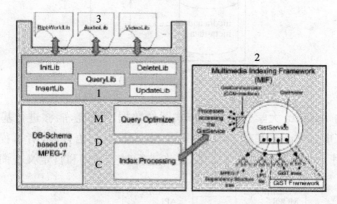

图 8-4 Multimedia Data Cartridge

MPEG-7 多媒体数据(Multimedia Data Cartridge,简称 MDC)是 Oracle 9i DBMS 的扩展系统,提供一种多媒体查询语言用来访问媒体、处理和优化查询. MDC 建立在三个主要概念上:首先,多媒体数据模型由 MPEG-7 描述;其次,多媒体索引框架(Multimedia Indexing Framework,简称 MIF)提供多媒体检索的可扩展索引环境,索引框架集成在查询语言中以便于进行检索;最后,允许访问系统内部和外部的媒体库并提供有效的通信机制. MDC 的多媒体模式一方面依赖于 MPEG-7 标准高层的结构化和丰富语义的特点;另一方面支持 MPEG-7 低层描述符的对象类型(颜色、形状等).这样就可以从不同层次进行多媒体检索.多媒体索引框架提供 MMDBMS 高级索引服务,可以很普遍加入新的索引类型而不改变接口定义的方式.MIF 分成三个模块,每一个模块,尤其是 GistService 和 Oracle Enhancement 可以单独使用或通过网络分布使用. GistService 是主要部分,依赖通用搜索树框架,在外部地址空间实现索引管理.

§8.3 数 据 模 型

8.3.1 概述

数据模型是用来描述数据的一组概念和定义.一般说来,对数据的描述包括两个方面:

数据的静态特征和数据的动态特征.数据的静态特征包括数据的基本结构、数据间的联系和数据的约束;动态特征是指对数据操作的定义.

数据模型的好坏取决于它的用途.对应用来说,总是希望数据模型尽可能自然地反映现实世界,尽可能接近人们对现实世界的观察和理解.但是由于数据模型是实现 DBMS 的基础,它极大地影响系统的复杂性.因此从实现的角度来看,又希望数据模型接近数据在计算机中的物理表示,以便于减少开销,也就是说,数据模型需要在一定程度上面向实现、面向计算机.显然,这两方面的要求是相互矛盾的.

在数据库中解决这个矛盾的方法是针对不同的使用对象和应用目的,采用多级数据模型,一般可分为三级.

1. 概念数据模型

数据库管理系统至少向用户提供一种数据模型,例如关系模型,这是目前使用最多的一种数据模型.这类数据模型有许多规定和限制,而数据库其实是对一个企业或单位的模拟,一开始就直接用 DBMS 所提供的数据模型来设计数据库显然是不合适的,这既不便于非计算机专业人员的理解和参与,也会使数据库设计人员一开始就纠缠于实现的细节,不符合软件工程的设计原则,因此,应该首先建立概念数据模型.

概念数据模型是面向用户、面向现实世界的数据模型,它主要用来描述一个实体的概念化结构.采用概念数据模型,数据库设计人员可以在设计的开始阶段,把主要精力用于了解和描述现实世界,而把涉及 DBMS 的一些技术性的问题放到后面的设计阶段去解决.

2. 逻辑数据模型

逻辑数据模型是用户从数据库看到的数据模型,数据库管理系统常以其所用的逻辑数据模型来分类.关系数据模型是目前最常用的逻辑数据模型.也有个别数据库管理系统提供多种逻辑数据模型,例如网状模型、层次模型等.

在数据库管理系统中,必须要将概念数据模型表示的数据转化为逻辑数据模型表示的数据,逻辑数据模型既要面向用户,又要面向现实.

3. 物理数据模型

逻辑数据模型反映数据的逻辑结构,但不反映数据的存储结构.逻辑结构用文件、记录、字段来表示,而存储结构却要涉及物理块、指针、索引等,反映数据的存储结构的数据模型就是物理数据模型.逻辑数据模型在实现时,必须具有与其对应的物理数据模型,物理数据模型与操作系统有关,与计算机硬件也有关.

8.3.2 数据模型的需求

DBMS 数据模型的作用是为描述系统存储和检索数据项的性能提供框架(或语言).该框架允许设计者和用户定义、插入、删除、修改和搜索数据库项目.在 MIRS 和 MMDBMS 中,数据模型指定多媒体数据的不同级别的抽象和计算.多媒体数据模型包含了数据库中数据项的静态性能和动态性能,可以为开发使用多媒体数据所需的相应工具提供基础.静态性能通常包括组成多媒体数据的对象、对象之间的关系以及对象的属性;动态性能包括与对象之间的交换有关的性能、对象的操作、与用户之间的交互,等等.

在使用中数据模型的多样性起着关键的作用,它首先必须支持基本的多媒体数据模型,这些数据模型为在其上建立的辅助特征提供基础.

多媒体索引的一个特征是索引多维特征空间,多媒体数据模型要能够支持这些多维空间的表达,特别是支持在这种空间中距离的度量方法.

总地来说,MIRS 及 MMDBMS 数据模型需满足下列主要要求:

(1) 应是可扩展的,以便添加新的数据类型;

(2) 应能表示具有复杂空间和时间关系的基本媒体类型和复合对象;

(3) 应是灵活的,以便在不同的抽象级别上指定、查询和搜索数据项;

(4) 应允许进行有效的存储和搜索.

8.3.3   商业数据库的扩展

多数当前的 RDBMS 或关系数据库管理系统支持能够用来存储多媒体数据的变长数据类型.商业数据库支持这些数据的方法通常不是标准的,每一个 DBMS 厂商对这样的数据类型使用不同的名字并且提供不同的操作.

例如,Oracle DBMS 提供 VARCHAR2 数据类型来代表变长的字符类型,VARCHAR2 类型的最大长度是 4000 位.RAW 和 LONG RAW 类型用于 Oracle 不能解释的数据类型,这些数据类型可以用来存储图片、声音或非结构化对象.LOB 数据类型能够用来存储超过 4 GB 的大的非结构化数据对象.BLOB 用来存储非结构化的二进制大对象,而 CLOB 被用来存储字符大对象数据.

Sybase SQL 服务器通过支持 IMAGE 和 TEXT 数据类型来存储图片和非结构化的文本,并且提供一组有限的对它们的查询和操作功能.

然而 DBMS 对上面提到的数据类型的支持非常有限,因为 DBMS 对数据内容不作任何解释,而且提供的对这些数据的操作也非常简单.

大多数商业 RDBMS 投资者投入了大量的努力对复杂模型建模的关系模型进行扩展,这些努力引发了 SQL3 标准的到来.从数据模型的观点看,相对于 SQL-92,SQL3 主要的进步在于对可扩展类型系统的支持,类型的可扩展性通过提供用户自定义的抽象数据类型实现.在 SQL3 中,每个数据类型描述包括属性描述和功能描述,提供了很高的封装形式,因此属性值只能通过一些系统函数访问,而且用户自定义功能可对任何对象可视,或者只对指定的对象可视,可以定义单继承和多继承.虽然 SQL3 尚未被正式发布,大多数商业产品已经具有 SQL3 的特性,例如 Oracle 为多媒体数据处理提供了 data cartridges 和 Illustra 支持的 data blades.

作为适用于多媒体环境的数据模型的实例,下面将介绍 MULTOS 项目中开发的数据模型.

8.3.4   数据模型实例

MULTOS(mul timedia office server)是具有高级文档检索功能的多媒体文档服务器.MULTOS 基于客户机-服务器架构,包括三个不同类型:流服务器、动态服务器和档案服务器,它们的区别在于存储能力和文档检索速度的不同.这些服务器支持基于文档收集、文档类型、文档属性、文档正文和图像的归档和检索.

MULTOS 数据模型支持对文档中出现的高级概念的表示,对形式内容和有结构的文档的归类,对免费正文状态的表示.

每一个文档通过一个概念结构、一个布局结构和一个逻辑结构来描述:逻辑结构决定逻辑文档部分的排布(例如标题、介绍、章节等);布局结构处理文档内容的布局,它包括例如页、框架等的部分;概念结构允许对文档内容面向语义的描述,与逻辑结构和布局结构提供的面向语法的描述相对应,提供对基于内容的文档检索的支持.MULTOS 提供一个正式的模型来定义文档的概念结构,它还提供基于语义数据模型可用的数据结构工具,逻辑结构和布局结构根据 ODA 文档表述来定义.

具有相同概念结构的文档被分为相同的概念类型.为了有效地处理类型,概念类型支持一般化的等级维护:子类型继承超类并且可以精练它;类型可强可弱,强的类型完全指定它的实例的结构,而弱的类型部分指定它的实例的结构;另外未指定类型的部分可以在文档定义中出现.图 8-5 是 Generic_Letter 类型的概念结构,图 8-6 是 Business_Product_Letter 类型的完全的概念结构.通过指定 Letter_Body 成为一个复杂的概念部分,Business_Product _Letter 类型从 Generic_Letter 类型获得.

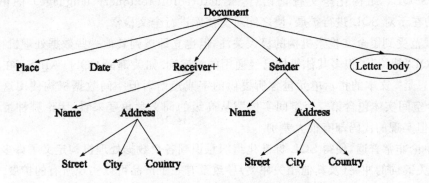

图 8-5　Generic_Letter 类型的概念结构

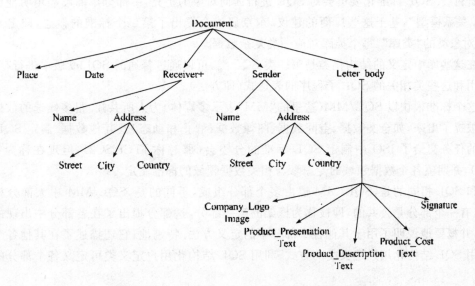

图 8-6　Business_Product_Letter 类型的完全的概念结构

为了文件检索,概念类型发挥了数据库设计的作用,采用有效的访问结构,而且概念类型是抽象级别描述查询的基础.

MULTOS 也提供了成熟的方法处理图像数据. 首先进行图像分析过程,包括两个阶段:低级图像分析和高级图像分析. 在低级图像分析阶段中,基本的对象组成了一个给定的图像,它们的相对位置被确定;高级图像分析阶段处理图像解释;图像分析过程的最后,图像通过用相关度、真值和所属类别标识的对象来描述,图像访问信息存储在与图像文件相关的图像头文件中.

§8.4　多媒体查询语言 SQL/MM

8.4.1　引言

1991 年末或 1992 年初,由文本搜索引擎厂商组成的一个小组,在 IEEE 的赞助下,发表了一份称为 SFQL(结构化全文查询语言,structuredfull-textquery language)的语言规范. SFQL 目的在于对 SQL 进行扩展,使之能对文档库进行全文检索.

这一规范受到了全文检索机构的极大关注,但也立即遭到其他一些数据处理机构的批评,理由是 SFQL"劫持"了很多其他机构已经通用的关键词. 如关键词 CONTAINS ,在 SFQL 的规范中,意思是" 文本的指示单元包含所提供的字或短语",但空间数据机构使用这个关键词表示" 一个空间实体包含第二个空间实体",从高级的词义学角度来看,无论哪种情况下都是很相似的,但实现的代码却有很大差别.

这种争论非常普遍,使得 SQL 标准化组织意识到各个数据处理机构定义了许多不兼容的扩展,因为关键词的冲突(及其他相关冲突)导致没有一个产品可以实现所有的扩展. 为了寻求解决的方案,因为 SQL 扩展而引起冲突的这种进退两难的状况,1992 年下半年在东京举行了一个研讨会. SQL 标准化委员会对 SQL 进行面向对象的扩充,一部分厂商已经申明他们支持" 对象关系模型",基于这些厂商的建议,东京研讨会提出了第二个标准的概念,即定义几个 SQL 对象类的"类库",每个类库对应一类复杂数据.

在这些库中定义的结构化类是第一类 SQL 类,可以通过普通的 SQL99 版本进行存取,包括调用和这些类相关的 SQL 子程序的表达式(即方法).

这个标准很快以 SQL/MM(这里的"MM"表示多媒体)为人所共知. 很多候选的数据领域问题被提了出来,如全文数据、空间数据、图像数据(静止和动态)及其他数据. 制定 SQL/MM 标准的任务交给了 ISO 中制定 SQL 标准的分委会(那时称 JTCI/SC21,但现在称为 JTCI/SC32),并期望各个数据领域的专家参与相关数据领域的标准制定.

和 SQL 相同的是,SQL/MM 也由多个部分组成,不同的是,SQL/MM 中大部分相互独立,但有一个部分是公共的,即被称为框架的第一部分,这部分提出了在各部分中出现的公共概念,并概要地说明了用于其他各个部分中的定义方法. 特别地,它还描述了在其他各个部分中使用 SQL 结构化用户定义类的方式,利用 SQL 结构化用户定义类可定义各个部分的主题类.

下面将详细介绍 SQL/MM 对全文、空间数据、静态图像的操作.

8.4.2　全文

"全文"这个术语通常用于描述文本型的数据. 全文数据主要在长度上不同于普通的字符

串数据,同时使用在数据上的特定数据库操作也不一样.一般地字符串数据用其整个值来索引,但对全文数据,需定义专用的索引类型,这种索引记录着字与字或短语与短语之间相似性的信息,或文档中出现的字及文档中未出现的相关字的信息.全文数据的搜索操作不适用于"简单"的字符串.同时值得指出的是"全文操作"完全不同于许多计算机软件人员非常熟悉的那种模式匹配(如普通的表达式).

SQL/MM 全文标准[4]定义了很多结构化用户定义类(UDT)以支持文本数据的存储(一般在对象关系数据库).其中一类命名为 FullText,它支持全文数据值的构造,测试数据中是否包含指定的模式,以及数据到普通 SQL 字符串的转换;FullText 类的规范包含一组方法,它们为全文检索准备与类实例相关联的值,并执行搜索的布尔方法.

除了 FullText,SQL/MM 还定义了其他一些类,用于全文检索的各种模式.检索模式可以相当复杂,比如检索包含指定的字及由指定的字演变的其他字(如一个动词的过去时态,一个名词的复数形式)、具有相同定义的字、甚至和一个给定的字听起来相同的字.

SQL/MM 全文标准对语言部件的自动识别有更好的支持,使用起来相对容易.考虑下面的 SQL 表:

```
CREATE TABLE information(
    docno INTEGER,
    document FULLTEXT)
```

在上表中,docno 列包含了获取某个文档标识符的值,而 document 列包含全文文档.我们可以以全文检索的方法检索文档的标识符,使文档包含和"Standard"相近的字,同时,在同一个段落中包含发音和"sequel"相同的字.查询语句如下:

```
SELECT docno
FROM information
WHERE document. CONTAINS
('STEMMED FORM OF "standard"
   IN SAME PARAGRAPH AS
   SOUND LIKE "sequel"')=1
```

该查询语句从 information 表中对每个文档进行检索操作,由 document 列中应用的"CONTAINS"方法返回一个值,"1"代表"真".传递给方法的参数使用三个不同的全文操作:"STEMMEDFORM OF"将寻找从"standard"演变的几个字中的任意字,如"standards"和"standardization";"IN SAME PARAGRAPHAS"要求第二个字(或短语)和那些演变的字出现在相同的段落中;而"SOUND LIKE"寻找发音(一般指英语发音,因为我们未指定其他语言)和"sequel"相同的字(如"SQL"是一个例子).

8.4.3　空间数据

许多企业需要存储、管理、检索各类空间数据,如几何、方位、拓扑数据.使用空间数据的应用包括自动化制图、设施管理、地理系统、图形、多媒体、甚至集成电路设计.SQL/MM 空间标准定义 SQL99 结构化用户定义类及相关方法从而提供空间支持.

根据几何特性,空间数据经常代表二维、三维数据,目前的 SQL/MM 支持空间零维(点)、一维(线)、二维(平面)的数据.未来的修订将支持三维(立体)甚至多维的数据.空间信息系统的应用很多,大部分用于描述地理实体和球形行星表面上的各种概念,许多空间信息系统还能处理曲率很大的行星运行的大型结构.结果各种各样的系统就逐步变成了描述特定地区(如国家、州、省等)结构的系统,行星曲率对这些地区的影响与对其他地区的影响是不同的(例如:经线朝两极移动时,经线就相互汇聚,看起来平行的经线实际上也是不平行的).

支持空间信息系统对于 SQL/MM 空间标准的设计很关键,因为空间数据管理系统的最大用户经常是政府团体和那些必须处理地理数据的大型商业企业,这些用户包括地方政府(市政规划、交通管理、事故调查),州、省政府(高速公路规划、自然资源管理),国家政府(防卫、边界控制),采掘工业(矿藏和水资源位置),农业(耕地位置).和支持集成电路设计、计算机图形等小规模数据应用相比,SQL/MM 空间的设计更多地支持地理空间数据.

SQL/MM 定义了几种类层次,其中一个层次里有一个称为 ST-Geometry 的类,是最通用的类(即最大的超类),它不可实例化(意味着没有实例可以建立,空间标准定义的这种类为数不多),但它有一些子类是可实例化的,如 ST-Point,ST-Curve 和 ST-MultiPolygon.还有一个称为 ST-SpatialRefSys 的类(不是 ST-Geometry 的子类)用于描述空间参考系统,参与查询的每一个空间值必须定义在相同的空间参考系统上,未来的空间标准版本将会放松这个限制.

目前正在研制中的 SQL/MM 空间标准的未来版本,定义了另外一对类:ST-Angle 和 ST-Direction.这两个类用于获取各种角度和方向的信息,在存储和管理空间信息时需要这些信息.

在空间数据上可以实施很多操作,其中最通用的操作是从两点确定一条直线,或从一点加一个方向和距离确定一条直线;从几条线确定一个多边形,或从几个点,或从一个点和一组方向和距离确定一个多边形;另外,重要的操作还有检测两条线是否相交;两个平面是相交还是重叠;一条直线是否是一条曲线的切线;两个多边形是否共享一个边.许多空间类有存取方法,这些方法允许提取有关实例类的基本信息,如确定点的坐标的值.

考虑下面的表定义:

```
CREATE TABLE CITY(
NAME VARCHAR (30),
POPULATION INTEGER,
CITY_PARKS VARCHAR (30) ARRAY[10],
LOCATION ST_GEOMETRY)
```

通过执行下面的查询语句,我们能够确定旧金山市(San Francisco)的面积:

```
SELECT Location. area
FROM CITY
WHERE name='San Francisco'
```

表达式"location. area"取回结构化类值"ST-Geometry"的面积属性,它存储在对应"San Francisco"行的"location"列.(取回一个结构化类实例的一个属性值等同于调用该属性上的存取方法).

另外,ISO 技术委员会的 TC211(地理)分会和 Open GIS 组织也在研制空间标准,SQL/MM 空间和这两个标准化组织联系紧密,有着联盟的基础.标准由三个组织研制,但所有参与者须承担任务.

8.4.4 静态图像

SQL/MM 标准提供了一些结构化用户定义类,可以允许在一个数据库中存储新图像,并以多种方式查找和修改这些图像;最重要的是针对各种图像,可以使用大量"可视化"的表述来定位.

在 SQL/MM 静态图像标准中,使用一种名为 SI-StillImage 的 SQL99 版本的结构化类来表示图像.该类存储代表二维图像的元图(像素)集(当然三维物体的图像非常普遍,但图像自身也是二维的).图像可按几种格式中的任意一种来进行存储,它取决于底层工具的支持,例如,以 JPEG,TIFF,GIF 作为输入、输出、存储和处理的格式.SI-StillImage 类也能获取每个图像的信息,如图像的格式、维数(按照像素计算的高度和宽度)以及颜色空间等.

应用于 SI-StillImage 实例的方法包括各类子程序,如放大、缩小图像(按比例改变它的尺寸),修剪图像(移去不需要的部分),旋转图像(如把水平方向改为垂直方向)及建立"粗略"图像(为了快速显示、特意降低图像的分辨率).

另外一组数据类用于描述各种图像特征.SI-Aaverage-Color 类用于表示给定图像的(平均)颜色,这个类在一批图像中定位某个图像时用到(如要寻找一幅基本上是绿色的室外家俱广告画);SI-ColorHistogram 类则提供图像颜色颗粒的精细程度的信息;SI-PositionalColor 类表示在一幅图像中特定颜色的位置,它能支持如"海上日落时,在深蓝色上方有红色和橘色.请找出具有这些特征的图像"等查询;SI-Texture 类记录诸如图像的粒度、反差、颗粒方向等信息;SI-FeatureList 类用于记录在段落中描述的图像的所有特征.

组合一幅图像的几个特征就可以写出查询语句,从很大的图像库中找出一小组图像,从这一小组图像中,就能快速地选择所需要的实际的图像,也可以根据各种理由和兴趣筛选出一组图像,例如,可以确定一个已经委托设计的新标志是否和其他已具版权的标志相冲突.

下述 SQL 语句将完成所需要的工作:

```
SELECT
FROM REGISTERED_LOGOS
WHERE SI_findTextture( newlogo). SI_Score( logo) 1.2
```

当然,不是所有图像都是"静止"的,还有动态图像,如数字化录像,这类数据没有归入到 SQL/MM 静止图像标准中,但未来某个部分的 SQL/MM 标准将面向动态图像.

§8.5　设　计　问　题

8.5.1　体系结构

MMDBMS 体系结构应该是灵活和可扩展的,以便支持各种应用、查询类型和内容特征.为了满足这些要求,常见的 MMDBMS 系统包括大量的功能模块或管理器,还可以增加新的管理器以便扩展系统的功能或者对系统功能进行更新.

MMDBMS 通常是分布式的,包括了大量的服务器和客户机,这是它的另一个特征.这个特征是由数据库中存储了大量的多媒体数据(不可能为每个用户复制数据库)和多媒体信息的多种使用方式引起的(它经常有许多用户访问,如在数字图书馆或视频点播系统中).

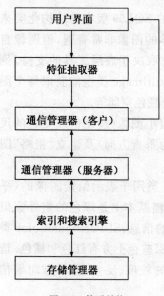

图 8-7　体系结构

图 8-7 说明了 MMDBMS 的基本体系结构,其中主要的功能模块包括用户界面、特征抽取器、通讯管理器(在每个客户机和服务器中都有一个)、索引和搜索引擎以及存储管理器.这些管理器的主要功能可通过 MMDBMS 的操作实例进行描述.MMDBMS 的两个主要操作是插入新的多媒体数据项和对多媒体数据进行检索.在插入过程中,用户通过用户界面指定一个或一组多媒体数据项,这些数据项是已经存储的文件或来自麦克风、音频或视频播放器或数码相机等其他设备的输入,用户还可以从这些数据中抽出其中的一个数据项作为输入.

通过使用特征抽取器提供的工具对多媒体数据项的内容或特征进行自动化或半自动化抽取.这些特征和原始数据项通过通讯管理器发送到一个或多个服务器上,为了有效检索,在服务器端通过索引和检索引擎并根据某个索引方案对特征进行组织,通过存储管理器对索引信息和原始数据项进行相应的存储.

在信息检索阶段,用户可以通过用户界面发布或指定一个查询,查询内容可以是存储本地磁盘上的文件,也可以通过输入设备(包括键盘或鼠标)即时输入.用户界面允许用户对数据库中的数据项进行浏览并使用浏览过的某个项作为查询项.如果查询项不是数据库中的某个数据项,则应采用与数据项插入相同的方式抽取查询的主要特征,把这些特征通过通讯管理器传给服务器.然后,使用搜索引擎索引并对数据库进行搜索找到最能与查询特征相匹配的数据项.通过存储管理器对数据项进行检索,并通过通讯管理器传递给用户界面.最后,用户界面把数据项列表显示给用户.

图 8-7 中显示的体系结构是一种最基本的结构,在实际过程中常需要增加其他功能模块或管理器,例如:

(1) 同义词词库管理器:维持信息项之间的同义及其他关系;

(2) 完整性规则库:检查给定应用的完整性;

(3) 环境管理器:保持应用的环境.

8.5.2　界面设计

用户通过用户界面与 MMDBMS 进行通信和交互,因此用户界面很大程度上决定着 MMDBMS的可用性.用户界面的主要功能包括:允许用户向数据库中插入数据项;进入数据库进行查询;把对用户的响应提交给查询者.因此,一个好的用户界面应该满足如下的要求:

(1) 为用户提供数据更新工具,使其能够方便的插入数据项;

(2) 为用户提供查询工具,使其能够进入数据库进行有效地查询或向系统报告信息需求;

(3) 能够充分有效地把查询结果提交给用户;

(4) 界面友好.

由于多媒体数据和应用的特点,要满足这些要求仍存在许多问题.

在 MIRS 或 MMDBMS 中,数据项可以是许多媒体类型的任何一种,也可以是各种媒体类型的组合.由于数据库组成没有固定的结构和属性,用户界面应允许用户使用各种输入类型组成多媒体对象,并允许用户指定要抽取和索引的媒体属性类型.支持插入操作的用户界面的要求与查询操作界面的要求相似.

多媒体信息处理和特征抽取所需要的计算量很大,对于一个简单的对象也可能需要几秒钟的时间,而对于电影一类的对象则可能需要几小时的时间.因此系统希望能够对一组对象指定操作,这组对象被称为数据库组.当特征抽取完全自动化时,有可能发生这种情况.

多媒体查询是多样化且模糊的,多样化是因为用户可以用各种不同的方式、针对不同的媒体类型进行指定查询;模糊是因为用户知道自己在查询什么,但是不能精确地描述或定义它们的信息要求,当具体看到数据项时,才能够认出哪些是自己所需要的.要满足这些特征要求,用户界面应该提供检索、浏览和查询提炼等工具.

检索是所有数据库管理系统的基本任务.在 MIRS 或 MMDBMS 环境中,有两种类型的检索:基于特征检索和基于示例检索.为了支持这两种类型的查询,用户界面应该提供麦克风、图形工具、数码相机、扫描仪和多媒体创作工具等各种输入工具.用户也应该能够利用数据库中现有的数据项作为查询特例,可以先通过浏览功能得到特例,然后进行查询.

有时候,用户可能并不准确地知道他们需要什么东西,只有当他们看到这种东西的时候,才能确定他们的需要.对于这种情况,可以采用事先浏览的方法满足这种类型的信息需要.浏览也支持通过示例的搜索功能.

我们可以采用三种方法来启动浏览.第一种方法是启动一个非常含糊的查询,用户根据这个查询结果浏览数据项.第二种方法则需要按照一些指标(如日期和题目)对数据库中的信息进行组织,以便用户根据这种组织的结果进行浏览.第三种方法是从数据库中随机选取若干数据项进行展示,用户可以使这些被选择的数据项作为浏览的起点.如果用户在当前的内容中没有找到任何感兴趣的数据项,可以要求展示另一些随机选择的数据项.

大多数的多媒体查询在初始阶段都是模糊或不准确的.用户界面应该为用户提供一些基于初始查询结果的提炼查询的工具,使得可以进行进一步查询.查询提炼通常是根据用户对初始结果相关性的反馈来实现的.在提炼查询时,当用户看到一个数据项非常接近他们正在搜索的项目时,可以把该项目的特征结合进新的查询中;在经过几次迭代后,如果这些项目在数据库中真实存在,则用户就可以找到相关的项目.域知识和用户配置文件有助于查询提炼,相关反馈在多媒体应用中也特别有用,因为用户可以立即弄清楚一幅图像或音频片段是否与他们的需要相关.

　　在实际操作中,对多媒体信息的定位是将检索、浏览和查询提炼三种方法结合起来使用的.

　　为了有效而经济的从多媒体数据库中访问信息,我们针对用户界面规定出以下设计准则:(1)各种查询机制必须无间隙的结合;(2)用户界面必须尽可能的可视化;(3)用户界面应具有提供相应的可视反馈的功能;(4)用户界面应该支持用户指南导航器.基于以上几点,下面的内容将讨论多媒体数据库的多范型可视界面的设计.在8.5.3小节中,我们将讨论信息空间的可视表示.可视化推理的策略将在8.5.4小节中讲述.8.5.5小节给出可视查询范型的分类,而8.5.6小节将着重于多媒体数据库的交互技术.最后,在8.5.7小节中,我们将描述一个原型实例,用以说明多媒体数据库的多范型可视界面的概念.

8.5.3　信息空间表现

　　通常来说,数据库对象是从真实世界中的真实物体中抽象出来的,我们可以区别逻辑信息空间(logical information space)和物理信息空间(physical information space).逻辑空间中呈现的是抽象的数据库对象;在物理空间中,抽象的数据库对象被赋予物理属性,并表现为物理对象,如图像、动画、视频、音频等.这种物质对象既可以是现实世界中实体的微缩,例如虚拟现实世界中的实体;也可以是真实世界中实体的映像,例如图表、图标和素描.

　　逻辑信息空间是一个多维空间,其中每个节点表示数据库的一个对象(如一段录像等),一个数据库对象或一个实例都是该空间的一个节点.从概念上讲,整个信息空间就相当于一个数据库中的所有数据对象,逻辑信息空间则是数据库的一个归一化的表现,也就是一个整体的关系.

　　在这个多维空间中,数据库对象的每个属性都代表一个维数.在逻辑信息空间中,不同的维数实际上具有不同的特征:连续性、数值性、离散性或逻辑性.一个查询是一个任意的领域,一个线索也是逻辑信息空间中的一个任意领域,但是它可能含有额外的指导信息指明视觉要素,例如浏览的路径.由此可以说,一个例子是一个线索,一个可视查询也是一个线索.信息检索的问题是指如何从用户表达的例子和线索中组建出"最大期望"的查询,所谓最大期望的查询是指能够检索出最大数量的相关数据库对象且该查询的"尺寸"在信息空间中相对较小.逻辑信息空间可以进一步组织成逻辑信息超级空间,其中线索变成提供指导信息的超级链接,而用户可以遵循着指导线索在信息空间中航行.

　　物理信息空间由被物质化的数据库对象组成,最简单的例子如下:每一个对象被物化成一个图标,而物理信息空间就是这些图标的集合,这些图标可以在空间排序,使得空间位置大致反映出数据库中各对象的相互关系.最近,为辅助指定任务的可视化开发了智能可视化系统(intelligent visualization system),该系统可以帮助提取数据库对象的有效的物质属性.

　　在物理信息空间中,对象反映了真实世界汇总的物体,但是这种世界仍然是真实世界的抽象.更进一步的做法是在一个虚拟现实信息空间中表现信息.虚拟现实允许用户置身于一个三维环境中,可以直接在其中进行操作.用户在屏幕上所见到的与他们在真实世界中经历到的一样.在虚拟现实设置中可以用三维属性表现结果.

　　表8-1总结了上述分类.

表 8-1　信息空间的总结

空　　间	对　　象	世　　界
逻辑信息空间	抽象	抽象
逻辑信息超空间	抽象簇	抽象
物理信息空间	真实*	抽象
物理信息超空间	真实	真实

＊：在物理信息空间中的真实对象是真实世界中实体的映像，而不是真实世界中实体的微缩.

8.5.4　可视推理

可视推理是基于视觉表现线索的推测和制作推理的过程. 正如前面所提到的,可视推理可以帮助用户从例子和线索中找出最大期望的查询. 在人机交互中,最近有一种趋势是人对计算机使用可视表达来交流,典型的方法是用户绘制一张图片、一个结果化的图表和一个视觉实例,然后计算机翻译这些可视表达以理解用户的意图,不同研究者对它的称法不同,有"可视训练"(visual coaching)、"实例指导的编程"(programming by example)或"排练指导的编程"(programming by rehearsal).

可视推理涉及空间推理、基于实例的编程以及近似、模糊检索. 空间推理是针对空间中的对象所涉及的问题阐述和论证推理的过程,这些对象既可以是物理实体(例如书籍、桌椅等),也可以是空间可视化后的抽象对象(例如数据库对象). 物理实体是可以触摸的,它所占据的物理空间是可测量的;抽象实体是不可触摸的,它与任何坐标系统中的确定空间都无关. 因此,可视推理可以定义为空间中可视化的抽象对象的空域推理.

我们现在讨论数据库的可视推理的方法. 绝大多数数据库系统的研究都基于一个假设,就是存储在数据库中的数据以及检索这些数据所要求的精确性和特定性,但是在现实中,这两种都可能是不精确或模糊的. Motro 归纳了三种不精确、模糊的类型：(1) 存储在数据库中的数据是不精确的;(2) 检索数据的要求是不精确的;(3) 用户对数据库的内容没有一个明确的概念.

对于存储数据的不精确性可以采用模糊集合理论解决,它为不精确存储数据提供了一个语言描述. 模糊查询同样允许用户给出不精确的查询要求,当不精确的信息源能够量化为数字时通常可以使用这种技术,例如"一个人的年龄大约在40～50岁之间". 但是,不精确的信息源不容易被量化,例如"找出与爱因斯坦长相相似的人",上述技术就不那么合适了. 最新的基于内容的检索的研究可能会产生一些涉及这类问题的技术.

用户模型的不精确性可以如下分类：对数据模型的认识不完整;数据库轮廓及其事例的信息不精确;用户目的不明确以及对交互式工具的认识不完备. 有以下几种方法可以解决用户模型的不精确性：(1) 浏览技术提供不同角度观察数据库;(2) 对用户查询的启发式翻译采用一种连接式方法转换用户查询. (3) 基于实例的技术归纳选择的实例,或修正原始查询条件,其修正可以交互或自动进行.

通常说来浏览方法使用广泛而且非常有效,但可能会浪费大量时间,对用户查询的启发式解释可能会导致"错误遗漏"或"错误命中". 基于实例的技术非常适用于某些应用但很难推广. 此外这些方法有两个共同的局限性需要指出：(1) 通常浏览环境和查询环境都截然不同,因此分隔了学习和查询活动;(2) 要建立用户轮廓(用户模型)必须收集关于用户的认识.

8.5.5 可视化查询范型分类

查询范型确定了查询执行和表现的方式,它非常依赖于数据库中数据可视化的方法.根据主要使用的视觉形式,可视表现的基本类型分为基于表单的、示意图的和图标的,分别称为表单、示意图和图标.第四种类型是混合表现,也就是使用两种或两种以上的可视形式.

一个表单可以看成是一个矩形网格,其组件可以使单元之间或成组单元(子表单)之间的任意组合.一个表单就像是一个表格的概括,它通过挖掘人们在使用信息处理的常规结构时的通常意图来帮助用户.基于表单的表现希望提供给用户友好的数据处理界面,充分利用计算机屏幕的二维属性优势.

我们所用的"示意图"一词即有非常广泛的含义,它可以使任何使用位置和尺度信息表现几何实体或显示各组件间关系的图形.我们广泛定义示意图包括图形、图表、网络图、结构图以及流程图.示意图的一个有用的重要特点是,如果我们遵循某些特定规则修改了它的表达,那么它的内容将可以显示新的关系.通常,一个示意图使用与特定概念类型一一对应的可视元素,示意图表现方法采用典型的查询操作元素的选择和相邻元素之间的关系,并在无连接的元素之间架起一道桥梁.

图标表示法是用成套图标来表示数据库中的对象及与其有关的操作.在一个图标中,我们区分出图片部分,也就是在屏幕上显示的图像和图义部分,也就是这幅图像要传达的含义.将一个含义与一个图标联系起来最简单的方法是挖掘图标与所指对象的相似处.如果我们不得不表现一个抽象的概念或一个动作,也就是其本身并没有一个视觉对应物,那么我们就应该考虑图片部分和图义部分之间不同的相关模型,例如类比、分类和约定等.在图标化的可视化(visual query systems,简称 VQS)中,一个查询只是用图标的组合来表达,例如用垂直组合图标来表示结合(逻辑"与"),而用水平组合来表示分立(逻辑"或").

上面所述的表现方式呈现出互补的优势和劣势.在现有系统中,一般只使用一种表现方式,它严重限制了数据库的用户从系统中获得益处.为了提供不同的交互范型(每个都有其自身的特点),一个有效的数据库界面应该提供多种表现手段.这样,每一个用户无论是新手还是专家都可以选择最合适的范型与系统进行交互访问.

从概念上讲,多范型可视界面的研究与多媒体数据库的多模式界面的研究很相似.多模式界面支持人机交互的多通道输入输出,提供不同输入输出机制的基本原则是适应各种各样的用户.从本性上讲,人具有无法预测的行为能力,不同的技能以及广泛的兴趣爱好.因此我们事先无法知道用户想要如何与系统进行交互,需要建立一个可定制的人机界面,这样用户就可以自己选择最佳方式与系统进行交互(多数情况是利用多种输入和输出媒体).

要建立高效的用户界面是很困难的,多模式和多媒体用户界面的建立就更困难了.它们需要充分满足进一步的要求.通过研究多模式和多媒体界面的特质,归纳了以下几点界面设计者应该考虑的问题:(1) 混合形式;(2) 恰当的解决模糊并允许概率性输入,例如整个句子的诵读以及手势识别;(3) 在界面中各模块使用协议约定进行分布式交互控制;(4) 能够实时或事后存取交互过程数据;(5) 高度模块化的框架.从我们的角度来看,其中一个特质"混合形式"需要重点强调.形式混合意味着一个用户在任意一点都可以在一个新的更符合实际的范型中继续输入,这个"在任意一点"的要求是不容易达到的.多范型界面中谨慎地描述了允许在形成查询的过程中切换范型的情况,该问题必须同时从系统的认知的角度来研究.除了那些能够帮助预测用户行为的模式以外,还必须做更多的实验以确保几种模式的并存不会给用户造成心理上的负荷.

在多范型界面设计中另一个至关重要的是在不同模式中所能达到的表达能力,也就是能够实现的数据库操作的类型可能不一致.对于上面分析的各种可视范型,基于表单的范型和示意图范型通常与关系代数的表达能力相同,但 VR(虚拟现实)允许选择和检索具有和指定功能的类似的对象.当我们考虑在不同媒体之间交互访问时,这点就更加明显.一个数据库专家在执行类似于 SQL 查询时可能会感到非常适应,甚至于比关系算法适应性强.目前的技术条件下,如果我们使用讲话或者手势,就无法实现相同的表达能力了,这种模式在遇到提供含混不清的或概率式输入时就更加不利.直到现在,界面设计都避免这种输入,因为这种模糊是无法管理的.下一代的界面应该包括这种输入模式(如果适合于该界面所服务的工作的话)并提供解决特定的模糊情况的方法,一种可能性是改变交互模式,即在新的模式中某个确定的操作不再含混不清的.

8.5.6　多媒体信息系统交互与相关反馈技术

计算机技术提供给每个人直接开发信息资源的可能性.一方面,这极为有用和激动人心;另一方面,随着待处理信息的日益增多,造成人们,尤其是那些新手或偶尔接触的用户心理上负担过重甚至会焦躁不堪.当前的用户界面对于新手或准备不充分的专家来说都太难了(他们需要使用有多种选择的工具),由此限制了计算机发挥真正的能力.

我们认识到人们在使用信息时有三种不同的需要:(1)了解数据库的内容;(2)抽取他们所感兴趣的信息;(3)浏览检索到的信息并检出符合他们需要的信息.要满足这些需求,用户界面的设计者必须努力开发出更有力的查询技术、更简便的查询工具以及更有效的表现方式.开发新技术时,我们必须牢记用户的不同层次,其范围从第一次使用或偶尔使用的用户到经常使用的用户,从某个工作领域的新手到专家,从无知的(查询非常基础的信息)到高级的用户(其所感兴趣的信息非常详尽和专业).由于没有一项技术能够满足所有层次用户的需求,推荐的技术应该具有一系列基本的特点,当用户逐渐熟悉系统后可以要求更多的附加特性.

用户第一次与一个信息系统进行交互访问时,他希望能够在系统中轻松的畅游,从而更好的了解能够从中获得的数据.由于信息系统日益庞大,每位用户通常只对其中的一小部分数据感兴趣,因此设计者的一个主要目标就是开发一些过滤器来减少需要考虑的数据类型.最近几年,Xerox 一组研究人员开发了一些信息可视化技术,其目的是帮助用户了解处理存储在系统中的信息.他们创建了"信息工作平台",也就是一种计算机环境,信息从其原始资源处(例如网上的数据库)移到该环境中,用户可以任意使用某些工具来浏览和处理信息.这种工作平台的一个主要特点是它们提供信息的图形表现,从而有助于迅速了解其总体类型.此外,他们使用三维图形和变形技术极为详细的显示某部分信息,将它保留在一个更大的相关范围中.这种技术通常称为"鱼眼"(fish eye)技术,但是称做"焦点+周边内容"会更清楚,将感兴趣的区域放大并更详细,而其他区域就相对较小和粗疏.这种方法应用于文档或图形很有效,它将局部细节与全局内容平滑的集成在一起,与其他的过滤信息的方法相比较,具有更多的优点.例如,缩放方法使用两种或更多的视点方法:一种是整体结构而另一种是缩放了的部分.前一种方法显示了局部细节但丢失了整体结构;后一种需要额外的屏幕空间,还同时要求观察者在心理上将各种观测角度统一起来.而在"焦点+周边内容"方法中,改变焦点时可以有效的提供动态转换,这样在动态转化显示时,用户始终保持同样的方位,从而避免了不必要的额外辨认.

Shneiderman 指出,要开发出既能检索所有的且仅仅是所需项的完美查询范型是不可能的,但是他建议采取某些方法获得一种灵活的查询机制.查询文档时,一种可能性是允许"融合检索"(rainbow search).它考虑到大多数词处理器都支持的几种特性(不同的字体、尺寸、字型等)以及文本属性(脚标、参考等),因此,在检索所有的斜体字或只在脚标中检索时,它就非常有用.另一个新技术是"检索扩张"(search expansion),当使用一些专业术语查询文档时,系统同时能从一个词库或数据字典中提出更普遍的(或专业的)术语、同义词或相关用语,从而能够执行更完整的检索.

应用于多媒体的检索技术非常有趣.举个例子,声音是多媒体数据库中的一个数据类型,它既可以构成输出(作为系统的一种响应),也可以构成输入(作为一种查询手段).已有一些电子字典既提供词汇的含义,也提供它们的发音,由此提供了每个查询词汇的完整信息.前面提到过的"发音定义"(sonification)就是将数据映射到声音参数中,这是一种了解复杂数据的丰富的但未开发的技术.当前的技术更热衷于开发用户界面的图形维而限制了音频维的使用,这也是由于现在对声音线索的属性不如对视觉信号属性那么了解.另外,如果没有相关的视觉内容帮助,单独的声音无法传递准确的信息.使用声音补充可视化表现,增强了复杂数据的表现形式.在有些情况下声音可以非常有用,例如使用计算机时设置一个警告以提醒在一个特定时间做某事.相反也成立,可视化技术可以帮助分析声音,例如,一个专家对特定声音进行详细分析时,可以观看该声音在某一给定的振幅图形是很有帮助的.

在一个音乐数据库中,我们可以想到使用声音进行查询.用户敲出某些音符,然后系统提供一个包含这串音符的乐曲列表,只要用户输入的音符不那么含糊(例如在一个与计算机相连的物体上输入音符),同时查询在存储音乐的乐曲总列表上进行,这就不难做到.

一个被称为"超文本"的系统在关于鸟类的电子书籍中使用声音来模拟鸟的叫声(在旋律中或者是在音调中),以此来检索特定的鸟类家族,用户也可以通过画一只鸟的轮廓来检索一只鸟.这两种技术中,由于用户很难给出精确的定义,因此这两个技术所提供的描述都是不完备的.超文本通过一种被称为测量空间对象数据(metric spatial object data)模型解决了这类查询,这种数据类型将现实世界中的对象表现为测量空间中的点,为了选择候选对象,系统计算出它们的距离,这样用户就可以在测量空间中选择与查询的距离最小的那些对象(鸟类).

基于数据库中图像的图形内容可以开发出有趣且有用的图像查询技术.如果给出一所房子的草图,用户想找出包含这所房子的所有图片,可以使用"图片的按例查询"(pictorial query-by-example,简称 PQBE)可视查询系统,是 Papadias 和 Sellis 提出的解决基于内容检索图形和图像数据库的方法.PQBE 使用了空间相关的空域性质构造查询程序,它使得用户在构成查询时使用一种与他们的思想相接近的语言.与众所周知的按例查询技术一样,PQBE 对用户给出的实例进行概括,但是并不给出与草图相关的列表,而是概括图像.

有些研究者建议交互环境使用与可视化技术不同的其他技术.前面介绍了一个交互式多媒体原型,它允许用户坐在一个终端面前体验虚拟的现实环境.系统集成一系列的关键技术,目的是实验这种新的交互技术的可行性,用户彼此之间以及虚构的代理之间通过谈话进行交流.该原型包括音频描绘、手势识别以及体态位置感应技术,作者承认他们的系统受当前技术的限制,但他们充满信心地认为,以后几年内现在还很昂贵的或还无法实现的技术将会变得很平常.

传统的语言,例如 SQL,允许用户指定准确的查询条件来找出某个特定领域的匹配值.非专业人士和偶尔使用数据库的用户通常很难形成得到令他们满意结果的查询条件,至少在他们初次尝试时是这样.因此用户更愿意采用一种从简单查询开始循序渐进的方法,逐步形成一个复杂的查询条件:先询问基本问题获得初步的结果;然后再访问这些结果进行进一步提炼,从而抽取他们感兴趣的结果.由于根据某个特定点获得的结果可能与所期望的数据不一致,应该允许一种多元化的产讯过程.在这个渐进式的查询进程中,初步结果的恰当可视化会给用户带来极有效的反馈,它还能提供通向最合适查询的正确途径的线索,否则用户可能立即返回并尝试另一条途径.通常即使用户对结果满意他也会继续进一步的查询数据库,并可能由此从中获得更多的信息.

上面讲述了使用可视化交互实现渐进查询,同时利用一种合适的表现手法显示获取到的部分结果的优越性,并由此产生了可视查询和结果超立方体(visual querying and result hypercube,简称 VQRH),它在数据库交互访问中为渐进查询和结果可视化提供一个多范型方法的工具.通过使用 VQRH 工具,用户采用一系列的不完全查询条件与数据库进行交互访问,其中每个查询条件都与响应的结果共同显示,构成 VQR 超立方体的一片.超立方体中的序列存储了连续时间片中执行的不完全查询,这样查询历史呈现在一个三维透视环境中,只需鼠标一点,其中的一片上的不完全查询就可以移到超立方体的最前端等待修改.

另一项查询数据库的有力技术是"动态查询"(dynamic query),它允许利用多个线索数据设置进行一系列检索.通过直接操纵图形形成查询条件,例如按钮和胶片,每个线索使用一个图形,其查询结果立即以图形形式显示在屏幕上.在屏幕上迅速恰当地显示结果很重要,这样用户可以在几秒钟之内完成几十个查询并能立即看到结果.给定一个查询后,只要鼠标移动到一个胶片的位置就可以轻易地形成一个新的查询,它提供了一个强大的功能并使用户觉得有趣,这样用户就愿意尝试其他的查询并查看修改后的结果如何.如渐进式查询一样,用户可以询问基本问题并查看结果,然后他可以更好地提炼查询条件.

8.5.7 多媒体数据库系统实例

BilVideo 是一个视频数据库管理系统,它提供了对时空关系和语义查询的支持,由一个事实库和一个全面的建立在 Prolog 基础上的规则集合构成的知识库处理时空查询,这些查询包括关于方向、拓扑、三维关系、对象外观、轨迹投影和基于相似性的对象轨迹.知识库的规则显著减少了系统中需要存储的表现时空关系的事实数目,存储在对象关系数据库管理系统中的特征数据库处理语义查询.BilVideo 的系统体系结构如图 8-8 所示.

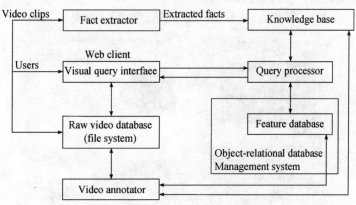

图 8-8 BilVideo 的体系结构

　　用户的查询条件既包括时空,又包括语义,为了响应这种查询,查询处理器与知识库和对象关系数据库交互,并且把这两个系统组件返回的结果进行综合.

　　BilVideo 建立在客户-服务器体系结构上,用户通过 Java applet 访问 BilVideo. 系统的核心是查询处理器,运行在多线程环境中,查询处理器与特征数据库和知识库进行通信,在这两个系统中分别存储语义和基于事实的元数据. 特征数据库包含视频语义属性,用于支持关键词、行为事件以及基于分类的查询,视频标注器工具生成并且维护这些特征. 知识库支持时空查询,并且事实库通过事实提取器(图 8-9)而增加.

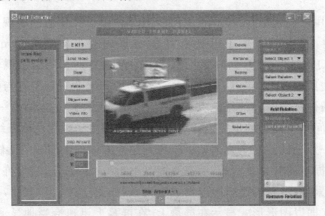

图 8-9　事实提取器

　　事实提取处理器是半自动化的:用户通过最小外接矩形(minimum bounding rectangle,简称 MBR)手动的在视频帧中指定对象,使用对象的 MBRs,处理器自动计算时空关系(方向和拓扑)的一个集合,由于用知识库中的规则消除冗余关系,这个集合只包含 Prolog 不能利用规则推出的关系. 对一个三维关系来说,提取工作不能自动完成,因为事实提取工具不能从视频帧中提取三维对象坐标,用户必须手动输入感兴趣的对象关系. 事实提取工具对三维关系进行交互性的冲突检查,记录一个对下一帧发生影响的三维关系集合,使得用户可以对三维关系进行任意改变,在下一帧中编辑这个集合. 这个工具可以自动提取对象轨迹和每一个对象的外表,用户不必对每一帧重画对象 MBR,而是可以重新设置大小、移动或者删除 MBR. 用户保存了这些事实,然后退出这个工具,如果视频还没有全部处理,系统会在知识库中保存配置数据,这使得用户可以在以后继续进行同一视频剪辑的处理工作,开始点就在上次搜索完成的地方.图 8-10 显示了事实提取器工具的视图.

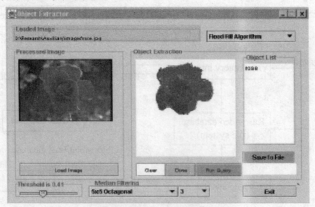

图 8-10　对象提取器

  由于用户手动画对象 MBR,尽管通常情况下小错误并不影响被计算的关系集合,系统不能容忍错误的 MBR,.为了使这个过程自动化,开发设计了一个对象提取器实用程序模块(图 8-10),这个模块被嵌入到事实提取器工具中,用户可以通过点击鼠标指定对象 MBR.

  视频标注器工具(图 8-11)用来从视频剪辑和特征数据库的故事中提取语义数据.这个工具允许用户查看、更新和删除已从视频剪辑中提取出来的语义数据.系统的语义视频层次结构包含三层:视频、序列和场景.视频由序列构成;序列包含场景;而这些场景不需要在时间上连续.当完成语义查询时,BilVideo 将会利用语义数据模型,回答视频、事件行为和对象查询.视频查询基于描述性数据(标注)检索视频,查询条件包括标题、长度、发行商、分类、发行时间、导演等.事件行为查询通过指定出现在语义层序列(由于事件与序列有关)的事件检索视频,这种查询类型可能返回一个或多个特定的场景(事件可能有与场景有关的子事件).对象查询通过指定语义对象特征检索视频,由于视频已经被标注,视频对象也与描述性元数据有关联.

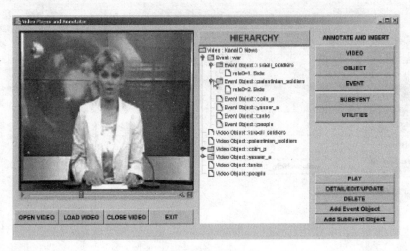

图 8-11 视频标注工具

  BilVideo 提供一个图形用户查询界面,处理多个来自互联网的请求,允许进行不同类型的查询,也就是空间的和轨迹的.因为视频具有时间维,这两种原始查询可以与时间谓词一起进行时间内容的查询.

  视频关键帧的空间内容指的是帧中突出的对象与其他对象的相对位置关系,主要有三种:方向、拓扑和三维.为了查询关键帧的空间内容,用户必须以一种恰当的组合指定这些关系,用户必须用逻辑连接符 AND 构造这个组合,所有返回帧必须包含这些关系.在空间查询规范窗口(图 8-12)中,用户用矩形画了对象轮廓,这些矩形代表对象的 MBR.因此,每个对象包含在这些矩形中,系统基于 MBRs 提取关键帧的空间内容.类似的系统自动提取方向和拓扑关系.由于不可能从 2D 数据中提取三维关系,系统指导用户选择恰当的三维关系.

  一个突出对象的轨迹是视频不同关键帧中的位置,连续帧间的替代值和方向定义了一个对象的轨迹事实.在轨迹查询规范窗口(图 8-13)中,用户可以画出对象的轨迹,如图所示,轨迹显示是动态的,用户可以改变顶点位置取得一个满意的轨迹,轨迹查询是相似性查询,因此,用户设定一个相似性值,取值范围在 0 到 100 之间,100 代表精确匹配.

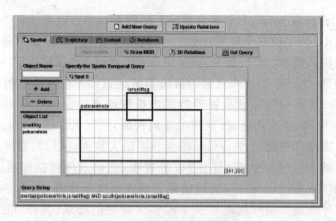

图 8-12　空间查询规范窗口

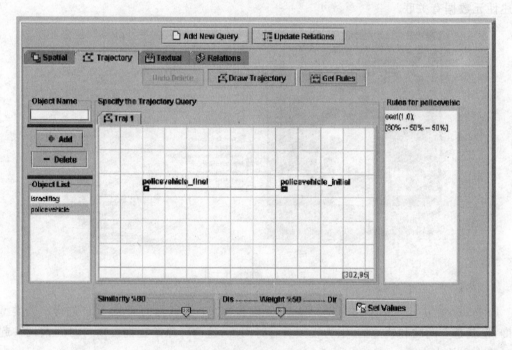

图 8-13　轨迹查询规范窗口

　　用户在不同窗口进行空间和轨迹查询,每一个都构成了一个子查询.这些子查询组合在一个最终查询表现窗口(图 8-14)中,这个窗口包含所有的子查询和每个对象的外表关系.用户可以使用逻辑操作符(如"AND","OR")和时间谓词(如"before","during")把这些子查询合并.操作符应用到子查询上,一个新的查询增加到列表中,连续的、有层次的组合成为可能,查询界面把最终查询送到查询处理器.此外,用户可以在任意时间把最终查询的子查询送给查询处理器,从而获得部分结果.

　　一个新闻归档搜索系统包含新闻广播视频片段,可以基于查询条件给出的描述信息,检索特定新闻片段.这种传统的方法要求搜索关键词,因为它们描述新闻片段的语义内容,对这种方法来说传统的数据库系统就足够了,因为这些系统可以对文本数据建立索引,但是传统的数据库系统不考虑时空关系,也不支持低层的视频查询(例如颜色、形状纹理等),基于关键词的

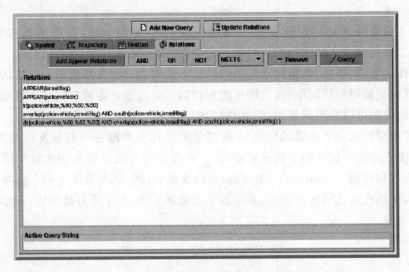

图 8-14　最终查询表现窗口

搜索不足以描述用户头脑中的查询形象. BilVideo 以其对时空和语义视频检索的支持提供了一个更加强大的搜索机理,为了检索到更加精确的结果,用户可以指定 BilVideo 查询语音支持的针对专业领域的谓词,BilVideo 还将支持一些低层特征.

BilVideo 不是针对专业领域的应用,可以支持所有视频检索需要的应用,此外,BilVideo 的查询语言提供了一种通过外部谓词的简单方式,来扩展系统的查询能力.这种特性使得 Bil-Video 具有应用独立性,也很容易针对不同应用的需要进行调整,用户可以增加专业的规则和事实到知识库中. BilVideo 的应用包括运动事件分析、对象运动跟踪(医疗、生物、天文等)以及视频归档.

§8.6　MPEG-7 与多媒体数据库系统

虽然 MPEG-7 和 MMDBS 的需求不同,但它们有潜力一起建立分布的多媒体系统.这是非常重要的问题,因为大多数对 MMDBS 的工作忽略了媒体传输的存在和它相关的问题,例如服务质量等.

为了在多媒体系统中有效的使用 MPEG-7,必须使用基于 XML 的 MPEG-7 文档的存储和查询机制.例如,一个使用可扩展 DBMS 来实现多媒体数据模型和为信息交换产生 MPEG-7 文档,这样的方法可以通过 XML SQL Utility(XSU,Oracle 的一个功能)实现.相应的可以采用所谓 XML-DBMS 来直接存储和查询 MPEg-7 文档,XML-DBMS 提供了针对 XML 文档特点的查询接口和语言. GMD Darmstadt 的 IPSIS[①] 和 dbXML 就是这样的系统,其中 dbXML[②] 是一个开源系统.被广泛使用的查询语言是 XPATH(XPATH 的第二个版本正在开发中)它将简化对 XML 模式类型内容的操作,这是对 MPEG-7 的一个极大的促进[③].使用 XML-DBMS 还是 ORDBMS 主要

---

① 见：http://xml. darmstadt. gmd. de/xql/.

② 见：http://www. dbxml. org.

③ 更多的信息可以查询 http://www.w3.org/TR/xpath20req.

取决于应用领域.

MPEG-7 编解码器是对集成多媒体系统的又一个重大贡献,这个编解码器提供了在 MPEG-7 和二进制格式之间进行编码和解码的工具,因此实现了版本和可扩展的一致性,并确保了协同工作的能力.另外,编解码器为用户保留了足够的自由来指定不同的方法将描述划分为片段,再打包到相同的访问单元(这些片段在相同的时间单元中被解码).这意味着信息的传输和目的端的使用可以在编码解码过程中被控制.

例如,客户端要求一个场景,MPEG-7 对场景的描述和片段将一起被发送给客户端,这样数据库需要决定如何为描述的不同元素编码.一种有效的方法是首先为完整片段的全局信息编码,然后为视频片段 NarrationVS 和 CaptureVS 编码.图 8-15 是使用两个访问单元所产生的编码模式,文档在这里用树型表示,其中的节点表示元素,为了更好地阅读,图中显示了其中一些元素的名字.

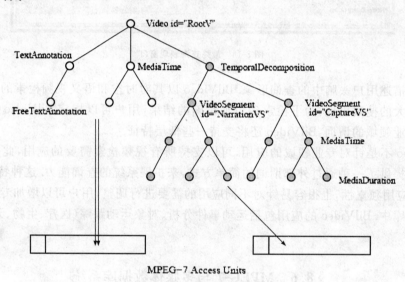

图 8-15 视频片段编码示例

§8.7 其 他 问 题

自从 1987 年第一个多媒体数据库系统 ORION 被开发,多媒体数据库的研究和应用蓬勃发展.从多媒体数据库的观点,有两个主要的问题值得关注:

(1) 多媒体数据模型.

一个多媒体数据模型必须处理多媒体对象表示的问题,即设计多媒体数据高级和低级的抽象以方便各种操作.这些操作包括多媒体对象的选择、插入、编辑、索引、浏览、查询、检索和通讯.一个好的数据模型应该考虑下面的问题:① 在数据库中建模和存储多媒体部分,它的存储机制是影响多媒体系统性能的重要因素;② 为媒体逻辑结构提供一种表示,必须为查询和描述明确表示这种结构;③ 语义含义必须被建模,且要被连接到媒体的低级属性和结构;④ 系统运作的元数据必须被存储在数据库中;⑤ 它必须基于国际标准.

（2）多媒体索引、查询和表述问题.

多媒体数据库的关键功能是如何有效的访问和交换多媒体信息.无论使用什么样的数据模型和存储机制,最重要的是如何在有限的时间内检索和建立连续和不连续媒体间的通讯.检索过程的关键是两个对象的相似度,对象的内容被分析用来评估指定选择谓词,这个过程被叫做基于内容的检索.为了对数据库和查询对象中的多媒体对象有一个精确的表示,不同的特征必须结合使用（例如纹理、形状和颜色等）;结果是高维特征向量（通常超过 1024 个值）.这种空间相似检索的效率必须通过特殊的多媒体索引结构和降维方法来提高.

为了从数据库系统中检索多媒体数据,必须提供查询语言,它要有能力处理复杂的空间和时间关系,一个强大的查询语言能处理关键词、关键词上的索引和多媒体对象的语义内容.有效通讯的关键在于通讯元数据和相关多媒体数据的标准化:MPEG-7 系统部分和 MPEG-21 文件格式的发展是重要的贡献.最后,数据模型、存储检索和查询的问题不应被限制在原子多媒体数据,例如图像、视频或音频,检索复合对象也很值得关注,例如我们阅读新闻时,同时打开窗口来观看视频,因此需要同时处理多个原子多媒体数据和媒体数据表示的能力.MPEG-21 在这个方向上有所进展,必将在将来影响多媒体数据库世界,对多媒体数据库而言,为不同的用户和外观、智能属性管理和适应目的,使用多种数据表示是非常重要的.

§8.8 参 考 文 献

[1] Elisa Bertino, Barbara Catania, and Elena Ferrari, Multimedia IR: Models and Languages. In: Ricardo Baeza-Yates and Berthier Ribeiro-Neto, Mordern Information Retrieval, New York: ACM Press. 1999, 325—343.

[2] Lu G-j. Multimedia Database Management Systems. Boston/London: Artech House, 1999, 55—80.

[3] Harald Kosch, Mario Doller, Multimedia Database Systems: Where are we now? Special Session Talk given at the IASTED DBA-Conference in Innsbruck, February 2005.

[4] Chang S K, Costabile M F, 多媒体数据库的可视界面. In: W. I. 格罗斯基等编著, 吴炜煜等译, 多媒体信息管理技术手册. 北京:科学出版社. 1998, 109—139.

[5] Harald Kosch, MPEG7 and Multimedia Database Systems. SIGMOD Record, Jun. 2002.

[6] 田增平,党华锐,周傲英,施伯乐. 多媒体对象查询语言及其查询处理. In:软件学报,10(7), Jun., 1999, 694—701.

[7] Jim Melton, Jan-Eike Michels, Vanja Josifovski, Krishna, Kulkarni, Peter Schwarz, Kathy Zei-denstein. SQL and Management of External Data. SIGMOD Record, Mar. 2001.

[8] Jim Melton and Andrew Eisenberg. SQL: 1999, formerly known as SQL3. SIGMOD Record, Feb. 1999.

[9] Woelk D, Kim W, Luther W. An object-oriented approach to multimedia databases. ACM SIGMOD Record, 15(2), 1986, 311—325.

[10] Arjen P. de Vries, Mark G. L. M. van Doom, Henk M. Blanken, Peter M. G. Apers, The MIRROR MMDBMS architecture. Proc. of the International Conference on Very Large Databases, Edinburgh, Scotland, 1999, 758—761.

§8.9 习 题

1. 为什么传统的数据库系统不能提供足够的手段来管理和检索多媒体数据内容?

2. 列举多媒体数据库发展的每一阶段的代表系统.

3. 数据库中采用的多级数据模型一般分为哪几级,它们的具体内容是什么?

4. 多媒体数据模型必须满足哪些要求?

5. 分别举例说明多媒体数据查询语言 SQL/MM 如何实现对全文、空间数据和静态图像的操作.

6. 了解当前主流的 DBMS 对 SQL/MM 的支持情况.

7. 多媒体 DBMS 设计时应该考虑哪些问题?

8. 一个好的用户界面应该满足哪些要求?

9. 具体叙述可视化查询范型的分类.

10. 试述 MPEG-7 和多媒体数据库系统是怎样结合在一起的.

第九章 多媒体数据库中高维特征的索引和检索技术

§9.1 引 言

多媒体数据库在许多应用领域都非常重要,其检索方法主要是基于特征的相似性匹配方法.该方法的基本思想是先从多媒体对象中提取重要特征,将其转化成高维特征向量存储在数据库中,然后在该特征向量数据库中进行检索(如图 9-1).

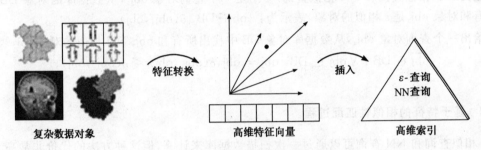

图 9-1 多媒体特征相似性匹配的基本思想

如何匹配文本文档、音频、图像和视频的特征向量,换句话说,如何基于特征向量计算多媒体对象之间的相似性或距离,都是我们所希望解决的问题.特征向量通常是多维的,例如,在文本检索的向量空间模型中,文本特征向量的维数等于文档集中使用的索引项的数目(通常有成百上千个);对于音频分类,特征向量的维数取决于所用到的特征个数(例如频率、过零率、静音比);在图像检索中,颜色直方图的维数和使用的颜色数相同(一般至少 32 色),纹理和形状也都由多维向量表示.多媒体内容检索过程中,查询也往往表示成多维向量的形式,内容检索转化成计算存储对象的特征向量和查询向量之间的相似性或距离.当存储对象的数量很多,或特征向量的维度很大时,线性地匹配查询条件的特征向量会非常慢,这就需要一些特殊的技术和数据结构来组织特征向量和管理查找过程,以支持高效的相似性匹配.本章将讨论这些技术和数据结构.

这些技术和数据结构的主要目标是将多媒体特征向量空间划分到多个子空间,这样,每个查询只需要检索少数几个子空间,匹配过程的速度也就相应提高,高维索引就是针对高维空间进行空间划分和检索的技术和数据结构.

9.1.1 基于特征的相似性匹配的基本形式

相似性匹配的一个重要方面就是相似性的度量,它通常依赖于应用需求,而没有一个通用的定义.然而,任何相似性度量都是以两个对象作为输入参数,并确定一个正实数,以此来表示这两个对象的相似程度.因此,相似性度量函数的通用形式如下所示:

$$\delta: \text{obj} \times \text{obj} \rightarrow R_0^+.$$

　　定义相似查询的过程中,需要区分两类不同的查询任务,它们在多媒体数据库的应用中都很重要:第一类是 ε 相似,即对与给定查询对象距离在 ε 之内的所有对象都感兴趣;第二种是 NN(最近邻居)相似,只对与查找对象最相似的那些对象感兴趣.

　　定义 1(ε 相似,同一性)　　两个对象 obj_1 和 obj_2 称为 ε 相似,当且仅当 $\delta(obj_1, obj_2) < \varepsilon$(当 $\varepsilon = 0$,两个对象称为同一的).

　　注意:这个定义与数据库应用无关,只是描述了衡量两个对象相似性的一种方法.常见的图像检索都是 ε 相似匹配.

　　定义 2(NN 相似)　　一个数据库 DB 中的两个对象 obj_1 和 obj_2 称为 NN 相似,当且仅当 $\forall obj \in DB$, $obj_1 \neq obj_2$ 时

$$\delta(obj_1, obj_2) \leqslant \delta(obj_1, obj).$$

我们可以进一步给出 ε 相似查询和 NN 相似查询的形式化定义.

　　定义 3(ε-相似查询和 NN 相似查询)　　给定一个查询对象 obj_s,从数据库的对象 DB 中找出所有和对象 obj_s 是 ε 相似的对象,表示为:$\{obj \in DB \mid \delta(obj_s, obj) < \varepsilon\}$;

　　给出一个查询对象 obj_s,从数据库对象 DB 中找出所有和 obj_s NN 相似的对象 $\overline{obj}$,表示为

$$\{\overline{obj} \in DB \mid \forall obj \in DB, obj \neq \overline{obj}, \delta(obj_s, \overline{obj}) \leqslant \delta(obj_s, obj)\}.$$

9.1.2　基于特征的相似性匹配过程

　　ε 相似查询和 NN 查询可以通过一次扫描数据库来计算,但这种方法的代价非常高.通常是在相似性匹配计算之前,先采用基于某种策略的过滤步骤来缩小搜索空间,这种查询模式被称为过滤-精练模式(Filter & Refine).它首先用一个近似策略进行快速的过滤;然后对筛选后的结果进行"精确的比较",即特征的相似性匹配计算.由于候选集的数量明显小于原来整个数据库项的数目,因此检索速度可以提高很多.过滤策略必须满足两个条件:

　　(1) 过滤不能丢掉任何可能的对象;

　　(2) 过滤后候选集包含的对象不能比真实相关对象多太多.

　　一些过滤标准和过滤步骤都依赖于特定的应用领域,但另一些则相对比较通用.下面我们介绍几种主要的过滤方法:分类、结构化的属性、关键词和三角不等式.

　　(1) 分类、结构化属性和关键词.

　　结构化属性(例如日期)是和多数多媒体对象相关联的.如果用户只对特定的属性项感兴趣,可以用这些属性做一个初步的选取和过滤,然后执行其他复杂项的属性计算.

　　当数据分类特别有效时,用户选择感兴趣的条件,就可以只在某些子类空间中查找.

　　(2) 基于三角不等式的方法.

　　大多数多维特征的距离度量空间满足三角不等式定理,例如欧氏距离度量空间.

　　三角不等式定理　　两个对象之间的距离不能小于它们和任意一个对象(第三个对象)之间的距离的差.数学表达形式是

$$d(i, q) \geqslant \mid d(i, k) - d(q, k) \mid,$$

其中 d 是距离度量,i, q 和 k 表示三个特征向量.

　　上面的不等式适用于任何 k,所以当用多个特征比较时,我们使用下面的不等式:

$$d(i, q) \geqslant \max_{1 \leqslant j \leqslant m} \mid d(i, k_j) - d(q, k_j) \mid,$$

其中 m 是用来比较对象的特征数量.

基于三角不等式的相似性匹配过滤过程如下：

① 选择 m 个特征向量作为比较基准向量；

② 对数据库中的所有对象，计算它们和比较基准向量 k_j 的距离 $d(i, k_j)$，并存储在数据库中；

③ 当一个查询到来时，实时计算查询 q 和每个比较向量 k_j 的距离 $d(q, k_j)$；

④ 对每个数据库对象 i，计算 $l(i) = \max\limits_{1 \leqslant j \leqslant m} |d(i, k_j) - d(q, k_j)|$；

⑤ 只有 $l(i)$ 小于一个预选阈值 T 的对象作为候选集合，用于精确选择.

本章后面的内容组织如下：§9.2 讲述高维索引方法的基本原理，高维空间中因维度升高而带来的一些效应，索引的结构、管理和维护；§9.3 描述高维索引的基本操作和查询算法；§9.4 讨论几种常见的代价模型；§9.5 讲述现有的多种高维索引方法；最后的 §9.6 是小结.

§9.2　高维索引方法原理

9.2.1　高维空间中的一些效应

当数据空间的维数增加时，我们会观察到各种各样因此而产生的数学现象. 有趣的是，有些现象本质上不是定量的，而是定性的. 换句话说，我们根本无法通过对二维、三维的经验进行简单扩展预料出那些现象，有时候我们需要至少考察 10 维才能看到这些现象. 另外的一些现象则一点也不直观. 在数据库领域，高维空间的某些效应直接与高维索引结构的性能相关，这些效应被称为"维度效应"（curse of dimensionality，意为"维度的诅咒"）. 一般而言，其中的问题在于很多重要的参数（诸如体积、面积等）是和数据空间的维度成指数关系的. 因此，目前现有的高维索引结构只有在低维数时有效. 有些现象或者效应很不直观，这是因为我们习惯于处理现实世界的三维空间，但是这些现象在低维空间中并不会出现，所以理解起来就十分困难. 实际上，许多人甚至对三维空间中空间关系的理解都存在困难，至于八维空间这样一个概念大概没有人能够想象得出来. 因此，遇到这样的情况，我们总是尽量采用一些降维的方法来分析高维空间.

下面我们列出了高维空间中最相关的一些效应，并将它们分类：

关于（超）立方体和（超）球体表面和体积的纯几何效应：

(1) 一个立方体的体积随维数增加呈指数增长（边长保持不变），

(2) 一个球体的体积随维数增加呈指数增长，

(3) 一个立方体的大多数体积和其 $d-1$ 维的表面是非常靠近的.

关于索引结构划分维度空间的形状和位置的效应：

(1) 一个典型的高维空间的索引划分在多数维上都跨越几乎整个数据空间，数据空间只在少数几个维度上进行分裂，

(2) 一个典型的索引空间划分不是立方体，而是"看上去"像一个矩形，

(3) 一个典型的索引划分在大多数维数上和数据空间的边界相切，

(4) 索引空间的划分随维数的增加而变得更粗糙.

在数据库环境中出现的现象（例如查询选择度）：

(1) 假设数据均匀分布的情况下,一个合理选取的范围查询对应于一个每个维度范围都特别大的超立方体,即给定一个范围查询就相当于在数据空间中给定了一个超立方体,

(2) 假设数据均匀分布的情况下,一个合理选取的最近邻居查询对应于一个在每个维度上半径都特别大的超球体;通常,这些半径甚至会超过每一维的数据空间范围.

下面我们将更为深入和详细地介绍其中的一些效应:

为了说明我们对低维空间的认知给我们带来多么深远的影响,考虑下面提出的引理.考虑一个立方体形状的 d 维数据空间,其范围为 $[0,1]^d$,假设数据空间的中心点为 $C(0.5,\cdots,0.5)$,引理"每个和该数据空间的 $d-1$ 维所有边界都相切(或相交)的 d 维球体都包含 c",对于 $d=2$ 可以从图 9-2 中看出是明显正确的.如果仔细思考,我们可以证明引理对于 $d=3$ 也是正确的.然而,正如下面给出的反例所示,引理对于 $d=16$ 确实是错误的:定义一个以点 $P(0.3,\cdots,0.3)$ 为球心的球体,可以计算出 P 点到中心点 C 的欧氏距离是 $\sqrt{0.2^2 d}=0.8$;如果定义该球体的半径为 0.7,那么这个球体会和该 16 维空间的所有的 15 维表面(即该数据空间的边界)相切(或相交),然而,中心点 C 却并不包含在该球体中.我们必须意识到,像这样的一些效应并不只是些漂亮的数学性质,它们会严重影响到高维索引结构的性能.

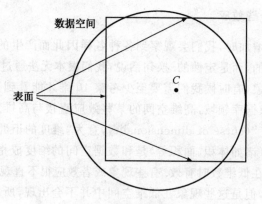

图 9-2　高维空间的球体

高维空间带来的最基本的效应是体积呈指数级的增长. d 维空间中立方体体积 $=a^d$,其中 d 是数据空间的维数, a 是立方体的边长.如果边长 a 在 0～1 之间,立方体体积将随维数增加而呈指数减少.从反面来考虑该问题,如果我们要定义一个立方体,其体积保持不变,那么随着维数的增长,所需的合适边长会很快趋向于 1.例如:在一个范围为 $[0,1]^d$ 的二维空间中,体积为 0.25 的立方体边长为 0.5,然而在 16 维空间中,同样的体积边长须为 $\sqrt[16]{0.25}\approx 0.917$.

体积的指数增长对索引结构有严重影响.例如,按空间组织的索引结构会遭遇到"死空间"的索引问题.因为按空间组织的索引技术将会索引整个范围空间,一个查询窗口可能和实际上根本不包含任何点的页的部分空间交叠.

另外一个重要的问题是空间分割问题.索引结构经常使用 $d-1$ 维超平面分割数据空间.例如,为了完成一次分裂,索引结构首先选择一个维度(分裂维)和这个维度上的一个值(分裂值).把所有在分裂维上小于分裂值的数据项分配给第一个划分,剩下的数据形成第二个划分.划分数据空间是一个反复递归的过程,直到一个划分中的数据量在一个确定的阈值之下,这个划分的数据项存在一个数据页中.整个过程可以用一个称之为分裂树的二叉树描述.二叉树的

高度 h 通常以对数关系依赖于叶节点数,也就是数据页个数.另外一方面,得到一个数据页的平均分裂次数是

$$d' = \log_2\left[\frac{N}{C_{\text{eff}}(d)}\right],$$

其中 N 是数据项的个数,$C_{\text{eff}}(d)$ 是一个数据页面的容量.如果所有维数都平等地用做分裂维,一个数据页在每一维上最多被分裂 1~2 次,也就是在每一维跨越的范围为 0.25~0.5(对于均匀分布的数据).由此可以推断,大多数数据页面位于数据空间的表面而不是内部.这样对单个维度而言,都是对数据空间的粗糙划分.

此外,不仅索引结构在高维空间中会表现出奇怪的行为,预期查询的分布也会受到数据空间维数的影响.如果我们假设数据是均匀分布的,一个查询的选择度(即该查询所包含的数据项的百分比)直接和查询的体积相关.在最近邻居查询的情况下,一个查询会影响到以查询点为球心且正好包含一个数据项的球体,即 NN 球体.NN 球体的半径随维数快速上升,在一个范围为 $[0,1]^d$ 的数据空间中,当 d 增加的时候它将快速达到一个大于 1 的值.这是上面提到的在高维空间中范围和体积呈指数关系的一个结果.

考虑到所有这些效应,我们可以得到以下结论:即使使用最新的分裂算法建立索引结构,当数据空间的维度增加时,性能也会迅速恶化.这种现象在多媒体信息系统以及数据仓库领域都已经被意识到了,其中多媒体信息系统主要使用最近邻居查询,而在数据仓库中范围查询通常是使用最频繁的.基于索引的最近邻居和范围查询代价模型的理论研究成果也已经证实查询性能会恶化.

9.2.2　基本概念和定义

在进一步深入研究高维索引之前,我们首先来介绍一些概念,并对问题进行形式化的描述.本小节我们将定义数据库的概念并且提出一种为各种相邻查询服务的双重正交分类法.相邻查询既可以根据定义点与点之间距离的度量进行分类,也可以根据查询类型进行分类,还可以组合考虑度量和查询类型来进行分类.

1. 数据库

假设在我们的相似查询应用中,对象被特征变换成某个确定的 d 维向量空间中的点.因此,一个数据库 DB 是 d 维空间 DS 的一个点集.这个数据空间 DS 是一个 R^d 的子集.通常,如果数据空间被限制到单位超立方体 DS $=[0\cdots1]^d$ 上,分析考虑会简单很多.

我们所说的数据库是完全动态的,这意味着必须支持插入新的点和删除点,并且这些操作必须被高效的处理.以后当前存储在数据库中的点对象的数目将被简记为 n.值得注意的是,"点"的概念是有些模糊的:有时,"点"是指一个点对象(也就是数据库中存储的一个点);另外一些情况下,"点"是数据空间中的一个点(即一个位置点),且并不需要存储在数据库中.在下文中,最为常见的例子是所要讲的查询点.但不管怎么说,通过上下文我们就很容易判断出"点"的当前意义.

定义 9.1(数据库)　数据库 DB 是一个在 d 维数据空间 DS 上的 n 个点的集合:

$$\text{DB} = \{P_0, \cdots, P_{n-1}\}, P_i \in \text{DS}(i = 0, \cdots n-1, \text{DS} \in \mathbf{R}^d).$$

2. 向量空间度量

所有的最近邻居查询都是基于数据空间中两点 P 和 Q 之间距离这样一个概念的,取决于

不同的应用支持,现在已经出现了多种定义距离的度量.其中,最常用的是欧氏度量 L_2,定义了常用的欧氏距离函数如下:

$$\delta_E(P,Q) = \sqrt[2]{\sum_{i=0}^{d-1}(Q_i - P_i)^2}.$$

另外的 L_p 度量,比如 Manhattan 度量(L_1)或最大度量(L_∞),也得到了广泛应用:

$$\delta_M(P,Q) = \sum_{i=0}^{d-1}(Q_i - P_i)^2,$$

$$\delta_M(P,Q) = \max\{|Q_i - P_i|\}.$$

使用 L_2 度量的查询是(超)球体形状的,使用最大度量或 Manhattan 度量的查询分别是超立方体和长斜方体(比较图 9-4).如果加入权重 $w_0,\cdots,w_{d-1}$ 到维度,我们可以定义带权重的欧氏度量和带权重的最大度量,它们分别对应于平行于轴的椭圆体和平行于轴的超矩形:

$$\delta_{w,E}(P,Q) = \sqrt[2]{\sum_{i=0}^{d-1}\omega_i \cdot (Q_i - P_i)^2},$$

$$\delta_{w,M}(P,Q) = \max\{\omega_i \cdot |Q_i - P_i|\}.$$

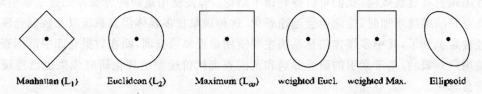

Manhattan (L_1)　　Euclidean (L_2)　　Maximum (L_∞)　　weighted Eucl.　　weighted Max.　　Ellipsoid

图 9-4　数据空间的度量

使用一个正定相似矩阵 W,我们可以定义任意旋转的椭球体.这个概念可以在自适应相似查找中使用:

$$\delta_e^2(P,Q) = (P-Q)^T W(P-Q).$$

3. 查询类型

查询的第一种分类法是根据特征空间上定义的向量空间度量,这已经在前文中介绍了.所谓正交分类则是基于,用户是定义了数据空间的区域还是指定了结果集的大小.

4. 点查询

最简单的查询类型是点查询,它指定数据空间中的某个点,并且查找数据库中所有具有相同坐标的点对象:

$$点查询(DB,Q) = \{P \in DB \mid P = Q\}.$$

一个简化版本的点查询只会给出数据库中是否有该点的布尔结果.

5. 范围查询

在范围查询中,给定一个查询点 Q,一个距离 r 和一个度量 M,结果集合为根据度量 M,到 Q 的距离小于或等于 r 的数据库中的所有点 P:

$$范围查询(DB, Q, r, M) = \{P \in DB \mid \delta_M(P,Q) \leqslant r\}.$$

点查询也可以被当成在任意度量 M 下半径 $r=0$ 的范围查询.如果 M 是欧氏度量,范围查询定义了在一个数据空间的超球体中,数据库里所有的点将被检索出来;类似地,最大度量定义了一个超立方体.

6. 窗口查询

窗口查询在数据空间中指定一个矩形区域,其中所有在数据库中的点会被选取,这个指定的超矩形总是和轴平行的(该矩形区域被称为窗口).我们可以把窗口查询看做在窗口中心点周围使用带权重的最大度量的区域查询,其中权重表示窗口边长的倒数.

7. 最近邻居查询

范围查询和它的特殊情形(点查询和窗口查询)的缺陷是在查询之前不可预知结果集合大小,一个指定了半径 r 的使用者,可能并不知道查询会产生多大的结果集,因此很可能陷入两个极端:或者根本没有有效的结果;或者得到数据库几乎全部的对象作为结果.为了解决这个问题,通常通过指定结果集大小来定义相似性查询,这就是最近邻居查询.

传统的最近邻居查询严格返回一个点对象作为结果,这个对象在数据库存储的所有点中和查询点距离最近.唯一的例外情况是出现"平局效应",如果数据库中好几个点和查询点有同样的(最小)距离,那么根据我们最初的定义,必须允许多于一个结果:

$$\text{最近邻居查询}(\text{DB}, Q, M)$$
$$= \{P \in \text{DB} \mid \forall P' \in \text{DB} : \delta_\text{M}(P, Q)$$
$$\leqslant \delta_\text{M}(P', Q)\}.$$

为了避免出现非单一性结果的一个通常的方法是使用不确定性.如果在数据库中有几个点和查询点 Q 有最小距离,那么选择结果集中任意一个点作为答案.方法如下:

$$\text{NNQuery}(\text{DB}, Q, M)$$
$$= \text{SOME}\{P \in \text{DB} \mid \forall P' \in \text{DB} : \delta_\text{M}(P, Q) \leqslant \delta_\text{M}(P', Q)\}.$$

8. k-最近邻居查询

如果用户不仅想获得最近点作为查询的结果,而是 k 个最近点(k 为自然数),那么就要使用 k 最近邻居查询.和最近邻居查询相似,k 最近邻居查询从数据库中选择 k 个点,使在数据库中剩余的点和查询点的距离没有比选中点更小的.这时再一次出现了平局的问题,在这种空间情况下,可以使用不确定性,或者允许多于 k 个结果:

$$k\text{NNQuery}(\text{DB}, Q, k, M) = \{P_0, P_1 \cdots, P_{k-1} \in \text{DB} \mid \neg \exists P' \in \text{DB} \backslash \{P_0, P_1 \cdots, P_{k-1}\}$$
$$\wedge \neg \exists i, 0 \leqslant i < k : \delta_\text{M}(P_i, Q) \leqslant \delta_\text{M}(P', Q)\}.$$

k 最近邻居查询的一个变种是次序查询,但它并不需要用户指定数据空间中的一个范围也不需要指定结果集大小.次序查询的第一个结果总是最近邻居,随后用户就可能要求进一步的结果,进而获得第二邻近、第三邻近等.用户在检查一个结果后可以决定是否需要下一个答案.次序查询在多步查询环境的过滤步骤中特别有用,这里,精练步骤经常决定过滤步骤是否需要进一步的结果.

9. 近似最近邻居查询

在近似最近邻居查询和近似 k 最近邻居查询中,用户也要指定一个查询点和结果数量 k.如果用户对精确的最近点不感兴趣,只想获得和精确最近邻居相比与查询点不远的点,就可以使用该方法.不精确的程度可以由一个上限界定,这个上界决定结果和精确最近邻居可以相差多远.不精确性可以用来提高查询处理的性能.

9.2.3 高维索引结构

高维索引方法是基于数据空间上分级聚类原理的方法.在结构上,它们类似于 B^+ 树:数据向量存储在数据节点里,因此空间相邻的向量很有可能归于一个节点,每一个数据向量恰好存储于一个数据节点之中,即在任意两个数据节点中没有完全相同的数据.数据节点被组织进一个分级结构的目录中,每个目录节点指向一组子树.通常,数据节点中的信息存储结构和目录结构是完全不同的.与之相对应的,各目录节点一律构建于各级索引之上,且由(关键码,指针)元组构成.对于不同的索引结构,关键码信息也是不同的,例如,对于 B$^+$ 树,关键码是数值的范围,而 R-树的关键码是其外接矩形.有一个单独的目录节点称为根节点,是查询和更新操作的进入点.目录结构是"高度平衡"的,即根节点与所有数据页面之间的路径长度是相同的,但是经过插入或删除操作之后可能会改变.根节点到数据页之间的路径长度叫做索引结构的高度,从任意一个节点到一个数据页面的路径长度叫做该节点的层,数据页在第 0 层上,如图 9-5.

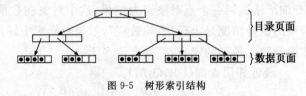

图 9-5　树形索引结构

由于目录节点具有相同的结构特点(关键码,指针),因此,我们可以实现一个通用的索引结构,其他索引结构可以在此基础上进行扩展.例如,通用搜索树—(generalized search tree,简称 GiST),它作为一般索引结构的扩展,为实现快速和可靠的搜索树提供了一个很好的框架(GiST 的详细介绍请参见本章附录).GiST 的一个优势是提供了基本的数据结构和算法,以及数据库并发访问和故障恢复的主要代码都可以被重用,这样在 GiST 中定义一个新的索引结构只需要定义关键码以及实现创建和搜索树的四种基本方法,在相当程度上减少了高维索引结构数据库实现的难度.

9.2.4　高维索引管理与维护

高维存取方法主要是为二级存储设计的.设数据页容量 C_{da},定义了在一个数据页中最多可储存的向量数,类似地目录页容量为 C_{di},定义了在每个目录节点中所能存储的子节点数目的上界.最初的想法是选择 $C_{max,data}$ 和 $C_{max,dir}$ 使得数据和目录的节点恰好能装入二级存储的页面里,但是在现代操作系统里,磁盘页面的大小是对程序设计者和用户屏蔽的硬件细节,但不论如何,连续读入磁盘上的数据要比随机位置读取节约以数量级计的开销.一个很好的折衷是一次连续读取磁盘上几 KB 到几百 KB 部分的数据,这是一种由用户定义逻辑页面大小的人工分页.数据和目录节点逻辑页面的大小对于本节所介绍的大多数索引结构来说是恒定的,例外是 X-树以及 DABS-树,我们将在后面的章节详细介绍.

这里介绍的所有索引结构都是动态的:它们允许 $O(\log_{2n})$ 时间复杂度的插入和删除操作.为了处理动态的插入、更新和删除,索引结构允许数据和目录节点在它们容量允许的范围内被填充.在大多数索引结构内部,应用这样的规则:所有的节点,直到根节点,必须至少被填充 40%.这个阈值叫做最小存储利用率 su_{min}.由于显而易见的原因,根节点一般可以不遵循这条规则.

对于 B 树,则有可能在分析基础上得到平均存储利用率,进一步称为有效存储利用率 su_{eff},而对于高维索引结构,有效存储利用率会受到插入和删除处理中所采用的启发式方法的影响.因为这些索引方法不是从为了得到有效存储利用率的分析中推导出来的,它们通常是在实验中决定的.

为了方便,我们定义容量和有效存储利用率的乘积为页的有效容量 $C_{\text{da,e}}$,$C_{\text{di,e}}$:

$$C_{\text{da,e}} = su_{\text{eff,data}} C_{\text{max,data}};$$

$$C_{\text{di,e}} = su_{\text{eff}} C_{\text{max,dir}}.$$

9.2.5 区域

为实现高效率的查询操作,数据能否很好地聚类到页面中是很重要的:也就是说,互相邻近的数据对象要更有可能被存储在相同的数据页中.每页分配一个"页面区域",页面区域是数

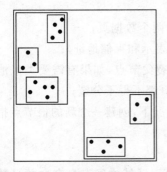

据空间的一个子集(见图 9-6).页面区域可以是一个超球、超立方体、多维立方体、多维圆柱或以上的集合操作(交集或并集).对于大多数(但不是全部)的高维索引结构来说,页面区域是数据空间的一个连续的、实心的、凸的、没有洞的子集.对于大多数的索引结构来说,树的不同分支上的页面区域会发生交叠,这会影响到查询性能,所以要尽力避免或减少交叠.

页面是分层组织的,每个页面区域必须被包含在它的父页面的页面区域中.类似地,所有存储在子树中的数据对象总是包含在子树根页面的页面区域中.页面区域总是子

图 9-6 一个索引结构对应的页面区域

树中存储的数据对象和其子页面区域的保守近似估计.

在查询处理中,页面区域被用来剪切掉不需要进一步处理的树的分支.例如:在范围查询的情况下,如果一个页面区域没有和查询区域交叠,则子页面的任何区域都不可能同查询区域发生交叠,子树中所存储的数据对象也不可能同查询区域发生交叠.只有那些和查询对应区域有交叠的页面区域才需要进一步查询.因此,一个适当的范围查询处理算法能够保证不会出现错误地去掉分支的情况.

对于最近邻居查询,一个和保守估计相关的但是又有些细微差别的性质非常重要.这里,我们需要确定或估计到查询点的距离.此时重要的是,到近似点集的距离的值不能大于到子页面区域的距离,并且也不能大于到存储在相应子树内各点的距离,这被称为向下定界性质.

页面区域可用一个区域几何体与存储在索引中数据集合之间的可逆映射来表示.例如如果 d 是数据空间的维数,则球形区域可以用 $d+1$ 个浮点值按球心和半径来表示.为了提高最近邻居查询的效率,要检验对象和查询区域的交叠,并计算到查询点的距离.

页面区域的几何结构和表示都需要是最优化的.如果几何结构未达到最优,对应的页被频繁访问的概率就会增加.如果表示区域太大,索引本身就会变大,如我们后面所说,会导致不佳的查询效率.

§9.3 基 本 算 法

9.3.1 插入、删除和更新

插入、删除和更新是高维索引结构最基本的操作.在 GiST 框架中通过插入操作建立树要

使用三种基本操作：合并、损失和选择分裂. 合并操作巩固树中信息,返回一个对于所有子树中的数据项都正确的关键码；损失操作通过提供对插入路径的描述找到最佳的将新数据项插入到树中的路径；选择分裂操作用来在溢出的情况下分裂数据页.

　　树结构的插入和删除操作是最重要的操作,很大程度决定了索引的结构和能达到的性能. 一些索引结构需要一个通用的插入从根向下传播到子节点,例如,R 树和 KD-B 树；然而有些并非如此,例如 hB 树. 在后一种情况,插入和删除操作被称为局部操作；而在前一种情况中,它们被称为非局部操作. 插入一般被处理如下：

　　(1) 为数据对象查找一个合适的数据页；

　　(2) 插入对象到页面；

　　(3) 如果存在页面中的对象数量超过 $C_{\max,\text{data}}$,就把分裂为两个数据页；

　　(4) 在父节点中用新的描述代替旧的页面的描述(区域的表示和存储地址)；

　　(5) 如果存储在父节点中的子树数量超过了 $C_{\max,\text{dir}}$,就分裂父节点,如果有需要类似地处理它的父节点. 极端情况下,有可能从页面到根路径上的所有页都不得不分裂；

　　(6) 如果根节点不得不分裂,树的高度会增长 1. 在这种情况下,创建一个新的根节点指向两棵从原始根分裂的子树；

　　启发式的单独的索引结构应用于下面的子任务中；

　　(1) 对适当数据页面的查找(通常在选择分支过程中). 由于区域之间存在交叠并且数据页不需要被页面区域完整覆盖,在高维索引结构中数据页面通常有多种选择.

　　(2) 分裂的选择,即哪个数据对象、子树要被聚集到新建立的节点中.

　　一些索引结构通过"强制重插入"的概念尽量避免分裂. 一些数据对象将从有溢出情况的节点删除并重新插入到索引中. 细节会在以后描述.

　　插入过程中启发式的选择会影响存储空间利用率. 例如：如果一种最小体积的算法允许比例为 30：70 的不平衡插入,索引的存储利用率就会降低,查询性能也会受到负面影响. 另一方面,由于强制插入的存在,提高了存储利用和查询性能.

算法1 精确匹配查询的算法.

```
bool ExactMatchQuery(Point q, PageAdr pa) {
    int i;
    Page p = LoadPage(pa);
    if (IsDatapage(p))
        for (i = 0; i < p.num_objects; i++)
            if (q == p.object[i])
                return true;
    if (IsDirectoryPage(p))
        for (i = 0; i < p.num_objects; i++)
            if (IsPointInRegion(q, p.region[i]))
                if (ExactMatchQuery(q, p.sonpage[i]))
                    return true;
    return false;
}
```

对溢出的情况通常由三种不同的操作处理：

　　(1) 通过从一页向另一页移动对象来平衡页面；

（2）合并页面；

（3）删除页面并重新插入索引中的全部对象.

对于多数索引结构，为平衡或合并操作找到合适的匹配对象是一项困难的工作. 仅有的例外是 LSD^h-树和空间填充曲线（见 §9.4），其他所有的作者都建议重插入或根本不提供一个删除算法. 一个可选的方法是允许存在未填充的页面，并维护它们直到完全空. 删除操作的存在和选择未填充的处理对 $su_{\text{eff,data}}$ 和 $su_{\text{eff,dir}}$ 的影响肯定也是负面的.

9.3.2　精确匹配查询

精确匹配查询定义如下：给出一个查询点 q，判断 q 是否包括在数据库中. 查询过程从已经放入主存的根节点开始. 对所有包含点 q 的区域递归使用 ExactMatchQuery(). 由于在本文中出现的大多数索引结构都允许页面区域间的交叠，索引结构的好几个分支可能在一个精确查询中被检查. 在 GiST 框架中，这种情况使用协调操作处理，它是一个类的操作，需要为不同的实例重新实现. 如果任何 ExactMatchQuery 递归调用是真，它的结果就返回真. 对数据页而言，如果存储在数据页上的某个点符合条件，结果就是真. 如果没有符合的点，结果是假. 算法 1 包括了处理精确匹配查询的伪码.

9.3.3　范围查询

范围查询处理的算法返回一个查询范围所包含的点集作为调用函数的结果，但结果集的大小不能预知，并且可能达到整个数据库的大小. 算法是不依赖于所应用的度量的，如果存在一个可用而且高效的谓词 IsPointInRange 和 RangeIntersectRegion 的测试方法，任何 L_p 度量，包括带有权重的度量（椭圆体查询）都可以使用. 局部的范围查询（例如：对拥有指定属性的子集的范围查询）也可以被视为有权重的矩形查询（没有指定的属性权重为零）. 窗口查询可以使用一个 L_{max} 度量权重转换成范围查询.

有些算法（如算法 2）对所有和查询相关的子页面使用了一种自递归的方法. 合并所有递归调用的结果集的任务，则由调用者完成.

算法2 范围查询算法.

```
PointSet RangeQuery(Point q, float r, PageAdr pa) {
    int i;
    PointSet result = EmptyPointSet;
    Page p = LoadPage(pa);
    if (IsDatapage(p))
        for (i = 0; i < p.num_objects; i++)
            if (IsPointInRange(q, p.object[i], r))
                AddToPointSet(result, p.object[i]);
    if (IsDirectoryPage(p))
        for (i = 0; i < p.num_objects; i++)
            if (RangeIntersectRegion(q, p.region[i], r))
                PointSetUnion(result, RangeQuery(q, r, p.childpage[i]));
    return result;
}
```

9.3.4　最近邻居查询和 k 近邻查询

在多维索引结构中,处理最近邻居查询有两种不同的方法,一个是 Roussopoulos 发布的 RKV 算法,另一种是 HS 算法,由于它们对我们深入地阐述非常重要,我们要详细描述这两个算法,讨论它们的优点和不足.

我们首先介绍 RKV 算法,因为 RKV 算法要对索引结构进行深度优先遍历,这使得它和范围查询处理更加接近.RKV 是一种"分治"类型的算法;HS 算法依照和查询点的最近距离的顺序从索引的不同分支、不同层装入页面.

和范围查询处理不同,这里并没有一个已知的评判标准,可以在最近邻居算法中排除索引结构的某些分支以免去进一步的处理.事实上,这个评判标准是最近邻居的距离,但这个距离要到算法结束我们才能够知道.为了砍掉一些分支,最近邻居算法需要使用最近邻居距离悲观的(保守的)估算,该距离随算法的执行而改变,并最终逼近最近距离.一个适当的悲观估计是取在执行的当前状态下访问过的所有点中最近点的距离(叫做候选最近点).如果还没有点被访问,可以从以前访问的页面区域中得到悲观估计.

1. RKV 算法

Roussopoulos 定义了两个重要的距离函数:MINDIST 和 MINMAXDIST.MINDIST 是查询点和页面区域几何意义上的实际距离,这是被查询区域中任意点到查询点的最近可能距离.该定义最初仅限于类似 R 树的结构,所提供的区域为多维区间段(也就是最小外接矩形):

$$I = [lb_0, ub_0] \times \cdots \times [lb_{d-1}, ub_{d-1}].$$

MINDIST 的定义如下:

定义 9.2(MINDIST)　一个点 q 到区域 I 的距离,用 MINDIST(q, I) 表示:

$$\text{MINDIST}^2(q, I) = \sum_i^{d-1} \left\{ \begin{array}{lll} lb_i - q_i, & \text{如果} & q_i < lb_i \\ 0, & \text{其他情况} \\ q_i - ub_i, & \text{如果} & ub_i < q_i \end{array} \right\}^2.$$

MINDIST 的一个例子在图 9-7(a)表示.页面区域 PR_1 和 PR_3 中,矩形的边定义了 MINDIST.在页面区域 PR_4 的角定义了 MINDIST,由于查询点在 PR_2 中,相应的 MINDIST 是 0.不同形状的页面区域可以类似地定义 MINDIST,比如球体(从 q 到球心的距离减去半径)或组合体.也可以为 L_1 和 $L_{\max}$ 度量分别给出一个类似的定义.对于悲观估计,我们还必须知道基本索引结

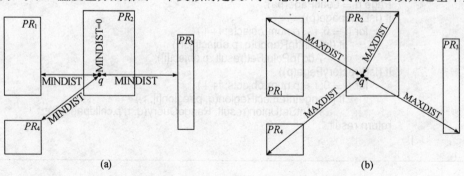

图 9-7　MINDIST 和 MAXDIST 参数

构的一些特别知识.一个对于所有已知索引结构都正确的假设是,每一页必须至少包含一个点.
因此,我们可以如下定义 MAXDIST 函数,它决定了和一个区域中最可能远的点的距离:

$$\text{MAXDIST}^2(q, I) = \sum_{i=0}^{d-1} \left\{ \begin{cases} |lb_i - q_i| & \text{if } |lb_i - q_i| > |q_i - ub_i| \\ |q_i - ub_i| & \text{其他情况} \end{cases} \right\}^2.$$

在图 9-7(b)是一个例子,作为从查询点到一个页面区域中点的最大可能距离,即使查询
点在页面之内(如 PR_2),MAXDIST 也不可能是零.

在 R-树中页面区域是 MBR(也就是矩形区域),其中每一个表面的超平面包含至少一个
数据点.下面的 MINMAXDIST 函数提供对最近邻居距离的一个更好(即更低)的保守估计:

$$\text{MINMAXDIST}^1(q, I) = \min_{0 \leqslant k \leqslant d} \left(|q_k - rm_k|^2 + \sum_{\substack{i \neq k \\ 0 \leqslant i < d}} |q_i - rM_i|^2 \right),$$

其中

$$rm_k = \begin{cases} lb_k, & \text{如果 } q_k \leqslant \dfrac{lb_k + ub_k}{2}, \\ ub_k, & \text{其他情况;} \end{cases}$$

$$rM_i = \begin{cases} lb_i, & \text{如果 } q_i \leqslant \dfrac{lb_i + ub_i}{2}, \\ ub_i, & \text{其他情况.} \end{cases}$$

总的思想是每个表面超平面必须包含一个点.首先计算出每个表面上最远的点,并选择其
中最小的.对每两个相对的表面,只有较近的那个可能包含最小的点.这样,就可以保证一个数
据对象可以在一个小于或等于 MINMAXDIST(q, I)距离的区域中被找到. MINMAXDIST
(q, I)是能够提供这个保证的最小距离.图9-8(a)显示了考虑的边.在一个 MBR 的每一对相对
边中,只考虑离查询点更近的边.在每条考虑的边上用圆圈圈出产生出最大距离的那个点,
MINMAXDIST 就是每个页面区域所有圈出点中最小的,如图 9-8(b)所示.

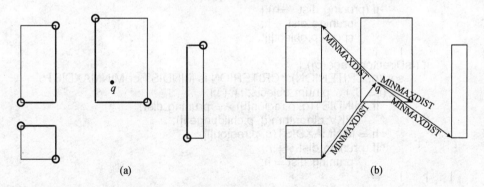

图 9-8　MINMAXDIST 参数

悲观估计不可以用在球形或组合区域,因为它们通常并不满足类似 MBR 的性质.在这种
情况下,我们就不得不使用 MAXDIST(q, I),虽然这是个比 MINMAXDIST 要差一些的估
算.以上所有使用 L_2 度量的定义可以很容易的适用于 L_1 和 L_{max} 度量以及权重度量.

算法 3 采用深度优先("分治策略")的顺序访问索引页面.索引的一个分支在下一个分支
开始前被完整访问.在它们的子节点被装入和递归处理之前,节点们根据可能包含的最近邻居
的概率进行启发式排序.对于存储顺序,我们可以在乐观估计或悲观估计或它们的一个组合中

选择.排序的质量对算法效率来说是至关重要的,因为处理最近邻居距离估计的不同顺序会影响到逼近实际最近邻居距离的速度.子节点列表在最近邻居距离的悲观估计改变的时候被裁剪,即扔掉所有 MINDIST 大于最近邻居距离悲观估计的子节点.这些页面肯定不包含最近邻居,因为即使是这些页面中最近的点都已经比一个已经找到的点更远了(向下定界性质);悲观估计是迄今为止到所有处理过的点的距离中最小的,也是迄今为止所有处理过的页面区域里MINMAXDIST(q, I)函数结果最小的.

通过对 RKV 算法是否使用 MINMAXDIST 函数的讨论,有研究者证明任何可以通过使用 MINMAXDIST 裁剪的页面,不用这个概念也可以被裁剪.他们的结论是应当尽量避免使用 MINMAXDIST,因为它引起了额外的计算.

把算法扩展到 k 最近邻居处理是一件非常困难的工作,只能通过在裁剪中放弃使用 MINMAXDIST,使它变得容易一些,但是却牺牲了 MINMAXDIST 带来的性能提高.迄今找到的第 k 近的距离会被使用.此外还需一个存储 k 个点的缓冲区(第 k 个最近点的候选表),支持高效地删除距离远的点,和高效地插入随机的点,一个合适的最近点候选集的数据结构是优先队列(也称为半排序堆).

算法3 查找最近邻居的PKV算法.

```
float pruning_dist  /*The current distance for pruning branches*/
= INFINITE;  /*Initialization before the start of RKV_algorithm*/
Point cpc;  /*The closest point candidate. This variable will contain
             the nearest neighbor after RKV_algorithm has completed*/
void RKV_algorithm(Point q, PageAdr pa) {
    int i; float h;
    Page p = LoadPage(pa);
    if (IsDatapage(p))
        for (i = 0; i < p.num_objects; i++) {
            h = PointToPointDist(q, p.object[i]);
            if (pruning_dist >=h) {
                pruning_dist = h;
                cpc = p.object[i];
            }    }
    if (IsDirectoryPage(p)) {
        sort(p, CRITERION);/*CRITERION is MINDIST or MINMAXDIST*/
        for (i = 0; i < p.num_objects; i++) {
            if (MINDIST(q, p.region[i]) <= pruning_dist)
                RKV_algorithm(q, p.childpage[i]);
            h = MINMAXDIST(q, p.region[i]);
            if (pruning_dist >= h)
                pruning_dist = h;
    }    }    }
```

考虑 MINMAXDIST 的话会带来一些困难,因为算法要保证 k 个点都比从给定区域到查询点的距离近.对于每个区域,我们知道至少有一个点的距离小于或等于 MINMAXDIST.如果 k 最近邻居算法根据 MINMAXDIST 剪裁掉了一个分支,就得假设 k 个点必须分布在页面区域最近的表面超平面上.MBR 性质只能保证一个这样的点.我们进一步知道,m 个点的距离必须小于或等于 MAXDIST,其中 m 是存储在相应子树中点的个数.数目 m 可以存储在目录节点中,或者,如果索引结构能够提供存储保证的话,通过假设最小存储利用悲观估计得到.RKV 算法的一种合适的扩展是使用一个有 k 个数据项的半排序堆.每个项或者是一个候选最

近点 cpc,或者是一个 MAXDIST 估计,或者是一个 MINMAXDIST 估计.到查询点 q 最大距离的堆项用来剪裁分支,该项叫做剪枝元素.每当遇到新的点或是估计时,如果它们比剪枝元素到查询点的距离更近,就插入到堆中.只要一个新的页面被处理完,所有基于适当页面区域的估计都被从堆中删除.它们将被基于子页面区域(或者是数据页面中包含的点)上的估计所代替,这个附加的删除意味着复杂性的增加,因为一个优先队列除了剪枝元素之外并不能很好地支持元素的删除操作.

2. HS 算法

在 HS 算法中,我们不再需要估计最近邻居距离,因其而产生的问题也被巧妙地避免了. HS 算法并不以索引结构引入的层次顺序访问页面,比如深度优先或广度优先,而是根据到查询点距离的递增顺序访问页面.算法允许在不同的分支和层次间跳转来处理页面.如图 9-9 所示.

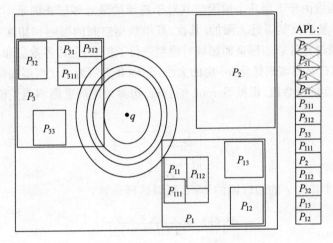

图 9-9　查找最近邻居的 HS 算法

算法管理一个活跃页面列表(APL).如果一个页面的父节点已经被处理,但其本身没有被处理,则这个页面被称为活跃的.由于一个活跃页面的父节点已经被装入,所以所有活跃页面的相应区域都已经知道,并且区域和查询点之间的距离也可以被确定.APL 存储页面的后台存储地址,和到查询点的距离,页面区域的表示在 APL 中不需要.HS 算法的处理步骤包括以下一些动作.

(1)从 APL 中选择到查询点距离最近的页面 P;

(2)把 P 装入主存;

(3)从 APL 中删除 P;

(4)如果 P 是一个数据页面,确定这页中的点是否包含比已找到的和查询点最近的点更近的点(叫做候选最近点);

(5)否则,决定 P 的所有子页面中的区域到查询点的距离,并插入所有的子页面和对应的距离到 APL 中.

重复该处理步骤直到最近的候选点到查询点的距离比最近活跃页面到查询点的距离更近.在这种情况下,根据向下定界性质,没有一个活跃页面可以包含比候选最近点离 q 更近的点.同样,也没有任何活跃页面的子树可能包括这样一个点.由于所有其他页面都已经被察看过了,处理可以就此结束.同样,优先队列是 APL 的合适的数据结构.对于 k 最近邻居处理,还需另外一个固定长度为 k 的优先队列来处理最近点候选列表.

§9.4　代　价　模　型

高维索引结构评估所需要的页面访问代价模型在多年前就被提出.第一种方法是由 Friedman 提出的为最近邻居查询处理使用的最大度量代价模型.原始模型只是评估 kd-树中叶的访问,但可以容易的扩展到评估 R-树和相关索引结构中的数据页面访问.一个 R-树中预期的数据页面访问数量是

$$A_{\text{FBF}} = \left(\sqrt[d]{\frac{1}{C_{\text{eff}}}} + 1 \right)^d.$$

然而,模型的假设由于下面几个原因使其对于高维的最近邻居查询是不实际的.首先,在数据库中对象个数 N 被假设是逼近无限的.其次,高维数据空间的影响和相互关系没有在模型中被考虑.有研究者通过允许非矩形页面区域对模型进行了扩展,但边界效应和相互关系仍然没有被考虑;Eastman 用已有模型来优化 kd-树的大小;Sproull 表明为了让模型提供精确的评估,数据点的数量必须是维度的指数级.根据 Sproull 的分析,边界效应严重影响到代价,除非下面的条件成立:

$$N \gg C_{\text{eff}} \left(\sqrt[d]{\frac{1}{C_{\text{eff}} V_s \left(\frac{1}{2} \right)}} + 1 \right)^d,$$

其中 $V_s(r)$ 是一个半径为 r 的超球面的体积,可以这样计算:

$$V_s(r) = \frac{\sqrt{\pi^d}}{\Gamma(d/2 + 1)} r^d$$

其中伽马函数 $\Gamma(x)$ 是 $x! = \Gamma(x+1)$ 在实数域的一个扩展:

$$\Gamma(x + 1) = x\Gamma(x), \quad \Gamma(1) = 1, \quad \Gamma\left(\frac{1}{2} \right) = \sqrt{\pi}.$$

例如,在一个 $C_{\text{eff}} = 20$ 的 20 维数据空间中,Sproull 的公式评价 $N \gg 1.1 \times 10^{11}$.如果数据库中存储的点远远小于 100 000 000 000 的话,我们会在后面(图 9-10)显示 FBF 模型的代价估计有多么差.更加不幸的是,Sproll 在他的分析中还假设数据点和查询的分布是均匀且彼此独立的;也就是说,数据点和查询的中心点是从均匀分布的数据中选出的,鉴于我们认为查询的选择度 $1/N$ 是固定的.上面的公式同样也被一般化到 k 最近邻居查询,其中 k 是用户给定的参数.

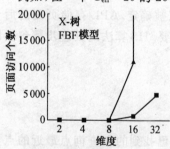

图 9-10　评估模型

现有模型中的假设在高维情形是不成立的,主要的原因是现有模型没有考虑边界效应.边界效应是指当查询达到了数据空间的边界时产生的一个性能表现异常.边界效应在高维数据空间中频繁发生,并导致对大多数空的搜索空间的剪枝,而这些空的搜索空间并没有被现有模型所考虑.为了检验这些效应,我们做了若干试验来对比所需要的页面访问和模型所估计的页面访问.图 9-10 是在点均匀分布下的实际页面访问和 Friedman 模型估计的对比.对于高维数据,模型在评估页面访问

次数方面完全失败.

Friedman 基本模型已经扩展到不同方向,首先是通过使用分形维度的概念将相关性影响考虑进来.很多不同的分形维度定义都能得到相关的方面(相关性),但在相关性度量的细节上却是各不相同的.

Faloutsos 和 Kamel 使用 box-counting 分形维(也称做 Hausdorff 分形维)在处理使用最大度量的范围查询时为 R-树的性能建模.Belussi 和 Faloutsos 为空间查询的选择度估计采用了一个不同的分形维定义(相关性分形维).在论文中,使用 Manhattan、欧氏和最大度量的低维数据空间中的范围查询分别被建模.但是,该模型只允许选择度的评估,并且不可能通过直接的方法扩展这个模型来决定期望的页面访问数量.

Papadopoulos 和 Manolopoulos 使用 Belussi 和 Faloutsos 等人的结果创建了一个新的模型,并发表在一篇近期的论文上.它们的模型能在欧氏空间处理最近邻居查询时估算 R-树,它通过反向使用选择度评估来评估最近邻居的距离.

分形维的概念在空间数据库领域中也被广泛使用,其中存储的多边形的复杂性被建模.但是这些方法对于点数据库是不太重要的.

第二个 Friedman 基本模型需要扩展的方向是在索引更高维度的数据空间时发生的边界效应.

Arya 等为向量量化应用领域中的最近邻居查询处理提出了一个新的代价模型,他们把模型的度量限制为最大度量并忽略相关性影响.更糟的是,该模型还假设点的数量和数据空间的维数指数相关,这个假设虽然在它们的应用领域被证明,但是对于数据库的应用就不切实际了.

BBKK 模型是 Berchtold 等人为高维数据空间中的查询处理提出的代价模型.BBKK 模型的基本概念是 Minkowski 总和(见图 9-11).这是机器人运动规划中的一个概念,并由 BBKK 模型首次用于进行代价估计.和估算页面区域大小及查询区域的概念一起,模型使用欧氏度量并考虑到了边界效应的影响,提供了对最近邻居和范围查询正确的估计.为处理相关性,作者提议使用没有提供细节的分形维.模型主要的限制是:

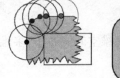

图 9-11 Minkowski 总和

(1)没有出现对最大度量的评估;(2)数据页面的数量被假设成 2 的指数;(3)假设数据页面是一个完全的没有交叠覆盖的数据空间.

最近的一篇论文是基于 BBKK 代价模型的,全面展示了该方法并在许多方面进行了扩展.BBKK 模型没有包括的扩展,比如对最大度量的所有评估在这篇论文中都进行了研究.BBKK 模型数据页面必须为 2 的幂数量的限制也已经被克服了.模型进一步扩展到关注 k 最近邻居查询(BBKK 模型只限于 $k=1$ 的最近邻居查询),采用数值方法计算整体近似和估算边界影响更是远远超过 Berchtold 等人所涉及的范围.最后,仅以一种简化的方式在 BBKK 模型中被使用的分形维的概念(数据空间维度简单地被分形维代替),在论文中通过对分形幂定理的后续应用很好地建立了起来.

§9.5 高维索引方法

多维数据存取方法 1972 年被提出,由"post-office"方法开始,自此,这个领域快速发展并产生了大量的方法. 在本节中, 我们不可能详细介绍所有这些方法, 只描述这个领域中主要的发展和方法.

这个领域主要的发展如图 9-12 所示(为了确保图的可读性, 只标出了第一作者). 早期的结构(1990 之前)并不是针对高维空间而设计的, 但是它们对高维结构发展的作用很重要.

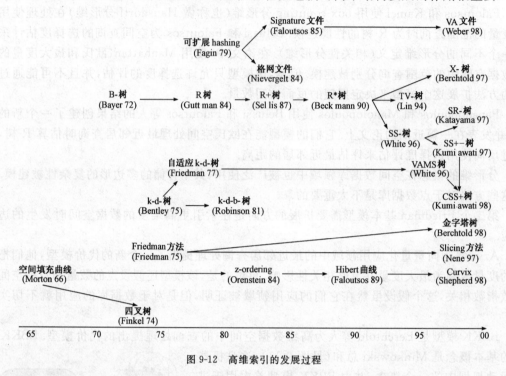

图 9-12　高维索引的发展过程

根据处理高维空间的方法, 多维存取方法可以分成三大类: 数据驱动索引、空间驱动索引和降维方法.

9.5.1　数据驱动的索引结构

1. R-树家族

R-树家族的索引结构使用实心 MBR 作为页面区域, 一个 MBR 是一个数据空间的多维区间(即平行于轴的多维矩形). MBR 是点闭集的最小近似, 不存在更小的能够完全包含该点集的平行于轴的矩形. 因此, MBR 的每个 $d-1$ 维表面区域至少包含一个数据点, 空间划分既不是完全的也不是不相交的, 部分数据空间可能没有被数据页面区域覆盖到. 不同分支的区域之间允许交叠, 但是交叠会使得特别是在高维数据空间中的查询性能不断恶化. 一个 MBR 的区域描述由每一维的一个上界和下界构成, 因此需要二维的浮点数表示. 这种描述允许使用任何 L_p 度量的 MINDIST, MINMAXDIST 和 MAXDIST 高效地计算出来.

R-树原来是为空间数据库设计的, 用来管理二维对象的空间扩展(例如, 多边形). 在这个索引中, 这些对象被对应的 MBR 表示. 和点对象不同, 对于这种对象集可能根本就不存在一个没有重叠的划分. 用 R-树索引数据点时会出现同样的问题, 但是只出现在索引目录部分. 页面区域被当成空间中的、它们父节点(没有强制分割)范围内的原子对象. 因此, 一个目录页面可能没法进行分裂, 如果要求新创建的节点间不产生重叠的话.

根据我们高维索引结构的框架,定义两个启发式的规则来处理插入操作:选择一个合适的页面将点插入,以及管理页面的溢出.当查找一个合适的页面时,下面三种情况之一可能会发生:

(1) 该点严格包含在一个页面区域中,在这种情况下,使用相应的页面.

(2) 该点包含在几个不同的页面区域中,在这种情况下,使用最小体积的页面区域.

(3) 没有区域包含该点.在这种情况下,产生最小体积增量的区域被选择.如果有若干区域产生同样的最小增量,就选择他们中体积最小的.

插入算法从根节点开始,并通过应用上面的规则,每一步选择一个子节点.页面溢出通常通过分裂该页来解决.四个不同的算法已经发表,它们用来找到正确的分裂维度(也叫做分裂轴)和分裂超平面.各方法的好坏通过变化页面容量时不同的时间复杂度来区分.具体是:(1) 一个指数级算法;(2) 一个二次方算法;(3) 一个线性算法;(4) Greene 算法.

有研究者指出线性算法和二次算法只有细微区别,其他研究者的一个评估研究更揭示了线性算法的缺点.二次算法和 Greene 算法性能相似.在插入算法中,通过查找一条索引路径,合适的对象将在 $O(\log_2 n)$ 时间被找到.插入一个点只需查找一条索引路径,这看上去是个优点,但实际上可能会出现平局的情况,因为它会导致误插入.

内部交叠经常由交叠高层页面产生,因为所有子页面都独立地扩展页面区域的增长.对于一个没有交叠的划分,我们需要一个页面区域在其上的投影在某个点上没有重叠的维度.但是这样的点存在的可能性随着数据空间维度的增加变得越来越小,原因只是每一个页面到任意维度的映射不一定比相应的子页面的映射小.如果我们假设所有页面区域都是超立方体,并且边长为 A(父页面)和 α(子页面),得到 $\alpha = A\sqrt[d]{1/C_{\text{eff}}}$,如果 d 很小的话,α 会充分小于 A,但如果 d 充分大,α 和 A 将是一个数量级的.

R^*-树是在对各种数据分布下的 R-树算法仔细研究的基础上,对 R-树的一个扩展.和 Guttman 只能优化少量创建页面区域相比,Beckmann 确定的优化对象目标如下:

(1) 最小化页面区域的交叠;

(2) 最小化页面区域表面;

(3) 最小化被内部节点覆盖的体积;

(4) 最大化存储利用.

选择一个合适的页面来插入点的启发式算法在第三种情况中改进:没有页面区域包含这个点.在这种情况下,要看子页面是一个数据页面还是一个目录页面.如果它是一个数据页面,选择使得交叠区域增量最小的区域.在平局情况下,进一步的标准是体积增量和体积.如果子节点是一个目录页面,就选择使得体积增量最小的区域.在不确定的情况下,由体积决定.

正如 Greene 的算法,分裂启发式方法有几个阶段.在第一阶段,分割维被确定:

(1) 对每一维,对象根据它们的下界和上界排序;

(2) 在限制不对称程度的情况下得到多种划分;

(3) 对于每一维,所有划分的 MBR 的表面区域被求和,总和最少的那维决定分割维.

在第二阶段,通过最小化这些标准决定分割平面:

(1) 页面区域之间的交叠;

(2) 当有问题时,使死空间覆盖最小.

分裂通常可以通过强制重插入这个概念避免.如果一个节点发生溢出,离区域中心距离最远的某个百分比的对象,将从节点中删除,在区域调整之后重新插入到索引中.通过该方法,存储利用率会增加 71% 到 76%.此外,划分的质量会提高,因为在最初创建索引时的不合适决定会以这种方法得到纠正.同时,查询记录的性能比 R-树从 10% 提高到 75%.在高维数据空间,分裂算法会导致目录的恶化,因此,R*-树对高维数据空间是不够的,它处理大多数查询时都需要装入全部索引.

R*-树用于具有小表面数据区域(即类立方体的数据区域)分裂的启发式方法是很有用的,特别是对于范围查询和最近邻居查询.正如 §9.4 中指出的(代价模型),这个存取概率和页面区域及查询球体的 Minkowski 总和相关.Minkowski 总和主要包括每个表面都被扩展的页面区域.图 9-13 是一个极端的情况,体积相等的页面和它们的 Minkowski 总和.方格($1×1$ 单元)Minkowski 总和为 3.78,比总和为 5.11 单元的体积相同的矩形 $\left(3×\dfrac{1}{3}\text{ 单元}\right)$ 低了很多.还要注意到,这个影响随维度数量增加而增大,因为每一维都是一个潜在的不平衡来源.然而,对于球体查询,球体页面区域产生的 Minkowski 总和最低(3.55 单元).

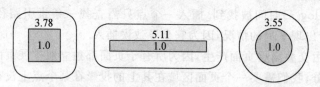

图 9-13　页面与取得形状及其对于相似查询的适应性

R+-树是一个没有交叠的 R-树变体.分裂算法通过强制分裂策略保证没有交叠,在某页会导致交叠分割的子页在某个合适的位置被简单地分成两部分.然而,这些强制分割可能会被一直传递到数据页层.如同我们前面所指出的,如果维数足够高,子页面的范围不比父页面的范围小多少.高维会导致更多的强制分割操作.属于强制分裂的页面即使没有发生溢出也将被分裂,产生的页面利用率要小于 50%.强制分裂越多,整个索引的存储利用率就越低.

2. SS-树和 SR-树

对比所有前面介绍的索引结构,SS-树使用球体作为页面区域.为保持性能,球体不是最小外接球体,而是以质心点(即每一维的平均值)用做球体的中心、最小半径选取使得所有对象都包括在球体中的距离.因此,区域描述由质心和半径组成.这使得算法能够高效地确定 MINDIST 和 MAXDIST,但是确定 MINMAXDIST 会困难一些.作者建议使用 RKV 算法,但是没有提供如何高效剪裁索引分支的线索.

对于插入处理,不考虑体积以及交叠的增量,向下选择质心和点最接近的子节点,同时计算新的质心和新的半径.当一个溢出状况发生时,如同在 R*-树中那样采用强制插入操作.和节点质心最远的 30% 的对象从节点中删除,所有区域描述被更新,节点也重新插入到索引.

前面已经指出,球体在理论上优于同体积的 MBR,因为球体的 Minkowski 总和更小.球体主要的问题是不能保证一个简单的没有交叠的划分,如图 9-14 所示.MBR 通常有一个小的体积,因此,Minkowski 总和的优势更大.SS-树比 R*-树要快两倍,然而,它达不到 LSD^h-树和 X-树的性能(我们将在后面介绍这两种索引).

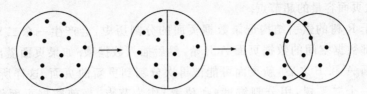

图 9-14　没有交叠的分割是可能的

　　SR-树可以被认为是 R*-树和 SS-树的组合. 它使用一个矩形和一个球体的立体交集作为
页面区域. 矩形部分, 如同 R-树及变种, 是所有存储在相关
子树中点的最小外包矩形. 球体部分, 如同在 SS-树中, 是以
存储对象质心为球心的最小球体. 图 9-15 描述了所产生的几
何对象. SR-树的区域所需的描述是本章中所有索引结构中
最复杂的: 它们由 MBR 的二维浮点值和球体的 $d+1$ 维浮
点值组成.

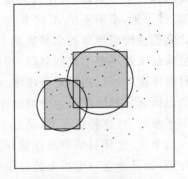

图 9-15　SR-树的叶面区域

　　使用球体和矩形组合体的原因在于球体更加适合处理
L_2 度量的最近邻居和范围查询. 另一方面, 球体不易维护且
倾向于在分割时产生更多的交叠, 一个 R-树和 SS-树组合的
结构可以克服两者的缺点.

　　定义下面的函数作为查询点 q 和区域 R 的距离:
$$\text{MINDIST}(q, R) = \max[\text{MINDIST}(q, R.\text{MBR}), \text{MINDIST}(q, R.\text{Sphere})].$$

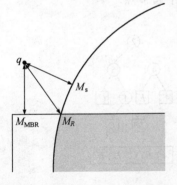

图 9-16　SR-树中不正确的 MINDIST

　　如图 9-16 所示, 这并不是到交叠实体的准确的最小距离, 到 MBR 和到球体的距离 (相交
点分别是 M_{MBR} 和 M_{s}) 都比这个到交叉实体 (相交于 M_R) 的距
离小. 然而, 如上面所示, 函数 $\text{MINDIST}(q, R)$ 是正确距离函
数的下界. 因此, 可以确保在范围查询和最近邻居查询处理中
不会错误地删除点, 但这个不正确的距离函数仍会导致效率的
恶化. MAXDIST 函数被定义成应用在 MBR 和球体的 MAS-
DIST 函数中最小的, 此时也会出现 MINDIST 定义中类似的
错误. 由于没有出现为球体定义的 MAXMINDIST, 就必须使
用为 MBR 定义的 MAXMINDIST 函数. 这在确保没有错误忽
略的情况下是正确的, 但是在这种情况下没有任何关于球体知
识的描述, 浪费了一些潜在的性能增长. 使用上面的定义, 范围
查询和最近邻居查询处理可以使用 RKV 和 HS 算法.

　　插入和分裂算法由 SS-树而来, 只修改了少量不重要的细节. 在 SS-树算法之外, MBR 在
插入和分裂节点之后还需更新. 从性能结果看, SR-树比 SS-树和 R-树性能都好. 然而通过和
R*-树性能的直接比较, 我们认为 SR-树不能达到 LSD^h-树和 X-树的性能.

3. X-树

　　X-树是 R*-树的一个扩展, 为直接管理高维对象而设计, 是在分析了高维数据空间带来的
问题之后建立的. 它通过两个概念扩展 R*-树:

　　(1) 依照分割历史的无交叠分割;

（2）拥有大页面容量的超节点.

如果用基于 R-树的索引结构记录数据页面的分割历史，会产生一个二叉树.索引从一个覆盖几乎全部数据空间的数据页面 A 开始，然后插入数据项.如果页面溢出，索引分割页面到两个新页面 A' 和 B 之后，新页面可能被再次分割到更新的页面.这样所有分割的历史可能被描述成一个二叉树，用分割维度（和位置）作为节点，当前数据页面作为叶节点.图 9-17 中的例子显示了这样一个处理的过程，在图的下半部分，描述了适当的目录节点，如果目录节点溢出，就不得不划分数据页面集合（A''，B''，C，D，E 等 MBR）到两个划分，因此首先要选择一个分割轴.而什么又是潜在的候选分割轴呢？例如我们选择维度 5 作为一个划分轴.接下来，不得不把 A'' 和 E 加入其中一个划分，但是 A'' 和 E 并没有根据维度 5 分裂过，因此它们会跨越该维的全部数据空间.如果把 A'' 和 E 加入其中一个划分，该划分的 MBR 又会反过来跨越整个数据空间.这就明显导致了与其他划分的高度交叠.在图 9-17 中，很明显只有维度 2 可以用做划分维度.分段 X-树一般化了这种现象，并总是用某个特定分割树根节点所标示的维度作为分裂维度，这样就确保了一个没有交叠的目录.然而，分割树可能是不平衡的，在这种情况下，最好不分裂，因为分裂将生成一个未被填满的节点和一个几乎溢出的节点.这样目录中的存储利用率会显著下降，目录发生退化.在这种情况下 X-树不进行分割，而是建立一个扩大的目录节点——超节点，维度越高就会建立越多的超节点，超节点也会变得越大.为了使得低维空间中的操作也是有效的，X-树分割算法还包括一个几何分裂算法.整个分裂算法按以下过程工作：在数据页面分裂的情况下，X-树使用 R*-树分裂算法或其他拓扑分裂算法；在目录节点分裂的情况下，X-树首先尝试使用一个拓扑分割算法.如果这个分割带来很高的 MBR 交叠，X-树采用上面描述的基于分割历史的没有交叠的分裂算法.如果分裂带来一个不平衡的目录，X-树通常会创立一个超节点.

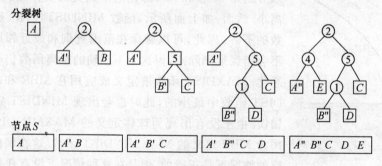

图 9-17 分割历史的例子

X-树和 R-树相比在中等维度空间中对所有查询类型性能都很高.对于小的维度，X-树和 R-树表现几乎完全相同.对于高维，X-树也要访问很大数据量的节点，而线形扫描会更节省一些.这里不提供这些数据准确的值，因为许多因素，比如数据项的数量、维度、分布和查询类型，对一个索引结构的性能都有很大的影响.

9.5.2 空间驱动的索引结构

1. k-d-树

和 R-树及其变种一样，kd-B-树使用超矩形形状页面区域.一个自适应的 kd-树用来划分空间(如图 9-18),从而确保了完备的、不相交的空间划分.显然页面区域是(超)矩形,但不是最小外接矩形.基于 kd-树划分最常见的优点是总能明确决定使用哪个子树.删除操作也比 R-树家族支持得更好,因为拥有共同父节点的叶节点正好包含该数据空间的一个超矩形.这样,它们可以在不违背空间划分完备互斥的条件下进行合并.

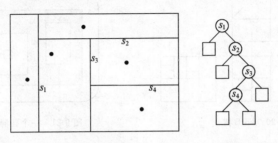

图 9-18　k-d-树

完全划分的缺点是页面区域通常比需要的大,尤其是在高维数据空间中通常很多部分根本没有点.实际的数据经常是聚集的并且是相互关联的,如果数据分布是聚类形状的,那么直观上我们会知道空间很多地方都是空的.但是相关性的存在(也就是,某个维度或多或少地依赖于一个或多个其他维度的值)也会导致部分数据空间的空白,如图 9-19 所示.不使用完全分割的索引结构相对更好,因为大页面区域的访问可能性会更高,因此这些页面在查询处理中比最小外接矩形区域更频繁地被访问.第二个问题是 kd-树原则上不平衡,不可能直接将邻接的子树加入到目录页面,kd-B 树通过强制插入的概念来解决这个问题:

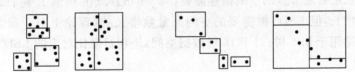

图 9-19　聚类和关联数据的完全和不完全分割

如果一些页面出现了溢出状况,会选择适当的超平面对其进行划分.数据项在两个页面间分配,并且分裂会沿着树向上传播.不幸的是,树的较低层区域可能和分割平面相交,这时就必须进行分裂,也就是强制分裂.由于子树的每个区域都会被影响,插入操作的时间复杂性在最坏情况下是 $O(n)$,而且不能确保最小的存储空间利用率,因此,理论上对于索引大小的考虑是很困难的.

2. hB-树

hB-树[①]也使用一个 k-d-树目录来定义索引的页面区域.在这样的方法中,一个节点的分裂是在多种属性的基础上进行的,这就意味着页面区域不是对应于实心的矩形,而是对应于其中有矩形被去掉的矩形.采用这样的技术,就可以避免 kd-B 树和 R^+-树的强制分裂.

对于高维空间的相似查询,完全空间分解的优点和缺点就和 kd-B 树中的一样,如图 9-20.此外页面区域的空洞降低了页面区域的体积,但是几乎没有降低 Minkowski 总和(也就因此没有降低对页面的访问率).如图 9-21 所示,两个大的孔洞从该矩形中被移去,使得体积减少

---

① hB 即带洞的块.

了超过 30%. 然而,左边的孔洞没有减少 Minkowski 总和,因为它没有查询的范围宽. 右边的
孔洞中,只有一个非常小的区域是页面区域不能达到的. 这样,孔洞降低的页面访问率不到
1%.

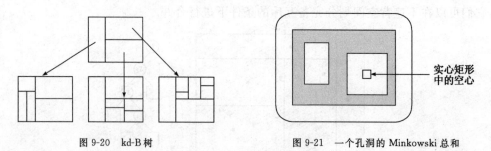

图 9-20 kd-B 树   图 9-21 一个孔洞的 Minkowski 总和

3. LSD^h-树

LSD^h-树的目录也是一个自适应的 kd-树(见图 9-22). 和 R-树家族及 kd-B-树相比,区域
描述以一种能够使其空间需求降低的精细复杂的方式进行编码. 一个专门的页面调度策略将
kd-树部分集中到目录页面中. kd-树顶部的一些层次被假设固定在主存中,它们被称为内部目
录,与受到页面调度控制的外部目录相对. 在每个节点,只需要存储分割轴(例如,可以描述高
达 256 维数据空间的 8 bit)以及分割平面和分割轴相交的位置(例如,描述浮点数 32 bit). 两
个指向子节点的指针分别需要 32 位,为了描述 k 区域,需要 $k-1$ 个节点,整个目录共需要
$104 \cdot k-1$ 位. 类 R-树的索引结构需要为每个区域描述的每一维配两个浮点数以及子节点指
针,因此,只有最低层目录节点的空间描述需要 $(32+64d)$K bit. 虽然 R-树目录所需的空间随
维数增加呈线形增长,但 LSD^h-树需要的空间是常数增长的(理论上对于很大的维度是对数
的). 注意到这也适用于 hB$^\pi$-树,对于 16 维数据空间,R-树目录比对应的 LSD^h-树目录大 10 倍
以上.

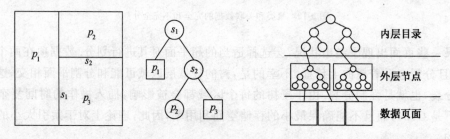

图 9-22 LSD^h-树

矩形表示的数据页面区域可以由目录的分割平面确定,叫做潜在数据区域,不需要显式存
储在索引中.

kd-树目录的一个缺点是数据空间完全被潜在数据区域覆盖. 在数据空间的大部分都为空
的情况下,这会导致性能恶化. 为了克服这个缺点,引入了一个叫做"实际数据区域编码"的概
念. 为了保存 CADR 中描述的空间,潜在数据区域被量化到一个有 2^{zd} 个单元的格网中. 因此,
只要为每个 CADR 加入 $2zd$ 个 bit. 其中参数 z 可以由用户选择. 使用 $z=5$ 时会得到很好的
结果,见图 9-23.

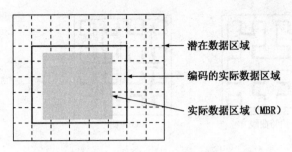

图 9-23　使用 LSD^h-树的相似区域

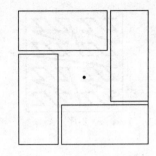

图 9-24　不存在没有交叠的插入

使用潜在数据区域进行完全划分的最重要的优点是它们可以一直保证不出现交叠. 在对 R-树变种及 X-树的讨论中我们曾指出交叠是高维数据空间的一个特殊问题. 通过对 kd-树目录进行完全划分, 使导致交叠产生的平局情况不会出现. 另一方面, 索引页面区域不能像那些没有被强制进入 kd-树目录中的页面区域那样很好地适应实际数据分布的改变. 总之, 页面区域的描述在分割平面方面强制区域不出现交叠. 当一个节点必须被插入到 LSD^h-树时, 总是存在唯一的潜在数据区域使得该点必须被插入其中. 而 R-树的 MBR 可能必须被扩大, 导致一些情况下数据页面发生交叠. 一个不存在无交叠扩展解决方法的情形在图9-24中被描述. CADR 可能在一次插入操作中被扩展, 由于它们被完全包含在一个潜在数据页面中, 也不会产生交叠.

LSD^h-树的分裂策略相当简单. 分裂维度增加 1, 就像 kd-树目录中的父节点. 这条规则唯一的例外是我们不考虑那些对分裂来说值太少的维. Henrich 的报告显示, LSD^h-树表现出的性能和 X-树接近, 只是插入操作在 LSD^h-树中执行得更快, 因为没有出现复杂的计算. 如果使用一个大量载入技术来建立索引, 两个索引结构在性能上相同. 再从实现的角度来看, 两个结构有相似的复杂性. LSD^h-树有一个相当复杂的目录结构和简单的算法, 而 X-树则是目录简单但算法复杂.

9.5.3　降维的方法

1. 空间填充曲线

空间填充曲线, 如 Z 序、Gray 码或希尔伯特(Hilbert)曲线, 是从一个 d 维数据空间(原始空间)到一个一维数据空间(嵌入空间)的映射. 使用 SFC, 距离并不是完全准确地保持不变, 但在原始空间中相互邻近的点在嵌入空间中也可能相互邻近. 因此, 这样的映射叫做保持距离的映射.

Z 序如下定义: 数据空间首先沿着和 d_0 轴正交的方向平分成体积相同的两部分. d_0 值低的一边称为(0)(作为一个比特串); 另一些称为(1). 然后对每一个部分体积再沿着与 d_1 轴正交的方向进行划分, (0)部分的子划分叫做(00)和(01), (1)的子划分称为(10)和(11). 当所有轴都用做分割后, 再次用 d_0 来作一个分割, 依此类推. 这个过程在达到一个用户定义的基本精度 br 时停止. 而后, 我们总共有 2^{br} 个格网单元, 每个有一个各自编号的比特串. 如果只考虑基本精度 br 的格网单元, 所有比特串的长度将一样, 因此可以理解成整数的二进制表示. 其他的空间填充曲线可以类似定义, 但是编号策略会稍复杂一些. 一些空间填充曲线的二维例子见图 9-25.

　　　　　Z-序　　　　　　　　　希尔伯特曲线　　　　　　　　Gny 码

图 9-25　空间填充曲线的例子

　　数据点通过对其分配它们所在网格单元位置的编号来进行变换. 令 SFC(p) 是一个将 P 赋值为其对应格网单元编号的函数. 反过来 SFC$^{-1}(c)$ 以超矩形的形式返回对应网格单元. 然后, 任何可以处理区域查询的一维索引结构, 可以用来为数据库中每个点 P 存储 SFC(p). 我们下面假设使用 B$^+$ 树.

　　插入和删除操作以及精确匹配查询都非常简单, 因为插入或搜索的点仅需要使用 SFC 函数进行一下变换.

　　与此不同的是, 范围查询和最近邻居查询是基于页面区域的距离计算的, 它们根据不同的情况确定. 在 B-树中, 一个页面访问之前, 只知道这个页面值的区间 $I=[l_B \cdots u_B]$. 因此, 页面区域是所有单元编号在 $l_B \sim u_B$ 之间的格网单元的联合. 基于空间填充曲线的索引的区域是矩形的组合体, 在这个观测的基础上, 我们可以定义一个相应的 MINDIST 和一个类似的 MAXDIST 函数:

$$\text{MINDIST}(q, I) = \min_{l_B < c < u_B} \{\text{MINDIST}(q, \text{SFC}^{-1}(c)\},$$
$$\text{MAXDIST}(q, I) = \max_{l_B < c < u_B} \{\text{MINDIST}(q, \text{SFC}^{-1}(c)\}.$$

　　同样, 因为没有最小外包性质, 所以没有 MINMAXDIST 函数. 问题在于如何可以不用枚举区间 $[l_B \cdots u_B]$ 中所有单元, 就可以高效地对这些函数求值. 一个可能的方法是, 递归地把区间分裂成两个部分 $[l_B \cdots s]$ 和 $[s \cdots u_B]$, 其中 s 的形式是 $\langle p100 \cdots 00 \rangle$. 这里, p 表示 l_b 和 u_b 的最长公共前缀. 而后, 我们计算到以比特串 $\langle p_0 \rangle$ 和 $\langle p_1 \rangle$ 编号的矩形区块的 MINDIST 和 MAXDIST 距离. 任何区间若其 MINDIST 大于其他任何区间的 MAXDIST 或者是大于一个最终区间 (见后) 的 MINDIST, 就可以从需要进一步考虑的对象中排除. 一个区间的分解当该区间恰好覆盖一个矩形时停止, 这样一个区间就被称作最终区间. MINDIST(q, I) 是所有最终区间中 MINDIST 最小的. 图 9-26 是一个例子, 阴影面积是页面区域, 一个连续格网单元值的集合 I.

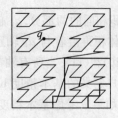　　　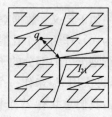

图 9-26　使用空间填充曲线决定 MINDIST

　　首先, 区间被分成两部分 I_1 和 I_2, 决定周围矩形的 MINDIST 和 MAXDIST (没有描述).

I_1 是最终的,因为它由一个矩形组成.然后,I_2 被分割成 I_{21} 和 I_{22},其中 I_{21} 是最终的.由于 I_{21} 的 MINDIST 比其他两个 MINDIST 值要小,I_1 和 I_{22} 都被放弃.因此,MINDIST(q,I_{21})和 MINDIST(q,I)相等.

一个类似的决定 MAXDIST(q,I)的算法只要交换 MINDIST 和 MAXDIST 的角色即可.

2. 金字塔树

金字塔树是一个和希尔伯特技术相似的索引结构,将一个 d 维点映射到一个一维空间,并使用 B$^+$ 树索引一维空间.明显的,查询要用同样的转换方式转化.在 B$^+$ 树的数据页面中,金字塔树存储 d 维点和一维关键码,这样就不需要逆转换,精练的步骤不用查找另一个文件就可以进行.用在金字塔树上的这种映射叫做金字塔映射,它是以一个使高维数据上的范围查询最优化的特殊的划分策略为基础的,其基本的思想是分解数据空间,使得生成的划分和洋葱皮的形状相似.这样的划分不能用类 R-树或者类 kd-树的索引结构高效地存储.然而,金字塔树首先通过将 d-维空间分割成一些以空间中心点作为它们顶层的二维金字塔来实现它的划分.在第二步中,单个的金字塔被切割成和形成数据页面的金字塔基本组成类似的片段.图 9-27 描述了这个划分技术.

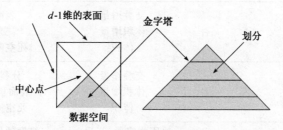

图 9-27　将数据空间划分成金字塔

这项技术可以被用来按如下计算映射:首先,我们如图 9-28(a)所示给金字塔编号.给定一个点,很容易确定它在哪个金字塔中.然后我们决定所谓的点在金字塔中的高度,就是这个点到数据空间中心点的正交距离,如图 9-28(b).为了把一个 d 维点映射到一维值,我们简单地加入两个数,一个是在点所在金字塔中的编号,另一个是点在这个金字塔中的高度.

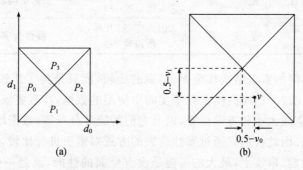

图 9-28　金字塔的性质
(a)金字塔的编号;(b)金字塔中的点.

在金字塔树上的查询处理不是一件容易的工作,因为对于一个给定的查询范围,我们必须确定这些金字塔中受影响的金字塔和受影响的高度.虽然已有算法的细节不易理解,但计算并不复杂;并且它有很多种情况需要识别出来,并采取简单的计算.

金字塔树是目前知道的唯一不受所谓维度效应影响的索引结构.这就意味着对于均匀的数据和范围查询,金字塔树的性能甚至随着维度增加而变得更好.

9.5.4 高维索引方法比较

表 9-1 列出了前面描述的索引结构和它们最重要的属性.第一列是索引结构的名称,第二列是一个页面表示哪种几何区域,第三列和第四列表示索引结构是否提供一个数据空间的互斥的和完全的分割.最后三列描述使用的算法:使用什么策略插入数据项(列 5),使用什么标准决定在溢出情况下将对象分割到哪个子划分(列 6),和插入算法是否使用了强制重插入的概念(列 7).

表 9-1　高维索引结构和它们的属性

名称	区域	互斥	完备性	插入标准	分裂标准	重插入
R-树	MBR	否	否	体积增量 体积	各种算法	否
R*-树	MBR	否	否	交叠增量 体积增量 体积	表面积 交叠 死空间覆盖	是
X-树	MBR	否	否	交叠增量 体积增量 体积	分裂历史 表面积、交叠 死空间覆盖	否
LSD^h-树	kd-树区域	是	否/是	(因为完备、互斥, 所以唯一)	维度的周期变化 不同的值	否
SS-树	球体	否	否	和中心的接近度	变化	是
SR-树	球体/MBR 的交集	否	否	和中心的接近度	变化	是
空间填充曲线	矩形集合	是	是	(因为完备、互斥, 所以唯一)	根据空间填充曲线	否
金字塔树	金字塔的 树干	是	是	(因为完备、互斥, 所以唯一)	根据金字塔映射	否

目前还没有对不同的索引结构作全面、客观的比较,而只是为了比较不同的方法,仅是结构上的论据.经验的比较又趋向高度依赖于实验中使用的数据,甚至更依赖于一些表面上看来不重要的参数,比如空间大小和查询位置,以及它们的统计分布等.数据维度越高,这些影响会导致差别越大的结果.因此我们只通过属性列表的方式对索引进行比较,而不去说明任何一个单独索引的"全面"性能.事实上,最大的可能是没有全面的性能,而是一个索引在一种特别的情况下优于其他索引的性能,而这种索引对于其他的数据库却没有用途.表 9-2 列出了这样一些比较.第一列列出了索引的名称,第二列表示这个索引随维度增长面临的最大问题.第三列列出支持的查询类型.在第四列,我们表明目录中的一个分裂是否会导致该目录较低层的"强制分裂".第五列表示索引的存储利用率,是依赖于数据结构、有时甚至和插入顺序有关的统计值.最后一列是关于目录中的输出,它会反过来依赖于目录节点中独立条目的大小.

表 9-2　高维索引结构的定性比较

名称	在高维上的问题	支持的查询类型	节点局部分裂	存储利用	扇出/索引数据项的大小
R-树	较差的分裂算法导致目录恶化	NN/范围	是	差	差/线性依赖维度
R*-树	详细的试验目的	NN/范围	是	中等	差/线性依赖维度
X-树	查询在 MBR 间高概率地交叠导致性能恶化	NN/范围	是	中等	差/线性依赖维度
LSD^h-树	数据分布的改变导致目录恶化	NN/范围	否	中等	很好/不依赖维度
SS-树	目录中高度相交	NN	是	中等	很好/不依赖维度
SR-树	目录过大	NN	是	中等	很差/线性依赖维度
空间填充曲线	较差的空间划分	NN/范围	是	中等	和 B 树一样/不依赖维度
金字塔树	处理不对称查询有问题	范围	是	中等	和 B 树一样/不依赖维度

§9.6　小　结

在本章,我们描述了多媒体数据库中高维特征的检索过程和常用的索引技术. 在高维特征的检索过程中,通常用过滤技术来缩小查询的范围,用高维索引结构来组织特征向量,提高多媒体信息查询和检索的效率. 对于几乎所有的数据结构,在其上查询的复杂性随特征向量维度的增加而增加,因此特征向量维度的数量要选择得尽可能低. 不同索引结构的查询性能在不同数据集上不同,通常用磁盘访问的次数作为性能衡量标准的综合.

在高维空间索引结构中的研究在过去几年中非常活跃而且成果斐然,虽然在对高维空间本质的理解上已经取得了重大的进步,并产生了多种索引高维数据的新方法,但仍然有许多未解决的问题.

第一个问题是在过去几年中,开发研究团体的思路大多受到均匀独立的数据分布的限制,不仅几乎所有索引技术都被优化过以适应这种情况,而且在理论上的考虑比如代价模型,都受到了这种简单情况的限制. 然而有趣的是索引结构并没有不适应“实际”的数据,相反它们充分利用了非均匀分布的特点. 而均匀分布的数据对于索引来说似乎是件最糟糕的事情:这是由于数据经常只位于数据空间的一个子空间,如果索引要适应这种情况,它的行为实际上就表现得和数据属于较低维空间一样. 可以用分形维度的概念来理解和解释这个影响,然而就是这一方法也不能囊括诸如局部扭度之类的“实际”影响.

第二个有趣的研究点是能够在高维空间中表现良好的划分策略. 如同前面的研究(如:金字塔树)所述,对于某些特定的查询来说,划分不一定非得平衡才能达到最优. 一个未决定的问题是最近邻居查询的最优划分策略是什么. 它需要保持平衡还是不平衡? 它应该基于外包还是金字塔? 在数据量或维度增加时如何进行最优的改变? 还有许多未解的问题需要回答.

第三个未解的问题是最近邻居查询的相似处理.它包括在高维空间最近邻居查找的有用的定义是什么? 如何利用这个定义来进行有效的查询处理.

其他感兴趣的研究问题包括在高维空间中最近邻居查询的并行处理和数据挖掘、高维空间的可视化.总之,随着多媒体数据库应用领域的不断扩展,我们希望高维特征索引的研究成果能真正应用到多媒体信息系统和主流的商用多媒体数据库中.

§9.7 参 考 文 献

[1] AOKI, P. *Generalizing "search" in generalized search trees*. In Proc. 14th Int. Conf. on Data Engineering (Orlando, FL), 1998, 380—389.

[2] ARYA, S. *Nearest neighbor searching and applications*. PhD thesis, University of Maryland, College Park, MD, 1995.

[3] ARYA, S., MOUNT, D., AND NARAYAN, O. *Accounting for boundary effects in nearest neighbor searching*. In Proc. 11th Symp. on Computational Geometry (Vancouver, Canada), 1995, 336—344.

[4] BAYER, R. AND MCCREIGHT, E. Organization and maintenance of large ordered indices. Acta Inf. 1, 3, 1997, 173—189.

[5] BECKMANN, N., KRIEGEL, H.-P., SCHNEIDER, R., AND SEEGER, B. *The r*-tree: An efficient and robust access method for points and rectangles*. In Proc. ACM SIGMOD Int. Conf. on Management of Data (Atlantic City, NJ), 1990, 322—331.

[6] BELUSSI, A. AND FALOUTSOS, C. *Estimating the selectivity of spatial queries using the correlation fractal dimension*. In Proc. 21st Int. Conf. on Very Large Databases (Zurich), 1995, 299—310.

[7] BERCHTOLD, S., BOHM, C., KEIM, D., AND KRIEGEL, H.-P. *A cost model for nearest neighbor search in high-dimensional data space*. In Proc. ACM PODS Symp. on Principles of Database Systems (Tucson, AZ), 1997.

[8] BERCHTOLD, S., BOHM, C., AND KRIEGEL, H.-P. *Improving the query performance of high-dimensional index structures using bulk-load operations*. In Proc. 6th Int. Conf. on Extending Database Technology (Valencia, Spain), 1998.

[9] BERCHTOLD, S., BOHM, C., AND KRIEGEL, H.-P. *The pyramid-technique: Towards indexing beyond the curse of dimensionality*. In Proc. ACM SIGMOD Int. Conf. on Management of Data (Seattle, NJ), 1998, 142—153.

[10] BERCHTOLD, S., KEIM, D., AND KRIEGEL, H.-P. *The x-tree: An index structure for highdimensional data*. In Proc. 22nd Int. Conf. on Very Large Databases (Bombay), 1996, 28—39.

[11] BOHM, C. *Efficiently indexing highdimensional databases*. PhD thesis, University of Munich, Germany, 1998.

[12] BOHM, C. *A cost model for query processing in high-dimensional data spaces*. To appear in: ACM Trans. Database Syst, 2000.

[13] BOHM CHRISTIAN, BERCHTOLD STEFAN, DANIEL A. KEIM. *Searching in High-Dimensional Spaces-Index Structures for Improving the Performance of Multimedia Databases*. ACM Computing Surveys, Vol. 33, No. 3, 2001, 322—373.

[14] CIACCIA, P., PATELLA, M., AND ZEZULA, P. *A cost model for similarity queries in metric spaces*. In Proc. 17th ACMSymp. on Principles of Database Systems (Seattle), 1998, 59—67.

[15] EASTMAN, C. *Optimal bucket size for nearest neighbor searching in kd-trees*. Inf. Proc. Lett. 12, 4,

1981.

[16] FALOUTSOS, C. *Multiattribute hashing using gray codes*. In Proc. ACM SIGMOD Int. Conf. on Management of Data, 1985, 227—238.

[17] FALOUTSOS, C. AND ROSEMAN, S. *Fractals for secondary key retrieval*. In Proc. 8th ACM SIGACT-SIGMOD Symp. on Principles of Database Systems, 1989, 247—252.

[18] FALOUTSOS, C. AND KAMEL, I. *Beyond uniformity and independence: Analysis of r-trees using the concept of fractal dimension*. In Proc. 13th ACMSIGACT-SIGMOD-SIGART Symp. on Principles of Database Systems (Minneapolis, MN), 1994, 4—13.

[19] FRIEDMAN, J., BENTLEY, J., AND FINKEL, R. *An algorithm for finding best matches in logarithmic expected time*. ACMTrans. Math. Softw. 3, 3, 1977, 209—226.

[20] GAEDE, V. *Optimal redundancy in spatial database systems*. In Proc. 4th Int. Symp. on Advances in Spatial Databases (Portland, ME), 1995, 96—116.

[21] GIONIS, A., INDYK, P., AND MOTWANI, R. *Similarity search in high dimensions via hashing*. In Proc. 25th Int. Conf. on Very Large Databases (Edinburgh), 1999, 518—529.

[22] ENE, D. *An implementation and performance analysis of spatial data access methods*. In Proc. 5th IEEE Int. Conf. on Data Engineering, 1989.

[23] GUTTMAN, A. R-trees: *A dynamic index structure for spatial searching*. In Proc. ACM SIGMOD Int. Conf. on Management of Data (Boston), 1984, 47—57.

[24] HELLERSTEIN, J., NAUGHTON, J., AND PFEFFER, A. *Generalized search trees for database systems*. In Proc. 21st Int. Conf. on Very Large Databases (Zurich), 1995, 562—573.

[25] HENRICH, A.. *A distance-scan algorithm for spatial access structures*. In Proc. 2ndACMWorkshop on Advances in Geographic Information Systems (Gaithersburg, MD), 1994, 136—143.

[26] HENRICH, A. *The lsd^h-tree: An access structure for feature vectors*. In Proc. 14th Int. Conf. on Data Engineering (Orlando, FL), 1998.

[27] HJALTASON, G. AND SAMET, H. Ranking in spatial databases. In Proc. 4th Int. Symp. on Large Spatial Databases (Portland, ME), 1995, 83—95.

[28] JAGADISH, H. *A retrieval technique for similar shapes*. In Proc. ACM SIGMOD Int. Conf. on Management of Data, 1991, 208—217.

[29] KATAYAMA, N. AND SATOH, S. *The sr-tree: An index structure for high-dimensional nearest neighbor queries*. In Proc. ACM SIGMOD Int. Conf. on Management of Data, 1997, 369—380.

[30] KORNACKER, M. *High-performance generalized search trees*. In Proc. 24th Int. Conf. on Very Large Databases (Edinburgh), 1999.

[31] KUKICH, K. *Techniques for automatically correcting words in text*. ACM Comput. Surv. 24, 4, 1992, 377—440.

[32] LOMET, D. AND SALZBERG, B. *The hb-tree: A robust multiattribute search structure*. In Proc. 5th IEEE Int. Conf. on Data Engineering, 1989, 296—304.

[33] Lu G-j. Multimedia Database Management Systems. Boston/London: Artech House. 1999, 223—251.

[34] MEHROTRA, R. AND GARY, J. *Feature-indexbased similar shape retrieval*. In Proc. 3rdWorking Conf. on Visual Database Systems, 1995.

[35] MORTON, G. *A Computer Oriented Geodetic Data Base and a New Technique in File Sequencing*. IBM Ltd., USA, 1966.

[36] MUMFORD, D. *The problem of robust shape descriptors*. In Proc. 1st IEEE Int. Conf. on Computer Vision, 1987.

[37] PAPADOPOULOS, A. AND MANOLOPOULOS, Y. *Performance of nearest neighbor queries in r-trees*. In Proc. 6th Int. Conf. on Database Theory, Lecture Notes in Computer Science, vol. 1186, 1997. Springer-Verlag, New York, 394—408.

[38] PAPADOPOULOS, A. ANDMANOLOPOULOS, Y. *Similarity query processing using disk arrays*. In Proc. ACM SIGMOD Int. Conf. on Management of Data, 1998.

[39] ROBINSON, J. *The k-d-b-tree: A search structure for large multidimensional dynamic indexes*. In Proc. ACMSIGMOD Int. Conf. on Management of Data, 1981, 10—18.

[40] ROUSSOPOULOS, N., KELLEY, S., AND VINCENT, F. *Nearest neighbor queries*. In Proc. ACM SIGMOD Int. Conf. on Management of Data, 1995, 71—79.

[41] SHAWNEY, H. AND HAFNER, J. *Efficient color histogram indexing*. In Proc. Int. Conf. on Image Processing, 1994, 66—70.

[42] SPROULL, R. *Refinements to nearest neighbor searching in k-dimensional trees*. Algorithmica, 1992, 579—589.

[43] STONEBRAKER, M., SELLIS, T., AND HANSON, E. *An analysis of rule indexing implementations in data base systems*. In Proc. Int. Conf. on Expert Database Systems, 1986.

[44] WALLACE, T. ANDWINTZ, P. *An efficient threedimensional aircraft recognition algorithm using normalized Fourier descriptors*. Comput. Graph. Image Proc. 13, 1980, 99—126.

[45] WEBER, R., SCHEK, H.-J., AND BLOTT, S. *A quantitative analysis and performance study for similarity-search methods in high-dimensional spaces*. In Proc. Int. Conf. on Very Large Databases (New York), 1998.

[46] WHITE, D. AND JAIN, R. *Similarity indexing with the ss-tree*. In Proc. 12th Int. Conf. on Data Engineering (New Orleans), 1996.

§9.8　习　　题

1. 写出表示文本、音频、图像和视频数据分别需要的特征向量的维度范围.

2. 多媒体对象的集合可以看成多维特征空间中的一组特征向量,如何组织能使用户不用线性查询整个向量空间就可以把与查询相关的特征向量找到?

3. 描述基于三角不等式的过滤方法.

4. 在一个 $[0,1]^d$ 的扩展二维空间中,体积 0.64 的立方体边长是 0.8,那么随着维度的升高,相同体积的立方体的边长是增大还是减小,变化趋势怎样?

5. 列出实现一个三维索引(比如时空、视频数据)需要的数据结构和方法.

6. 选择一种代价模型,分别计算 R-树和 k-d-树在二维对范围查询的代价.

7. 比较 R-树、R^*-树和 R^+-树在区域划分上的不同.

8. 比较 RKV 算法和 HS 算法的时间和空间代价.

9. 能否不用 R-树而用空间驱动的索引方法,如 k-d-树或 LSD^h-树,来实现最近邻居查询?会遇到什么问题?

10. X-树、SR-树和 LSD^h-树对于不同的查询有何特点?

11. 为下列三维向量建立一个三维树(按照下面的顺序插入): $(30,40,50)$, $(20,45,60)$, $(40,20,70)$, $(25,35,45)$, $(28,33,47)$, $(50,5,80)$, $(60,30,100)$, $(5,20,10)$, $(45,10,35)$.

12. 找出图 9-29 中像素 $(01,10)$ 和 $(11,11)$ 的 Z 值和希尔伯特曲线.

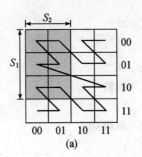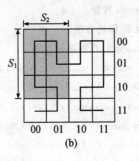

图 9-29　空间填充曲线

13. 为什么说"金字塔树的性能甚至随着维度增加而更好"? 试举例分析.

§9.9　附录：GiST

　　GiST 树(即通用搜索树)是索引结构的模板,它支持扩展数据类型和其上的扩展查询,可通过扩展方法定制树的行为. GiST 提供一个高度平衡的树作为索引的基本结构,提供了插入、删除和检索算法. 它不对索引关键码做限制和假设,而是由新索引方法的开发者提供关键码的定义和相关的函数、操作属性.

　　GiST 是高度平衡树,满足下面的条件：

　　(1) M：一个节点的最大索引项个数;

　　(2) m：一个节点的最小索引项个数($2 \leqslant m \leqslant M/2$);

　　(3) 叶节点(p, ptr)：p 是该叶节点的关键码;ptr 是数据库中某些元组的标识;

　　(4) 非叶节点(p, ptr)：p 是节点的关键码;ptr 是指向子树的指针.

　　GiST 的结构包括以下几个特性：

　　(1) 根节点至少有两个子节点,除非根节点是叶节点;

　　(2) 每个非叶节点的子节点数量为$[m, M]$,除非它是根节点;

　　(3) 每个叶节点的索引项数量为$[m, M]$,除非它是根节点;

　　(4) 所有的叶节点在同一层深度上.

　　GiST 提供的由用户定义的扩展称为关键码方法,索引项 E 的形式为(p, ptr),q 是查询,P 是对象集.

　　(1) Consistent(E, q)：如果 P 和 q 不满足条件,返回 false,反之返回 true.

　　(2) Union(P)：返回 P 中所有满足条件的谓词 r.

　　(3) Compress(E)：返回(p', ptr),p' 是压缩后的表示.

　　(4) Decompress(E)：返回(r, ptr),其中 $p \rightarrow r$. 如果我们不要求 $p \leftarrow \rightarrow r$,这就是一个有损压缩.

　　(5) Penalty(E_1, E_2)：返回 E_2 插入到以 E_1 为根的子树后的范围,典型的范围度量是 $E_1 \cdot p$ 到 Union(E_1, E_2)的面积差.

　　(6) PickSplit(P)：P 中包含 $M+1$ 个项,分裂到 P_1 和 P_2 两个实体集合,每个大小至少是 kM. 最小填充因子在这里控制.

　　由 GiST 内核提供的方法称为树方法(tree method),调用相关的关键码方法：

　　(1) 查找：由 Consistent 方法控制. 若 Consistent(Key, qual)为 true,遍历子树,返回所有使 Consistent(item, qual)为 true 的叶节点.

　　(2) 插入：由 Penalty 和 PickSplit 控制. 用 Penalty()沿一条从根节点到叶节点的路径找到叶节点. 如果叶节点已满,调用 PickSplit()来处理分裂信息,递归地执行分裂. 如果关键码需要更新,调用 Union(old Key, new item)来计算新的关键码.

（3）删除：由 Consistent 控制.

下面是用 GiST 实现 R-树的方法：

关键码是$(x_{ul}, y_{ul}, x_{lr}, y_{lr})$，查询谓词包括：

（1）Contains $((x_{ul1}, y_{ul1}, x_{lr1}, y_{lr1}), (x_{ul2}, y_{ul2}, x_{lr2}, y_{lr2}))$.

如果$(x_{ul1} \leqslant x_{ul2}) \wedge (y_{ul1} \geqslant y_{ul2}) \wedge (x_{lr1} \geqslant x_{lr2}) \wedge (y_{lr1} \leqslant y_{lr2})$，返回 true.

（2）Overlaps $((x_{ul1}, y_{ul1}, x_{lr1}, y_{lr1}), (x_{ul2}, y_{ul2}, x_{lr2}, y_{lr2}))$.

如果$(x_{ul1} \leqslant x_{lr2}) \wedge (y_{ul1} \leqslant y_{lr2}) \wedge (x_{ul1} \leqslant x_{lr2}) \wedge (y_{lr1} \leqslant y_{ul2})$，返回 true.

（3）Equal $((x_{ul1}, y_{ul1}, x_{lr1}, y_{lr1}), (x_{ul2}, y_{ul2}, x_{lr2}, y_{lr2}))$.

如果$(x_{ul1} = x_{ul2}) \wedge (y_{ul1} = y_{ul2}) \wedge (x_{lr1} = x_{lr2}) \wedge (y_{lr1} = y_{lr2})$，返回 true.

几种主要方法的定义：

（1）Consistent(E, q)：如果 Overlaps$((x_{ul1}, y_{ul1}, x_{lr1}, y_{lr1}), (x_{ul2}, y_{ul2}, x_{lr2}, y_{lr2}))$，返回 true.

（2）Union(P)：返回 P 中所有矩形的最小公共外包.

（3）Penalty(E, F)：计算 $q = $Union$(E, F)$ 并返回 area$(q) - $area$(Ep)$.

（4）PickSplit(P)：提供各种分裂算法，选择对已满的节点中实体集的最佳分裂.

（5）Compress(E)：Ep 的外包.

（6）Decompress(E)：.

使用 GiST 很容易实现对新的索引的扩展，比如在 PostgreSQL 中实现 R-树或 B⁺ 树需要 3000 行代码，而使用 GiST 来实现只需要 500 行.

第十章　多媒体通信与分布式多媒体数据库系统

§10.1　引　言

前面各章重点介绍了多媒体信息的索引和检索,本章将在以上多媒体相关的问题明确了解决方法的基础上接着开始讨论系统的支持,这些支持使得多媒体信息能够及时、友好地呈现给用户.由于本章不可能详细地讨论系统支持的所有方面,所以将重点探讨多媒体通信技术:包括多媒体通信网络与传输协议、多媒体服务质量 QoS 管理、多媒体同步以及现有的设计分布式多媒体数据库系统的技术.

一个分布式多媒体数据库系统由几个子系统组成,包括存储设备,计算机硬件,操作系统,网络以及网络协议.通常访问一个远程的多媒体数据库的过程是这样的:用户通过客户端界面发送一条查询命令;客户端将这条命令通过网络传到远程数据库;在数据库中执行命令找到相关的结果;搜索结果的清单被送回到客户端显示;用户选择其中一条结果查看;该结果被送到服务器的堆栈中;通过网络将结果传输到客户机的堆栈中;客户端用解码器将结果展现给用户.

如果结果同时包括音频和视频信息,那么各子系统对速率、延时、延时抖动的要求会很高,因为这种媒体的数据量一般很大,而且对时态同步的要求比较严格.我们注意到:从发出查询到媒体展示的过程中,媒体到达客户的比特率是由整个系统中最慢的子系统决定的,因此,最慢子系统应该能够提供媒体平滑展现给用户的最小比特率;而整个过程的延时是各个子系统延时的总和,因此每个子系统的延时也需要保证在一个合适的范围内;同样地,最大的延时抖动是整个子系统延时抖动的总和,每个子系统的延时抖动也要保证在用户可接受的范围内.

有两种办法可以获得好的媒体展示质量:第一种是完全满足应用性能的要求.这就要求高效的通信网络以及传输协议的支持,将在 §10.2 讨论.另一种是当满足不了应用的要求时,采用错误隐藏技术抛弃一些不重要的数据,尽量使用户感觉到高质量的媒体展现.例如对于视频文件,在缓冲区空间不够,必须抛弃一部分数据的情况下,抛弃的顺序是:B-picture,P-picture,I-picture.如果一段音频包延时到达客户端,最好是丢掉这个包,这样用户的感觉会比声音延时更好.这就涉及了多媒体服务质量(QoS)及其管理,将在 §10.3 讨论.当然不管采用哪种方法,多媒体的同步都是要得到保证的,这在 §10.4 会有介绍.在 §10.5 中,我们会介绍目前在设计分布式多媒体数据库系统时可以应用的技术,包括传统的远程调用技术、中间件技术以及节点到节点(全称 peer to peer,简称 P2P)技术等.

§10.2　多媒体通信网络与传输协议

10.2.1　多媒体通信网

要实现分布式的多媒体应用,例如多媒体信息查询,多媒体会议等,不同地理位置的多媒终端,服务器设备等必须通过网络进行互联,并且彼此间能够进行必要的多媒体信息传输.多媒体数据的集成性使它的传输既不像一般的通信业务那样,每次只传送一种媒体,例如只传声音或是文字(传真),也不像计算机通信那样单纯传送数据,多媒体通信每次需要传送由多种媒体复合构成的信息.另一方面,在有线电视网上传输的虽然是图像和声音两种媒体,但这种网络是单向的,不支持多媒体的交互功能.因此,利用现有的网络(无论是通信网,还是计算机网、电视广播网)进行多媒体信息传输,都不是理想的解决方案;但是从社会和经济的角度来看,多媒体信息的传输又不能完全摆脱这些具有长期历史的、已经"无处不在"的传统网络.

在组成网络的多媒体系统中,用户设备连接到远端的信息资源,并且部分内容或全部内容来源于本地存储设备或者由异地的传送系统实时地传送过来.用户通常希望在内容方面,本地的和远端的看不出明显的质量差别.由于多媒体数据和音像方式具有即时性,这时,网络问题会凸现出来,因此,设计适合于这些应用的网络硬件和软件体系结构就很重要.必须加以考虑的问题包括:(1)提供必要的带宽;(2)将延时保持在可知和可管理的范围之内;(3)减少数据的丢失率或使应用对丢失的数据不敏感.

10.2.2 异步传输模式

1986 年,国际电报电话咨询委员会(CCITT),也就是现在的国际通信联盟(ITU)成立了一个研究小组,探讨如何开发一种可以统一处理声音、数据和各种服务的高速综合网络.最终产生了宽带综合业务数字网(B-ISDN).B-ISDN 服务要求由高速的信道来传输数字化的声音,视频和其他多媒体信息.异步传输模式(简称 ATM)就是支持 B-ISDN 服务的一种交换技术.

1. ATM 原理

ATM 网是一种分组交换的网络,它的数据包是固定长度的,称为信元.ATM 的信元长度为 53 byte,信元头为 5 byte,其余 48 byte 为数据.图 10-1 表示用户-网络接口和网络-网络接口两种 ATM 信元头的结构.在信元头中,VCI 和 VPI 分别是虚通道(virtual channel)和虚路径(virtual path)的标识符,而虚通道和虚路径则是 ATM 的两种虚连接方式;数据类型(payload type)PT 域用来标识信元所携带数据的类型,信元丢失优先级(cell loss priority)域 CLP 标识在网络拥塞时该信元被丢弃的优先程度;而通用流量控制(generic flow control)GFC 是为了在用户网络接口(user network interface)UNI 处流量控制的需要而准备的;错误检测(header error correction)域 HEC 则用于对信元头误码的检测和校正.此外,信元头中还有一个预留域 RES(reserved).

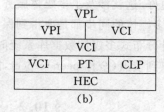

图 10-1

(a) 用户-网络接口的 ATM 信元头;(b) 网络-网络接口的 ATM 信元头.

ATM 是面向连接的网络,终端(或网关)通过 ATM 的虚通道互相连接,两个终端(或网关)之间的多个虚通道可以聚合在一起,像一个虚拟的管道,称为虚路径.图 10-2 给出了虚通道和虚路径的例子. 如图所示,在连接两个终端的虚路径中包含了多个相互独立的虚通道,这就是说,ATM 是允许在一个连接中建立多个逻辑通道的. ATM 的虚连接可以由动态的呼叫者建立,此时称为交换式虚连接(switched virtual connection,简称 SVC). 也可以通过网络的运营建立永久性或半永久性虚连接(permanent virtual connection,简称 PVC).

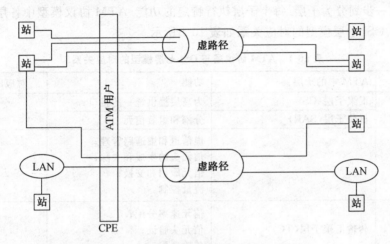

图 10-2　虚通道与虚路径

ATM 网继承了分组交换网络中利用统计复用提高资源利用率的优点,几个信元可以被结合到一条链路上. 网络给该链路分配一定的带宽. 当其中一个信源发送的速率低于其平均速率时,它所剩余的带宽可为该链路上其他信元享用. ATM 与一般的分组交换网络有所不同的是,它有一定的措施防止由于过多的信源复用同一链路、或信源送入过多的数据而导致网络的负荷过重. 换句话说,ATM 网具有流量控制的功能. ATM 流量控制功能中最基本的两项为连接接纳控制(connection admission control,简称 CAC)和使用参数控制(usage parameter control,简称 UPC). CAC 根据网络资源决定接受或者拒绝用户的呼叫;UPC 对信源输出速率是否超过约定值进行监测和管理. ATM 的流量控制对用户的 QoS 要求(带宽、延时、延时抖动和信元丢失率)得到统计上的保障有重要意义.

由于在 ATM 网中,允许从某个通道来的信元的到达时刻是不规则的,这就给了信源以很大的灵活性,它们不必在固定的时刻以固定的速率产生信元,而只在需要时产生信元即可. ATM 这种可以接收变速率信元的特征,特别有利于已压缩的视频信号的传输. ATM 提供了一套网络用户服务,但与网络上传输的信息类型无关. 这些服务由 ATM 协议参考模型定义.

2. ATM 协议参考模型

ISO 的 OSI 七层协议模型是众所周知的. 它成功地将各种类型的通信网络抽象到一个统一的模型中,为网络的开发、建立和使用提供了参考,促进了网络的发展,CCITT-1.321 建议以 OSI 模型类似的逻辑层次结构概念用于 ATM B-ISDN网. 同时,这个模型还采用平面的概念来分离用户、控制和管理.

B-ISDN 的 ATM 协议模型采用了 OSI 的分层方法,各层相对独立,分为物理层、ATM层、ATM 适配层(AAL)和高层.

物理层主要讨论物理媒体的问题,如电压、信元头验证以及信元头速率匹配等问题. 其功能相当于 OSI 七层模型中的物理层和数据链路层.

ATM 层主要讨论信元及其传输. 它定义了信元格式、虚电路的建立和拆除,以及路由选择等. 信元的拥塞控制也是在这里定义的. 它的功能相当于 OSI 模型中的网络层.

ATM 之上是 ATM 适配层,即 AAL 层,为高层应用提供信元分割和汇聚功能,将业务信息适配成 ATM 信元流.

这些层进一步划分为子层. 每个子层执行特定的功能. ATM 协议模型中各层和相应子层的功能及其与 OSI 七层模型的对应关系如表 10-1 所示.

表 10-1　ATM 协议层与 OSI 七层模型的对应关系

ATM 的层次	ATM 中的子层	功能	对应的 OSI 层次
AAL	汇聚子层(CS)	为高层提供统一的接口;	3 或 4
	拆装子层(SAR)	分割和组装信元	
ATM		虚信道和虚通路管理; 信元头的生成和去除; 信元服用和交换; 流量控制	2 或 3
物理层	传输汇聚子层(TC)	信元速率分配; 信元头验证; 传输适配	2
	物理媒体子层	比特定时; 物理网络接入	1

10.2.3　多媒体传输协议

1. 多媒体传输协议需求

任何传输协议的基本功能都是通过使用低层协议和基础网络来提供应用所需的功能和服务. 多媒体传输协议之所以不同于常规的数据传输协议,在于它应该支持多媒体应用的 QoS 包保障. 传输协议的功能是在保障网络 QoS 的前提下建立和维护连接,并向应用提供接口. 协议的两个主要要求是吞吐量高并且使接口通过低层协议提供 QoS 规定保障.

(1) 高吞吐量.

多媒体数据,尤其是视频,需要保持很高的传输带宽. 例如,一个压缩后的高质量视频需要大约 5 Mbit/s 的带宽. 非压缩视频的带宽还要比这高 50~100 倍. 所有数据都要经过传输栈,因而传输协议应该达到能够支持应用的带宽需求. 一个应用可能涉及大量数据流,传输协议确定的速度应该比这些数据流需要的总带宽高.

着眼于传输协议吞吐量要求的另一种方法是依据整个通信系统. 传输协议的吞吐量应该比网络访问的速度高. 否则,网络访问点所提供的带宽就得不到充分利用,传输协议即成为整个通信系统的瓶颈.

(2) QoS 规定和保障.

就带宽、延迟和延迟抖动来说,多媒体数据流要提供端到端的 QoS 保障. 为了满足这些需求,传输系统必须向应用提供一种机制,以便就 QoS 需求进行规定和协商.

为传输协议规定的 QoS 要求被加给网络协议. 网络层协议称为保留协议. 部分传输栈(包括传输协议、网络协议和其他低层次协议)用主机中的软件实现. 该软件的执行由主机操作系统来控制.为了保障传输栈执行的性能,需要向多媒体应用提供具备 QoS 保障的操作系统.

2. 流媒体技术

流媒体(streaming media)是一种比较新兴的网络传输技术,在互联网上实时顺序地传输和播放视频、音频等多媒体内容的连续数据流,流媒体技术包括流媒体数据采集、视频或音频编(解)码、存储、传输、播放等领域.

一般来说,流包含两种含义,广义上的流是使音频和视频形成稳定和连续的传输流和回放流的一系列技术、方法和协议的总称,我们习惯上称之为流媒体系统;而狭义上的流是相对于传统的下载-回放方式而言的一种媒体格式,它能从互联网上获取音频和视频等连续的多媒体流,客户可以边接收边播放,使延迟大大减少.

流媒体的体系构成:(1) 编码工具:用于创建、捕捉和编辑多媒体数据,形成流媒体格式;(2) 流媒体数据;(3) 服务器:存放和控制流媒体的数据;(4) 网络:适合多媒体传输协议甚至实时传输协议的网络;(5) 播放器:供客户端浏览流媒体文件(通常是独立的播放器和 ActiveX 方式的插件).

流式传输的实现需要合适的传输协议.传输控制协议(简称 TCP)需要较多的开销,故不太适合传输实时数据.在流式传输的实现方案中,一般采用 HTTP/TCP 来传输控制信息,而用 RTP/UDP 来传输实时多媒体数据.以后我们将介绍两类主要的应用在多媒体传输中的协议.

3. RSVP

资源预留协议(简称 RSVP)原本是为网络会议应用而开发的,后被互联网工程任务组(IETF)集成到通用的资源预留解决方案中.RSVP 协议是网络控制协议.它使 Internet 应用传输数据流时能够获得特殊的 QoS.RSVP 是非路由协议,同路由协议协同工作,建立与路由协议计算等价的动态访问列表.RSVP 协议属于 OSI 七层协议栈的传输层.RSVP 的组成元素有发送端、接收端和主机或路由器.发送端负责让接收端知道数据将要发送,以及需要什么样的 QoS;接收端负责发送一个通知到主机或路由器,这样就可以准备接收即将到来的数据;主机或路由器负责留出资源.

RSVP 的工作原理大致是这样的:发送端首先向接收端发送一个 RSVP 消息.RSVP 信息同其他的 IP 数据包一样通过各个路由器到达目的地.接收端在接收到发送端发来的消息之后,由接收端根据自身情况逆向发起资源预留请求.资源预留信息沿着原来信息包相反的方向,对沿途的路由器逐个进行资源预留.

在每个节点上能否建立预留需要进行判断,该判断是根据策略控制(policy control)和接入控制(admission control)两个条件决定的.策略控制主要用来判断该用户是否有建立预留的权限;而接入控制判断是否有足够的资源满足该请求.RSVP 会逐个询问沿途的路由器检查这两个条件,如果其中任何一个条件不能满足,RSVP 程序会返回一个错误通知,应用无法进行;若两个条件都满足,RSVP 会在数据包分类器和数据包调度器中设定参数获得被请求的 QoS.同时,RSVP 也会与路由器进行通信,决定传输预留请求的路径.

RSVP 包格式包括消息头段和对象段两部分,如图 10-3 所示.

版本	标志	类型	校验和	长度	保留	发送 TTL	报文 ID	保留	MF	段位移

(a)

长度	分类号	C-类型	对象内容

(b)

图 10-3   RSVP 报文格式

(a) RSVP 报文头；(b) RSVP 对象域.

RSVP 消息头段组成：

(1) 版本：4 bit，表示协议版本号；

(2) 标志：4 bit，当前没有定义标志段；

(3) 类型：8 bit，有几种可能值，见表 10-2；

表 10-2   RSVP 消息 2 类型段取值

位	消息类型
1	路径
2	资源预留请求
3	路径错误
4	资源预定请求错误
5	路径断开
6	资源预定断开
7	资源预定请求确认

(4) 校验和：16 位，表示基于 RSVP 消息内容的标准 TCP/UDP 校验和；

(5) 长度：16 位，表示 RSVP 包的字节长度，包括公共头和随后的可变长度对象，如设置了 MF 标志，或片段偏移为非零值，则是较大消息当前片段的长度；

(6) 发送 TTL：8 位，表示消息发送的 IP 生存期；

(7) 报文 ID：32 位，提供前-或下一 RSVP 条消息中所有片段共享标签；

(8) 更多片段（MF）标志：1 byte 的最低位，其他 7 位预定，除消息的最后一个片段外，都将设置 MF；

(9) 片段偏移：24 位，表示消息中片段的字节偏移量.

RSVP 对象段组成如下：

(1) 长度：16 位，包含总对象长度，以字节计(必须是 4 的倍数，不能为零).

(2) 分类号：表示对象类型. 每个对象类型都有一个名称. RSVP 程序必须可识别分类，如没有识别出对象分类号，分类号高位决定节点采用什么行动.

(3) C-类型：在分类号中唯一. 最大内容长度是 65 528 byte. 分类号和 C-类型段(与标志位一起)可用作定义每个对象唯一位的 16 位数.

(4) 对象内容：长度、类型号和 C-类型段指定对象内容的形式.

RSVP 的特点如下：

(1) RSVP 流是单向的. 虽然在很多情况下，一台主机既是发送端也是接收端，但资源预留是单向的.

（2）预留请求是接收端发起的，并且支持各种不同结构的接收端. RSVP 既可以用于主机，也可用于路由器.

（3）RSVP 同时支持单播和多播的资源预留，并且它允许预留资源可以被多个发送者共享，也可以将同一个发送者的预留请求合并.

（4）RSVP 有很好的兼容性. 它既可以运行在 IPv4 的网络中，也可以运行在 IPv6 的网络中. 为了提高对新技术的兼容性，RSVP 协议中的通信控制和策略控制采用不透明传输.

4. RTP 与 RTCP

实时传输协议（real-time transport protocol，简称 RTP）是用于互联网上针对多媒体数据流的一种传输协议. RTP 被定义为在一对一或一对多的传输情况下工作，其目的是提供时间信息和实现流同步. RTP 通常使用 UDP 来传送数据，但 RTP 也可以在 TCP 或 ATM 等其他协议之上工作. 当应用程序开始一个 RTP 会话时将使用两个端口：一个给 RTP；一个给 RTCP. RTP 本身并不能为按顺序传送数据包提供可靠的传送机制，也不提供流量控制或拥塞控制，它依靠 RTCP 提供这些服务. 通常 RTP 算法并不作为一个独立的网络层来实现，而是作为应用程序代码的一部分. 实时传输控制协议（real-time transport control protocol，简称 RTCP）和 RTP 一起提供流量控制和拥塞控制服务. 在 RTP 会话期间，各参与者周期性地传送 RTCP 包. RTCP 包中含有已发送的数据包的数量、丢失的数据包的数量等统计资料，因此，服务器可以利用这些信息动态地改变传输速率，甚至改变有效载荷类型. RTP 和 RTCP 配合使用，它们能以有效的反馈和最小的开销使传输效率最佳化，因而特别适合传送网上的实时数据.

（1）RTP 报文格式.

RTP 报文由两部分组成：报头和有效载荷. RTP 报头格式如图 10-4，其中：

V	P	X	CC	M	PT	序列号
时间戳						
SSRC 标识符						
CSRC 标识符						
……						

图 10-4　RTP 报头格式

① V：RTP 协议的版本号，占两位.

② P：填充标志，占 1 位，如果 P 为 1，则在该报文的尾部填充一个或多个额外的 8 位组，它们不是有效载荷的一部分.

③ X：扩展标志，占 1 位，如果 X 为 1，则在 RTP 报头后跟有一个扩展报头.

④ CC：CSRC 计数器，占 4 位，指示 CSRC 标识符的个数.

⑤ M：标记，占 1 位，不用的有效载荷有不同的含义，对于视频，标记一帧的结束；对于音频，标记会话的开始.

⑥ PT：有效载荷类型，占 7 位，用于说明 RTP 报文中有效载荷的类型，如 GSM 音频、JPEG 图像等.

⑦ 序列号：占 16 位，用于标识发送者所发送的 RTP 报文的序列号，每发送一个报文，序列号加 1. 接收者通过序列号来检测报文丢失的情况，重新排序报文，恢复数据.

⑧ 时间戳(timestamp)：占 32 位,时间戳反映了该 RTP 报文的第一个 8 位组的采样时刻.接收者使用时间戳来计算延迟和延迟抖动,并进行同步控制.

⑨ 同步信源(SSRC)标识符：占 32 位,用于标识同步信源,该标识符是随机选择的,参加同一视频会议的两个不同信源不能有相同的 SSRC.

⑩ 特约信源(SSRC)标识符：占 32 位,每个 CSRC 标识符占 32 位,可以有0~15个.每个 CSRC 标识了包含在该 RTP 报文有效载荷中的所有特约信源.

(2) RTCP 报文.

RTCP 通过周期性地发送 RTCP 报文实施协议控制功能.RTCP 报文是一种短报文,由固定的 RTCP 报头和结构化的元素两部分组成,其发送机制与 RTP 报文相同.为了实施不同的控制功能,RTCP 定义了如下的报文类型：

(1) 发送者报告报文；

(2) 接收者报告报文；

(3) 信源描述报文；

(4) 结束报文.

其中,SR 与 RR 统称接收报告.RTP 接收者使用接收报告向发送者反馈有关接收质量信息,其报告报文的形式取决于接收者本身是否也是发送者.SR 和 RR 的差别在于 SR 中含 20 byte 的发送者信息.由于接收报告是周期性发送的,如果一个节点自上次发送接收报告以来的时间间隔内曾发送过 RTP 报文,则本次应发送 SR 报文,否则发送 RR 报文.

RTCP 报文由公共的报头和结构化的内容组成,报文内容根据报文类型的不同而有不同的长度,但一般以 32 位为界.RTCP 报文是可堆叠的,多个 RTCP 报文可以连接起来而无须插入任何分隔符,从而形成一个复合 RTCP 报文,并作为下层协议的一个报文来发送.在复合 RTCP 报文中,每个 RTCP 报文均被独立地处理.为了实现协议功能,每个复合 RTCP 报文必须遵守以下规定：

- 由于接收报告在带宽允许的情况下要定期地传送,因此每个复合 RTCP 报文中应包含一个接收报告,并且应当排在其他 RTCP 报文之前.

- 为了使新的接收者尽快地收到信源标识符来标识同步信源,因此每个复合 RTCP 报文中应该包含信源描述规范名(SDESCNAME).

§10.3 多媒体服务质量管理

10.3.1 QoS 定义

多媒体通信需要端到端的性能保障.引入 QoS 这一概念,是为了针对不同的应用和系统提供一个统一的框架,以指定所需的性能保障和提供所需的保障.目前,对于 QoS 没有广为接受的定义.一般意义上,QoS 定义了影响一个应用系统用户的感受质量的特征.我们可以说：QoS 是多媒体系统为了达到其理想应用质量而应该满足的一个质量指标.该定义中,QoS 有两方面的内容：一方面指定 QoS 要求的应用,另一方面提供 QoS 保障的系统.QoS 通常由一组参数来指定：比特率、误码率、延迟边界以及延迟抖动边界.QoS 的每一个参数都有一个或多个值与之相联系.它们指出参数可能取值的范围.不同的 QoS 参数用于多媒体系统不同的层或子系统中.

10.3.2 通用的 QoS 框架

设计通用的 QoS 框架应遵循如下原则:

(1) 透明性原则说明应用层屏蔽下层通用 QoS 规范和 QoS 管理的复杂性. 透明性的重要方面是基于 QoS 的应用编程接口在该 API 处描述所需的 QoS 级别. 透明性的好处是它减少了在应用中增加功能的必要性,对应用隐藏了下层的服务规范,并代表了到下层处理 QoS 管理活动的复杂性.

(2) 综合原则表明 QoS 必须是在整个体系结构级上是可配置、可预料和可维护的,以满足端到端的 QoS. 各种流从源媒体设备在每一层上穿过源模块(例如:CPU,存储器,多媒体设备与网络等)、向下通过源协议栈、通过网络向上经过设备协议栈到播放设备. 所经过的每一源模块都必须提供 QoS 可配置的能力(基于 QoS 规范)、资源保证(由 QoS 控制机制提供)以及进行流维护的能力.

(3) 分离原则指的是媒体传递、控制和管理,是功能上分离的体系结构活动. 该原则说明在体系结构 QoS 框架中这些任务是分离的. 该分离的特征是在信令和媒体传递之间的分离. 流(本身是同步的)通常需要较大的带宽、低延时、具有某些形式的抖动纠错的非确保业务;另一方面,信令(本身是全双工且异步的)通常需要低带宽即确保类型的业务.

(4) 多时间范围原则指的是各体系结构模块之间功能的划分,并适合与控制和管理机制的模型化. 该原则是必要的,并且是分布式通信环境中的源管理活动(例如安排、流量控制、路由选择和 QoS 管理)之间并行操作的基本时间限制的直接要求.

(5) 性能原则包括一些实现 QoS 驱动的通信系统普遍认可的规则,这些规则指导按照系统设计原则进行结构化的通信协议的功能性的划分、避免复用、结构化通信协议和有效的协议处理硬件辅助的使用.

10.3.3 QoS 规范

完整的 QoS 保障机制包括 QoS 规范和 QoS 机制两大部分. 前者指明应用所需的服务质量;而后者负责具体实现所要求的质量. QoS 规范涉及满足应用级 QoS 要求和管理策略. 每一系统层上的 QoS 规范通常是不同的,并且用于配置和维护位于端系统的网络中的 QoS 机制. 例如,在分布式的系统平台级,QoS 规范主要是面向应用的而不是面向系统的. 在该级上隐藏了与语音、视频流相关的多重严格的同步,流的速率和突发量以及终端系统中部署细节等底层方面的考虑. QoS 规范是自然分布的;应用规范需要什么不是底层 QoS 机制如何实现. QoS 规范主要包括:

(1) 流特性规范将用户流特征化. 对多媒体通信而言,保证业务吞吐率、延时、抖动和丢失率的能力特别重要. 对于不同的应用具有不同的基于特征的原则. 为了能够提供必要的端系统和网络资源,在能够满足资源之前,QoS 框架必须具有与每一个流相关联的所希望的业务特性的先验知识.

(2) 业务级规定所需要的端到端资源许诺的程度(例如确定的、可预测的、尽力而为的). 流特性规范允许用户以定量的方式表示所需的性能规范,为允许区分硬、软性能保证,业务级允许精简这些要求. 业务级表示在流建立时刻请求的 QoS 级或再协商允许的确定程度.

（3）QoS 管理策略反映了流可以容忍的 QoS 适配程度以及在确定的 QoS 中的违反事件采用的调节活动．通过折中有效带宽上时间和空间质量或处理响应延时变化的连续媒体的播放时间，语音和视频流可以在播放设备上以最小的可感知的失真出现．QoS 管理策略也包括在请求的服务质量的违反以及带宽、延时、抖动和丢包的周期 QoS 有效性的通知的情况下作出应用级选择．

（4）业务花费规定用户希望的业务级的价格．在考虑 QoS 规范时，业务花费是非常重要的．若没有注明 QoS 规范中包含的业务花费，用户没有理由选择非最高级业务的任何其他业务．例如确保的业务．

（5）流同步规范规定多个相关流之间的同步级（例如"紧"）．例如，同时记录的视频特征必须以精确的逐帧同步的方式播放，以便可以同时观察相关的特性．另一方面，在多媒体流中唇同步不需要绝对精确，此时主要的信息是语音的，视频仅用来增强表现的效果．

10.3.4 QoS 机制

系统按照用户所支持的 QoS 规范、资源有效性和资源管理策略来选择和配置 QoS 机制．QoS 机制可以按静态和动态来进行分类．静态资源管理负责处理流的建立和端到端 QoS 再协商过程，通常称之为 QoS 预备机制；动态资源管理处理媒体传递过程，它可分为 QoS 控制机制和 QoS 管理机制，前者对业务流的传送进行实时的控制，后者依据一段相对较长时间内数据传送的监测结果来对资源进行调整．

1．QoS 预备机制

QoS 预备机制主要由如下几个部分组成：

（1）QoS 映射完成不同层次（如操作系统、传输层和网络）的 QoS 表示之间的自动转换功能，从而使用户不用考虑低层协议．

（2）允许测试负责比较请求的 QoS 所要求的资源和系统可用的资源．有关是否执行新的请求取决于系统范围内的资源管理策略和资源的有效性．

（3）资源预留协议按照用户 QoS 规范安排合适的端系统和网络资源分配．

2．QoS 控制机制

QoS 控制机制以媒体传递速率或接近于媒体传递速率来按时间表操作，它们基于在 QoS 预备过程期间建立的 QoS 的请求级别提供实时的业务控制．基本的 QoS 控制机制包括如下内容：

（1）流调度管理终端系统和网络中的流．在终端系统中通常可以独立地调度流，也可以在网络中统一协调和调度．这取决于服务层次以及所采用的调度原则．

（2）流成型基于用户提供的流性能规范来调整流．流成型可以基于固定速率吞吐量（例如最高速率）或一些请求带宽的统计表达形式（如可以支撑的速率和突发速率）．

（3）流管理可以看做双监视，包括监测提供者是否维护他同意的 QoS 规范以及他是否坚持用户同意的 QoS．

（4）流控制包括开环和闭环两种方案．在电话中广泛使用开环控制，并且假设事先已经分配了资源，允许发送者向网络中插入数据．闭环流控制要求发送者根据从接收者或网络处反馈回来的速率来调整自身的速率．使用基于协议的闭环流控制的应用必须能够适应有效的资源流量的波动．

（5）流同步用来控制多媒体交互的时间次序和精确时间．唇同步是多媒体同步中经常采用的（例如播放设备的视频和音频同步）．

3．QoS 管理机制

通常要求 QoS 管理机制能确保所有约定的 QoS．流的 QoS 管理在功能上类似于 QoS 控制，然而，它在较短的时间范围内操作，即较长的监视和控制间隔．基本的 QoS 管理机制包括：

（1）QoS 监视允许系统的每一层跟踪由较低层次实现的正在运行的 QoS．QoS 监视可以测量正在运行的流的性能，测得的统计数据可以用于分组调度和允许控制；另外，QoS 监视可以作为应用本身的一部分在端到端的基础上运行．

（2）QoS 有效性允许应用监视一个或多个 QoS 参数（例如：延时、抖动、带宽、丢包和同步）．可以根据用户支持的 QoS 管理策略来选择信号和多 QoS 信号．

（3）QoS 降级是指，在确定当前服务等级已经无法维护流的 QoS，并且在 QoS 维护机制无法处理时向用户发出 QoS 指示．用户在接到这样的指示时，可以选择调整到有效的 QoS 级或根据情况降低到较低的服务级（例如，采用端到端再协商的方式来解决）．

（4）QoS 维护将监视的 QoS 和所期望的性能进行比较，然后对资源模块进行调整操作以维护所要求的 QoS．通过调整本地资源算出 QoS 降级（例如：通过缓冲器管理来统计丢包，通过流规则来统计吞吐量，以及通过流调度来统计排队延时和连续的媒体播放计算）．

（5）QoS 分级包括 QoS 滤波（在它们通过通信系统处理时管理流）和 QoS 适配机制．许多连续媒体应用在适配端到端 QoS 的波动中体现其用处．基于用户支持的 QoS 管理策略，在终端系统中的 QoS 适配可以对规范流进行适当的补救措施．在多播流的情况下，解决不同 QoS 问题是特别敏感的难题．此外，在处理声像流上，不同的接受者可以有不同的 QoS 能力；在同时满足不同的接收者的 QoS 要求时，QoS 滤波可以帮助解决不同级别之间的障碍．

10.3.5　QoS 体系结构

到目前为止，在提供 QoS 保证方面的研究已经主要集中在面向网络的业务量模型和业务安排规则上．然而，这些保证本身不是端到端的，它们仅保证在网络接入点到端终端系统的接入点之间的 QoS．端系统体系结构中 QoS 方面的工作需要同满足应用到应用的 QoS 要求的网络配置以及 QoS 业务和协议综合起来．在协商这一点时，研究者最近已经通过了在范围上扩展了并包括网络和终端系统的新的通信体系结构．很多的文献中提出了各自的 QoS 体系结构，本部分仅举一个终端系统的 QoS 框架．

在美国华盛顿大学，Gopalakrishna 和 Purulkar 已经开发出了在用于网络多媒体应用的端系统中提供 QoS 保障的 QoS 框架．如图 10-5 所示，华盛顿大学端系统 QoS 框架有四种构件：QoS 规范、QoS 映射、QoS 增强和协议实现．QoS 规范处于高层并使用少量的参数以允许应用更容易规定它们的流要求．基于 QoS 规范，QoS 映射操作获得用于端到端应用会话的资源要求．其中考虑的重要系统资源包括 CPU、存储器和网络．该框架的第三个构件是 QoS 增强．QoS 增强主要与提供实时媒体传送处理和保证相关联．已经开发了用于结构化协议的实时上呼（real time up）设施．为增加终端系统的调度效率，使用具有延时取代的速率监视策略来安排 RTU，该策略利用了协议处理的重复性．该框架的最后一个构件是应用级协议实现模型．

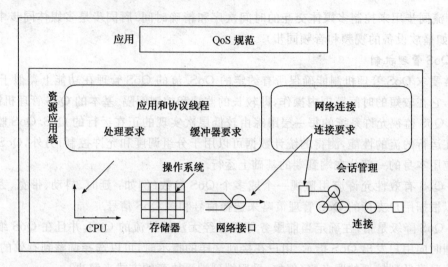

图 10-5　终端系统的 QoS 体系结构

10.3.6　QoS 处理实例

这里用一个例子说明如何在一个实际的系统中应用 QoS. 假设一个客户想检索和播放来自远程服务器上一段具有电话质量的音频. 为用户建立会话的步骤如下：

(1) 用户通过用户界面选择音频文件名和电话音频质量.

(2) 检索应用程序把用户的需求转换成如下的参数：采用率＝8 kHz(即每 125 μs 播放一个样本)，每个样本为 8 bit.

(3) 应用程序把请求传递到客户的操作系统, 客户的操作系统判断在客户机当前负载状态下能否每 125 μs 处理一个字节. 如果不能, 则会话请求被拒绝.

(4) 客户操作系统把这个请求传递给传输系统(一般是网络), 传输系统决定它是否支持大约 64 kbit/s 的比特率. 如果不支持, 会话系统被终止.

(5) 传输系统把请求传递给服务器操作系统, 服务器判断是否能够 125 μs 处理一个字节. 如果处理不了, 会话请求被拒绝.

(6) 服务器把请求传递给磁盘控制器, 以决定它是否能够在没有影响已有会话的 QoS 前提下支持 64 kbit/s 的传输率. 如果不能, 会话终止.

(7) 会话建立成功, 用户听见请求的音频信息.

上面的例子只给出了基本步骤, 诸如延时和延时抖动参数的详细细节、许可测试如何进行以及使用怎样的调度算法和排队算法都没有在此进行讨论.

§10.4　多媒体同步

10.4.1　多媒体同步规范

同步规范的目的是有效地表现多媒体对象之间的空间和时间关系. 在一些相关文献中已经提到了许多时间规定方法. 下面简略地描述两种规范技术：基于时间线的技术和 Petri 网技术.

1. 基于时间线的规范

在一个基于时间线的规范中,每个流的表现时间是相对于普通时钟来规定的.流被独立对待,因而去掉一个或多个流并不影响其他流的同步.同时确保每个流以相对于普通时钟所规定的时间来表现而做到同步.图 10-6 显示了基于时间线规范的一个例子,该图指出流 1 应该在 t_1 处表现,在 t_4 处结束;流 2 在 t_2 处开始,在 t_3 处结束;流 3 在 t_2 处开始,结束于 t_4.

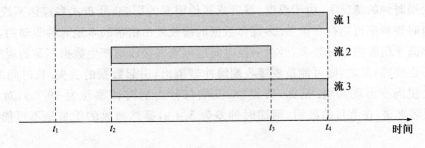

图 10-6　基于时间线规范的一个例子

基于时间线规范的优点是使用起来简单.该规范也易于实现,因为它在执行期间被单独对待.基于时间线规范的弱点是它不能指定不可预测时间内的用户交互或流.

2. Petri 网

Petri 网是有向图,通常用于并发系统的建模.第一个将 Petri 网用于多媒体同步的是 Little 和 Ghafoor,他们于 1990 年把 Petri 网扩展成对象合成 Petri 网(object composition petri net,简称 OCPN)以便指定时间关系.OCPN 有三种基本类型的要素:一组迁移点(栏)、一组位置(圆)和一组有向弧(箭头).实例如图 10-7 所示.位置通常包含一个具有特定活动时间的逻辑数据单元(LDU).当一个迁移点的所有输入位置完成自己的持续时间时,迁移就开始了并且所有的输出位置都被激活.OCPN 的优点在于它能指定所有种类的时间关系和用户交互;缺点在于该规范的复杂性.

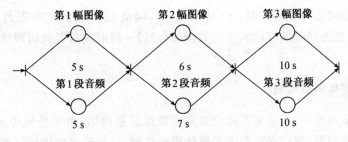

图 10-7　OCPN 规范实例

10.4.2　多媒体不同步原因分析

在分布式多媒体系统中,信源产生的多媒体数据需要经过一段距离的传输才能到达信宿.在传输过程中,由于受到某些因素的影响,多媒体的时域约束关系可能被破坏,从而导致多媒体数据不能被正确地播放.下面是可能影响多媒体同步的因素:

(1) 延时抖动.

信号从一点传到另一点延时的变化称为延时抖动.系统的很多部分都可能产生延时抖

动. 例如从数据库中读取多媒体数据时,由于存储位置不同导致磁头寻道时间的差异,各数据块经历的提取延时有所不同;在终端中,由于 CPU、存储单元等资源的不足可能导致对不同数据块所用的处理时间不等;在网络传输方面也存在许多因素使信源到信宿的传输延时出现抖动.

(2) 时钟偏差.

在无全局时钟的情况下,由于温度、湿度或其他因素的影响,分布式多媒体系统的信源和信宿的本地时钟频率可能存在偏差. 多媒体数据的播放是由信宿的本地时钟驱动的,如果信宿的时钟频率高于信源的时钟频率,经过一段时间后可能在接收端产生数据不足的现象,从而破坏了媒体的连续性;反之,则可能造成接收端缓冲器溢出,引起数据的丢失. 长时间的收、发时钟的漂移会使同步出现问题. 例如,假设收、发端每秒内的时钟漂移为 10^{-3} s,对播放一段 90 min 的视频来讲,在节目的最后,两端时钟差为 5.4 s,显然播放的质量是不可能得到保证的.

(3) 不同的采集起始时间.

在多个信源的情况下,信源必须同时开始采集和传输信息. 例如一个信源采集图像信号,另一个采集相关联的伴音信号,如果二者采集的起始时不同,在接收端同时播放这两个信源送来的媒体单元必然出现唇不同步的问题. 两个信源到信宿的传输延时不等,打包、拆包,缓存等时间的不同,也会引起同样的问题.

(4) 不同的播放起始时间.

在有多个信宿的情况下,各信宿的播放起始时间应该相同. 在某些应用中,公平性是很重要的. 如果用户播放的起始时间不同,获得信息早的用户便较早的对该信息做出反应,这对其他用户就不公平.

(5) 数据丢失.

传输过程中数据的丢失相当于该数据单元没有按时到达播放器,显然会破坏同步.

(6) 网络传输条件的变化.

在一些重要的网络(例如 IP 网、ATM 网等)中,网络的平均延时,数据的丢失率均与网络的负载有关,因此在通信起始时已同步的数据流,经过一段时间后可能因网络条件的变化而失去同步.

10.4.3 保证多媒体同步机制

在多媒体演示过程中,无论多媒体信息来自单机还是网络,由于受到环境因素的影响,都可能产生同步失调问题,所以必须引入多媒体同步机制,以保证多媒体信息的同步演示.

在单机环境中,引起多媒体失调的因素有:磁盘输入、输出速率,显示速率和处理器速度,结果在不同环境中将会出现音频和视频的不同步现象. 在多媒体对象演示过程中,固定频率声音的播放是不能间断的,否则会产生声音播放的停顿,而人们是不能接受声音的停顿的. 图像序列的播放采用的是帧覆盖方式,只要帧之间的延迟不超过一定的范围,就不会在人们的视觉上造成太大的停顿感觉. 因此可以采用优先级方法来解决媒体播放时不同媒体对延迟的灵敏度问题. 通常,音频对象比视频对象有较高的优先级. 采用的比较多的两种方法是基于参考点的同步法和基于参考时间线的同步法.

在网络环境下,多媒体往往需要通过网络传输到接收端进行演示. 接收端在演示多媒体对象过程中必须保持媒体内和媒体间固有的同步关系. 媒体内的同步关系表现为媒体流的连续性,媒体间的同步性表现为各媒体流中同步点的同时播放. 在理想状况下,各媒体流的演示动作同时启动,单虚电路传送、演示设备以等速率方式运行. 然而,由于各媒体往往采用不同虚电路传输,以满足不同 QoS 需求、发送设备和演示设备时钟频率的差异以及传输和协议处理过程中分组丢失等因素的影响,在演示起动后,可能会出现失调现象. 因此在分布式多媒体环境下,必须将强制同步机制引入到多媒体对象演示过程中.

失调检测是实现强制同步的关键步骤,失调检测可以在媒体接收端进行,也可以在媒体发送端进行. 若在接收端进行,则检测各媒体流同步点的一致性,同步点可以表示成时间戳的形式. 若在发送端进行,则由接收端向发送端反馈轻载状态信息,发送端据此进行失调检测. 若出现失调,可采用以下的同步控制方法:

(1) 发送端改变其数据发送速率.

(2) 接收端执行跳过或暂停动作:跳过动作将加速媒体流的演示过程;而暂停动作则延缓媒体流的演示过程.

基于反馈的同步机制是在网络环境中常用的同步方法. 这种方法的主设备和从设备分别向媒体发送端反馈轻载状态信息. 当发送端接收到来自主设备的反馈信息后,据此估计与反馈信息相对应的媒体单元在主设备上的最早和最迟播放时间,并以此为基础估计该媒体单元的最早和最迟发送时间. 在最早发送时间向主设备发送媒体流会使主设备缓冲区的占空度处于最高值,而在最迟发送时间向主设备发送会使主设备缓冲区占空度处于最低值. 选择合适的发送时间便可保证主设备媒体流的连续播放. 当媒体发送端收到来自从设备的反馈信息后,执行如下的同步操作:

(1) 估计与反馈信息相对应的媒体单元在从设备上的最早和最迟播放时间.

(2) 通过比较在主设备和从设备上媒体单元播放时间的估计值,确定同步播放的媒体单元的集合.

(3) 由同步播放媒体单元集合各同步点的差异,确定主设备和从设备之间失调的程度.

(4) 多媒体服务根据失调的程度,加速或延缓从设备的媒体演示过程,迫使从设备与主设备同步运行.

此类方法的最大失调由用户设置,从而使失调容限与演示设备缓冲区的容量互不相关,具有灵活方便的特点.

10.4.4　基于 QoS 框架的解决方案

前面已经讨论了同步要求、失调原因以及对付这些原因采取的同步机制. 大多数机制是与特定应用相关的. 取得网络多媒体同步的一般方法应该基于 QoS 规范并依赖于前面讨论的多媒体支持机制. 这些机制结合在一起提供了多媒体通信所需要的端到端的 QoS 保障. 使用这些支持,也比较容易取得网络同步时钟,因为延时和延时抖动是有限的.

下面是一个提供端到端 QoS 保障的同步方案:

(1) 无论怎样,同步规定都被转换成时间线表示,其中每一个媒体和它的逻辑单元在一定的变形容忍范围内相对于共同的时间线都有一个指定的表现时间.

(2) 对任一个流来说,连接是与文件服务器、操作系统和传输协议进行协商,在达成一致的 QoS 情况下建立连接.

（3）使用这些 QoS 保障，每一个流在表现时间前开始传输 T 秒；T 是那个流连接的延迟上限. 每个包都打上时间戳并且缓冲一段等于 T 减去被表现前实际包延时的时间. 发送端以接收端请求的固定表现速率发送. 传输率和表现率在网络同步时钟在的时候很容易匹配. 在这种情况下，媒体之间和媒体内的同步都达到了.

（4）可以用一种类似于上面的方式达到事件（交互）同步. 唯一的差别是表现开始于某一指定的位置，而不是在多媒体文档或对象的开始.

在简单的实现中，每个数据流被单独对待. 当流发生诸如数据饥荒或溢出等不正常现象时，需要采取一些纠正动作，如跳过和重复，以遵循表现调度方案.

要达到平滑、有效的多媒体检索和表现效果，每一个分布式多媒体管理系统的子系统必须在吞吐量（比特率）、延迟、延迟抖动等方面满足一定的要求.

§10.5 分布式多媒体数据库系统

分布式多媒体数据库系统的体系结构如图 10-8 所示. 各种不同的局部多媒体数据库经过全局模式层得到统一. 全局模式管理完成数据的一致性维护、进行必要的模式变换以及对全局事务的并发控制，使数据结构、物理存储、分布性等对外透明，向上提供一个统一的多媒体操作接口. 接口具有对多媒体同步和提供 QoS 描述的功能以及基于内容的多媒体查询等功能，以支持各种类型的多媒体应用，如视频点播、电子购物、多媒体教学、群件系统、多媒体浏览与查询等.

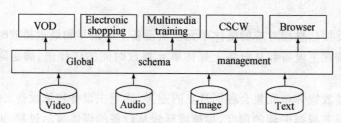

图 10-8 分布式多媒体数据库系统体系结构

由于多媒体数据的复杂性，多媒体数据库一般采用面向对象机制，将多媒体数据、展示属性、操作方法封装在一起，以降低用户使用多媒体数据的复杂性. 传统上，面向对象数据库的客户机与服务器之间的数据交换方式主要有以下几种：（1）结果交换. 客户发出请求，而服务器根据客户的请求只将数据的处理结果传递给客户端. 其特点是降低了通信负荷，但同时也增加了服务器的处理负担.（2）对象交换. 服务器根据客户的请求，将整个对象传递给用户端，即使用户只需要对象的一小部分. 这种方式与第一种情况相比，减轻了服务器的负担，但增加了通信负担以及客户端的处理负荷.（3）页面交换. 在这种方式下，服务器传送的是客户所需对象所在的页面，显然，这种方式使服务器的处理负荷最小，而通信及客户机的负荷最大. 对于多媒体数据库来讲，首先，后两种交换方式均不可取，因为：（1）多媒体对象的数据量巨大，而客户机一般采用微机或工作站，其存储的容量有限，若将整个多媒体对象或对象所在的页面整个缓冲在客户端会有很大困难；（2）通信的负荷过大，使用户等待时间过长；（3）客户机对于多媒体对象之间的实时同步合成的处理能力有限. 对于第一种交换方式，也必须先由服务器完成对象之间的时空同步处理,以流的方式,增量匀速地传递给客户机,亦即服务器向客户机的数据提交为 Push 方式,而不是 Pull 方式.

分布式多媒体数据库的实现可以采用以下不同的技术:

(1) 远程方法调用方式.

远程方法调用(RPC)是进程调用最自然、最直接的扩充,是实现客户端-服务器结构时最原始的方法.一般在客户端含有适于各种开发语言的接口定义以及相应的编译器.远程调用语句经过编译器翻译成对服务器的调用码,由通信机制传送给服务器,再由服务器端将这些调用码翻译成局部的进程调用,以完成远程服务.远程调用的实现还包括一个运行时(run time)库,用于实现网络通信.OSFDCE (open software foundation's distributed computing environment,简称 OSFDCE)成为这种调用方式的一种标准.利用这种方式实现多媒体数据库的 Client/Server 结构时,必须对传统的 OSFDCE 定义标准进行必要的扩充:(1)增加对连续媒体(视频、音频)操作的调用定义.传统的 RPC 调用方式一般只适合于短消息的通信控制,而连续媒体的操作则要求批量数据的均匀的、长时间无干扰的通信控制.(2)增加对多媒体同步描述的功能.多媒体数据之间的时序同步是本质性的需求,接口中应包含对同步描述的定义.(3) QoS定义功能.RPC 接口标准应该能够处理用户对服务质量的定义,以便尽可能多地增加用户数.

(2) 中间件技术.

从广义上讲,中间件的作用是为了屏蔽不同操作系统接口的差异及分布性,为用户提供一个统一的应用开发接口.在本文中是指为了屏蔽各数据库接口的差异及数据的分布性而提供的一个统一接口的软件层,可以通过这个软件层透明地访问异构的多媒体数据库系统.中间件在系统中的位置如图 10-9 所示.虽然中间件尚无严格的定义,但它的主要特点是比较一致的,即跨越多个应用;运行于各个不同的数据库之上;具有分布特性;支持标准的接口和协议.

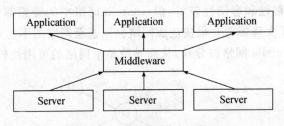

图 10-9　中间件在系统中的位置

ODBC 是当前被广泛采用的中间件技术,不同的数据库厂家(Oracle,Sybase,Informix,DB2 等)都提供了支持这种标准的驱动器,不同模式的数据库系统接口在 ODBC 中得到统一,用户只需根据 ODBC 所提供的标准接口,透明地访问各数据库服务器.当前,ODBC 所提供的接口是一种标准的 SQL 语言.由于多媒体数据库访问的特殊需求,需对 ODBC 进行扩充.

分布式面向对象范型是另一类中间件技术,这一范型标准充分利用面向对象模型的优点,屏蔽掉由于对象所在平台的不同、位置的不同以及对象迁移所造成的问题,为用户提供一个一致的、分布透明的面向对象的接口.因为多媒体数据库一般倾向于采用面向对象的模式实现,所以这种接口方式对于多媒体数据库的分布式构造较为平滑.这一范型的工业标准较多,如微软公司的(component object model,简称 COM)、IBM 公司的(system object model,简称

SOM)、国际标准组织(OMG)等. 这类中间件标准同样需要增加多媒体数据访问特性(实时性、同步性、QoS)的支持,才能真正适合分布式多媒体数据库的构造.

另外还有一种利用 Agent 模型构造分布式系统的技术,虽然还没有标准化,但理论上却非常完美. Agent 技术是分布式人工智能领域中发展起来的一种新型计算模型,具有智能化程度高、分布式系统构造灵活、软件的复用性强等优点. Agent能够感知外界发生的消息,根据自己所具有的知识自动作出反应. 利用这一技术实现分布式多媒体数据库系统时,应考虑:(1) 如何将已有的计算实体(多媒体对象、元组、一般的数据文件等)构造成 Agent;(2) 如何实现 Agent 之间的通信.

(3) P2P 技术.

P2P 技术在很大程度上颠覆了人们对互联网的传统观念. 以往占据主导地位的互联网架构是客户端-服务器结构. 互联网以服务器为中心,各种各样的资源,包括文字、图片、音乐、电影等都存放在服务器的硬盘上,用户把自己的计算机作为客户端通过网络连到服务器上检索、下载、上传资料或请求运算. 在这种架构下,客户端和服务器存在着明显的主从关系;而 P2P 技术的本质思想是,整个网络结构中不存在中心节点(或中心服务器),在 P2P 结构中,每一个节点大都同时具有信息消费者、信息提供者和信息通讯三方面的功能,在 P2P 网络中每一个节点所拥有的权利和义务都是对等的. 就 P2P 环境下的网络结构来说可以分为三类:

① 纯 P2P 网络模型.

纯 P2P 模式也被称做广播式的 P2P 模型. 它取消了集中的中央服务器,每个用户随机接入网络,并与自己相邻的一组邻居节点通过端到端连接构成一个逻辑覆盖的网络. 对等节点之间的内容查询和内容共享都是直接通过相邻节点广播接力传递,同时每个节点还会记录搜索轨迹,以防止搜索环路的产生.

Gnutella 模型是现在应用最广泛的纯 P2P 非结构化拓扑结构(见图10-10),它解决了网络结构中心化的问题,扩展性和容错性较好,但Gnutella网络中的搜索算法以泛洪的方式进行,控制信息的泛滥消耗了大量带宽并很快造成网络拥塞甚至网络的不稳定. 同时,局部性能较差的节点可能会导致 Gnutella 网络被分片,从而导致整个网络的可用性较差.

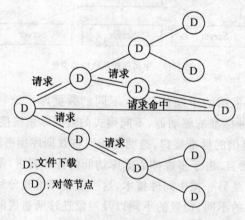

图 10-10　Gnutella 网络模型

② 集中目录式结构.

集中目录式 P2P 结构是最早出现的 P2P 应用模式,因为仍然具有中心化的特点也被称为非纯粹的 P2P 结构.用于共享 MP3 音乐文件的 Napster 是其中最典型的代表(见图 10-11),其用户注册与文件检索过程类似于传统的 C/S 模式,区别在于所有资料并非存储在服务器上,而是存储在各个节点中.查询节点根据网络流量和延迟等信息选择合适的节点建立直接连接,而不必经过中央服务器进行.这种网络结构非常简单,但是它显示了 P2P 系统信息量巨大的优势和吸引力,同时也揭示了 P2P 系统本质上所不可避免的两个问题:法律版权和资源浪费的问题.

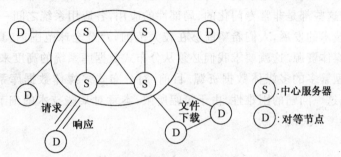

图 10-11　Napster 网络模型

③ 混合式网络模型.

Kazaa 模型是 P2P 混合模型的典型代表(见图 10-12),它在纯 P2P 分布式模型基础上引入了"超级节点"的概念,综合了集中式 P2P 快速查找和纯 P2P 非中心化的优势.Kazaa 模型将节点按能力不同(计算能力、内存大小、连接带宽、网络滞留时间等)区分为普通节点和搜索节点两类(也有的进一步分为三类节点,其思想本质相同).其中搜索节点与其临近的若干普通节点之间构成一个自治的簇,簇内采用基于集中目录式的 P2P 模式,而整个 P2P 网络中各个不同的簇之间再通过纯 P2P 的模式将搜索节点相连起来,甚至也可以在各个搜索节点之间再次选取性能最优的节点,或者另外引入一新的性能最优的节点作为索引节点来保存整个网络中可以利用的搜索节点信息,并且负责维护整个网络的结构.

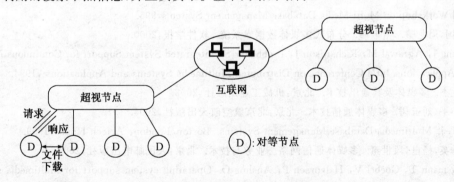

图 10-12　超级节点的混合式 P2P 网络模型

另外,由于 P2P 技术本身发展迅速,P2P 技术涵盖的范围尚未确定,目前尚未有统一的规范,使用较多的是 Sun 公司推出的 JXTA 平台.基于 P2P 平台的流媒体播放技术也已经出现,这意味着用户可以在 P2P 的环境下直接预览查找的媒体,而不必把整个媒体文件都下载到本地.

§10.6 小 结

本章从多媒体通信网络环境,多媒体通信协议,多媒体 QoS 管理,多媒体通信同步技术等方面对多媒体通信技术进行了比较全面和系统的介绍.最后我们介绍了这些技术的服务对象:分布式多媒体数据库系统.网络环境下的多媒体应用系统已有许多,如视频点播、电子购物、远程电视会议等.但这些都是非常专门化的、局部性的应用,各应用系统之间一般是毫无关系的.随着信息领域内技术的发展,人们希望能够在较大范围,乃至全球范围内,真正并且逻辑上一致地共享各种多媒体资源.这就要求我们必须从分布式数据库系统的高度来看待这一问题,以便真正管理好类型繁多的多媒体数据资源.目前,对分布式多媒体数据库系统的研究尚不多见,其主要原因是这一问题的困难性.由于篇幅所限,本章对某些技术的细节描述可能还不够详细,读者可以参考有关的文献.

§10.7 参 考 文 献

[1] Arisawa H, Tomii T, Salev K. Design of Multimedia Database and a Query Language for Video Image Data. International Conference on Multimedia Computing and Systems. 1996.

[2] 鲍宇,刘广钟. 基于 P2P 的分布式数据库模型研究. 计算机工程与设计,2005.

[3] 蔡安妮,孙景鳌. 多媒体通信技术基础. 北京:电子工业出版社,2000.

[4] 蔡皖东. 多媒体通信技术. 西安:西安电子科技大学出版社,2000.

[5] 陈桦,张尧学,马洪军. 多媒体服务质量(QoS)控制系统. 清华大学学报(自然科学版),1998.

[6] 程东,黄定土. 多媒体传输的网络服务质量管理. 计算机工程,1996.

[7] DJ Ecklund, V Goebel, T Plagemann, EF Ecklund Jr. Dynamic end-to-end QoS management middleware for distributed multimedia systems. Multimedia Systems, 2002.

[8] Ghandi, M., Robertson, E., Gucht, D. V. Modeling and Querying Primitives for Digital Media. International Workshop on Multi-Media Database Management Systems,995.

[9] 巩志国,周龙骧.,董淑珍. 分布式多媒体数据库系统. 软件学报,2000.

[10] Huang J, Agrawal M, Richardson J, Prabhakar S. Integrated System Support for Continuous Multimedia Applications. Int'l Conference on Distributed Multimedia Systems and Applications ,1994.

[11] 李立杰. 多媒体及其通讯技术. 北京:机械工业出版社,2002.

[12] 李小平,刘玉树. 多媒体通信技术. 北京:北京航空航天出版社,2004.

[13] Lu G-j. Multimedia Database Management Systems. Boston/London:Artech House,1999.

[14] 聂秀英,杨崑,段世惠. 多媒体通信网络—业务与技术. 北京:人民邮电出版社,2001.

[15] Plagemann T, Goebel V, Halvorsen P, Anshus O. Operating system support for multimedia systems. Computer Communications,2000.

[16] Plagemann T, Goebel V, Mathy L, Race N, Zink M. Towards Scalable and Affordable Content Distribution Services. International Conference on Telecommunications,2003.

[17] Timothy K. Shih. Distributed Multimedia Databases:techniques and applications. Idea Group Publishing Hershey, PA, USA,2002.

[18] Wu Y, Zhang A. Interactive Patterns Analysis for Searching Multimedia Databases. Multimedia Information Systems, 2002.

[19] 吴昱军. 多媒体实时传输协议及在视频传输系统中的应用. 微计算机信息,2003.

[20] Xu Y, CU Orji, Deng Y, Rishe N. An Architecture for Operating System Support of Distributed Multi-media Systems. International Workshop on Multi-Media Database Management Systems,1995.

[21] 周龙骧. 分布式数据库管理系统实现技术. 北京:科学出版社,1998.

§10.8 习　　题

1. 讨论适合于多媒体通信的主要网络特征.

2. 描述 ATM 的操作原理,讨论为什么 ATM 是一种潜在地适合于多媒体通信的方案.

3. ATM 允许一个主机到另一个主机建立多条 VC,对多媒体通信而言,这有什么好处?

4. 查阅 RTP/RTCP 协议,了解在缺省状况下 MPEG 视频流对应的格式文件和轮廓文件的有关规定.根据 RTP 报文头中的哪一部分信息可以确定该报文是否包含帧的起始点? 你还可以从报文头中了解到哪些有关视频码流的信息?

5. QoS 保障对于多媒体通信是必需的.为了提供这些保障,需要哪些网络和协议组件?

6. 根据本章对 QoS 机制的学习,哪些工作应该在通信建立时进行?

7. 什么是多媒体的同步? 描述多媒体失步的主要原因.

8. 假设网络,传输协议,端系统以及存储服务器都能够保障 QoS,为分布式多媒体信息系统设计一个同步方案.

9. 消除包丢失的最常用方法是使用缓冲区,针对该方法,详细描述如何确定包在缓冲区的中停留时间以及设置缓冲区大小?

第十一章 数字图书馆

§11.1 引 言

随着信息技术的快速发展以及国际互联网的迅速普及,需要存储和传播的信息量越来越大,信息的种类也越来越丰富,传统图书馆已经远远不能满足这些需求,因此人们提出了数字图书馆的设想.

数字图书馆最初的目的是为了保护孤本和珍本,把书籍扫描成电子版本,供用户检索阅读.在第一阶段的数字图书馆建设中,大量的工作是扫描、存储和压缩电子文档资料,图书检索仍然使用传统的图书馆检索方法,对标题和作者进行检索.这种类型的数字图书馆只是简单的将传统图书馆的图书资源电子化.我们可以把这类数字图书馆的管理看做一个数据库的简单应用,把电子文档存储到数据库里,用标题、作者和关键词建立索引,允许读者进行关键词和全文检索.但随着数字图书馆数字资源的增多,包括声像资料的数字化和电子出版物等,我们仔细分析就会发现数字图书馆不仅仅是简单的电子文档管理问题,而是一个充满挑战的、高技术密集的应用领域,涉及的技术包括数字化技术、数据库技术、网络技术、多媒体技术、数据压缩技术、分布式计算技术、多媒体内容检索技术、自然语言理解技术、信息安全技术等.

多媒体资源是数字图书馆中非常具有特色的一类资源,大量的多媒体文档都是包含文本、图像、音频、视频等多媒体对象的组合文档,例如数字大百科全书中对一个条目的解释就会包括上述多种多媒体对象.近年来,一些很有影响的大型数字图书馆项目,开始致力于开发海量的、分布式的图片、遥感影像、地图、全文文档、多媒体文档资源的智能化检索技术,其中涉及的很多多媒体内容管理和信息检索技术已经在前边章节里介绍过了,本章主要讲述数字图书馆的领域特征,多媒体内容管理和信息检索技术如何应用在数字图书馆中,并介绍几个有特色的多媒体数字图书馆项目.数字图书馆中一些特殊的问题,如互操作性、经济和法律问题,超出了本书的范围,感兴趣的读者可以查阅其他相关文献资料.

11.1.1 数字图书馆的背景

数字图书馆的概念是由美国首先提出来的.早在 1991 年,美国俄亥俄州政府就做出了启动俄亥俄州网的决定,计划投资 2500 万美元建立州内图书馆网络中心,定名为 Ohio Link.

1992 年,美国政府制定"高性能计算与通信"(简称 HPCC)国家攻关项目,第一次将发展数字图书馆列为"国家级挑战".

1994 年 6 月,在美国的得克萨斯召开了第一次数字图书馆的理论研究会议,会议的主题是"第一届数字图书馆理论与实践年会".同年 9 月,美国国家科学基金会(NSF)、国家宇航局(NASA)和国防部高级研究署(AKPA)联合公布了一项为期 4 年、投入 2440 万美元的"数字图书馆启动计划",领导、组织和资助美国的数字图书馆研究和开发,在斯坦福大学、密歇根大学、伊利诺伊大学、卡内基-梅隆大学、加州大学伯克利分校和圣巴巴拉分校等 6 所高校进行数字图书馆的分项研究.每一个分项目都将作为数字图书馆的研究基地和模型基地,其目的是在4 年内,完成多媒体分布式服务器、智能检索系统、计算机视觉和自然语言处理、面向目次的浏览器与搜索技术、超级文本传输协议和超文本标记语言等的开发和应用.同年 10 月,美国国会图书馆推出数字化项目,将使该馆馆藏逐步实现数字化,并领导与协调全国的公共图书馆、研究图书馆,将其收藏的图书、绘画、手稿、照片等转换成高清晰度的数字化图像并存储起来,通过互联网供公众利用.同年 11 月,美国国家图书情报科学委员会又主办召开了"第七届国际情报新技术大会",会议在美国弗吉尼亚的亚历山大城举行,大会对"全球数字图书馆"问题展开了较为深入的讨论.

1998 年春,在前一阶段所取得的研究成果和对当前数字图书馆研究的调查分析的基础上,美国的 7 个研究机构拉开了"数字图书馆首倡计划"第二阶段研究的序幕.除了三个赞助单位(NSF)、美国国防部高级研究计划署(DARPA,Defense Advanced Research Project Agency)、NASA 外,还增加了四个赞助单位,它们是美国医学图书馆(national library of medicine,简称 NLM)、美国国会图书馆(library of congress,简称 LC)、美国人文学科基金会(national endowment for the humanities,简称 NEH)、美国联邦调查局(federal bureau of investigation,简称 FBI).

我国对"数字图书馆"的探讨初见于 1994 年,1995 年开始规划第一个应用型项目——由清华大学、复旦大学和中国石油天然气总公司与 IBM 公司合作,进行三个专题的数字图书馆研究开发工作.但真正大规模进行"数字图书馆"的研究与建设则是在 1996 年 8 月在北京召开的第 62 届 IFLA 大会(会上举行了主题为"数字图书馆:技术与组织影响"的专题讨论会)及1997 年"全国信息化工作会议"之后.同年 7 月"中国试验型数字图书馆项目"得到国家计委的批准立项.

中国高等教育文献保障系统(China Academic Library & Information System,简称CALIS),是我国数字图书馆发展的一个重要机构,是经国务院批准的我国高等教育"211 工程"、"九五"、"十五"总体规划中的三个公共服务体系之一."十五"期间,国家继续支持 CALIS公共服务体系二期建设,并将"中英文图书数字化国际合作计划"(CADAL)列入该公共服务体系建设的重要组成部分,项目名称定为"中国高等教育文献保障体系——中国高等教育数字化图书馆"(china academic digital library & information system,简称 CADLIS).

上海交通大学计划创建一个数字化图书馆的现实模型,将其拥有的 300 GB 数字化馆藏(包括联机目录,电子参考书如索引和摘要、辞典、百科全书,电子全文杂志和会议录,多媒体有声读物,影视片、动画片和计算机软件等,约占当时实际使用的馆藏文献 25%～30%)提供网络服务,甚至可以在其校园网内提供视频点播服务.

上海图书馆数字化工程将在互联网虚拟空间中建一座世界级水平的上海图书馆,其内容不仅包括上海图书馆的现有馆藏,而且面向全世界介绍上海,推销上海,使其成为全世界了解上海的重要窗口,成为关于上海的情报资料中心.

11.1.2　数字图书馆的定义

数字图书馆是一个电子化信息的仓库,能够存储各种形式的大量信息,用户可以通过网络方便的访问它,以获得信息,并且这些信息存储和用户访问不受地域限制.它将包括多媒体在内的各种信息的数字化、存储管理、查询和发布集成在一起,使这些信息得以在网络上传播,从而最大限度地利用这些信息;同时还利用多媒体数据库技术、超媒体技术,针对数字图书馆中各种媒体的特性,在图像检索、视频点播和文献资料提取等方面提出一套有效可行的管理检索方案.

数字图书馆有一个非常宽泛的定义:"数字图书馆是全球信息高速公路上信息资源的基本组织形式,这一形式满足了分布式面向对象的信息查询需要."这个定义中可能有两个概念需要解释:"分布式"和"面向对象".简而言之,前者指跨图书馆(跨地域)和跨物理形态的查询;后者指不仅要查到在哪个图书馆,还要直接获得要查询的对象.这个定义类似于说目前的图书馆"是社会信息资源的一种主要组织形式,满足了人们借阅书刊等基本信息需要".

数字图书馆不同于电子图书馆,电子图书馆侧重对收藏特色的概括,收藏品基本为电子读物,阅读手段一般通过电脑等,不一定提供网上信息或网上服务.数字图书馆也不同于网上图书馆,网上图书馆是将一定量的信息在网上组织起来,供"读者"查阅和检索.这种网上图书馆不一定需要对应的图书馆社会实体,它也可以视为数字图书馆的初级形态.虚拟图书馆是网上图书馆的别称,侧重其无实体的特征.

数字图书馆与传统图书馆相比有很大的不同(如表 11-1).传统图书馆收集、存储并重新组织信息,使读者能方便地查到它所想要的信息,同时跟踪读者使用情况,以保护信息提供者的权益.数字图书馆收集或创建数字化馆藏,这集成了各种数字化技术,如高分辨率数字扫描和色彩矫正、光学字符识别、信息压缩、转化等;建立在关系数据库系统上的数字信息组织、管理、查询技术能够帮助用户便捷地查找信息,并将信息按照用户期望的格式发送;在安全保护、访问许可和记账服务等完善的权限管理之下,经授权的信息利用 INTERNET 的发布技术,实现全球信息共享.

表 11-1　数字图书馆与传统图书馆相比

传统图书馆	数字图书馆
书刊采购	数字化资源创建
典藏	存储(多媒体数据库)
编目	标引并生成索引
借阅流通	CGI,WEBPAC 等检索软件
流通管理	权限管理

11.1.3　数字图书馆的特征

数字图书馆包含一个数字信息资源库的概念,这个资源库可以有声音、有文字、有图像,简而言之,是个多媒体的数字信息资源库.数字图书馆是传统图书馆在信息时代的发展,它不但包含了传统图书馆的功能,向社会公众提供相应的服务,还融合了其他信息资源(如博物馆、档案馆等)的一些功能,提供综合的公共信息访问服务.可以这样说,数字图书馆将成为未来社会的公共信息中心和枢纽.数字化资源、网络化存储、分布式管理是当今数字图书馆的主要特征.

1. 数字化资源

大量的数字化资源是数字图书馆的"物质"基础.

数字图书馆对数字化资源并无偏好,虽然它的目的是直接提供读者所需的最终信息,而不只是二次文献(获得文献的线索),然而二次文献也可能是某些读者的最终信息需求,因而书目数据,索引文摘等也是数字图书馆的组成部分.

万千世界统一于数字图书馆中的"0"和"1",书籍、期刊、录音录像带,乃至古籍善本、稀世字画甚至 X 光片,都失去了原本的物理形态,只要有相同的属性,就能被同时获取.因此多媒体也是数字图书馆的一个基本特征.

2. 网络化存取

高速的数字通信网络是数字图书馆的存在基础,数字图书馆依附于网络而存在,既得益于网络也受制于网络,其对内的业务组织和对外的服务都是以网络为载体,只有利用网络至极限,才能发挥数字图书馆作用至极限.

数字图书馆内部本身由局域网构成,一般是高速主干连接数台服务器及工作站,外部通过数台广域网服务器面向浩瀚的互联网,其大致结构将在下文阐述.

3. 分布式管理

分布式管理是数字图书馆发展的高级阶段,它意味着全球数字图书馆遵循统一的访问协议之后,数字图书馆可以实现"联邦检索",全球数字图书馆将像现在的互联网连接网站一样,把全球的数字化资源连为一体,连接成为一个巨大的图书馆.

分布式管理之所以是数字图书馆的基本要素,在于它强调标准协议的重要性.只有全球共同遵循 TCP/IP 协议,才有互联网的今天.数字图书馆技术还没有这样公认的标准协议,因此技术标准的选择和参与制订,对每一个数字图书馆先驱者来说都是至关重要的.

§11.2　数字图书馆中多媒体资源存储

关于数字图书馆多媒体信息的存储,目前出现了多种不同的数据库方案:(1) 对关系数据库进行扩展,用大二进制对象支持多媒体对象;(2) 使用面向对象的数据库;(3) 利用数据库技术与其他学科的内容相结合而产生的新一代数据库技术,诸如多媒体数据库技术、并行数据库技术、分布式数据库技术等;(4) 采用面向应用领域的数据库新技术,如数据仓库技术.以上几种数据库技术实现的复杂度和性能各有不同,技术本身也处于一个不断发展的阶段,到目前为止,还没有一种数据库技术能独立完成数字图书馆中全部信息的存储功能,而是要在其他数据库技术的协助下共同完成.

多媒体数据库中的存储对象是文本、图像、视频、音频等数字化信息,每一种类型的对象都可以定义它们的索引、查询支持信息.这些资源是作为独立的数字对象存储起来的,存入数据库之前,需要将这些数字对象根据一定的逻辑模型进行建模,由专门的信息服务器管理数据的索引和查询,对象服务器则用于搜集或管理数字化的对象.

11.2.1　数字对象

数字对象是指计算机中"一组各种类型的文件与数据结构的组合",有时也被理解为对象模型或信息结构.数字图书馆可以存储和发布任何能够表达为数字对象的信息资源.数字对象是系统操作及访问的基本单位.

数字对象是指能够独立存在的有完整意义的数字化信息单元,或是多个这样单元的集合.一个数字对象由三个要素组成:数字对象的元数据、数字对象的数据体和数字对象句柄.数字对象元数据是描述数字对象的属性的集合.数字对象数据体是数字对象内容的载体.数字对象句柄是能够标识数字对象的字符串,是定位数字对象的依据,例如索书号,ISBN,DOI 等都可作为数字对象句柄,只要它能够唯一地确定一个数字对象.

数字对象按照其来源可以分为两种:一种是由传统信息资源加工而成,比如扫描后的照片文件、书籍、杂志,数字化后的音频、视频文件等;一种是源生数字对象,例如网络文献、电子版论文、数字化图像、GIS 数据等.

数字对象在网络环境下被利用时的信息交换方式决定了对象的存储和传输形式,我们以这种方式来对数字对象分类,可把数字对象分为四大类:

(1) 静态文档对象指文本的或图形图像的文件(例如 TXT,HTML,DOC,PDF)或者一个文件包(例如一部善本书的影像文件包).这种对象的空间占用一般在几兆字节,用户在使用对象时可一次全部下载,或分次分片下载.数据的传输是单向的.

(2) 流媒体对象指音频或视频对象.例如一首歌,一部电影.一个对象的空间比较大,从几兆字节到几千兆字节,用户在利用对象时需要连续的数据传输,数据的传输是单向的.

(3) 复合数字对象.一个数字对象由一个主控文档和若干个静态文档对象或流媒体对象组成.例如,一个介绍某一旅游资源的主页就是由一个主控文档(主页)和静态文档对象(图片和文字介绍)和流媒体对象(影像片段)组成的.数据的传输是单向的.

(4) 交互式对象有着庞大素材库和专业的软件系统(标准和非标准),需要复杂的后台处理.例如,一个交互式外语学习知识库可以像交互式游戏一样把学习者定位于其中的一个角色,把学习者作为虚拟场景中的一员,让学习者身临其境地学习.数据的传输是双向的.

11.2.2　数字对象逻辑模型

面对各种各样的数字对象,在构建系统时需要将其抽象为统一的逻辑模型来处理.

抽象的过程其实就是分析和分解物理文件之间的(或数据集合内部)的关系,将数字对象分解为意义简单、容易表达的数字对象的过程.该过程包含对象实体分析与对象关系分析两部分.实体分析可以按照对象的物理实体(例如文献、人物、系统)进行,也可以按照对象的逻辑实体(例如概念、过程、政策)进行.而关系则包括对象内在关系(不随应用环境变化而变化,如文献 A 描写主题 B)和应用关系(由具体应用环境决定,如文献 A 被图书馆 B 收藏).通过对实体及其关系分析,可以对元数据内容进行逻辑划分,设计或复用不同的元数据模块,建立满足不同应用的逻辑模型.

目前,大家讨论较多的模型有:

(1) FRBR(functional requirements for bibliographic records,简称 FRBR);

(2) OAIS(open archival information system,简称 OAIS);

(3) RSLP(the research support libraries program,简称 RSLP);

(4) SCORM(sharable content object reference model,简称 SCORM).

以上模型各有侧重.FRBR 模型建立了新的著录思想,着重文献及其著录内容之间的逻辑关系.此模型尚处于理论阶段,目前我国还没有资源应用此模型编目.OAIS 模型为系统框架模型,其中心思想在于长期存档,它提出 SIP,AIP,DIP 等数据包及五大功能模块,对数字对象及其元数据进行分包逻辑封装,该模型比较复杂,也没有提出具体的实现方法.RSLP 模型的描述对象重在集合而不是条目,而我们的元数据目前都是针对条目级别,因此不采用此模型.SCORM 模型从远程教育发展而来,主要用于对教育课件的分析,不太适用于通用资源.

11.2.3　数字对象命名规范

对资源的标识一般采用符合某一正式标识体系的字符串及数字组合.正式标识体系的实例包括统一资源标识符(URI)(包括 URL)、数字对象标识符(DOI)和国际标准书号(ISBN).将可获得资源的地址,统一成为 URI,如一个网站的 URL 地址,这一方面的内容实际上是获得所著录资源的必备途径.在一定范围内的资源的统一标识(如 SICI,ISBN,DOI 等)是不能通过网络直接获得的.如果在互联网上进行互操作,还需要对应的解析系统.DOI 是将唯一标识符和解析系统结合较好的一种标识.

DOI 系统是 CNRI 根据美国出版协会(AAP)的要求而制订、开发的系统,它是手柄系统(handle system,简称 HS)在出版行业的应用.针对传统出版行业 ISBN 以及 URL 仅标识地址而不是内容实体的缺点,力图建立互联网环境下知识产权管理和保护的解决方案.DOI 系统主要由标号体制、元数据、解析系统和政策框架 4 个部分组成.其中标号体制定义 DOI 唯一标识符的语法和语义问题.CNRI 推出的 HS 是互联网上进行名称解析和管理的通用名称服务系统.HS 管理的主要对象就是 Handle.Handle 是一种基于名称的唯一标识符.由解析系统和管理系统两部分组成.

虽然就目前而言,DOI 作为数字对象唯一标识符方案在管理、注册和解析方面是发展最为完善的.但是申请 DOI 需要交纳不菲的会员费或 DOI 的注册费及维护费.

我国在 2002 年由中国科学院文献情报中心牵头建立了"中国数字图书馆标准规范建设之数字资源唯一标识符应用规范"子项目,其目标是针对数字对象、元数据和数字资源系统的唯一标识(统称数字对象唯一标识),确立我国数字图书馆中数字对象唯一标识符应用规范,建立基于 URI 机制的数字对象唯一标识符的命名原则、体系结构和基本解析规则,确认合适的数字对象唯一标识符标准,建立唯一标识符解析机制及分布式唯一标识符解析机制.

CALIS 建设了 CALIS-OID 作为自己的唯一标识符方案.他们采用了与国际命名方式结合的做法:

命名方式＋注册机关代码＋注册资源代码,

其中(1) 命名方式:如以 URN 方式则为 urn,DOI 则为 doi.

(2) 注册机关代码:如为 URN informal 方式,则由申请机关向注册中心(IANA)申请分发 urn-d(d 为数字),或申请 URN formal 方式;若为 DOI,则向注册中心(IDF 或 CrossRef)申请分发一代码.

(3) 注册资源代码则由注册单位内部自编,无一定格式,但要保证内部为唯一代号.如 URN 则需要提出内部编码方式给 IANA 审查,而 DOI 只要资源识别码注册时不与现有重复即可.

(4)"＋"为区分码,如 URN 为":",DOI 为"/"等.

不管加入哪一个网络资源组织,其注册资源代码都是要由注册机关自定,只要再加上注册机关代码即可为国际间唯一的识别码.故在将来不管国际间盛行哪一种网络资源组织,都可以快速、简单地转换成该组织命名方式.

11.2.4　元数据

互联网为我们提供了丰富的网络数字资源,如大量的全文电子期刊、电子图书等.互联网上的信息资源越来越多,而读者能够查找到的信息资源却越来越少,这是因为网络信息资源的动态性、分布性、多元性和无序性给读者查找信息资源带来了困难.对数字化的信息资源进行准确、规范的描述和组织需求使元数据迅速的发展和应用.所谓元数据就是对具体的资源对象进行定位和管理,并有助于资源对象的发现和获取的数据.元数据是描述数字化信息资源或数据对象的数据,是为了实现简单和高效地管理数字化资源,方便读者查找和获取信息资源的标准.元数据的标准取决于具体的资源描述对象,不同类型的资源对象需要用不同的元数据标准来描述.

元数据是关于数据的数据,在数字图书馆中它提供完整的数据描述形式,为分布的、由多种数字化资源有机构成的信息体系提供规范、统一的描述方法和整合工具,是广泛分布的数字图书馆资源站点具有充分的互操作性和可扩展性的基础,是提供数字图书馆中资源描述、资源发现、资源处理、资源评价与排序以及资源人机交互和理解的基本要素,它还承担向数字图书馆中高层协议中间件提供标准数据访问接口的功能.

几种常用的元数据标准列举如下:

(1) MARC 格式是目前适用于书目数据系统的最完善、字段最复杂、标准最严密的元数据格式.MARC 元数据是基于计算机处理的元数据,由计算机将 MARC 元数据以单独的数据库或文件形式进行管理,MARC 元数据与其所描述的对象本身仍然是分离的,因此 MARC 元数据可读性较差,在进行数据处理时对软件平台的依赖性较强.

(2) DC(dublin core)元数据较注重描述对象的内容、内部结构或标准以及应用与管理方面的属性;在网络环境下,元数据本身有分布式管理与应用的需求;直接利用标记语言或数据库等制作,保证了元数据的结构化,容易被计算机处理和交流,可读性较强.DC 元数据包括 15 个元素:题名、创建者、主题或关键词、描述说明、出版者、其他发行者、日期、资源类型、格式、标识符、来源、语种、关联、时空范围、权限.

§11.3 数字图书馆中多媒体信息检索

多媒体检索的对象涵盖了数字化的文本信息、图形与图像信息,数字化的视频与音频信息等.对于这些结构化信息,传统的检索方法主要是对各种多媒体资源信息进行人工标注,在此基础之上进行基于关键词的检索,但这种检索无法揭示和表达多媒体信息的实质内容和语义关系,并带有很大的主观性.即便能利用文字对多媒体信息进行描述,也难以充分揭示和描述信息中有代表性的特征,不过由于其技术的不断成熟以及自动化程度的提高,基于关键词的检索仍然是当今数字图书馆中多媒体信息检索的主要手段.

随着检索技术的不断发展,为了更好的把握多媒体信息的内在特征,人们从内容标引入手,探索全新的检索方法和技术,提出了一种基于内容特征的多媒体信息检索方法.

所谓基于内容的检索是对媒体对象的内容及上下文语义环境进行检索,如图像中的颜色、纹理、形状,视频中的镜头、场景、镜头的运动,声音中的音调、响度、音色等.基于内容的检索突破了传统的基于文本检索技术的局限,直接对图像、视频、音频内容进行分析,抽取特征和语义,利用这些内容特征建立索引并进行检索.在这一检索过程中,它主要以图像处理、模式识别、计算机视觉、图像理解等学科中的一些方法为部分基础技术,是多种技术的合成.

基于内容的检索有如下特征:

(1) 从媒体内容中提取信息线索. 基于内容的检索直接对图像、视频、音频内容进行分析,抽取特征和语义,利用这些内容特征建立索引,并进行检索.

(2) 基于内容的检索是一种近似匹配. CBR 采用相似性匹配的方法逐步求精,以获得查询结果,这是一个迭代过程. 这一点与常规数据库检索中的精确匹配方法不同.

(3) 大型数据库的快速检索. 多媒体数据库不仅数据量巨大,而且种类和数量繁多,要求基于内容的检索技术也像常规的信息检索技术一样,能快速实现对大型数据库的检索.

11.3.1　检索语言

检索语言是图书馆界检索所使用的共同语言,是专门用来描述文献的内容特征、外表特征和表达的一种人工语言. 由于自然语言不可避免的存在词汇上的歧义性,语义上的歧解性,不便于标引和检索工作,因此出现了各种检索语言,这些检索语言为标引人员和检索者之间交流,取得共同的理解提供了工具.

当存储检索信息时,检索系统对文献内容进行分析,概括分析出若干能代表文献内容的语词,并赋予一定的标识,如题名、作者、主题词等,作为存储与检索的依据,然后纳入到数据库中.

当检索信息时,检索人员首先要对检索课题进行分析,同样形成若干能代表信息需求的词,然后通过检索系统在数据库中匹配具有同样语词和标识的文献,找到所需的信息.

检索语言分为人工语言和自然语言两种.

1. 人工语言

人工语言是根据信息检索的需要由人工创建并控制的采用规范词,用来专指某个概念或与之相对应概念,将同义词、近义词、相关词、多义词以及缩略词规范在一起的语言. 其中包括分类检索语言、主题检索语言和代码检索语言.

(1) 分类检索语言:用分类号来表达各种概念,以学科体系为基础,将各种概念按学科性质进行分类和系统排列的检索语言. 其特点是能集中体现学科的系统性,反映事物的从属、派生关系,便于按学科门类进行族性检索. 它的基本结构是按知识门类的逻辑次序,从点到分,从一般到具体,从低级到高级,从简单到复杂的层层划分,逐级展开的分门别类的层累制号码检索体系. 分类检索语言通过分类表来体现. 一部完整的分类表大体可由:编制说明、大纲、简表、详表、辅助表、索引、附录等组成.

世界上比较著名的分类法有:《国际专利分类表》(IPC)、《杜威十进分类法》(DDC)、《美国国会图书馆图书分类法》(LC). 我国在图书情报系统广泛采用的有《中国图书馆图书分类法》(简称《中图法》)和《中国科学院图书馆图书分类法》(简称《科图法》).

IPC 是一部国际上通用的用来划分各国专利技术的分类表. 它由 8 个部和一个使用指南组成,每一部代表一个大部类,如 H 代表电学、C 代表化工、G 代表电工等,是人们标引专利技术文献和检索专利文献的重要工具.

《中图法》由 22 个大类组成,归属于五大部类:马列主义、毛泽东思想;哲学;社会科学;自然科学;综合性图书. 每一大类下又分成若干小类,如此层层划分、形如一个知识的地图.

(2) 主题检索语言:由主题词汇构成,即将自然语言中的名词术语经过规范化后直接作为信息标识,按照字母顺序排列标识,通过参照系统揭示主题概念之间的关系,也称主题法. 包括先组式的标题词语言、后组式的单元词语言和叙词语言. 主题语言表达的概念比较准确,具有较好的灵活性和专指性,不同的检索系统、不同的专业领域可以有各自的主题词表.

标题词语言是一种先组式的规范词语言,即在检索前已经把概念之间的关系配好.具有极好的通用性、直接性和专指性,但灵活性较差.常用的标题词表有《美国国会标题词表》、《医学主题词表》.

单元词是一种最基本的、不能再分的单位词语,也称为元词,从文献内容中抽出,再经规范处理,能表达一个独立的概念.例如"信息检索"是一个词组,"信息"和"检索"才是单元词.

叙词是计算机检索中使用较多的一种语言,可以用复合词来表达主题概念,在检索时可由多个叙词形成任意合乎逻辑的组配,构成多种组合方式.由叙词组成的词表叫做叙词表.

(3) 代码检索语言:就事物的某一方面特征,用某种代码系统加以标引和排列,目前主要用于化学领域.例如,化合物的分子式索引系统、环状化合物的环系索引系统等.

2. 自然语言

自然语言检索用词是从信息内容本身抽取的,主要依赖于计算机自动抽词技术完成,辅以人工自由标引,是非规范词.自然语言的标识包括:

(1) 关键词,即直接从信息资源名称、正文或文摘中抽出的代表信息主要内容的重要语词.这部分有时由人工自由标引进行,但大部分由计算机标引系统自动完成.

(2) 题名,即信息资源的名称,如论文篇名、图书书名、网站名称等.

(3) 全文,即从资源的全部内容中自动抽取、查找.

(4) 引文,即将文献所引用的参考文献的作者、篇名、来源出版物抽取进行标引.

此外还有摘要以及对多媒体资源进行标注的相关元数据等.

11.3.2　基于关键词的检索

关键词又称自由词,属自然语言范畴.关键词是反映文献主体概念,具有实际检索意义,主要从文献中直接选取的,未经规范,用以标引和检索文献信息的词语.在情报检索早期,关键词语言的获取主要是通过手工,但随着计算机的广泛应用,尤其是网络的迅速发展,知识更新速度的加快和数字化信息的海量增加,关键词检索成为目前数字图书馆主要的检索方式.

但是采用简单的关键词检索方法容易造成检索结果过多,检全率和检准率都无法满足用户的需求.因此越来越多的检索系统都采用了强化关键词检索的措施,以提高关键词检索的效率.

1. 布尔检索

利用布尔检索符进行检索词的逻辑组配是情报检索系统和搜索引擎最常使用的一种方法.常用的布尔逻辑符有"AND","OR","NOT"三种,正确的使用布尔逻辑符既可以提高查准率,又可以提高查全率.应当注意的是,查全率和查准率两者之间具有互逆的关系,不可能在提高查准率的同时提高查全率.

2. 截词检索

截词检索也是一种常用的检索技术,尤其是在西文检索工具中更是被广泛使用.西方语言的构词灵活,在词干上加上不同性质的前缀和后缀,就可以派生出很多新的词汇.这些词之间的基本含义是一致的,如果不采取措施在检索式中列出一个词的所有派生形式,就容易出现漏检.截词检索就是防止漏检的有力措施,因此大部分搜索引擎都具有截词检索的能力.截词检索指的是用截断的词的一部分进行检索,并认为凡是满足词的这部分的所有字符串的记录均为检索命中的记录.截词检索有右截词(后端截词,前方一致)、左截词(前端截词,后方一致)、中间截词(前、后方一致)和左右截词(中间一致).但在搜索引擎中最常见的是右截词方法.因为截词检索具有"字面成族"的作用,所以使用截词检索可以提高检全率.

3. 词位检索

词位检索即要求检索词之间的位置满足某些条件,从而增强选词的灵活性,部分地解决布尔逻辑解决不了的词间关系问题,提高检索水平和筛选能力.

4. 限定检索

在搜索引擎中采用了一些缩小或约束检索结果的方法,称之为限定检索.限定检索的方式有很多,如采用字段检索来限定检索词在数据库记录中出现的字段范围,可以是网站、网页或网页的层次、标题、内文、URL 等,还可以限定日期、语言、类型、范围、收费情况及是否是专家推荐等,一般而言,在搜索引擎中限定检索是以高级检索的形式出现的.通过该方式可以过滤一些不必要的信息资源,提高检准率,节省用户的时间和精力.

5. 加权检索

加权检索是对检索词之间的组配关系从量上加以限制和表示的一种方法,它也是对布尔逻辑的改进.布尔检索不能列出每个检索结果的重要性等级,而加权检索通过判定检索词或字符串在满足检索逻辑后对文献命中与否的影响程度,根据权值的大小,即相关度的高低,依序输出检索结果.在实际使用中,并不是所有的搜索引擎都提供有加权检索功能,并且即使提供有加权检索,其加权方式、权值计算和检索结果的判定技术方法也是不一样的.

11.3.3　基于内容的图像检索

数字图书馆基于内容的图像检索是指直接根据描述媒体对象内容的各种特征进行检索,它能从数据库中查找到具有指定特征或含有特定内容的图像(包括视频片段).它区别于传统的基于关键词的检索手段,融合了图像处理、图像理解、模式识别、计算机视觉、数据库等技术.

基于内容的图像检索根据图像所包含的颜色、纹理、形状以及对象(图像中子图像)的空间关系等信息,建立图像的特征向量为其索引.检索的内容特征主要包括:颜色(图像颜色的分布、相互关系、组成等)、纹理(图像的纹理结构、方向、组合及对称关系等)、形状(图像的轮廓组成、形状、大小等)、对象(图像中子图像的关系、数量、属性、旋转等).

1. 基于颜色特征的检索

颜色具有一定的稳定性,是基于内容相似性检索的首要特征.基于颜色特征的图像检索主要解决三个问题:颜色的表示、颜色特征的提取和基于颜色的相似度量.颜色特征的提取和检索主要利用颜色空间直方图进行匹配,常见的颜色坐标空间有红绿蓝、色调、饱和度、亮度(HUE,DATURATION,VALVE).基于颜色特征的检索算法主要有互补颜色空间直方图、直方图交叉法、直方图距离比较法、二次型距离算法等.

2. 基于纹理特征的检索

纹理是图像中局部不规则而整体有规律的特性,主要包括粗糙性、规则性、线条相似性、凸凹性、方向性和对比度.分析纹理的常用方法有基于传统数学模型的共生矩阵法、K-L 变换、纹理谱分析等方法和近几年出现的基于视觉模型的多分辨率分析、小波方法等.由于难以描述,对纹理的检索一般采用示例查询方法,也就是从样本集(即一套预先存储的纹理图像)中选择所要查询的纹理.

3. 基于形状特征的检索

形状是图像的一个显著特征. 对形状特征分析的基础是图像边缘的提取. 基于形状的检索既包括传统意义上的基于二维形状的检索,也包括在三维图像中的基于三维形状的检索. 常用的形状检索方法主要有两种:针对图像边缘轮廓线进行的检索和针对图形向量特征进行的检索.

11.3.4 基于内容的视频检索

基于内容的视频检索是一种新的检索技术. 它能从数据库中查找到具有指定特征或含有特定内容的图像(包括视频片段). 它区别于传统的基于关键词的检索手段,融合了图像处理、模式识别、计算机视觉、图像理解等技术,具有如下特点:

(1) 直接从视频数据中提取信息线索;

(2) 是一种近似匹配,与常规数据库检索的精确匹配方法明显不同;

(3) 自动提取并描述视频的特征和内容.

1. 视频分割

对视频的处理主要包括视频分割、关键帧的抽取及视频特征的提取等. 视频分割是最主要的一步. 视频分割是指对图像或视频序列按一定的标准分割成区域,目的是为了从视频序列中分离出有一定意义的实体,这种有意义的实体在数字视频中称为视频对象. 视频分割主要有两种方法:数据驱动方法和模型驱动方法. 视频分割按用途大致可分为用于编码目的和基于内容可操作两大类. 前者一般基于视频图像低层次级(像素级)的特征;后者要依靠视频图像高层次级(对象级)的特征.

2. 视频索引

视频数据包含极其丰富的语义内容,结构复杂多样,在物理层次上,视频是二维像素阵列的时间序列,与语义内容并不直接相关. 要实现基于内容的视频检索,必须突破传统的基于一个或多个关键域(或属性)建立索引和表达式检索的局限,直接对视频内容进行分析,抽取特征和语义,并利用这些内容特征建立索引.

具体来说,常用的视频特征有:镜头(视频检索的基本单元)和代表帧(简称 R 帧,又称对称关键帧,用于描述一个镜头的关键图像,是视频的静态特征)、运动特征(主要包括摄像机操作、目标运动等). 一旦建立视频内容的索引,就可以利用相似性测度,基于关键帧特征或镜头的时间(运动)特征,或二者的结合来进行视频检索和查询.

3. 基于内容的视频检索

视频检索实际上属于图像的范畴. 视频除了具有一般静态图像的特征外,还具有动态性,如镜头运动的变化、运动目标的大小变化,视频目标的运动轨迹等,所以视频又称动态图像,是一组图像按时间的有序连续表现,它的表示与图像序列、时间关系有关. 视频数据可用幕、场景、镜头、帧等描述. 视频序列主要由镜头组成;镜头由一系列连续的帧组成;帧是一幅静态的图像,是组成视频的最小单位;场景含有多个镜头;幕是由一系列相关的场景组成,表达一个完整的事件.

视频检索的方法主要有三种:(1) 基于关键帧的检索. 用户可以使用目标特征说明的直接查询、可视实例的示例查询和指定的特征集查询等多种方法在数据库中检索需要的关键帧. (2) 基于运动的检索. 这是基于镜头和视频对象的时间特征进行的检索,是视频查询的进一步要求.（3）浏览. 一般采用分层结构和集束分类技术.

11.3.5 基于内容的音频检索

音频是对声音进行数字化处理得到的结果. 音频数据一般用音量、音调、音强、带宽、音长和音色等属性来描述，其中音量、音调、音强、带宽和音长属性易于通过技术手段进行信息化建模，而对音色的处理较为复杂. 在检索前，首先对音频数据建立索引，索引可以基于韵律、和音、旋律以及其他的感知或声学特征.

基于内容的音频检索就是将输入的字符序列和音频数据库中的字符序列相匹配. 常用的音频检索方法有：（1）赋值查询. 用户指定某些声学特征的值或范围来说明查询结果.（2）示例查询. 用户提交一个示例声音，针对一个或多个特征，查出所有与示例相似的声音.（3）组织浏览查询. 对声音进行分类分组，然后通过浏览选择.

§11.4 标 准

面对分布、异构、变化和开放的数字信息资源与服务环境，各类数字信息系统需要建立自己的标准与规范描述体系，按照统一的原则框架和基本方式，制定应遵循的各个层次的标准与规范，从而支持在整个数字信息环境中有效使用、广泛获取和长期保存信息.

11.4.1 内容编码的标准规范

内容编码涉及具体数据内容的计算机编码形式和标记形式，是制约数字信息可使用性乃至可持续性的最基本条件. 数字图书馆项目通常会要求资源内容在编码层次遵循基本的标准，例如以下方面标准：

（1）基本编码标准，国际上普遍要求遵循 ISO/IEC10646/UNICODE. 在我国环境下，目前存在 GB2311 1980，GB13000 1993 和 GB18030 2000 标准，其中 GB18030 在 GB2311 基础上进行扩充，在技术上是 GBK 的超集，是国家强制性标准. GB13000 1993 是 ISO10646-1 的等同标准，GB18030 2000 与它在字汇上兼容，通过代码映射表可以进行自由转换.

（2）特殊信息编码，涉及数学符号和公式、化学符号、向量信息、地理坐标等的编码，例如基于 XML 的开放标记语言等.

（3）数字文献结构编码，涉及如何定义文献结构，普遍要求采用 XML DTD/XML Schema 来定义文献结构，而且相关的文献模式定义应经过 XML 语法验证.

11.4.2 数字对象逻辑模型的标准规范

前面数字对象的逻辑模型中大概陈述了一下目前讨论较多的四种标准模型：FRBR，OAIS，RSLP，SCORM，METS 以及四种模型的简单的比较. 目前在图书馆界应用较多还是 METS 模型，下面简单说一下 METS 模型的发展状况.

METS 项目的研究开始于 2001 年，由数字图书馆联盟发起，目前由国会图书馆的网络开发及 MARC 标准办公室负责维护. METS 是在 MOA2 项目的工作基础上发展起来的.

METS 是一个用于将数字对象的元数据编码和传输的标准，适用在一个数字仓储中管理数字对象，以及在多个仓储中或者在仓储和其他用户之间交换对象.

经过几年的发展,METS 标准已经在图书馆界得到一定的应用,且得到许多大型机构和组织的支持,其优点也愈来愈明显,这又促进了 METS 的进一步发展.目前已经采用 METS 标准的机构与项目有:"中美百万册书数字图书馆合作计划"、美国 OCLC Digital Archive 项目、美国国会图书馆 Digital Audio-Visual Preservation Prototyping 项目、the Digital Library Federation 等.

11.4.3　资源格式的标准规范

资源格式涉及文本、图像、音频、视频等数据内容.

1. 文本

文本包括单纯文本和复合文本,.txt 是通用的纯文本文件格式,文件体积小,阅读不受限制,但不能插入图片,图表等,不能建立超链接,不支持字体样式编辑.复合文本主要的格式有.pdf,.html,.xml,.sgml,.djvu,.doc 等,这些格式支持图文或多媒体多种文件格式混排,支持 OCR 后的文本检索.

2. 图像

图像包括点阵图像(位图)和向量图.位图是由许多描述图像中多个像素点的亮度和颜色的位数集合组成的二维矩阵,反映了物体的整体特征,是物体的真实再现.其主要的格式有.tiff,.gif,.jpg,.png,.pcd 等.向量图在数学上定义为一系列由线连接的点,它采用记录图形端点和向量的形式描述图形的内容,反映了物体的局部特性,是真实物体的模型化.向量图适用于线形的图画、美术字和工程制图等.由于向量图采用简单数字方式描述,因此它只需要很小的存储空间.其主要的格式有.eps,.fla,.swf,.vml,.svg,.vrml 等.

3. 音频

音频数据的格式标准比较复杂,除了常推荐的.mp3 外,还有.wav,.mid,.rmi,.wma,.ra 等.音频数据的"保存格式"采用数字录音格式.

4. 视频

视频数据的格式标准一般首选 MPEG,另外也可使用 Apple Quicktime,MSRealVideo 等专用格式.由于视频格式都存在压缩,因此数字视频数据的"保存格式"往往采用数字录像格式,例如 DV、DVCam、DVCPro、digiBeta 格式.

11.4.4　目录模式的标准规范

目录模式目前应用较多的是 DC,DC 是国际组织 Dublin Core Metadata Initiative 拟定的用于标识电子资源的一种简要目录模式.它一出现就被北美、欧洲、亚洲和澳洲的 20 多个国家认同,不仅图书馆、博物馆,不少政府机构、商业组织正在或准备采用.

通过从传统的图书馆读者利用卡片目录查询、借到所需图书的办法得到启示:在网络上检索电子资源,也可以借助于反映这些电子资源的目录信息.于是 DC 的拟定者们参照图书馆卡片目录的模式,制定了 15 项广义的元数据,分别是:名称、创作者、主题及关键词、说明、出版者、发行者、时间、类型、格式、标识、来源、语言、相关资料、范围、版权.这 15 项元数据不仅适用于电子文献目录,也适用于各类电子化的公务文件目录、产品、商品、藏品目录,具有很好的实用性.

11.4.5　检索条件的标准规范

检索是数字图书馆服务的基本形式,也是制约数字图书馆系统互操作的主要因素.目前,多数描述体系除了要求提供基于 HTTP/HTML 的检索机制外,没有进一步规定更为详细的检索机制.但是,HTTP/HTML 检索机制在支持异构系统的丰富检索功能和分布系统的集成检索方面受到较大制约,所以多种分布环境下异构系统检索机制不断被提出来,有些甚至在相当大范围内得到应用.

Z39.50 是面向图书馆著录数据检索的公共标准,长期以来在图书馆自动化建设中发挥了重要作用.但由于 Z39.50 协议的复杂性,多数系统在具体应用它时都选择采用其中部分功能、检索式格式、检索参数和语义定义等,从而使采用不同 Z39.50 功能和参数的系统不能互操作.为避免这种情况,一些图书馆联合起来建立 Z39.50 应用协议,具体规定这些图书馆在使用 Z39.50 协议时必须遵守的具体功能、格式、参数和语义定义.另一方面,由于 Z39.50 属于专用的 M2M 协议,不能方便地嵌入 Web 环境尤其是用户 Web 浏览器,所以在数字图书馆建设中并没有成为主流.考虑到这种限制,ZIG 开始探索适应开放环境的 Z39.50 检索技术,包括基于 XML 的 Z39.50 编码方式 XER 和基于 HTTP 的 ZNG 机制.许多分布检索体系还采用或试验了其他机制.

从 2000 年起,OAI 作为一种开放检索机制开始得到广泛重视和应用.它要求数字资源系统能够用 DC 元数据描述数字对象(或将本地元数据转换为 DC 元数据),并提供这些元数据的开放搜寻.目前 NSDL 通过 OAMHP 来建立它的核心集成系统,通过由此生成的元数据库来支持对多个数字资源系统的检索.欧洲各国也开始研究和推动 OAI 机制的应用.

§11.5　原型、项目与界面

如今针对信息检索、超文本、多媒体以及图书馆自动化方面的研究作为数字图书馆领域中的先驱已经很多年,许多实验室和学校图书馆投入了大量资金和人力,并且取得了一定的成果.下面主要针对美国卡内基-梅隆大学数字视频图书馆的 Informedia 系统(The informedia digital video library project),美国伯克利大学数字图书馆的 Blobworld 图像检索系统以及加利福尼亚大学的 ADL(Alexandria Digital Library)检索系统进行介绍.

1. 美国卡内基-梅隆大学数字视频图书馆的 Informedia 系统[①]

卡内基-梅隆大学数字视频图书馆的 Informedia 系统(图 11-1)在早期为自动化音频、视频标引,可视化,查询和检索提供了新的方法,同时将他们嵌入到系统中用于教育,信息和娱乐环境.卡内基-梅隆大学的数字图书馆作为 NSF,DARPA 和美国航空航天局赞助的最初启动的六个数字图书馆之一创始于 1994 年,并且是唯一一个重点针对视频媒体的数字图书馆.该项目目标在于使视频检索具有文本检索中的所有功能,同时为更丰富的信息传输平衡暂时的视觉质量.

Informedia 系统提供了对迄今为止电视和广播新闻以及文档的全文查询及检索.这个系统通过应用人工智能以及高级系统技术自动进行内容获取,信息提取以及在线存档.目前图书

---

① 见:http://www.informedia.cs.cmu.edu/.

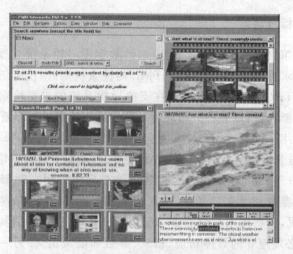

图 11-1　IDVL 接口显示 12 个从"El Niño"查询返回的文档以及
不同多媒体从这些文档中提取的信息

馆拥有 1 TB 的过去两年的每日新闻和公众电视的资源时长达 15 000 小时. 还包括政府机构产生的一些文档资料. 这个系统结合了语音识别, 图像识别以及自然语言处理技术以自动转录, 分割和标引线形视频.

　　Informedia-II 项目增强了底层信息提取的速度以及准确性, 目前还包括对名字、地点、日期和时间引用的解释, 并且增加了对动态事件片段、语音以及人脸识别和视频事件特征的识别. Informedia-II 开创了一个专注于方便用户访问以及检索视频信息的时代. 概要信息而不是文档本身成为叙述的单元, 如图 11-2 所示. 视频源可以在这些概要的上下文中看到, 以显示事件如何随时间跨越地理边界发展, 从而允许从时间和空间视角来展现.

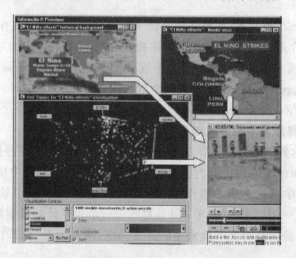

图 11-2　Informedia-II 接口对于"El Niño effects"查询提供的附加的视图

2. 美国伯克利大学数字图书馆的 Blobworld 图像检索系统①

Blobworld 演示系统的图片来自 350 张 CD,每张 CD 约 100 张图片.要对这些图片进行浏览,需要先从动物、人类、花朵、海洋、户外风景、人类制造物 6 种分类(系统设定好的 6 种分类方式)中选择一种进行查询,系统会提供一个图片模板,这个模板是已经划分好区域的,需要先选定一个特定的区域进行查询,然后可以调节这个区域颜色的轻重、纹理、位置、形状等.一旦我们提交请求后,数据库中的所有图片将会按照他们对查询的匹配度进行排序.Blobworld 系统会将匹配度最高的前八张图片显示出来.同时系统还提供关键词检索,进一步提高检准率.

该系统主要侧重于两点:

(1) 允许用户浏览和检索一个大的对象数据表;

(2) 针对典型的计算机视觉问题,如计算机的对象识别能力,使用大对象集合作为数据.

以上两点主要关系到语义问题和视觉问题.他们的方法是构建统计模型来"解释"集合中的数据.这些数据由图像片段特征以及图像相关的文字组成.图片的关键词是精心选取的词或是非固定形式文本与经过预处理的自然语言的结合.

相关联的文字提供的语义信息,使用标准的计算机视觉方法是很难判断的.相反,当人类提供关键词的时候经常忽略掉图片特征提供的信息,比如,人们在检索一幅红色的玫瑰图片一般不会有关键词"红色",因此图像特征和关联文字可以起到互补作用.

Blobworld 系统的检索界面如图 11-3.

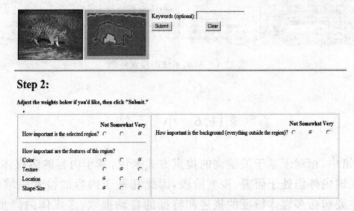

图 11-3　Blobworld 系统的检索界面

3. 加利福尼亚大学的 ADL 检索系统②

ADL 的研究人员、开发人员以及教育学家的社团联盟分为学术区、公众区以及私人区,意在探索分布式数字图书馆中以地理为参考的信息的相关问题.

ADL 系统允许用户访问 15 000 之多的地图、图像以及数据表等,这些都可以通过互联网下载.

对于地图浏览功能.ADL 提供了一个世界地图的检索.用户可以通过使用地图浏览器选中某一区域或是输入所要检索区域对应的经纬度.对于一般的检索,需要设定要进行检

---

① 见:http://elib.cs.berkeley.edu/photos/blobworld/start.html.

② 见:http://webclient.alexandria.ucsb.edu/mw/index.jsp.

索的库,然后选择要进行检索的区域(可以通过地图浏览器或是输入经纬度),接着限定时间区域,为了获得更多的信息,可以从 ADL 对象类型词典中选择对象类型. 目前 ADL 库中的对象类型有五种,这些对象有明确的定义和来源声明,主要有航空摄影学、制图作品、卫星图像、地图以及遥感图像. 对于 ADL 的编目,对象格式分类是基于 MIME 类型的,包括离线的资源类型. 此外 ADL 系统还支持对于关键词、作者的检索以及多种排序方式和页面记录条数的设定.

ADL 的检索界面如图 11-4.

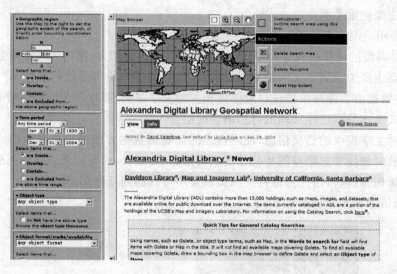

图 11-4　ADL 系统的检索界面

§11.6　小　　结

在数字图书馆中,相对于基于关键词的检索方式来说,基于内容的多媒体检索还是一个新兴的研究领域,在国内外仍处于研究、探索阶段,因此在基于内容的检索领域中仍然存在许多问题. 这些问题主要包括多媒体特征的描述和特征的自动提取、多媒体的同步技术、匹配和结构的选择问题以及以多相似性特征为基础的索引、查询和检索等. 作为一个新兴的研究领域,同时由于其检索对象和范围的多样性,尤其针对图书馆中海量的多媒体资源来说,基于内容的多媒体检索还要解决多种检索手段相结合的问题,以提高检索效率.

此外,更好地理解检索内容以及使检索性能更接近人类视觉的特征,也是未来研究中需要解决的问题. 未来的信息系统应当是概念匹配的语义检索,即自动抽取文档的概念,加以标引;用户在系统的辅助下选用合适的词语表达自己的信息需求;然后在两者之间执行概念匹配,即匹配在语义上相同、相近、相包含的词语. 例如,用户要查询的是"操作系统",那么"Unix"将是与之概念匹配的词语之一. 人工智能和自然语言理解在这一领域进行了富有成效的研究,但是目前所构造的这类系统要求将文献资源限制在一个较窄的专业领域内.

概念匹配还可以解决信息检索中的"词汇问题". 研究人员常常需要借鉴其他领域的研究成果,但是由于专业术语的隔阂,即便是在非常接近的领域也常常难以找到所需的文献. 例如,在山谷中架桥的工程师为了研究风力对桥梁结构的影响,希望能参考在海底铺设管道的工程师研究水流对管道结构影响的成果.解决词汇问题的方法是从所涉及的专业领域中在语义上可匹配的术语之间进行词汇切换.如前述的桥梁工程师可直接使用自己熟悉的空气动力学术语,系统则自动将之转换为海洋流体方面的术语.

语义检索只有在相应的信息基础结构上才能实现.特别是在一个由分布的、异构的信息仓储构成的多媒体网络信息环境中实现仓储的语义联邦和检索的概念匹配——语义互操作.这是数字图书馆所面临的最大挑战.

§11.7　参考文献

[1] Feng D D, Siu W-C, Zhang H-J. ed. *Multimedia Information Retrieval and Management-Technological Fundamentals and Applications.* 2003. Berlin; New York : Springer, 246—262.

[2] Johan Bollen, Michael L. Nelson, Giridhar Manepalli, Giridhar Nandigam, and Suchitra Manepalli, *Trend Analysis of the Digital Library Community* D-Lib Magazine January, 2005.

[3] 肖珑,张春红,孙玉华等. 数字信息资源的检索与利用. 北京大学出版社,2003, 28—39.

[4] 中国高等教育文献保障系统管理中心编制. 中国高等教育数字图书馆技术标准与规范,2004.

[5] 宛文红. 数字图书馆多媒体信息检索技术. 图书馆工作与研究,2004(1).

[6] Howard D. Wactla, *Informedia-Ⅱ : Search and Summarization in the Video Domain*, 1999.

[7] Liu W, Zhang L. *Metadata Designing from the Perspective of DL Architecture.*

[8] 郭瑞华. 数字图书馆多媒体信息的存储研究. 信息系统,2002(6).

[9] DCMI Usage Board, *DCMI Metadata Terms*,
    http://dublincore. org/documents/2005/06/13/dcmi-terms/.

[10] CALIS 子项目建设技术规范与项目管理办法编制小组. 数字对象的逻辑模型,2004.

[11] CALIS 子项目建设技术规范与项目管理办法编制小组. CALIS 数字对象唯一标识符命名规范,2004.

[12] 王军,杨冬青,唐世渭. 数字图书馆的检索技术. 北京大学信息科学中心.

[11] 何立民,万跃华. 数字图书馆中基于内容的视频检索关键技术. 中国图书馆学报,2002.

[12] 何立民,万跃华. 数字图书馆中基于内容的图像检索关键技术. 中国图书馆学报,2002.

[13] http://www. calis. edu. cn 中国高等教育文献保障体系.

[14] 上海图书馆数字化课题组,美国数字图书馆首倡计划.

[15] 刘炜,上海图书馆数字化工作部. 数字图书馆概要.

§11.8　习　　题

1. 了解数字图书馆的发展背景、定义以及特征.

2. 理解数字图书馆中数字对象的概念,试用数字对象模型对某一多媒体资源进行建模.

3. 比较人工语言和自然语言的区别,试着分别用人工语言和自然语言对同一多媒体资源类型进行检索.

4. 利用 DC 中 15 个元数据中的几个来描述数字图书中某一多媒体资源类型.

5. 试比较基于关键词的检索技术与基于内容的检索技术.

6. 除了§11.5 中引用的三个数字图书馆多媒体检索系统,试分别列举一个音频、视频检索系统在数字图书馆中的应用例子,调研其所用的检索技术以及特征,并进行比较.

7. 讨论基于语义的检索在数字图书馆中应用的情况以及发展前景.

第十二章　多媒体信息安全

§12.1　引　　言

随着网络与无线通信的普及,许多传统媒体内容都向数字化转变,如 MP3 的网上销售,数字影院的大力推行,网上图片、电子书籍销售等等,在无线领域,随着移动网络由第二代到第三代的演变,移动用户将能方便快速的访问因特网上的数字媒体内容.但是,数字媒体内容的安全问题成了瓶颈,包括安全传递、访问控制和版权保护.

多媒体安全是多媒体信息在应用中必须面对的关键问题,它的研究基础是密码学和信息隐藏学(主要包括信息伪装和数字水印).多媒体信息安全不仅要满足经典信息安全的机密性、完整性、发送者鉴定和不可抵赖等基本需求,往往还要求能够进行篡改定位和评估及片段鉴定.当前,多媒体信息安全技术的一个重要的比较集中的应用是多媒体数据的数字版权管理.

本章先从信息安全的基础知识入手,接着讨论了常用的信息安全技术:信息伪装、数字水印以及基于这些技术的多媒体鉴定方案,然后介绍了数字版权管理技术,最后简单地讨论了相关的趋势和研究问题.

在详细讨论各个具体技术前,有必要概括地介绍信息安全中的基本概念(包括基本专业术语,信息安全的基本需求)以及多媒体信息安全的特殊性.

12.1.1　信息安全的基本概念

1. 基本专业术语

(1) 明文和密文.

消息(message)又被称为明文(plain text),通常用 M 或 P 表示.明文通过某种变换方法得到密文(cipher text),通常用 C 表示.将明文变换成密文的过程称为加密(encryption),与之相反的过程称为解密(decryption).我们用 E 表示加密函数,D 表示解密函数,加密和解密的过程可以用如下属性公式表示:

$$E(M) = C; \quad D(C) = M. \tag{12.1}$$

(2) 算法和密钥.

算法是用于加密和解密的数学函数,一般是一对:一个用来加密,另一个用来解密.

如果加密的机密性依赖于对算法的保密,那么对应的算法就是受限的算法.古老的加密技术往往采用这种受限算法,比如第一次战世界大战中,各国采用的军用电报编码方式基本都属于受限算法.这种算法一旦泄漏便会使得采用它的加密的密文再没有保密性可言,加上它无法进行标准化,现在很少被采用.一般只有在保密要求相当低的应用中才会采用受限的算法.

现代密码学采用将密文的保密性依赖于某个取值范围相对很大的参数,这个参数称为密钥(key),它的可能的取值范围称为密钥空间.对于同一个算法来说,一般密钥越长加密强度越大,采用穷举法破解的难度也越大.加密解密过程都需要密钥,用下标 K 表示密钥,加密和解

密过程变成

$$E_K(M) = C; \quad D_K(C) = M. \tag{12.2}$$

有些算法加密和解密使用不同的密钥.所有这些算法的安全性都基于密钥的保密性;而不是依赖于算法细节的保密性.这样算法本身可以公开,被大家分析评测.其中公认好的算法可以被标准化,比如 DES,RSA 等.

对称算法和非对称算法

基于密钥的算法通常可分为对称算法和非对称算法(又叫公开密钥算法).

对称算法中,加密密钥和解密密钥常常是相同的,或者可以互相推导出来.非对称算法加密和解密的密钥是一对密钥,互相不能进行推算得到.常用的系统中,其中一个密钥称为公钥,另一个称为私钥.公钥加密的必须使用私钥解密,反之亦然.公钥是往往公开的,私钥则是保密不向外公开.用下标的 K_{pri} 和 K_{pub} 分别表示私钥公钥,加密解密过程为

$$E_{K_{pub}}(M) = C; \quad D_{K_{pri}}(C) = M \tag{12.3}$$

或

$$E_{K_{pri}}(M) = C; \quad D_{K_{pub}}(C) = M. \tag{12.4}$$

上面式(12.3)的加密解密过程比较常用.(12.4)则往往用于验证数据的确是由某个放送者发送的,比如 A 向 B 发送 M_1 和使用 A 的私钥加密的 $C = E_{K_{pri}}(M_1)$,B 收到后用 A 的公钥计算 $M_2 = D_{K_{pub}}(C)$,如果 $M_1 = M_2$,则可认为 M_1 的确是 A 发送的,不是某个人伪造的.

2. 信息安全的基本需求

(1) 机密性(confidentiality).保证消息有很好的保密性.从密码学角度来说,保密性等价于密文破解的难度.

(2) 完整性(integrity).消息的接收者能够验证消息是否在发送过程中被篡改过,即攻击者无法用修改过的消息冒充发送者发送的原始消息.

(3) 发送者鉴定(authentication).消息的接收者能够鉴定出消息的发送者,即攻击者无法以其他发送者的名义发送消息.

(4) 不可抵赖性(non-repudiation).消息一旦发出并且被接收者收到,那么发送者就不能抵赖它曾经发送过该消息.比如在数字签名应用中,参与交易双方一旦都签署了某个数字协议,之后双方就不能否认这个事实,就要履行协议中的义务.

(5) 可用性(availability).从系统角度看,可用性好的系统应该是稳定可靠的,在合法用户需要使用其中功能时,它总是可访问的.

(6) 访问控制(access control).仅仅让授权用户访问相应的资源,而非授权用户则被拒之门外.其中,机密性、完整性、发送者鉴定和不可抵赖最为根本.OSI 定义了安全的服务应该实现:机密性、完整性、发送者鉴定、不可抵赖性以及访问控制.

3. 信息安全的威胁和攻击方式

信息安全常见的威胁有:(1) 重要信息泄漏(比如密钥外泄),(2) 完整性破坏(消息被篡改了),(3) 消息伪造(A 以 B 的名义发送消息欺骗 C),(4) 拒绝服务(服务器忙于应付恶意的请求,而使得正常的请求无法得到响应),(5) 非法的使用(资源的使用超过许可范围之内),(6) 木马和计算机病毒.

这些威胁并不是相互孤立的,而是可以互相滋生.比如木马和病毒一旦在受攻击目标得手,那么重要信息泄漏以及其他威胁更容易接踵而来.反之,重要信息,比如远程登录的管理员

账号密码泄漏,那么攻击者很容易进入攻击目标机器,并下载木马或病毒程序,然后在目标机器上运行它们,以便留下后门.

　　信息安全中的攻击方式主要分为两大类:消极攻击和积极攻击.消极的攻击方式采用监听通信消息的方法以获得相关的数据.积极攻击方式则是不仅仅监听通信双方交流的消息,而且它还会主动修改监听到的消息,然后用来欺骗通信双方或其中一方.

12.1.2　多媒体信息安全的特殊性

　　经典的信息安全中的方法虽然也可以用于多媒体数据,在它们看来,多媒体数据和普通二进制数据一样,只是字节序列而已.但实际上,多媒体信息有着比字节序列更高层的感观概念上的东西.比如两副人物肖像 A 和 B,内容完全一样,只是一个是彩色的,一个是黑白的.从字节序列来看,两个数据可以是完全不同的.但从感观上说,它们只有颜色上的差异.

　　以完整性为例,经典的信息安全中的方法只能从字节序列上判断,只要校验的数据和原来的数据稍有不同,就认为是完整性被破坏.而多媒体信息中,完整性不是个简单的是或否的问题,它是从观感层次上讨论的.如果内容发生修改,但从感观上没有超出预期的范围,都可以认为是完整性没有被破坏.比如前面的人物肖像的例子,在大多数的情况下都是认为由 A 到 B 的修改没有破坏信息的完整性.

　　另外,与普通的数据相比,多媒体数据有着很高的冗余度以及不规则的特点.这使得信息隐藏技术可以在多媒体数据中得到较好的应用.比如一副添加了数字水印的图片和原图可以做到视觉上的无差异性.在经典的信息安全中,密码学是核心的,它是主要的技术基础,而在多媒体信息安全中,除了密码学之外,还有信息隐藏学.由于密码学已经相当成熟,在多媒体信息安全中,重点和难点往往在信息隐藏上面.

　　实际上,多媒体信息安全除了经典信息安全的机密性、完整性、发送者鉴定和不可抵赖等基本需求外,往往还要求能够进行篡改定位和评估、片段鉴定.篡改定位和评估是指如果发现内容被篡改,那么给出篡改的位置以及篡改的程度.片段鉴定是指在数据只有部分接收到的情况下,就收到的数据而言其完整性状态如何,比如只收到一半的乐曲数据.

§12.2　常用信息安全技术

　　经典的信息安全是以密码学为依托的,而密码学涉及面相当广,本节仅仅将信息安全中最常见也是最核心的技术做了原理分析和技术介绍,主要是从方便读者对下面章节理解的角度编写的内容.至于信息安全技术的详细介绍,有兴趣的读者可以参看信息安全的有关参考文献资料.

12.2.1　密钥加密

1. 基本类型

　　采用对称密码算法的加密方法称为密钥加密,它有两种基本类型:分组密码和序列密码.

　　分组密码将明文和密文划分成组,每组等长(明文的最后一个组位数不足的,则采用某种方式填充保证各组等长).采用分组密码方式,相同的明文,在相同的密钥下面或得到相同的密文.而序列密码是对明文和密文逐字节或位进行运算,相同的明文采用序列密码加密会得到不同的密文,因为序列密码加密中密钥序列发生器每次会随机产生一个密钥序列.

分组密码主要有两种模式:电子密码本(electronic code book,简称 ECB)和密码分组链接(cipher block chaining,简称 CBC).

在 ECB 模式中,每组的加密和解密和其他组没有关系.如图 12-1 所示:

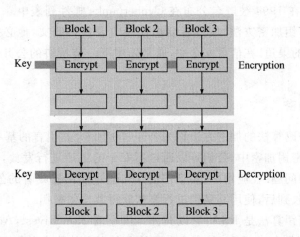

图 12-1 ECB 模式

而在 CBC 模式中,从第二块开始,每组明文加密前要和前面的密文进行运算(一般是异或).第一块明文是和初始化向量(initialization vector,简称 IV)进行运算.这样,每组密文间接地依赖于前面所有的各组明文.如图 12-2 所示.

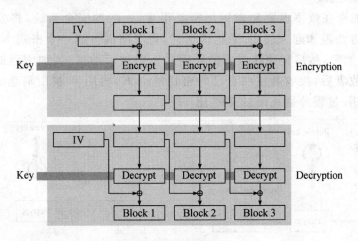

图 12-2 CBC 模式

在序列密码加密中,密钥序列发生器会随机生成一个位序列$(K_1, K_2, \cdots, K_i)$,然后和明文位序列$(P_1, P_2, \cdots, P_i)$进行异或运算产生密文序列:$C_i = P_i \oplus K_i$("$\oplus$"表示逻辑"异或"运算).解密时,$P_i = C_i \oplus K_i$.

2. DES 和 RC4

最早的分组密码标准算法是 DES,它由 IBM 公司提出,并在 1976 年被美国采纳作为联邦标准.DES 的密钥长度通常是 8 个 7 位的字节即 56 位.它的穷举破解复杂度是 2^{56}.随着计算机硬件速度的提升和并行运算技术的发展,普通 DES 的安全性受到质疑.从 1998 年以后,在金融业 DES 的变种 3DES(称为三重 DES,相当于 112 位的密钥强度)逐渐取代 DES.现在常用的分组密码算法还有 Blowfish,AES 和 IDEA.

RC4 则是序列密码算法中应用较为广泛的一个,它由 RAS 公司 1987 年开发并注册为专利.其实现源代码在 1994 被匿名公布在 Cypherpunks 邮件列表中.

不管采用何种密钥加密方法,发送者要想让接收者获得明文,他必须将密钥共享给接收者,而且要采用安全的渠道.在信息安全中,通常采用下一节所讲的公开密钥加密方法来共享密钥.

12.2.2　公开密钥加密

采用公开密钥密码算法的加密方法称为公开密钥加密.在引言的基本术语部分,已经对此做了简单介绍.公开密钥加密中,公钥可以通过不安全的渠道进行发放,与密钥加密相比少了安全渠道发放密钥的问题.在应用中,共享密钥往往通过使用接收者的公钥进行加密,然后发送给接收者.接收者收到后,使用其私钥进行解密获得共享的密钥.

最著名的公开密钥算法是 RSA,它以其三个发明者 Ron Rivest,Adi Sharnir 和 Leonard Adleman 的姓名首字母合成.RSA 的安全在理论上基于大整数难以分解.

假设 e 是公钥,d 是私钥,n 是两个大素数 p 和 q 的乘积,RSA 的加密解密过程如下:

$$\begin{cases} E_e(M) = M^e \bmod n = C; \\ D_d(C) = C^d \bmod n = M, \end{cases} \tag{12.5}$$

其中 mod 是取模运算.

公开密钥加密在效率上要比密钥加密差很多,一般的安全系统,将公开密钥加密和密钥加密两种方法混和起来使用.数据传送时,每次随机生成一个密钥 K,使用该密钥 K 对消息 M 进行加密,然后使用接收者的公钥对密钥进行加密.当加密后的密钥数据和消息数据到达接收者后,接收者使用自己的密钥解出 K,再用 K 解出消息 M.这里的 K 通常称为会话密钥.过程分别见图12-3和 图 12-4.

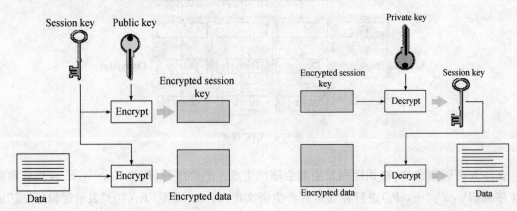

图 12-3　混和方式的加密过程　　　　图 12-4　混和方式的解密过程

另外,公开密钥加密还应用于将会在 12.2.5 小节讨论的数字签名中,私钥用来签名,公钥用来验证签名.

12.2.3　单向散列算法

使用单向散列算法可以将变长的输入数据转换成定长的输出数据(通常是 128 或 160 位),单向散列算法不是用来保密数据的,而是为了提取出数据独一无二的特征值,这个值通常称为散列值、消息摘要或消息指纹.

单向散列算法有三个基本的要求:

(1) 无法从散列值推导出原始的输入值;

(2) 无法生成一个给定的散列值;

(3) 无法找到两个不同的输入使得它们有相同的散列值.

单向散列算法常常用来提取定长的特征值,或者通过比较消息指纹检测内容是否发生修改,有时候也用来将变长的密码映射成定长的密钥.

常见的单向散列算法有 MD5 和 SHA-1(SHA 的改进版),前者的输出是 128 位,后者是 160 位. MD5 比 SHA-1 要快,但近年来密码学界发现 MD5 有安全漏洞,而建议大家尽量采用 SHA-1.

12.2.4　密钥管理

不管加密算法本身应付破解的能力有多强,其密钥一旦被泄漏,前面所有的努力都将白费. 所以,密钥管理是信息安全中非常重要的部分,它包括密钥的生成,传输和存储等方面.

1. 密钥生成

密钥的生成常见的有四种方式: 从口令转化、随机生成、从硬件获得以及从生物特征生成.

对于从口令转化的密钥生成方式,常常要求用户输入一个字符串作为口令,然后系统根据单向散列函数之类的方法将口令转化成固定长度的密钥,数据的加密使用该密钥完成. 当解密时,同样会请求用户输入其口令,系统用前面同样方法得到密钥,然后解密内容. 这种方式的优点是可以让用户定制其容易记忆的口令,但是却有安全隐患,因为用户可能会使用别人也熟悉或容易猜到的信息(比如生日、电话号码等)作为口令.

随机生成的方式是指数据加密的密钥是根据系统产生的随机数构造的. 这类密钥一般用于短时间通信的数据加密,每次会话会产生新的会话密钥. 但有时候为了长久地利用随机生成的密钥,也和从口令转化的密钥生成结合起来使用. 在这种情况下,随机密钥会再次被从口令生成的密钥进行加密,这时候的口令生成密钥又称为密钥加密密钥. 解密数据时候,先从口令得到密钥加密密钥,然后再解密出随机密钥,最后由随机密钥得到明文.

在从硬件获得方式中,密钥以一种固化的方式存储的一些像智能卡之类的硬件中. 加密或解密时,系统实时地从这些硬件读取密钥. 它的优点是抵抗攻击的能力好,因为攻击者通常是无法接触到它的,而且也难以采用口令猜测的方法来攻击由它加密的数据.

像指纹之类的生物特征则是天然的密钥种子,它有点类似硬件存储密钥,只是这里的存储介质是人体. 生物特征有很好的不重复性,有一种真正意义上随机分布的特点,即便是一对双胞胎,他们也会有不同的指纹. 从生物特征获得的方式和由硬件获得有同样的优点,不足是生物特征稳定性可能稍微差些,比如手指受伤带来的指纹特征变化,或者感冒引起嗓音变化等.

2. 密钥传输

当需要和别人共享加密消息对应的明文时,需要将密钥传输给对方.从口令转化的密钥不需要传输密钥本身,但也要将口令传输给对方.除了使用传统的方式(比如邮件、电话)传递密钥或口令外,还可以采用前面提到的公开密钥加密的方法,将密钥或口令使用对方的公钥加密后再传输给对方.

另一种减少风险的方法是将密钥分成多个部分,每个部分采用不同的渠道发送出去.比如有的用邮寄,有的通过电话等.这样,攻击者很难收集到全部的密钥信息.

3. 密钥存储

从口令转化的密钥不需要存储,用户自己记住口令就行了.对于需要长期使用的随机密钥,可以存储密钥加密密钥加密后的结果.从硬件获得以及从生物特征生成的密钥也没有存储的必要,它们可以实时地提取或生成.

12.2.5 数字签名、数字证书和 SSL

1. 数字签名

在现实中,协议上的手写签名具有法律上的意义,这根本上因为签名是不可伪造的(不是其他人的签名),带有签名的协议是不可篡改的(签名本身就是协议的一部分),并且是不可抵赖的(签署了协议的人不能否认这个事实).数字签名同样也要有这三个方面的特点,用前面的术语来说就是:发送者鉴定、完整性和不可抵赖.

从理论上说,公开密钥加密能够实现数字签名,比如用 A 的私钥加密数据作为数字签名,验证人可以通过 A 的公钥解密,然后和明文比较,如果一致表明该数字签名的确是由 A 签署的,不可能是其他人伪造的,A 也不能否认这个签名是他作出的.

但是,正如前面混和加密方法中提到的,公开密钥加密效率较低,不太适合大数据量的加密.对于这个问题,人们采用先对内容做单向散列处理,然后对散列值使用其私钥进行签名(也就是加密)的方法.从前面单向散列函数的三个基本特征可以知道这样做是可行的,它保证了由之生成的数字签名仍然是符合发送者鉴定、完整性和不可抵赖这三个要求的.

用于签名的除了公开密钥算法 RSA 外,还有 DSA;前者效率更高些.图 12-5 和 12-6 分别展示了数字签名的生成和验证过程:

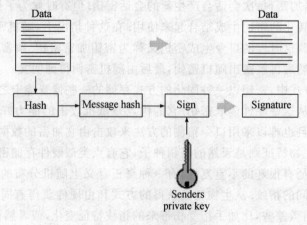

图 12-5　数字签名生成过程

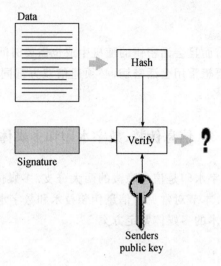

图 12-6　数字签名验证过程

2. 数字证书

数字证书又常称为公钥证书,本质上说它是一种特殊的数字签名.只是被它签名的明文有特定的格式和特定方面的信息.对于 X.509 标准的数字证书,其数据部分至少包含版本号、证书序列号(相当于证书的 ID,是唯一的)、签名算法标识(比如是 RSA 或 DSA)、颁发者名称、有效期,主体名称(即证书唯一标识拥有者的信息,通常包括国家,组织,单位和一般名称)、主体公钥信息.此外还包括颁发机构的签名信息.

数字证书的用途有点像驾驶执照或工作证,用来表明自己的身份,而且这个身份是由某个机构(即证书颁发机构)承认的.由于数字证书还包含拥有者的公钥信息,所以证书的传递还起到公布公钥的作用.

数字证书的获得一般有如下步骤:

(1) 证书申请人在本地创建公钥私钥对;

(2) 创建证书申请(包含使用自己私钥的数字签名);

(3) 向颁发机构发送申请;

(4) 颁发机构验证证书申请,并进行其他信息审核;

(5) 颁发机构使用其私钥对申请签名得到数字证书;

(6) 颁发机构向申请人发放证书;

(7) 颁发机构或申请人公开这个证书.

3. SSL

安全套接字层(secure socket layer,简称 SSL)是基于 TCP 的安全通信协议.它采用的技术包括数字签名,数字证书和混和方式的加密技术.大致说来,SSL 的通信分为四个部分:

(1) 身份验证阶段.双方根据需要确定是否验证对方身份,被验证方会被要求传递其证书信息.

(2) 会话密钥交换阶段.一旦双方通过身份验证,会话双方会协商一个临时的会话密钥,如同前面混和方式加密中提及的,这个会话密钥的传输会使用接收者的公钥加密.

(3) 数据传输阶段.这时候每次数据传输,双方都先通过使用会话密钥加密数据,然后再进行传输.

（4）会话结束.

由于公钥加密比较耗时,而且会话密钥的随机生成也需要时间,SSL 中提供一种重用会话密钥的方法提高通信效率. 要想重用会话密钥,必须通信双方都同意,并且指定对于会话密钥的会话 ID 才行.

§12.3　信息伪装、数字水印和多媒体鉴定

信息伪装（隐写术）和数字水印是信息隐藏的两大分支. 多媒体信息中有大量冗余数据为信息隐藏提供了实现的条件. 本节对常见的信息伪装技术和数字水印进行整体的介绍,并且讨论结合信息隐藏和密码学技术的多媒体鉴定方案.

12.3.1　信息伪装

信息伪装又称为隐写术,属于信息隐藏学的一个重要的分支. 在研究内容上,信息伪装和密码学不同. 隐写术专门研究如何在已有的信息中隐藏某些信息,即试图掩盖隐秘数据存在的事实,而密码学则是研究如何使已有信息对攻击者来说变得不可用. 隐写术在古代就有应用,比如中国古代就有人使用米汤在纸上写字,晾干后米汤写的字变得不可见. 接收者用有碘酒的水浸润,可使原来米汤写的字重新展现出来.

1. 基本原理

下面描述一个绝大多数隐写术遵循的过程：A 打算和 B 共享一段秘密信息 M,他先选择一个无关紧要的信息 C（比如图像、文本、音频或视频）,然后利用 C 的冗余信息把 M 嵌进去得到 C′,这时的 C 称为载体对象, C′ 称为伪装对象. 理想状况下,无论从人的感观上还是计算机检测,都难以区分 C′ 是正常的对象还是载体对象,即第三方得到 C′ 后,对其意义和得到 C 没有差别,都是没法发现和提取出 M 的. 而 B 收到 C′ 后,由于 B 知道是怎么回事,他可利用与嵌入相反的方式提取出 M. 一般来说,充当载体的对象必须拥有足够的冗余信息. 比如由于测量误差,采集得到的数据一般都会有称为噪声的随机成分. 这个随机的成分用来掩饰隐藏的数据. 多媒体数据冗余度都比较高,很适合作为信息伪装的载体对象.

根据秘密信息 M 在嵌入前是否进行加密可将信息伪装协议分为三类：无密钥信息伪装、密钥信息伪装和公钥信息伪装.

无密钥信息伪装对 M 不作任何处理就嵌入到 C 中,这种方法有很大局限性. 一旦嵌入的方法被泄漏,别人就很容易从 C′ 中提取 M.

密钥信息伪装和公钥信息伪装是信息伪装利用密码学技术增加系统安全性的方法. M 在嵌入前采用某个密钥或者对方的公钥先加密得到 M 的密文,然后再将密文嵌入 C. 这样,就算是攻击者知道嵌入的方法,从中提取出 M 的也是密文,要想得到 M,必须要有加密的密钥或加密公钥对应的私钥. 密钥信息伪装比公钥信息伪装多了密钥传输的问题,这在前面中已经详细讨论过了.

2. 常见隐写术

常见的隐写术有 6 种,分别是：替换技术、变换域技术、扩展频谱（spreding spectrun,简称 SS）技术、统计方法、变形技术和载体生成方法. 在讨论这些方法前,我们列出一些基本的定

义：

假设 c 表示伪装载体，$l(c)$ 表示它的元素序列长度，其第 i 个元素用 $c(i)$ 表示，显然 $c(i)$ 的取值范围依赖于 c 的元素情况，比如二值图片，$c(i)$ 的取值是 0 或 1，而对于 256 色的图像，$c(i)$ 的取值范围是 0～255. s 表示伪装对象，s 的元素序列长度和 c 同为 $l(c)$. 秘密信息用 m 表示，$m(i)$ 表示其元素，m 的长度是 $l(m)$. 要注意的是，一般情况下 $m(i)$ 的取值都是 0 或 1. 对于 c 中的元素，往往会创建索引，用 j 表示索引值，记号 $j(i)$ 表示 j 是以某种顺序排序的. 当提到第 $j(i)$ 个载体元素时，即是指 $c(j(i))$.

(1) 替换技术.

替换技术的核心思想是私钥秘密信息替换伪装载体中的冗余信息. 最常见的有最低比特位替换. 嵌入过程先选择一个载体元素的子集 $\{j(1), j(2), \cdots, j(l(m))\}$. 然后在子集上执行 $c(j(i))$ 的最低位和 $m(i)$ 交换. 这样载体对象变成伪装对象.

在这种最低比特位替换中，$l(c)$ 往往大于 $l(m)$，如果载体元素的子集是从头到尾依次选取的，那么从 $j(l(m))$ 之后的元素和被修改的元素会出现统计特征上的差异. 这样会增加攻击者对秘密信息的怀疑. 简单的解决方法是在 m 后面随机地追加一些信息，使得其最后的长度 $l(m) = l(c)$. 复杂的方法是利用一个随机序列做为间隔抽取载体元素的子集：

$$j(1) = k(1); \quad j(i) = j(i-1) + k(i) \quad (i > 1), \tag{12.6}$$

其中 $k(1), k(2), \cdots, k(l(m))$ 就是一个随机序列.

(2) 变换域技术.

前面中提到的最低比特位替换技术较为简单，但太脆弱，很容易被攻击者采用信号处理的操作破坏掉. 普通情况下，有损压缩都能导致信息的丢失. 变换域技术能够克服这些弱点，它在载体图像的显著区域隐藏信息，它不仅能够很好地抵抗各种信号处理，也能更好地对付压缩、剪裁和一些图像处理.

目前变换域方法较多，比如离散余弦变换(DCT)、小波变换等.

(3) 扩展频谱技术.

扩展频谱通信技术本来是 20 世纪 50 年代一种拦截率小、抗干扰能力强的通信手段. 基于扩展频谱方法的隐写术有很好的健壮性. 它的两个变体是直接序列扩频和跳频扩频. 前者将秘密信息与一个伪随机序列调制，扩展倍数是个常量，然后将结果叠加在载体上；后者将载体信号的频率进行跳变.

采用扩展频谱技术对于图像修改有较好的健壮性. 因为编码之后信息扩散到整个频段，要想完全删除隐藏信息不太可能.

(4) 统计方法.

统计隐写术基于统计特性的修改和检测，如果需要在载体的某个块中隐藏比特"1"，那么就对其统计特性进行显著的修改，否则保留该块不动. 这样，对于秘密信息 m，载体将会被分成 $l(m)$ 个块：$B(1), B(2), \cdots, B(l(m))$，它们彼此不重叠. 如果 $m(i) = 1$，那么 $B(i)$ 的统计特性将会被修改，否则不作任何改变，最后得到伪装对象 s.

提取 m 时，把伪装对象 s 按前面划分载体的方法来划分成 $l(m)$，然后检测各个块的统计特性是否被显著修改来提取各个 $m(i)$.

但统计隐写术在很多情况下应用困难，因为确定一个检测统计特性是否被显著修改的函数相当困难.

（5）变形技术.

变形技术是对载体进行按某种特定次序的修改得到载体,接收者根据伪装对象和原始对象的差异得到修改情况(即隐藏信息).一般情况下,原始对象通过另外的安全通道传输给接收者.

在格式化文本中,可以采用行间偏移的方法存储隐藏比特,比如一行是上偏表示 1,否则是 0.对秘密信息进行提取时,可以通过计算相邻两行轴心的距离和正常文本的间距差异来判断是否偏移.

（6）载体生成方法.

上面提到的各个方面都是先找一个已经存在的载体,然后将秘密信息附加到这个载体上去.而载体生成方法不需要使用已经存在的载体.它自动生成一个载体,接收者根据某种规则提取其中的隐藏的信息.在英文文本自动生成的隐写术中,隐藏信息会编码成一些正常的英文句子.比如"11"可能编码成"I am tired".

12.3.2　数字水印

数字水印是信息隐藏中除了信息伪装之外的另一大分支.和信息伪装一样,数字水印也是将信息嵌入到伪装载体当中.但不同的是,数字水印要求有更好的健壮性,因为更多场合,数字水印是为了防止侵权的复制和扩散.原始作品的拥有者通过检测数字内容是否有其添加的水印来判断该数字内容是否是从他的作品进行了简单复制或是作了一定变化的抄袭.也有一种脆弱的水印,它在被嵌入载体发生变化时,很容易被破坏,这种水印往往用在检测内容是否被修改.

1. 基本原理

原理上,数字水印的嵌入过程和上一小节中讨论的隐写术没有什么差别,也是将水印信息采用某种方法嵌入到载体数据中去.和隐写术类似,为了安全,有时候水印信息在嵌入前首先经过密钥加密或公钥加密方法进行加密处理.

水印提取则是先按嵌入相反的方法提出水印信息,如果先前加密了,还要经过解密过程.对于应用于检查数据是否被篡改的水印,往往还需要原始的水印进行度量计算,以得出是否被篡改以及篡改程度、位置等结论.

2. 种类及其应用

按健壮性,数字水印可划分为三种:脆弱型、鲁棒型和半脆弱型.当已嵌入水印的数据被修改时,脆弱型的水印很容易遭到破坏,从而脆弱型水印一般用来检测数据是否被篡改.鲁棒型水印则能够经历已嵌水印数据的种种编辑修改而不丢失必要的信息,它常常用来标识数字作品的版权信息,防止内容被非法的复制、抄袭.半脆弱型水印的抗破坏能力介于前两种水印之间,它可以经受一定程度的修改.在应用中,该类型水印可以容忍用户无恶意的修改,比如图片格式从 BMP 到 JPEG 的转换、图片放缩等,但对于恶意篡改半脆弱型水印往往会遭到破坏.

按检测是否依赖原始数据,数字水印也可划分为三种:秘密水印(或称为非盲化水印)、半秘密水印(或称为半盲化水印)和公开水印(或称为盲化或健忘水印).对于秘密水印,水印检测系统需要原来的载体数据以及水印数据,它使用原始载体数据为线索确定出水印在已嵌入水印数据中的位置,从中提取出水印数据后和原始水印数据进行比较,得出被检测数据是否包含水印信息的结论.半秘密水印在检测时,不需要原来的载体数据,但仍然需要原始水印数据.公开水印则根本不需要任何原始数据,就能做出被检测数据是否包含水印信息的判断.理论上,公开水印有更好的防止破坏的能力.

12.3.3　多媒体鉴定方案

如同本章引言的多媒体信息安全特殊性部分讨论的,多媒体鉴定对应信息安全的要求除了机密性、完整性、发送者鉴定和不可抵赖等基本需求外,往往还要求能够进行篡改定位和评估、片段鉴定.

对于基于数字水印的鉴定,还可能要求感观透明化、统计不可见和盲提取.感观透明化是指嵌入水印后不影响多媒体在感观上的效果;统计不可见是对秘密水印的要求,防止别人知道水印的存在而进行攻击;公开水印能够实现盲提取,它不需要任何原始数据,对于那些检测时无法获得原始数据的应用,盲提取是很重要的需求.

除了上述需求外,设计一个多媒体鉴定系统还要考虑鉴定信息生成和验证的复杂性、非恶意操作的鲁棒性、对于采用外部数字签名的方法其鉴定数据的大小等等方面.

多媒体鉴定系统常见受到的攻击方法有如下三种:

(1) 不可检测的修改.攻击者尽力改变被鉴定的媒体数据,使得它无法被鉴定系统检测出必要的信息.

(2) 记号调换.攻击者使用一个可用的水印来替换原有的水印.

(3) 信息泄漏.攻击者试图用已知的泄漏信息推导出相应的秘密信息或密钥.一旦密钥被推导出,攻击者可以生成任何媒体数据的伪造的鉴定数据.

多媒体鉴定根据完整性的标准可以划分三种类型:

(1) 严格型用来检测出对多媒体内容展现的任何修改.非恶意修改类型的操作中能被该类型鉴定接受的仅仅包括无损压缩和可见的像素值或音频采样没有变动的格式转换.这一点和经典的鉴定类似,比如数据有损的操作会被经典的鉴定拒绝.

(2) 宽松型用来检测出任何超出可接受范围的那些修改.

(3) 基于内容的鉴定用来检测出任何对于用户来说内容语义的修改.一般使用从媒体中提取鉴定概念特征的方法.很显然,基于内容的方法对于形变有最大的容忍度,因为形变可能并没有改变语义,而严格类型的鉴定方法容忍度最小.

后两种对于中间阶段的操作(速率控制和编码转换)是鲁棒的.否则每个中间阶段都要检查接收数据的完整性,并且考虑到原始作者的利益需要重新鉴定处理过的数据.这样的后果是增加了中间阶段的复杂性并且降低整个鉴定系统的安全性,因为为了在每个中间阶段重鉴定处理过的数据,鉴定相关的秘密信息必须在这些阶段互相共享.

多媒体鉴定,尤其是图像鉴定,所有提出的鉴定方法可以分为两类:外部数字签名和数字水印.大多数严格或宽松的鉴定算法都是基于脆弱或半脆弱水印.基于内容的鉴定算法一般采用基于外部数字签名、鲁棒的或半脆弱水印.

下面着重讨论几种常见的多媒体鉴定方案,包括:采用脆弱水印的严格类型鉴定方案、采用半脆弱水印的宽松类型鉴定方案以及采用外部数字签名的基于内容的鉴定方案.

1. 采用脆弱水印的严格类型鉴定方案

脆弱水印在严格类型的鉴定方案中的应用已经得到很多的研究.采用脆弱水印的目的在于保证内容的完整性.而且在内容完整性被破坏时,能够检测出内容篡改的位置.

这种类型的鉴定方案很多,限于篇幅,我们仅仅介绍 Yeung 和 Mintzer 提出的简单而快捷的脆弱水印方案,该方案提供了对每个图像像素的完整性校验.

在他们的方法中,使用密钥作为参数构造出定义域是像素集合,值域是 $\{0, 1\}$ 的函数 f,对于黑白的图像,这样的函数一个就足够了,而彩色的图像需要三个这样的函数:f_R, f_G, f_B,它们分别对应红、绿、篮三个颜色通道.这些函数用来编码秘密的二进制标志信息 L,L 一般是一个图像数据.对于灰度图片 I 来说,在嵌入水印时,像素值被调整以满足如下等式:

$$L(i,j) = f_g(I(i,j)), \quad \text{对于图片 } I \text{ 中任意的像素 } I(i,j).$$

对于 RGB 彩色图片 I,其每个像素值的三个通道 I_R, I_G, I_B 被调整以满足如下等式:

$$L(i,j) = f_R(I_R(i,j)) \oplus f_G(I_G(i,j)) \oplus f_B(I_B(i,j)).$$

当检测图片的完整性时,只需按照上面的计算看看等式是否成立即可.

2. 采用半脆弱水印的宽松类型鉴定方案

用于宽松类型的鉴定方案的算法大都采用半脆弱的水印.半脆弱的水印对某些感观质量上还保留的修改是鲁棒的,对另一些修改则是脆弱的.这些方法先计算原始水印和从鉴定数据中提取的水印之间全局或局部的差异度量值,然后拿该值和某个阈值进行比较,从而断定全局或局部的篡改情况.

3. 采用外部数字签名的基于内容的鉴定方案

这里内容的含义与一般场合的概念有些不同,它是指多媒体信息的感观特征集合.内容决定了人是如何理解多媒体信息的,比如媒体信息的语义.基于内容的鉴定用来鉴定从多媒体信息中提炼出来的内容,而非多媒体信息本身.内容采用特征向量来表示.内容的鉴定中,先计算原始信息 s_0 的特征向量和检测信息 s_t 的特征向量之间的距离 d:

$$d \parallel \text{feature}(s_0) - \text{feature}(s_t) \parallel .$$

如果 d 比预想的阈值 T 要大,那么认为内容已经被篡改了,否则可认为内容是可信的.通过计算局部特征的距离,基于内容的鉴定方案也能给出全局篡改程度的度量值.所有基于内容的方法都需要首先从多媒体信息中提取出内容,这个步骤也就是前面一些章节中讨论的特征提取.内容特征应该足够的鲁棒以便能够容忍那些保持感观质量或语义的修改.

对于采用外部数字签名的基于内容的鉴定方案来说,还要生成内容特征的数字签名,在此之前可能还会进行数据缩减和无损压缩的操作,整个过程可以如图 12-7 所示.

图 12-7 生成外部基于内容的数字签名过程

校验过程如图 12-8,先从待鉴定数据中提取内容特征,然后进行数据缩减,再和基于内容的数字签名公钥解密且解压缩后的结果进行比较.如果二者距离 d 大于预想的阈值 T,那么认为被篡改,否则认为可接受的.

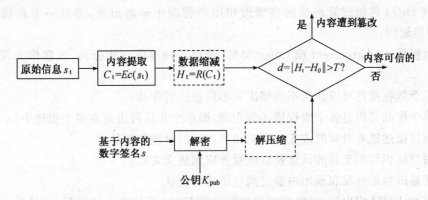

图 12-8 验证外部基于内容的数字签名过程

每种方法都有优、缺点.在外部数字签名的方法中,媒体信号经受篡改时不影响其鉴定能力,它所提供的简单的认证方法有更好的前景,能够实现非恶意操作的鲁棒性.它也能够满足对发送者鉴定和不可抵赖性的需求.缺点是外部鉴定信息很容易会被去除,而且可能在格式转换时丢失.在某些应用中,它需要复杂的系统来管理认证数据.

另一方面,数字水印的方法提供了认证信息和鉴定内容之间持久的关联.鉴定不需要或者需要很少的额外数据的管理.定位水印篡改位置也是很容易,但水印的方法本身更复杂更难设计,被鉴定的媒体必须被修改以插入水印信息.同时,水印的方法很难满足对发送者鉴定和不可抵赖性的需求.水印通常比加密对于有意主动的攻击有更少的鲁棒性.对于一个灵活且安全的多媒体鉴定系统来说组合这两种类型的方法是关键所在.

§12.4 数字版权管理

数字版权管理(digital rights management,简称 DRM)是近年来多媒体信息安全研究的热点,上面讨论的技术大多在 DRM 系统中得到了应用.DRM 系统能够保护数字资源免受非法的访问、侵权的复制、恶意的下载和无意的泄漏.

12.4.1 基本概念

1. 定义和三代 DRM 系统划分

目前 DRM 系统较为被大家认可的定义是:

DRM 涉及描述,标识,贸易,保护,监控和跟踪有形或无形的、物理的或数字化的资产的各种形式的使用(包括版权持有者之间关系的管理).此外,很重要的一点是:DRM 是"数字方式的管理版权",不是"管理数字版权".

第一代 DRM 采用的方式是简单地显示一段有关作品版权的文字,其内容包括版权持有者的姓名以及对作品拥有所有权利的声明.这段文字可能是出现在作品的元数据中,也可能出现在需要点击以表同意的许可协议中,或者是在缩印的许可证和作品脚注里面.

第二代 DRM 从下载流程看,采用以加密为主的 DRE(digital right enforcement,简称 DRE)技术保证作者或经销商设定的权限.从上载流程看,采用扩展的平面文件的内容管理系统来记录一些非结构化信息(版权持有者信息和他们对每个媒体的持有的版权信息).

第三代 DRM 将版权管理从内容管理和用户管理中分离出来,并且一个高级的第三代 DRM 模型能做到:

(1) 版权描述(Agreement 或 Offer 类型)管理和内容管理相分离,内容作为其描述的主题;

(2) 单个版权描述可以涉及不同层次和不同格式的作品;

(3) 单个作品可以是多个版权描述的主题(即单个作品可出现在多个描述中);

(4) 版权描述随着时间的改变会影响相关内容的管理和贸易;

(5) 用户标识和所支持的认证及认证服务应该建立关联;

(6) 贸易内容的分发和原始内容之间应该建立关联.

与第二代 DRM 相比较,版权管理成为第三代 DRM 系统核心的部分,它的独立使得版权描述不再是和内容静态地绑定在一起,许可证(包含使用权限以及与之相关的约束和义务)可以根据内容的版权描述以及用户的选择来动态生成,能够灵活地支持多种消费模式.

由于第一代 DRM 看起来似乎还算不上是个 DRM 系统,只是一个 DRM 方法,有些文章从这里的第二代开始划分,这里的第三代成为它们所说的第二代或新一代.

2. 版权描述语言

版权描述语言(rights expression language, 简称 REL)是 DRM 中非常关键的一块,它用来描述人员、版权和资源及其相互间的关系. 一个版权模型是否是开放的、灵活的以及可扩展的,从根本上依赖于它采用了何种 REL 进行版权建模. 采用一个标准的 REL 将有利于 DRM 系统之间的互操作.

一个 REL 必须考虑许多技术和理论上的需求,包括:

(1) 机器可读性,即具有好的交换格式,便于机器的读取和解释,典型的例子就是 XML 文档.

(2) 贸易相关元数据的支持,包括支持语义明确的角色,标准的标识系统,使用权限和约束的定义,利润分配和支付描述,安全信息等.

(3) 开放性和可扩展性,由于不同领域的应用差异,对 REL 的具体需求也会不同(比如活动图像专家组(moving picture experts group, 简称 MPEG)在其 MPEG-21 的规格说明书的5,6 两部分定义了 REL 及其数据字典在多媒体领域的需求),所以 REL 必须是开放的和可扩展的.

目前,基于 XML 的 REL 主要有两个: ODRL[①](open digital rights language, 简称 ODRL)和 XrML[②](extensible rights markup language, 简称 XrML). 非基于 XML 的 REL 有 DigitalRights 和 LicenseScript 等.

12.4.2 DRM 系统整体功能结构

DRM 系统从整体上看,它的功能结构分为三大块:

(1) IP(intellectual property, 简称 IP)资源创建和获取. 管理创建的内容以便用于贸易;包括对内容创建、重用或版权扩展等操作的版权认证.

---

① 见:http://www.odrl.net.

② 见:http://www.xrml.org.

（2）IP 资源管理. 管理内容并保证内容的贸易, 包括导入内容到资源管理系统. 贸易系统需要管理描述性的元数据和版权元数据（例如团体、使用和付费）.

（3）IP 资源使用. 一旦内容被交易, 如何管理它的使用. 包括在桌面系统（软件）中支持已贸易内容的使用限制.

详细整体功能结构见图 12-9. 对于服务于教研共享资源的 DRM, 可能没有相应的贸易中的支付部分.

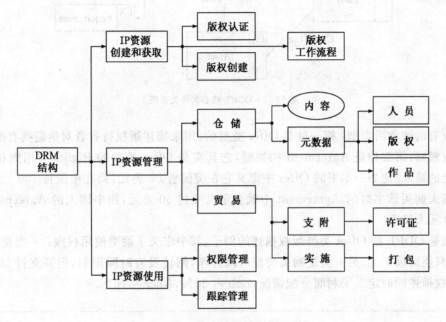

图 12-9　DRM 系统整体功能结构

在下面的小节中, 我们从版权模型、用户认证、内容管理这三个 DRM 系统的重点内容来讨论 DRM 系统.

12.4.3　版权模型

以采用 ODRL 作为版权描述语言的版权模型为例, 其描述模型就是使用 ODRL 描述人员、版权和资源及其相互间关系. ODRL 是由 ODRL initiative 研制的一个开放标准. ODRL initiative 的目标是研制并促进 DRM 领域 REL 方面开放的标准. ODRL 目前最新公布的版本是 1.1[①], 是和 W3C 协同发布的；2.0 版本的草案也在制定当中. ODRL 是完全免费的, 没有任何版权的问题.

ODRL 中定义了三个核心的实体：人员、资源和版权, 其中人员包括最终用户、版权持有者；资源可以是图书、音频、视频乃至软件等各种资源；版权描述了人员和资源之间的权限关系, Permission 涉及到约束、条件和义务. 它们的关系如图 12-10 所示.

---

① 见：http://www.w3.org/TR/odrl/.

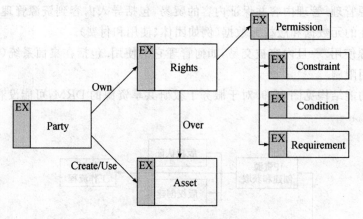

图 12-10   ODRL 核心实体关系图

版权有两种常用类型：第一种是 Offer 类型的，用来描述版权持有者对他们拥有的资源具体的版权规则；第二种是 Agreement 的类型，它其实是 Offer 类型的 Rights 应用到相对具体的人员上的结果. 比如一本书的 Offer 中定义它在美国售 50 美元，而在中国售 100 元人民币，那么美国人购买该书时的 Agreement 中就会定义支付 50 美元，而中国人的 Agreement 则是支付 100 元人民币.

下面是 ODRL 的 Offer 类型版权描述的例子，其中定义了两类使用权限：一类是借阅，无偿的，但只能阅读 7 天；另一类是购买类型可以打印，阅读没有时间限制，但要支付 20 元人民币. 该版权描述同时定义了利润分配情况，Bob 占 30%，Alice占 70%.

```
〈rights〉
  〈offer〉
    〈asset〉〈context〉〈uid〉my-book-id〈/uid〉〈/context〉〈/asset〉
    〈! 一借阅权限定义一〉
    〈permission〉
      〈constraint〉
        〈datetime〉
          〈interval〉P7D〈/ interval 〉
        〈/datetime〉
      〈/constraint〉
      〈read/〉
    〈/permission〉
    〈! 一购买权限定义一〉
    〈permission〉
      〈requirement〉
        〈prepay〉
          〈payment〉〈amount currency="CNY"〉 20.00 〈/amount〉〈/payment〉
        〈/peruse〉
      〈/requirement〉
```

```
        〈read/〉
        〈print/〉
    〈/permission〉
〈! —下面定义了版权所有者之间的利润分配 Bob 占 30％，Alice 占 70％—〉
〈party〉
    〈context〉〈uid〉Bob〈/uid〉〈/context〉
    〈rightsholder〉〈percentage〉30〈/percentage〉〈/rightsholder〉
〈/party〉
〈party〉
    〈context〉〈uid〉Alice〈/uid〉〈/context〉
    〈rightsholder〉〈percentage〉70〈/percentage〉〈/rightsholder〉
〈/party〉
〈/offer〉
〈/rights〉
```

除了描述模型外,完整的版权模型应该还要包括对描述模型执行语义的定义.一些研究分别尝试给出了基于动作和基于一阶逻辑的许可证在读者端的执行模型,但其完整性和实用性都还离应用尚远.ODRL 的形式化语义的需求也在 ODRL 2.0 的需求列表当中.但从整个研究领域而言,也缺乏对于这类 REL 的许可证相容性计算模型和执行模型研究,各个采用标准REL 的厂商也未公布其对应的执行语义精确定义.

12.4.4 用户认证

常见的用户认证方式有:基于用户名口令、基于公钥加密、基于生物特征等几种方式.

基于用户名口令的最为简单,但其缺点也是相当明显:首先是每次认证时,用户名和密码都要在网络上传输,这是很不安全的;其次大多数用户的安全意识较弱,容易使用一些可被人猜测到口令,比如生日、电话号码等,这也为安全增加了隐患.

基于公钥加密的认证只需公开公钥,私钥不需要和认证系统共享.认证系统使用用户的公钥来解密和验证用户使用其私钥加密过的信息.公钥加密系统(public key crypto system,简称 PKCS)可用于 DRM 中,PKCS 能够兼顾内容提供者、最终用户和客户端程序与设备提供者这三方面的需求.公钥基础设施(public key infrastructure,简称 PKI)是广为人知的一整套组合了数字证书、数字签名、对称加密技术的公钥加密系统的实施方案.PKI 的有两个主流的标准:PKIX 和 SPKI.前者采用 X.509 格式的证书,而且标识身份的 X.509 证书只能由权威机构发放;而 SPKI 中的证书是授权模式的,任何拥有资源的人或计算机都可向发放证书来授权别人对资源的使用.

基于生物特征的认证方式通过检测人体某个部分(比如指纹、声音)的特征来验证身份.一般而言,基于生物特征的实施认证代价比较高,要求客户端安装生物特征扫描和获取设备.另外,生物特征的稳定性也是个问题.

12.4.5 内容管理

内容管理属于 DRM 中传统的部分,在第三代 DRM 出现之前,DRM 就已经使用加密等技术打包跟踪其发放的内容. 下面从对象标识、内容打包和跟踪、内容存储和使用状态维护三个方面介绍内容管理方面的概念：

（1）对象标识.

互联网的标识规范有 URI 和统一资源名称（uniform resource name，简称 URN）. 后者是前者的一种特殊形式，其目的在于提供一种持久的位置无关的标识资源的方式. URN 的标识全部以"urn："为前缀. 标识的后面部分可以使用自己定义的命名空间和 ID.

DOI 也是 URI 一种特殊形式，它的设计是为了实现持久、动作可执行的、可互操作的标识方法，并且能够在恰当的层次上标识对象，同时可以标识出对象的复本和版本状态.

对于 DRM 来说，对象标识的作用在于唯一标识数字资源，并且通过对象标识能够精确地存取与之对应的原始资源. 如果考虑到互操作，那么这个标识应该是全局唯一的，以免发生混乱.

（2）内容打包和跟踪.

内容在发送到最终用户之前，要进行加密打包，这个打包的结果通常称为安全的容器. Secure Container 主要包含内容描述元数据和加密的内容. 一个 Secure Container 可能同时包含多种媒体的内容. 此外，Secure Container 中还会嵌入包含使用规则的许可证，或者至少嵌入使用规则. 这样当一个安全的媒体展示器在用户请求准备展现 Secure Container 中的媒体内容时，会首先检测当前的运行环境以及 Secure Container 的使用规则，如果出现不一致的情况将会终止下一步操作的进行.

内容到达最终用户之后，需要对它进行跟踪管理和复制控制. 数字水印可以应用到 DRM 系统中实现跟踪管理和复本控制. 这一类应用中，DRM 系统对每个复本中嵌入唯一的水印，通常称为"数字指纹"，这样当一个复本被非法扩散出去时，可以检测出最初它是从哪个用户处非法扩散出去的. 数字水印在复本控制上应用的典型例子就是 DVD 系统，在 DVD 系统中，媒体数据含有复制相关信息. 一个符合标准的 DVD 播放器不允许复制带有"禁止复制"水印的信息.

另外，有一个可以替代数字水印的"隐藏的智能体"的方法. 每个打包的内容中都包含 Hidden Agent，内容在使用前，相应的 Hidden Agent 会被加载运行以阻止非法的复制.

（3）内容存储和使用状态维护.

DRM 系统中，服务端的内容存储常常采用 RDBMS 来管理. 而当内容数据打包下载到最终用户端时，DRM 系统的客户端也需要存储管理这些内容，同时要维护它们的使用状态. 一些简单的 DRM 系统可能会将每个下载的内容和其状态存储在同一个文件中，文件名和内容的标识相关联. 这样的缺点是难以保证数据的一致性，比如当修改状态恰好遇上系统崩溃时，状态会出现不一致的情况. 所以，更合适的做法是至少将使用状态信息存放在一个嵌入式的数据库中. DRM 系统中持久状态的管理应该考虑以下五个方面的要求：

① 容错性，能够应付系统突发的崩溃带来的数据破坏.

② 安全性，包括篡改检测和阻止非法获取状态信息两部分.

③ 性能，由于客户端的硬件条件有限，持久状态的管理必须要有很好的性能.

④ 资源耗费，客户端资源通常较少，持久状态的管理不能占用太多的系统资源.

⑤ 伸缩性，客户端不需要像 DRM 服务端那样支持大量用户，并且持久状态的数据量也比较小. 所以可以根据这些特殊性来精简设计，以减少系统的代码段并且提高效率.

由于普通的加密文件系统和嵌入式数据库不能直接满足这些要求,一些人提出了专为 DRM 管理持久状态的嵌入式数据库,比如 TDB.

§12.5 趋势和研究问题

传统的密码学发展已经相当的成熟,从美国克林顿政府 2000 年签署电子签名法案承认数字签名的法律效应以来,很多国家(包括中国)也颁布了类似的法律,这从一个侧面展示了密码学的成熟和人们对之的信任. 然而 2004 年 8 月 17 日的美国加利福尼亚州圣巴巴拉召开的国际密码学会议上,来自山东大学的王小云教授的报告表明 MD5,HAVAL-128,MD4 和 RIPEMD 这些散列算法已经不是足够安全. MD5 这个一向认为安全且应用广泛的散列算法,如今已经不再安全. SHA-1 看起来还没事,但人们相信 SHA-1 算法也有死亡的一天. 在目前还有看上去安全的散列算法被破解前,努力寻找新的算法以备不测是密码学界的共识.

目前,数字水印尚没有像密码学中官方认可的公开标准的方法(比如 RSA,DES 等). 这使得数字水印无法像数字签名那样可以作为法律上的凭据,实际上目前的数字水印技术还不能满足无法抵赖的需求,其根源在于数字信息在创建时间前后上是无法仅从其存储介质做出论断的. 因而对于带有两个水印的多媒体数据,不考虑其他证据的条件下,难以得出谁的水印是先添加上去的,从而无法断定究竟谁是该数据的真正所有者. 在 DRM 系统中,数字水印只是仅仅用来跟踪管理和复本控制,还不能作为控告别人侵犯著作权的凭据. 而且尽管数字水印的各类算法层出不穷,但真正对所有攻击都具有鲁棒性的算法还不存在.

DRM 方面,采用标准的基于 XML 的版权描述语言是大势所趋,该类 REL 的语义模型的研究会逐渐多起来,语义的标准化也会随着需求浮出水面. 至于内容打包,Secure Container 显然是有明显的缺陷的,它的安全依赖于读者端提供的执行环境的安全,即读者端必然知道 Secure Container 的格式,并且知道如何解密数据. 一旦读者端被破解,随之而来的便是读者端可访问到的所有内容的泄漏.

§12.6 参考文献

[1] Steve Burnett, Stephen Paine, *RSA Security's Official Guide to Cryptography*, McGraw-Hill Education, 2001.

[2] Bin B. Zhu and Mitchell D. Swanson. *Multimedia authentication and watermarking*. In: David Dagan Feng, Wan-Chi Siu, Hong-Jiang Zhang (eds.) *Multimedia Information Retrieval and Management-Technological Fundamentals and Applications*. 2003. Berlin; New York : Springer, 148—177.

[3] C. N. Chong, R. Corin, S. Etalle, P. H. Hartel, and Y. W. Law. *LicenseScript: A novel digital rights language*, Proc. 3rd Int. Conf. on Web Delivering of Music (WEDELMUSIC), IEEE 2003, 122—129.

[4] C. M. ,Ellison, B. Frantz, B. Lampson, R. L. Rivest, B. M. Thomas, and T. Ylonen, "*SPKI certificate theory*". IETF RFC 2693, September 1999.

[5] Grew. N, *TDB and object encodings*. InterTrust Technologies Corp. , 2001.

[6] Gunter C, Weeks S, Wright A. *Models and languages for digital rights*. In Proceedings of the 34th Annual Hawaii International Conference on System Sciences (HICSS-34), pages 4034—4038, Maui,

Hawaii, United States, January 2001. IEEE Computer Society Press.

[7] Susanne Guth, *Rights Expression Language*, DRM2003 Springer - LNCS 2770, 101—112, 2003.

[8] Peter Gutmann, *Encryption and Security Tutorial*, University of Auckland , 2001, http://www. cs. auckland. ac. nz/~pgut001.

[9] Hartung, F. Ramme, F. *Digital rights management and watermarking of multimedia content for m-commerce applications* Communications Magazine, IEEE, Volume: 38, Issue: 11 78—84, Nov 2000.

[10] Holzer M, Katzenbeisser S, Schallhart C. *Towards Formal Semantics for ODRL*. In Workshop-Proceedings of the International Workshop on the Open Digital Rights Language (ODRL), Vienna, Austria, April 2004.

[11] Seong Oun Hwang , Ki Song Yoon , Kyung Pyo Jun , Kwang Hyung Le, *Modeling and implementation of digital rights*, The Journal of Systems and Software 73 (2004) 533—549.

[12] Renato Iannella, *Digital Rights Management (DRM) Architectures*, D-Lib Magazine June 2001.

[13] Renato Iannella, Peter Higgs, *Driving Content Management With Digital Rights Management*, http://www. iprsystems. com/whitepapers/CM-DRM- WP. pdf, 2003.

[14] Yang-Koo Kang Moon-Hyun Kim. *Real-time fingerprints recognition mechanism-based digital contents protection system for interaction on the Web*, 2001 Pacific Rim International Symposium on Dependable Computing December 17—19, 2001 Seoul, Korea.

[15] Stefan Katzenbeisser, Fabien A. P. Petitcolas, *Information Hiding Techniques for Steganography and Digital Watermarking*, ARTECH HOUSE, INC. 2000.

[16] Deok-Gyu Lee , Im-Yeong Lee , Jong-Keun Ahn , Yong-Hae Kong ,*The Illegal Copy Protection Using Hidden Agent*, EurAsia-ICT 2002: Information and Communication Technology: First EurAsian Conference Shiraz, Iran, October 29—31, 2002. Proceedings.

[17] Norman Paskin, Linacre House, Jordan Hill, *The DOI Handbook Edition* 4. 1. 0 , International DOI Foundation, Inc. , November 2004.

[18] Peter H. Roosen-Runge, *The Virtual Display Case Making Museum Image Assets Safely Visible*, 3rd ed. , York University and Anna P. Roosen-Runge, Analecta Research & Resources 2003 Her Majesty the Queen in Right of Canada.

[19] Pucella R, Weissman. *A logic for reasoning about digital rights*, In IEEE Proceedings of the Computer Security Foundations Workshop, pages 282{294, Cape Breton, Nova Scotia, Canada, June 2002. IEEE Computer Society Press.

[20] Pucella R, Weissman V. *A Formal Foundation for ODRL*, in Workshop on Issues in the Theory of Security (WITS), Barcelona, Spain, April 2004.

[21] Bruce Schneier, *Applied Cryptography Second Edition: protocols, algorithms, and source code in C*, John Wiley & Sons, Inc. 1996. 中译本为：吴世忠等. 应用密码学——协议、算法于 C 源代码，机械工业出版社，2000.

[22] William Shapiro Al and Radek Vingralek, *How to Manage Persistent State in DRM Systems, Security and Privacy in Digital Rights Management*: ACM CCS-8 Workshop DRM 2001, Philadelphia, PA, USA, November 5, 2001.

[23] Gabriele Spenger, *Authentication, Identification Techniques, and Secure Containers—Baseline Technologies*, Digital Rights Management, LNCS 2770, 2003, 62—80.

[24] Vingralek R, Maheshwari U, Shapiro W. *TDB: A database system for digital rights management*. Technical Report STAR-TR-01-01, InterTrust Technologies, 2001.

[25] Jeremy Wyant , *Applicability of Public Key Cryptosystems to Digital Rights Management Applica-*

tions，Financial Cryptography：5th International Conference，FC 2001，Grand Cayman，British West Indies，February 2001，19—22.

§12.7　习　　题

1. 信息安全有什么基本的需求？多媒体信息安全的特殊性体现在哪里？

2. 简述数字签名的生成过程和验证过程.

3. 简述信息伪装原理，并列举几种常用的隐写术.

4. 简述数字水印的基本原理，种类及其应用.

5. 多媒体鉴定根据完整性的标准可以划分哪几种类型，并比较几种常见的多媒体鉴定方案的优缺点？

6. 根据本章 DRM 一节的描述和你的想象，你认为一般 DRM 系统会涉及到哪些信息安全技术？分别应用在哪些功能中？